Alexander Weinmann

Test- und Prüfungsaufgaben Regelungstechnik

457 durchgerechnete Beispiele mit analytischen,
nummerischen und computeralgebraischen Lösungen
in MATLAB und MAPLE

Zweite, erweiterte und überarbeitete Auflage

SpringerWienNewYork

Em. O. Univ.-Prof. Dipl.-Ing. Dr. techn. Alexander Weinmann
Institut für Automatisierungs- und Regelungstechnik
Technische Universität Wien, Wien, Österreich

springer.at

© 1997 und 2007 Springer-Verlag/Wien

Ursprünglich erschienen bei Springer-Verlag Wien 1997 und 2007

Datenkonvertierung: Reproduktionsfertige Vorlage des Autors
Gedruckt auf säurefreiem, chlorfrei gebleichtem Papier – TCF
SPIN 11813415

Mit 332 Abbildungen

Bibliografische Information der Deutschen Nationalbibliothek
Die Deutsche Nationalbibliothek verzeichnet diese Publikation in der Deutschen Nationalbibliografie; detaillierte bibliografische Daten sind im Internet über http://dnb.d-nb.de abrufbar.

ISBN-13 978-3-211-37135-0 SpringerWienNewYork

Vorwort

Aus den wichtigsten Gebieten der Regelungstechnik sind 457 Aufgaben zusammengefasst worden. Die Angaben stammen von Prüfungen, Klausuren und Kolloquien der letzten 40 Jahre. Sie wurden im Zusammenhang mit Vorlesungen und Übungen der Studienrichtung Elektrotechnik an der Technischen Universität Wien im fünften bis achten Semester des Diplomstudiums gestellt, fallweise auch bei der letzten Diplomprüfung zum Studienabschluss als Dipl.-Ing. An jede Angabe schließt sich die genaue Durchrechnung, Diskussion und Lösung.

Der Bogen spannt sich von grundlegender Analyse von Regelstrecken und -kreisen über Entwurf von Regelkreisen, Stabilitätsuntersuchungen, Zustandsraum, Abtastregelungen, Optimierung, stochastischen Regelkreisen und Robustheit bis zu nichtlinearen Systemen. *In der nunmehrigen zweiten Auflage sind 50 weitere Beispiele aufgenommen worden. Dabei wurden auch Fuzzy-Regelung, chaotische Regelung, Internal-Model-Control und differentiell flache Systeme angesprochen.*

Erwiesen ist, dass konkrete Problemstellungen mit Zahlenwerten, auch wenn sie einfach sind, wesentlich das Verständnis vertiefen, noch besser zur Erkenntnis beitragen als es mit allgemeinen Beziehungen möglich ist.

Bei den Beispielen ist auf Kürze und Prägnanz besonderer Wert gelegt worden; auf Kürze, die dennoch die wesentlichen Klippen oder Hürden aufzeigt. In der Auswahl ist bewusst auf eine gewisse Streuung abgezielt worden, teils auf sehr einfache Aufgabenstellungen, teils auch auf komplexere. Damit soll unterschiedlichsten Bedürfnissen für ein Intensivtraining Rechnung getragen werden.

Bilder sind eher zahlreich vertreten. Aus Platzgründen sind sie eher klein angelegt, um vor allem den prinzipiellen Verlauf von Kurven zu zeigen und wesentliche Bezifferungen aufzunehmen. Die breite Verfügbarkeit von Digitalrechnern und Laser-Druckern ermöglicht es heute fast jedem Leser, Diagramme in höherer Auflösung und Bezifferungsdichte herzustellen.

Als Weg der Durchrechnung ist überwiegend der analytische eingeschlagen; bietet er doch wegen der mathematisch-analytischen Darstellung ein Höchstmaß an Durchdringung und zeigt deutlich die Parameterverflechtung und -abhängigkeit. Bei der Behandlung von Beispielen ist auf die Überlegungsarbeit vor Eintritt in die eigentliche Rechenarbeit großer Wert gelegt worden. Die Aufgaben sind auch, wo immer dies möglich erscheint, derart abgemagert, dass eine Durchrechnung in analytisch geschlossener Form möglich ist. Ein Übergang zu höherer Problemordnung oder Komplexheit ist dann zumeist nur eine Frage des Aufwands oder der Unterstützung durch Digitalrechner samt einschlägiger Software.

Neben der analytischen Berechnung von regelungstechnischen Aufgaben nimmt die rechnergestützte Behandlung große Bedeutung ein, sei es zur nummerischen Auswertung, zur Lösung von Aufgaben, die nicht mehr in analytisch geschlossener Form dargestellt werden können oder entsprechend zeitaufwendig sind; weiters zur Lösung unter Parameter- und Angabenvielfalt, zur Diskussion und Abwägung zwischen Angaben einerseits und Lösungs- und Realisierungsaufwand andererseits. *Dem ist Rechnung getragen worden, dass über 30 Programme für nummerische und symbolische Computerunterstützung eingebaut wurden. Sie besitzen teilweise kleinen, teilweise größeren Umfang. Vorzugsweise wird MATLAB 6.1 eingesetzt, aber auch Simulink, MAPLE und ANA. Für einen raschen Erstzugang sind auch Kurzkurse für nummerische und symbolische Computerunterstützung aufgenommen worden.*

Mit dem mathematisch-analytischen Lösungsweg sollte man gut vertraut sein, bevor man sich gänzlich der Simulation widmet.

Auf die sehr universellen Instrumente MATLAB, MATHEMATICA, MAPLE, DERIVE sei generell verwiesen; den Zugang vermitteln Bücher und Manuals laut Literaturverzeichnis.

Aufgabenstellungen größeren Umfangs oder solche, charakterisiert durch höheren rechnerischen Aufwand oder mathematische Grenzfälle, sind durch * in der Überschrift gekennzeichnet.

Mehrere Universitätsassistenten waren im Laufe der Jahre mit den Aufgaben und ihrer Auswertung, je nach Prüfung oft in mehreren Varianten, befasst. Nach der vom Autor formulierten Aufgabenstellung widmeten sie sich der Auswertung und standen dem Autor zu Diskussionen zur Verfügung; oft weit über den in dieser Aufgabensammlung gebotenen Umfang hinaus. Es waren dies die Herren Universitätsassistenten Dipl.-Ing. Dr.techn. Hans Bauder, Dipl.-Ing. Dr.techn. Markus Glasl, Dipl.-Ing. Dr.techn. Alois Goiser, Dipl.-Ing. Dr.techn. Johannes Goldynia, Dipl.-Ing. Dr.techn. Wilhelm Haager, Dipl.-Ing. Dr.techn. Michael Haider, Dipl.-Ing. Dr.techn. Karl Helm, Dipl.-Ing. Dr.techn. Helmut Homole, Dipl.-Ing. Dr.techn. Rudolf Hornischer, Dipl.-Ing. Gerald Koller, Dipl.-Ing. Dr.techn. Oliver König, Dipl.-Ing. Dr. techn. Johann Marinits, Dipl.-Ing. Leopold Moosbrugger, a.o.Univ. Prof. Dipl.-Ing. Dr.techn. Robert Noisser, Dipl.-Ing. Dr.techn. Werner Pillmann, Dipl.-Ing. Dr.techn. Wolfgang Prechelmacher, Dipl.-Ing. Andreas Raschke und Dipl.-Ing. Dr.techn. Herbert Swaton.

Mit den Herren Dr. Goldynia, Dr. König und Dr. Hornischer ergaben sich die wohl ausführlichsten Diskussionen.

Die Institutssekretärin Frau Johanna Heinrich besorgte die Reinschrift mit großer Sorgfalt und sehr genauen LATEX-Kenntnissen. Frau Renate Pauker und Herr Fachoberlehrer Hermann Bruckner unterstützten mit organisatorischen Aufgaben.

Die Herren Ing. Franz Babler und Ing. Nikolaus Hofbauer erledigten sehr gewissenhaft das abschließende Umzeichnen etlicher Bilder mit TEXCAD und CorelDRAW. Dadurch wurde ein einheitliches Erscheinungsbild im Buchtext gewährleistet. Herr Wolfgang Fuchs half beim Layout und kniffligen Fragen der Textverarbeitung und ihrer Anpassung an die Institutsrechner.

Allen Genannten sei für ihre Mitarbeit und Unterstützungsbereitschaft bestens gedankt.

Der Springer-Verlag in Wien hat größte Unterstützung in allen Belangen geboten, besonders die Herren Prokurist Frank Christian May, Raimund Petri-Wieder, Mag. Franz Schaffer und Thomas Redl. Dafür und für die sehr gute Ausstattung sei dem Verlag der beste Dank ausgesprochen.

Wien, im November 1996 (erste Auflage)
Wien und Oberdrauburg, im Juli 2006   Alexander Weinmann

Inhaltsverzeichnis

Kapitel 1

Regelstrecken

1.1 Blockbildreduktion

Angabe: *Die Regelstrecke nach Abb. 1.1 ist nach ihren dominierenden dynamischen Eigenschaften zu entwickeln, ihre Ortskurve des Frequenzgangs zu zeichnen und die Anregelzeit anzugeben.*

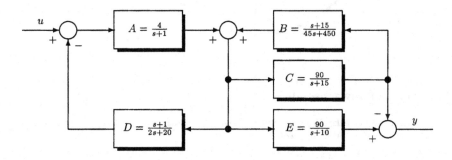

Abbildung 1.1: Blockbild der Regelstrecke

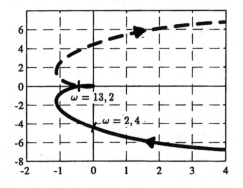

Abbildung 1.2:
Vollständige Frequenzgangs-Ortskurve der Regelstrecke $\frac{1800}{(s+1)(s+10)(s+15)}$
Mit MATLAB:
```
sysG=zpk([],[-1   -10   -15], 1800)
nyquist(sysG)
axis([-2  4   -8   8])
```

Lösung: Die Reduzierung liefert

$$G(s) = \frac{Y(s)}{U(s)} = (E - C)\frac{\frac{A}{1-BC}}{1 + \frac{AD}{1-BC}} = \frac{A(E - C)}{1 - BC + AD} = \frac{1800}{(s + 1)(s + 10)(s + 15)} \; . \tag{1.1}$$

Das System ist nicht schwingfähig, die dominierende Zeitkonstante liegt bei $T = 1$. Die Anregelzeit auf Stellgrößensprung in $u(t)$ liegt bei etwa $5\,T = 5$. Die vollständige Ortskurve $G(j\omega)$ zeigt die Abb. 1.2.

1.2   Polortskurven für ein PT$_2$-Element

Angabe: *Man gebe den Formelsatz an, wie sich bei einem allgemeinen PT$_2$-Element die Pole verändern, wenn der Dämpfungsgrad D von 0 bis ∞ schwankt, ω_N dabei aber fest bleibt.*
Lösung: Die beiden Lösungen $s_{1,2}$ lauten $s_{1,2} = (-D \pm \sqrt{D^2 - 1})\omega_N$. Die zugehörige graphische Interpretation als Polortskurve zeigt die Abb. 1.3.

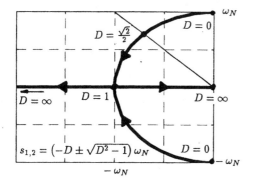

Abbildung 1.3: Wurzelortskurve des
PT$_2$-Elements über dem
Dämpfungsgrad D

1.3   Exponentiell anwachsende Störung

Angabe: *Die Eingrößenstrecke $G(s)$ wird durch eine exponentiell anwachsende Störung $W_d(s)$ am Streckeneingang erregt, siehe Abb. 1.4, wobei*

$$G(s) = \frac{V}{s + b}\,, \qquad W_d(s) = \frac{1}{s - a} \qquad \forall a > 0\,. \tag{1.2}$$

Der Regler $K(s)$ soll so bestimmt werden, dass der Ausgang $y(t)$ ein endliches Signal bleibt.
Lösung: Der Regelkreis liefert ein stabiles $Y(s)$, wenn der Regler einen Pol in der rechten Halbebene besitzt, der genau dem Pol des Störungssignals entspricht, also $K(s) = \frac{1}{s-a}$. Durch diese Wahl und von Abb. 1.4 erhält man

$$\frac{Y(s)}{W_d(s)} = \frac{\frac{V}{s+b}}{1 + \frac{1}{s-a}\frac{V}{s+b}} = \frac{V(s-a)}{(s-a)(s+b) + V}\,. \tag{1.3}$$

Aus der charakteristischen Gleichung ist Stabilität des Regelkreises zu erkennen

$$s^2 - (a - b)s - ab + V = 0 \quad \rightsquigarrow \quad s_{12} = \frac{a - b}{2} \pm \sqrt{\frac{(a - b)^2}{4} + ab - V}\,, \tag{1.4}$$

soferne $b > a$ and $V > ab$. Der Systemausgang lautet dann

$$Y(s) = \frac{V(s-a)}{(s - s_1)(s - s_2)}W_d(s) = \frac{V(s-a)}{(s - s_1)(s - s_2)(s - a)} = \frac{V}{(s - s_1)(s - s_2)}\,. \tag{1.5}$$

Die Stellgröße $U(s)$ und der resultierende Streckeneingang $U(s) + W_d(s)$ beträgt

$$U(s) = -Y(s)K(s) = -\frac{V}{(s - s_1)(s - s_2)(s - a)}\,, \tag{1.6}$$

$$U(s) + W_d(s) = \frac{1}{s - a}[1 - \frac{V}{(s - s_1)(s - s_2)}] = \frac{s - b}{(s - s_1)(s - s_2)}\,. \tag{1.7}$$

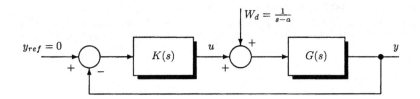

Abbildung 1.4: Regelkreis mit exponentiell anwachsender Störgröße

1.4 Störungsübertragungsfunktion

Angabe: *Ein PT_2-System ist zu analysieren. Es besteht in seinem Inneren aus einem Regelkreis mit folgender Störungsübertragungsfunktion*

$$F_{St}(s) = \frac{K}{s^2 + 2s + 5} \triangleq \frac{K}{s^2 + 2D\omega_N s + \omega_N^2}, \quad \text{daher } \omega_N = \sqrt{5}, \quad D = \frac{1}{\sqrt{5}}, \quad \sigma = D\omega_N = 1 . \quad (1.8)$$

Wie lauten Überschwingweite Δh, Überschwingzeit $T_Ü$ und Stoßantwort?
Lösung:

$$\Delta h = \exp\left(-\frac{\pi D}{\sqrt{1 - D^2}}\right) = e^{-\pi/2} = 0,208 \qquad T_Ü = \frac{\pi}{\omega_N\sqrt{1 - D^2}} = \frac{\pi}{2} = 1,57 . \quad (1.9)$$

Die Stoßantwort des Regelkreises lautet

$$g(t) = \mathcal{L}^{-1}\{F_{St}(s)\} = \mathcal{L}^{-1}\left\{\frac{K\frac{1}{2}2}{(s + 1)^2 + 4}\right\} = \frac{K}{2}e^{-t}\sin 2t . \quad (1.10)$$

1.5 Stoßantwort bei $D = 1$

Angabe: *Welche maximale Auslenkung zeigt die Stoßantwort eines PT_2-Systems für $D = 1$ und $\omega_N = 5$? Wann tritt der Maximalwert ein? Er ist zugleich Wendepunkt WP der Sprungantwort.*
Lösung:

$$G(s) = \frac{1}{1 + \frac{2D}{\omega_N}s + \frac{1}{\omega_N^2}s^2}\bigg|_{D=1} = \frac{1}{(1 + \frac{s}{\omega_N})^2} = \frac{\omega_N^2}{(s + \omega_N)^2} \quad \leadsto \quad g(t) = \mathcal{L}^{-1}\{G(s)\} = \omega_N^2 t e^{-\omega_N t} \quad (1.11)$$

$$\dot{g}(t) = 0 \leadsto \omega_N^2 e^{-\omega_N t} - \omega_N^3 t e^{-\omega_N t} = 0 \leadsto \omega_N t = 1 \leadsto t_{WP} = \frac{1}{\omega_N} = \frac{1}{5} \leadsto g(t_{WP}) = \omega_N e^{-1} = 1,839 . \quad (1.12)$$

1.6 Resonanzfrequenz, 0-dB-Durchtrittsfrequenz und Transientenfrequenz in Abhängigkeit vom Dämpfungsgrad

Angabe: *Zu dem PT_2-Element*

$$G(s) = \frac{1}{1 + \frac{2D}{\omega_N}s + \frac{1}{\omega_N^2}s^2} \quad (1.13)$$

sind als signifikante Frequenzen die Beziehungen Resonanzfrequenz $\omega_{rz} = \arg\max_\omega |G(j\omega)|$, 0-dB-Durchtrittsfrequenz ω_1 [$|G(j\omega_1)| = 1$] und Transientenfrequenz ω_0 in ihrem Gültigkeitsbereich über dem Dämpfungsgrad D festzuhalten und graphisch zu diskutieren.
Lösung: Die gefragten Frequenzen lauten (*Weinmann, A., 1994*)

$$\text{Resonanzfrequenz} \qquad \omega_{rz} = \omega_N\sqrt{1 - 2D^2} \qquad D < 0,7 \quad (1.14)$$

$$\text{0-dB-Durchtrittsfrequenz} \qquad \omega_1 = \sqrt{2}\,\omega_{rz} = \omega_N\sqrt{2}\sqrt{1 - 2D^2} \qquad D < 0,7 \quad (1.15)$$

$$\text{Transientenfrequenz} \qquad \omega_0 = \omega_N \sqrt{1 - D^2} \qquad D < 1 \,. \tag{1.16}$$

Der Gültigkeitsbereich ist in Abb. 1.5 verglichen. Punkte auf der Abszissenachse sind, auch wenn sie dort noch eingetragen, eigentlich ein Verweis darauf, dass die Kenngrößen null dort keine Bedeutung mehr besitzen.

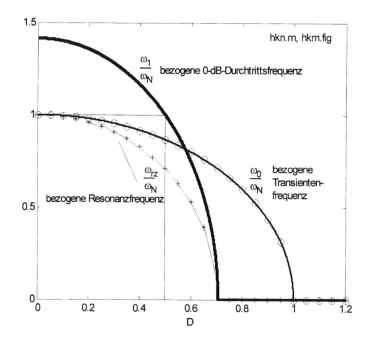

Abbildung 1.5: Vergleich signifikanter Frequenzen

1.7 Wendepunkt der Sprungantwort

Angabe: *Der Wendepunkt der Sprungantwort (zugleich Maximalwert der Stoßantwort) für ein PT_{2s}-System ist zu ermitteln.*
Lösung: Für $D < 1$ lautet die Gewichtsfunktion des PT_{2s}-Elements

$$g(\omega_N t) = \frac{\omega_N e^{-\omega_N D t}}{\sqrt{1 - D^2}} \sin \omega_N t \sqrt{1 - D^2} \,. \tag{1.17}$$

Aus dem Nullsetzen der Ableitung nach t ergibt sich $t = t_{WP}$, der Wendepunkt der Sprungantwort, zu

$$t_{WP} = \frac{1}{\omega_N \sqrt{1 - D^2}} \arctan \frac{\sqrt{1 - D^2}}{D} \,. \tag{1.18}$$

Für $D = 1$ ist $t_{WP} = 1/\omega_N$, ein Wert, der auch direkt aus Band 1, Kap. 2 (*Weinmann, A., 1994*) zu entnehmen ist, soferne die Berechnung mittels Doppelpol ($D = 1$) besorgt wird.

Der Wert der Stoßantwort bei $t = t_{WP}$, also im Maximum, folgt mit den Zwischenrechnungen

$$\sin \omega_N [t_{WP}] \sqrt{1 - D^2} = \sin \omega_N \left[\frac{1}{\omega_N \sqrt{1 - D^2}} \arctan \frac{\sqrt{1 - D^2}}{D} \right] \sqrt{1 - D^2} \stackrel{\triangle}{=} \sin x = \frac{\tan x}{\sqrt{1 + \tan^2 x}} \,. \tag{1.19}$$

Dies führt mit $\tan x = \frac{\sqrt{1 - D^2}}{D}$ zu dem Ergebnis

$$\sin \omega_N t_{WP} \sqrt{1 - D^2} = \frac{\frac{\sqrt{1 - D^2}}{D}}{\sqrt{1 + \frac{1 - D^2}{D^2}}} = \sqrt{1 - D^2} \tag{1.20}$$

$$g(\omega_N t_{WP}) = \frac{\omega_N e^{-D\omega_N t_{WP}}}{\sqrt{1-D^2}}\sqrt{1-D^2} = \omega_N e^{-\frac{D}{\sqrt{1-D^2}}} \arctan \frac{\sqrt{1-D^2}}{D} \ . \tag{1.21}$$

1.8   PT₂-System

Angabe: *Ein PT₂-System $F(s)$ besitzt eine Verstärkung 1 und einen Dämpfungsgrad $D = 1$ sowie eine allgemeine Schwingungskreisfrequenz ω_N. Man berechne Sprungantwort $h(t)$, Impulsantwort $g(t)$ und $\dot{g}(t)$.*
Lösung:

$$F(s) = \frac{1}{1 + \frac{2}{\omega_N}s + \frac{1}{\omega_N^2}s^2} = \frac{1}{(1 + \frac{s}{\omega_N})^2} = \frac{\omega_N^2}{(s + \omega_N)^2} \tag{1.22}$$

$$H(s) = \frac{F(s)}{s} = \frac{A}{s} + \frac{B}{s + \omega_N} + \frac{C}{(s + \omega_N)^2} = \frac{1}{s} - \frac{1}{s + \omega_N} - \frac{\omega_N}{(s + \omega_N)^2} \tag{1.23}$$

$$h(t) = \mathcal{L}^{-1}\{H(s)\} = [1 - e^{-\omega_N t}(1 + \omega_N t)]\,\sigma(t) \tag{1.24}$$

$$g(t) = \dot{h}(t) = [\omega_N\,e^{-\omega_N t}(1 + \omega_N t) - \omega_N e^{-\omega_N t}]\,\sigma(t) = [\omega_N^2\,t\,e^{-\omega_N t}]\,\sigma(t) \tag{1.25}$$

$$\dot{g}(t) = [\omega_N^2\,e^{-\omega_N t} - \omega_N^2\,t\,\omega_N\,e^{-\omega_N t}]\,\sigma(t) = [\omega_N^2\,e^{-\omega_N t}(1 - \omega_N t)]\,\sigma(t) \ . \tag{1.26}$$

1.9   Ortskurve eines Elements mit Totzeit

Angabe: *Die Ortskurve für $F(s) = \frac{1}{1 - e^{-sT}}$ für $s = j\omega$ ist darzustellen.*
Lösung: Die Ortskurve ist eine Gerade, die unendlich oft durchlaufen wird. Aus der Inversion eines Kreises $1 - e^{-j\omega T}$, der durch den Ursprung geht, ist dies leicht einzusehen. Für $T = \pi$ ist die Ortskurve in Abb. 1.6 gezeigt.

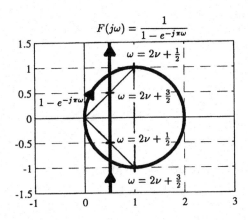

$$F(j\omega) = \frac{1}{1 - e^{-j\pi\omega}}$$

Abbildung 1.6: Ortskurve von $\frac{1}{1 - e^{-sT}}$
für $s = j\omega$

1.10   Identifikation einer Regelstrecke

Angabe: *Mit einem PT₁-Regler $K(s) = \frac{3}{s+12}$ wird eine Strecke $G(s)$ geregelt. Bei Ersatz der Rauschgröße $n_r(t)$ durch einen Dirac-Stoß zeigt das System gemäß Abb. 1.7 eine Reaktion der Stellgröße $u(t)$ von $u(t) = -4e^{-10t} + 2e^{-2t} - e^{-0,1t}$. Wie lautet $G(s)$?*
Lösung:

$$\frac{U(s)}{N_r(s)} = \frac{-K(s)}{1 + K(s)G(s)} \tag{1.27}$$

$$U(s) = -\frac{4}{s + 10} + \frac{2}{s + 2} - \frac{1}{s + 0,1} = \frac{-3(s^2 + 0,066s + 6,266)}{(s + 10)(s + 2)(s + 0,1)} \ . \tag{1.28}$$

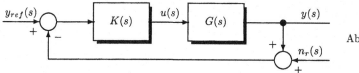

Abbildung 1.7: Blockbild des Regelkreises

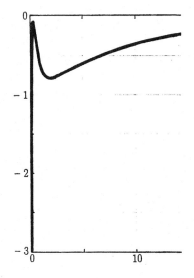

Abbildung 1.8: Stoßantwort-Stellgröße $u(t)$ entsprechend Gl.(1.28)

Mit MATLAB ergeben sich identische Ergebnisse als figure(1) und figure(2):

```
num= [-3 -3*0.66 -3*6.266]
den=conv(conv([1 10],[1 2]),[1 0.1])
U=tf(num,den)
figure(1)
impulse(U)

sysK=tf(3,[1 12])
sysG=tf([1/90 4.71 -24.46],[1 0.2/3 18.8/3])
figure(2)
sysFu=feedback(sysK,sysG)
impulse(-sysFu)
```

Einsetzen liefert die Bestätigung, dass

$$G(s) = \frac{\frac{s^2}{90} + 4,71s - 24,46}{s^2 + \frac{0,2}{3}s + \frac{18,8}{3}} \tag{1.29}$$

die zugehörige Streckenübertragungsfunktion ist. Die Stoßantwort $u(t)$ zeigt die Abb. 1.8.

1.11   Greiferkran

Angabe: *Ein Greiferkran sei durch Greifer- und Laufkatzenposition $x_G(t)$ bzw. $x_K(t)$ beschrieben und dämpfungsfrei angenommen. Welche Reaktion ergibt sich für rampenförmige Katzbewegung aus einer Ruhelage?*
Lösung: Die Übertragungsfunktion zwischen Katze und Greifer sei näherungsweise durch ein Polpaar bei $\pm j\omega_o$ angesetzt

$$\frac{X_G(s)}{X_K(s)} = \frac{1}{1 + s^2/\omega_o^2} \ . \tag{1.30}$$

Bei Anregung dieses „hängenden Pendels" durch eine rampenförmige Katzbewegung $x_K(t) = t \ (t > 0)$ ergibt sich für $x_G(t)$

$$X_G(s) = \frac{1}{s^2} \frac{1}{1 + s^2/\omega_o^2} \quad = \frac{1}{s^2} - \frac{1}{s^2 + \omega_o^2} \quad \leadsto \quad x_G(t) = -\frac{1}{\omega_o}\sin\omega_o t + t \quad t \geq 0 \ . \tag{1.31}$$

1.12 Aufgestelltes Pendel

Angabe: *Eine Masse* m *werde über einen masselosen Stab der Länge* l *balanciert. Welche Übertragungsfunktion besteht zwischen der Anstellkraft* f *am unteren Stabende in horizontaler Richtung und dem Stabwinkel* α *mit der Vertikalen?*
Lösung: Aus $x_m = x + l \sin \alpha$ folgt

$$\ddot{x}_m - \ddot{x} \overset{\triangle}{=} \ddot{e} = l\ddot{\alpha}\cos\alpha - l\dot{\alpha}^2\sin\alpha \ . \tag{1.32}$$

Für α nahe null erhält man $\ddot{e} = l\ddot{\alpha}$ und $f(t) = m\ddot{e} = ml\ddot{\alpha}$; daraus schließlich

$$\frac{\alpha(s)}{f(s)} = \frac{1}{ml}\frac{1}{s^2} \ . \tag{1.33}$$

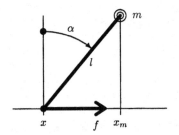

Abbildung 1.9: Aufgestelltes Pendel

1.13 Heizungsregelstrecke

Angabe: *Eine Flüssigkeit strömt mit konstanter Geschwindigkeit durch ein Metallrohr (siehe Abb. 1.10). Die Durchflusszeit durch die Aufwärmstrecke beträgt* T_r, *vom Ende der Aufwärmstrecke bis zum Temperaturfühler verstreicht eine weitere Zeit von* T_d. *In der Aufwärmstrecke wird zeitproportionales Anwachsen der Temperatur angenommen. Welches dynamische Verhalten liegt vor?*
Lösung: Das zugehörige regelungstechnische Blockbild ist in Abb. 1.11 gezeigt, die Übertragungsfunktion lautet

$$\frac{Y(s)}{U(s)} = G(s) = \frac{K}{T_r}\frac{1}{s}\left[e^{-sT_d}(1 - e^{-sT_r})\right] \ . \tag{1.34}$$

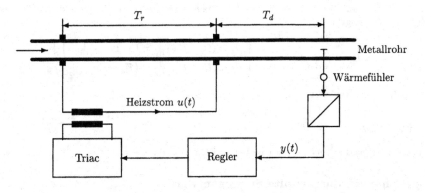

Abbildung 1.10: Geräteprinzipbild der Heizungsregelstrecke

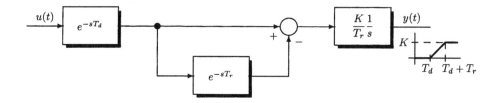

Abbildung 1.11: Blockschaltbild der Heizungsregelstrecke

1.14 Ortskurve des Frequenzgangs eines PDT$_3$-Elements

Angabe: *Die Frequenzgangsortskurve von $G(s)$ für $s = j\omega$ und $V = 200$ ist zu zeichnen*

$$G(s) = \frac{V(1+s)}{1000 - V + (300 - V)s + 30s^2 + s^3} \tag{1.35}$$

Lösung: Die Lösung ist in Abb. 1.12 gezeigt.

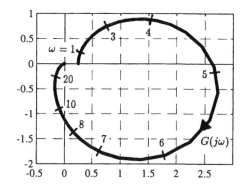

Abbildung 1.12: Ortskurve des Frequenzgangs $G(j\omega)$ des PDT$_3$-Elements nach Gl.(1.35)
Mit MATLAB:
V=200;
num=[V V]; den=[1 30 300-V 1000-V];
sysG=tf(num,den);
nyquist(sysG)

1.15 Allpass in Operationsverstärkerbeschaltung

Angabe: *Welches Übertragungsverhalten besitzt ein idealer Operationsverstärker ($i_{e1} = 0$, $u_{e0} = 0$) mit Beschaltung nach Abb. 1.13? Wie sieht das dazugehörige Bodediagramm (in Amplitude und Phase) aus?*
Lösung: Mit $U_P = U_N$ folgt aus

$$U_P = U_1 \frac{\frac{1}{sC}}{R_2 + \frac{1}{sC}} = U_1 \frac{1}{1 + sR_2C} \quad \leadsto \quad \begin{cases} I_1 = (U_1 - U_N)\frac{1}{R_1} = U_1\left(1 - \frac{1}{1+sR_2C}\right)\frac{1}{R_1} \\ I_2 = (U_2 - U_N)\frac{1}{R_1} = \left(U_2 - U_1\frac{1}{1+sR_2C}\right)\frac{1}{R_1} . \end{cases} \tag{1.36}$$

Mit $i_{e1} = 0$ und $I_1 = -I_2$ resultiert

$$U_1\left(1 - \frac{1}{1 + sCR_2}\right) = -U_2 + U_1\frac{1}{1 + sR_2C} \quad \leadsto \quad \frac{U_2}{U_1} = G(s) = \frac{1 - sCR_2}{1 + sCR_2} = \frac{1 - sT_a}{1 + sT_a} , \tag{1.37}$$

also die Eigenschaft Allpass mit $|G(j\omega)| = 1$ und einer Phase von 0 bis $-\pi$.

1.16 Logarithmisch dargestellte Sprungantwort

Angabe: *Eine PT$_1$-Strecke wird von einem Sprung der Höhe 2 angeregt. Der Verlauf des gemessenen Streckenausgangs $y(\infty)$ abzüglich $y(t)$ wurde logarithmisch über der (linearen) Zeit aufgetragen. Er zeigt*

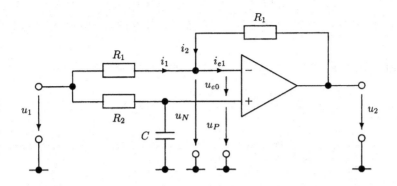

Abbildung 1.13: Operationsverstärker in Allpass-Beschaltung

von $t = 0$ bis 0,5 einen linearen Verlauf von log 4 bis log 0,4. Welche Zeitkonstante und Verstärkung hat die PT_1-Strecke?

Lösung: Nachdem die Sprungantwort von $\log 4 \doteq 0,6$ auf $\log 0,4 = 0,6 - 1 = -0,4$ fällt, lautet sie analytisch

$$\log [y_\infty - y(t)] = 0,6 - \frac{0,6 - (-0,4)}{0,5}t = 0,6 - 2t . \tag{1.38}$$

Die Sprungantwort der PT_1-Strecke folgt bekannterweise zu $y(t) = 2K(1 - e^{-\frac{t}{T}})$. Daher resultiert die Differenz $y_\infty - y(t) = 2Ke^{-\frac{t}{T}}$. Durch Gleichsetzung erhält man

$$\log [y_\infty - y(t)] = \log 2K + \log e^{-\frac{t}{T}} = 0,6 - 2t \tag{1.39}$$

und durch Koeffizientenvergleich von t^0 und t^1

$$\log 2K = 0,6 \rightsquigarrow K = 2 ; \quad \log e^{-\frac{t}{T}} = -\frac{t}{T}\log e = -2t \rightsquigarrow T = \frac{\log e}{2} = 0,217 . \tag{1.40}$$

1.17 SIMO-Regelstrecke

Angabe: *Gegeben ist die Regelstrecke mit zwei Ausgängen und einem Eingang*

$$\mathbf{A} = \begin{pmatrix} -1 & 1 \\ 1 & 0 \end{pmatrix} , \quad \mathbf{b} = \begin{pmatrix} 0 \\ 1 \end{pmatrix} , \quad \mathbf{C} = \begin{pmatrix} 1 & 4 \\ 1 & 2 \end{pmatrix} ; \quad \mathbf{e} = \begin{pmatrix} e_1 \\ e_2 \end{pmatrix} = \mathbf{y}_{ref} - \begin{pmatrix} y_1 \\ y_2 \end{pmatrix} . \tag{1.41}$$

Für welche Regler $\mathbf{k} = (-k_1 \ -k_2)^T$ *mit* $u = \mathbf{k}^T\mathbf{e}$ *liegt Stabilität vor?*

Lösung: Für den Regelkreis folgt

$$\mathbf{A}_{cl} = \mathbf{A} + \mathbf{bk}^T\mathbf{C} = \begin{pmatrix} -1 & 1 \\ 1 - k_1 - k_2 & -4k_1 - 2k_2 \end{pmatrix} . \tag{1.42}$$

Stabilität liegt vor, wenn das charakteristische Polynom $(s\mathbf{I} - \mathbf{A})$ ein Hurwitz-Polynom ist. Dies ist der Fall, wenn alle Koeffizienten positiv sind. Bei $4k_1 + 2k_2 + 1 > 0$ und $5k_1 + 3k_2 - 1 > 0$ ist dies der Fall; explizit für $k_2 > -0,5 - 2k_1$ bei $k_1 \leq -2,5$ und $k_2 > 0,\dot{3} - 2,6\dot{6}k_1$ bei $k_1 \geq -2,5$.

1.18 Trajektorien eines IT_1-Systems

Angabe: *Welche Beziehungen im $(\dot{x}$-$x)$-Diagramm beschreiben die Trajektorien von $T\ddot{x} + \dot{x} = Ku$ mit einem Ruhezustand $(\dot{x})_f$ als Endzustand?*

Lösung: Für konstante Stellgröße $u(t) = u_o$ folgt

$$T\ddot{x} + \dot{x} = Ku_o \rightsquigarrow T\frac{d\dot{x}}{dx}\dot{x} + \dot{x} = Ku_o \triangleq C ; \quad \dot{x} \triangleq v \rightsquigarrow dx = T\frac{v}{C - v}dv \tag{1.43}$$

$$x = T \int_v^0 \frac{v}{C-v} dv = \bigg|_{C-v=y} = T \int_y^{y_f} (1 - \frac{C}{y}) dy = \tag{1.44}$$

$$x = T\dot{x} - TKu_o \ln|Ku_o - \dot{x}| + K_1 . \tag{1.45}$$

1.19   Motorenanlauf

Angabe: *Ein Motor mit den Nenndaten $P_N = 170$ kW, $\eta = 0,94$, $n_N = 980$ [U/min] und $U_N = 440$ [V] wird bei konstantem Lastmoment $M_L = 1200$ [Nm] über einen Stromrichter angelassen. Die Spannung wird dabei so eingestellt, dass der Anlaufstrom $I_A = 1,5\,I_N$ beträgt. Das Gesamtträgheitsmoment ist $I = 500$ [kg m²]. Durch welche Anlaufzeit t_A fließt der maximale Anlaufstrom I_A und wie groß ist die Winkelbeschleunigung? Welches dynamische Verhalten besitzt der Antrieb unter der Annahme stromproportionalen Drehmoments als Übertragungsfunktion Ankerstrom zu Drehzahl?*
Lösung: Zunächst folgt die Nennwinkelgeschwindigkeit zu $\omega_N = 102,63$ [Radiant/Sekunde] und das Motornennmoment aus

$$M_N = \frac{P_N \eta}{\omega_N} = 1557 \text{ [Nm] } . \tag{1.46}$$

Wird das Moment stromproportional angenommen, so ist das Anlaufmoment $1,5\,M_N = 2338$ [Nm]. Weiters erhält man

$$I\dot{\omega}_n = M_M - M_L \quad \leadsto \quad t_A = \frac{I\omega_N}{M_M - M_L} = \frac{500 \cdot 102,63}{2338 - 1200} = 45,1 \text{ [Sekunden] } . \tag{1.47}$$

Die Anlaufwinkelbeschleunigung ist $\frac{2338-1200}{500} = 2,276$. Aus $I\dot{\omega}_n = \alpha I_A - 1200 \overset{\triangle}{=} \alpha i_a$ folgt $\frac{\Delta\omega_n(s)}{\Delta i_A(s)} = \frac{\alpha}{Is}$.

1.20   Regelstrecke in Form einer Differenzengleichung

Angabe: *Wie sieht zu folgender Differenzengleichung einer Regelstrecke*

$$x(i+1) - ax(i) = c \tag{1.48}$$

mit $x(0) = x_o$ die z-Übertragungsfunktion und wie die Stoßantwort aus?
Lösung: Mit Benützung der Verschiebungsregel resultiert

$$zX(z) - z\overbrace{x(0)}^{x_o} - aX(z) = \frac{cz}{z-1} \quad \leadsto \quad X(z) = \frac{cz + zx_o(z-1)}{(z-1)(z-a)} \overset{\triangle}{=} \frac{Az}{z-1} + \frac{Bz}{z-a} \tag{1.49}$$

$$A = \frac{c}{1-a} \quad B = x_o - \frac{c}{1-a} \quad \leadsto \quad X(z) = \frac{c}{1-a}\frac{z}{z-1} + (x_o - \frac{c}{1-a})\frac{z}{z-a} \tag{1.50}$$

$$x(t) = \frac{c}{1-a} + (x_o - \frac{c}{1-a})e^{\ln at} = c\frac{a^t - 1}{a-1} + x_o a^t . \tag{1.51}$$

1.21   Motorenanlaufverhalten

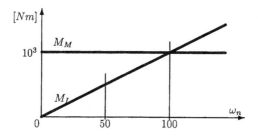

Abbildung 1.14: Motor- und Lastmoment über der Winkelgeschwindigkeit

Angabe: *Man bestimme das Anlaufverhalten und die Anlaufzeit t_1 für $0 \leq \omega_n \leq 50$ in Abhängigkeit vom Trägheitsmoment I, und zwar unter den Vorgaben $M_M = 10^3$, $M_L = 10\omega_n$ nach Abb. 1.14.*

Lösung: Die Abb. 1.15 resultiert aus

$$I\dot{\omega}_n = M_M - M_L = M_M - 10\omega_n \quad \leadsto \quad \dot{\omega}_n + \frac{10}{I}\omega_n = \frac{1}{I}M_M \qquad (1.52)$$

$$\omega_n(t) = 100(1 - e^{-\frac{10t}{I}}); \quad \omega_n(t_1) = 50 \quad \leadsto \quad \omega_n(t_1) = 100(1 - e^{-\frac{10}{I}t_1}) = 50 \quad \leadsto \quad t_1 = \frac{\ln 2}{10}I = 0,07\,I\,.$$
$$(1.53)$$

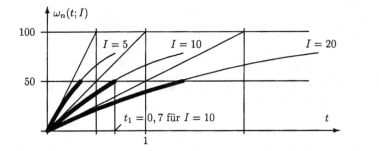

Abbildung 1.15:
Verlauf $\omega_n(t; I)$

1.22 Fahrleistung

Angabe: *Ein Straßenbahnzug mit der Leermasse $m_L = 22 \cdot 10^3$ kg ist für 200 Personen zugelassen. Die Antriebsleistung bei einer Geschwindigkeit $v = 60$ km/h auf einer Strecke mit der Steigung 3 Promille ist zu berechnen. Der Wirkungsgrad des Fahrwerkes beträgt $\eta = 0,95$ und der spezifische Fahrwiderstand für Rillenschienen 10N/1000N.*

Lösung:
Gesamtmasse $m = m_L + 200 m_{Pers} = 20 \cdot 10^3 + 200 \cdot 70 = 36 \cdot 10^3$ kg
Vertikale Kraft $F_v = 36 \cdot 10^3 \cdot 9,81 = 353,2$ kN
Steigungskraft $F_s = F_v \sin\frac{3}{1000} = 1,0595$ kN
Kraft senkrecht zur Schiene $F_N = F_v \cos\frac{3}{1000} = 353$ kN
$\leadsto$ Rollreibungskraft $F_R = \frac{10}{1000}F_N = 3,5$ kN
Fahrgeschwindigkeit $v = 60$ km/h $= 16,67$ m/s
Fahrleistung $P = (F_R + F_s)v\frac{1}{\eta} = 80,56$ kW .

1.23 Synthetische Division

Angabe: *Vom Übertragungsglied $G(s) = \frac{s+1}{s+2}$ ist die Sprungantwort an den Stellen $t = 0$ und $t = 0,5$ zu berechnen, indem die Laplacetransformierte $X_a(s)$ in eine Potenzreihe in s^{-1} entwickelt und danach in den Zeitbereich rücktransformiert wird.*

Lösung:

$$X_a(s) = \frac{s+1}{s(s+2)} = \frac{s+1}{s^2+2s} \doteq s^{-1} - s^{-2} + 2s^{-3} - 4s^{-4} + 8s^{-5} - 16s^{-6}\ldots \qquad (1.54)$$

$$x_a(t) \doteq 1 - t + t^2 - 0,67t^3 + 0,33t^4 - 0,13t^5 \quad \leadsto \quad x_a(0,5) \doteq 1 - 0,5 + 0,25 - 0,08 + 0,02 - 0,004 = 0,69\,.$$
$$(1.55)$$

1.24 Bode-Diagramm, exakt und in Polygon-Approximation

Angabe: *Welche Aussage liefert das Bode-Diagramm in Polygonapproximation zu*

$$G(s) = \frac{1+4s}{(1+8s)(1+1,2s+9s^2)} \quad bei \quad \omega = 0,3\ ? \qquad (1.56)$$

Lösung: Zufolge kleinen Dämpfungsgrads $D = 0,2$ des zweiten Nennerteils zeigt das Bode-Diagramm Abb. 1.16 in Resonanznähe (bei $\omega \doteq 0,3$) eine Abweichung um fast 10 dB, ist also in diesem Bereich wenig repräsentativ.

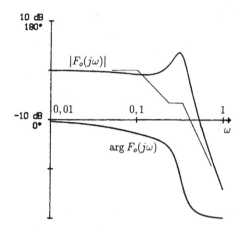

Abbildung 1.16:
Bode-Diagramm zu Gl.(1.56).
Mit MATLAB:
`bode([9 1],conv([4 1],[9 1.2 1])).`
$|G(j0.3)|$ erhält man aus
`real(polyval([4 1],`
`j*0.3)/polyval([9 1.2 1], j*0.3))`

1.25 Frequenzgangsermittlung aus der Sprungantwort

Angabe: *Aus der Sprungantwort $h(t) = 7 - (7 + 3,5\,t)e^{-\frac{t}{2}}$ ist durch Approximation mit einer Treppenfunktion der Frequenzgang des Übertragungsgliedes für $\omega = 0;\ 0,5;$ und 1 näherungsweise zu bestimmen.*
Lösung: Die Lösung ist in Abb. 1.17 gezeigt. Die Näherungen sind durch kleine Ringe, die wahren Werte durch die voll ausgezogene Kurve $G(j\omega)$ gezeigt. Die Näherung ist durch sechs Sprungfunktionen mit den Totzeiten T_1 bis T_6 besorgt worden.

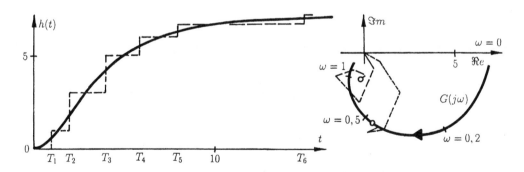

Abbildung 1.17: Sprungantwortapproximation von $h(t) = 7 - (7 + 3,5\,t)e^{-t/2}$ und Frequenzgang

1.26 Nominal-Stationärleistung Kranantrieb

Angabe: *Ein 8-Tonnen-Laufkran sei als ein Kran definiert, der die Masse von 8 Tonnen zu heben und zu bewegen vermag. Der Kran hat eine Eigenmasse der Laufkranbrücke von 2 Tonnen und eine Eigenmasse der Katze von 3 Tonnen. Es sollen die Geschwindigkeiten für Heben 10 m/min, Fahren der Katze 25 m/min und Fahren der Brücke 50 m/min realisiert werden. Die Antriebsleistung des Hub-, Katz- und Brückenfahrwerkes sind zu berechnen, wenn der Wirkungsgrad für jeden Antrieb $\eta = 0,7$ beträgt. Der spezifische Fahrwiderstand für die Gleitlager der Katze und der Brücke beträgt 30N/1000N.*

Lösung: Als Antriebsleistung findet man

$$\text{für den Hubmotor}\quad 9,81[\text{m/sek}^2]\cdot 8\cdot 10^3[\text{kg}]\cdot\frac{10[\text{m}]}{60[\text{sek}]}\cdot\frac{1}{0,7}=18,7[\text{kW}]\ ,\tag{1.57}$$

$$\text{für den Katzmotor}\quad 9,81\cdot 11\cdot 10^3\cdot\frac{25}{60}\cdot\frac{1}{0,7}\cdot\frac{30}{1000}=1,93[\text{kW}]\tag{1.58}$$

$$\text{und für den Brückenmotor}\quad 9,81\cdot(8+2+3)\cdot 10^3\cdot\frac{50}{60}\cdot\frac{1}{0,7}\cdot\frac{30}{1000}=4,55[\text{kW}]\ .\tag{1.59}$$

1.27 IT_t-System

Angabe: *Der Frequenzgang und die Sprungantwort von $F_o(s)=\frac{1}{3s}e^{-3s}$ sind zu bestimmen.*
Lösung: Den Frequenzgang

$$F_o(j\omega)=-\frac{\sin 3\omega}{3\omega}-j\frac{\cos 3\omega}{3\omega}\ ,\quad |F_o(j\omega)|=\frac{1}{3\omega}\ ,\quad \arg F_o(j\omega)=-3\omega-\frac{\pi}{2}\tag{1.60}$$

zeigt die Abb. 1.18. Die Sprungantwort ist eine Rampe, die bei $t=3$ bei null beginnt und die Steigung $1/3$ besitzt. Man beachte $\lim_{\omega\to 0}=-1$.

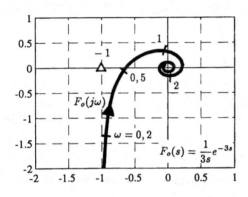

Abbildung 1.18:
Frequenzgangsortskurve des
IT_t-Systems

1.28 Linearisierung an einer Synchronmaschine

Angabe: *Eine Synchronmaschine wird durch folgende Gleichungen beschrieben*

$$m_{el}=\frac{u_p u_s}{\omega_{mo}x_d}\sin\vartheta\ \text{(elektr. Moment)};\quad m_d=k_d\,\dot\vartheta\ \text{(Dämpfungsmoment)};\quad \tau\ddot\vartheta=m_A-m_{el}-m_d\ \text{(Drallsatz)}.\tag{1.61}$$

Welche linearisierte Übertragungsfunktion $G(s)=\frac{\Delta\vartheta(s)}{\Delta m_A(s)}$ im Arbeitspunkt ϑ_o, m_{Ao} findet man durch die Ansätze $\vartheta=\vartheta_o+\Delta\vartheta$ und $m_A=m_{Ao}+\Delta m_A$?
Lösung: Man erhält

$$\tau\ddot\vartheta+\frac{u_p u_s}{\omega_{mo}x_d}\sin\vartheta+k_d\dot\vartheta=m_A\ .\tag{1.62}$$

Wird der stationäre Zustand $m_{Ao}=\frac{u_p u_s}{\omega_{mo}x_d}\sin\vartheta_o$ eingesetzt, so erhält man mit $\sin\vartheta\doteq\sin\vartheta_o+\cos\vartheta_o\Delta\vartheta$

$$\tau\Delta\ddot\vartheta+k_d\Delta\dot\vartheta+\frac{u_p u_s}{\omega_{mo}x_d}\sin\vartheta_o+\frac{u_p u_s}{\omega_{mo}x_d}\cos\vartheta_o\Delta\vartheta=m_{Ao}+\Delta m_A\ .\tag{1.63}$$

Das Resultat lautet schließlich

$$G(s)=\frac{\Delta\vartheta(s)}{\Delta m_A(s)}=\frac{1}{\tau s^2+k_d s+\frac{u_p u_s}{\omega_{mo}x_d}\cos\vartheta_o}\ .\tag{1.64}$$

1.29 Sprungantwort mit endlichen Anfangsbedingungen

Angabe: *Ein PT_2-Glied ist gegeben*

$$G(s) = \frac{1}{s^2 + s + 1} = \frac{Y(s)}{U(s)} \ , \tag{1.65}$$

weiters der Eingang $u(t) = 5$ für $t > 0$ und die Anfangsbedingungen $y(0) = 0$ $\dot{y}(0) = 3$. Welches Aussehen hat $y(t)$, welchen Maximalwert (Überschwingweite), welche Ausgleichszeit $|y - y(\infty)| < r_f = 4\%$?
Lösung: Daraus folgt

$$Y(s) = \frac{5}{s} \frac{1}{1 + s + s^2} + \frac{3}{1 + s + s^2} = 5 \left(\frac{1}{s} - \frac{s + \frac{2}{5}}{s^2 + s + 1} \right) \tag{1.66}$$

$$y(t) = 5 \left[1 - 1,007 \, e^{-0,5t} \, \sin(0,866\, t + 1,686) \right] \ . \tag{1.67}$$

Die Sprungantwort unter den gegebenen Anfangsbedingungen samt Ergänzungen zeigt die Abb. 1.19.

Abbildung 1.19: Sprungantwort des
Systems mit endlichen
Anfangsbedingungen
Mit MATLAB:

```
sysG1=tf([3 5],[1 1 1 0]);
[yr,tr]=impulse(sysG1)
[maxyr, trmax]=max(yr);
L=length(yr); rf=0.04; jj=1
while abs(yr(L-jj+1)-5)/5 < rf,
tfin=(L-jj)*max(tr)/L; jj=jj+1;
    end
```

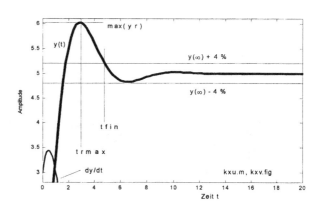

1.30 Bode-Diagramm eines hochgradig schwingungsfähigen Systems

Angabe: *Das Bode-Diagramm zu*

$$G(s) = \frac{(s + 0,0032)(s^2 + 30s + 309)}{(s^2 + 27s + 238)(s^2 + 0,0023s + 0,024)} \tag{1.68}$$

ist zu diskutieren.
Lösung: Die Terme zweiter Ordnung in Zähler und Nenner besitzen folgende Schwingungsdaten

$$\omega_{N1} = 17,6 \qquad D_1 = 0,85 \tag{1.69}$$
$$\omega_{N2} = 15,4 \qquad D_2 = 0,87 \tag{1.70}$$
$$\omega_{N3} = 0,15 \qquad D_3 = 0,007 \ . \tag{1.71}$$

Das Bode-Diagramm in Abb. 1.20 zeigt den exakten Verlauf.

1.31 Sprungantwort eines ungedämpften Systems

Angabe: *Welche Sprungantwort besitzt das System der Abb. 1.21 ?*
Lösung: Im Laplace-Unterbereich folgt

$$s^2 Y(s) - sy(0) - \dot{y}(0) + 9Y(s) = \frac{1}{s} \quad \rightsquigarrow \quad Y(s) = \frac{1}{9} \left(\frac{1}{s} - \frac{s}{s^2 + 9} \right) + \frac{1}{s^2 + 9} \tag{1.72}$$

$$y(t) = \frac{1}{9} (1 - \cos 3t) + \frac{1}{3} \sin 3t \qquad t \geq 0 \ . \tag{1.73}$$

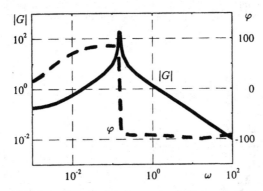

Abbildung 1.20: Bode-Diagramm zu $G(s)$ nach Gl.(1.68)

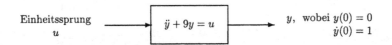

Abbildung 1.21: Ungedämpftes PT$_2$-System

1.32   Sprungantwort unter verschiedenen Anfangsbedingungen

Angabe: *Für $t < 0,5$ gilt in Abb. 1.22 $y_{ref}(t) = 0$, $y(t) = 0$, $\dot{y}(t) = 0$. Wie verläuft $y(t)$, wenn y_{ref} zum Zeitpunkt $t_1 = 0,5$ einen Einheitssprung ausführt? Was ändert sich am Ergebnis, wenn $y(t) = 1$ für $t < t_1$ war?*

Lösung: Für $y(t) = 0$ für $t_1 = 0,5$ gilt

$$Y(s) = \frac{1}{s}e^{-0,5s}\left(\frac{5}{s+1} - \frac{1}{s}\right) \;\rightsquigarrow\; \begin{cases} y(t) = 5[1 - e^{-(t-0,5)}] - (t - 0,5) & t > 0,5 \\ y(t) = 0 & t \le 0,5 \end{cases} \qquad (1.74)$$

Bei $y(t) = 1$ für $t < t_1 = 0,5$ folgt, dass bloß 1 addiert wird.

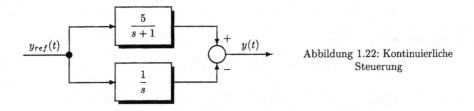

Abbildung 1.22: Kontinuierliche Steuerung

1.33   Bode-Diagramm mit schlechter Polygonapproximation

Angabe: *Das Bode-Diagramm zu*

$$G(s) = \frac{330}{(s + 6)(s^2 + 2s + 25)} \qquad (1.75)$$

ist auf seine Aussagefähigkeit in der Polygonapproximation zu untersuchen.

Lösung: Das Bode-Diagramm in der Abb. 1.23 zeigt eine schlechte Polygonapproximation, gilt doch für das Teilelement zweiter Ordnung $\omega_N = 5$, $D = 0,2$. Die Resonanzfrequenz des PT_2-Teils liegt bei $\omega_{rz} = \omega_N \sqrt{1 - 2D^2} = 4,8$. Die Überhöhung bei der Resonanzfrequenz beträgt 2,55.

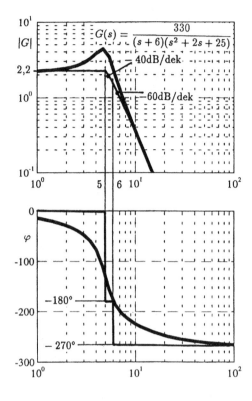

Abbildung 1.23: Bode-Diagramm zu $G(s) = \dfrac{330}{(s + 6)(s^2 + 2s + 25)}$

Mit MATLAB als Serienschaltung im Frequenzbereich {1, 10}:

```
G1=tf([330],[1 6]);
G2=tf([1],[1 2 25]);
G=series(G1,G2)
bode(G,1,10)
```

1.34 Streckenidentifikation

Angabe: *Aus der Gewichtsfunktion (des mit dem Hilfsregler $K_H(s)$ geschlossenen Regelkreises) $0,02712e^{-0,19097\,t}\sin 0,32003\,t$ sind die Streckenparameter (K, T_1, T_2) der Strecke $G(s)$ zu identifizieren. Der Hilfsregler lautet $K_H(s) = 12$.*
Lösung: Zunächst gilt

$$G(s) = \frac{K}{(1 + sT_1)(1 + sT_2)} \tag{1.76}$$

$$Y(s) = \frac{1}{K_H(s) + \frac{1}{G(s)}} = \frac{1}{12 + \frac{1}{K}(1 + sT_1)(1 + sT_2)} = \frac{1}{s^2 \frac{T_1 T_2}{K} + s\frac{T_1 + T_2}{K} + 12 + \frac{1}{K}} \tag{1.77}$$

$$y(t) = Ae^{-Bt}\sin Ct = \frac{A}{2j}[e^{(-B+jC)t} - e^{(-B-jC)t}] . \tag{1.78}$$

Durch Vergleich mit der Angabe resultiert $A = 0,02712$; $B = 0,19097$; $C = 0,32003$. Unter Zuhilfenahme von $\mathcal{L}\{e^{\lambda t}\} = \frac{1}{s-\lambda}$ folgt wegen $\sin x = \frac{1}{2j}(e^{jx} - e^{-jx})$

$$\mathcal{L}\{y(t)\} = Y(s) = \frac{A}{2j}\frac{1}{(s + B - jC)} - \frac{A}{2j}\frac{1}{(s + B + jC)} = \tag{1.79}$$

$$= \frac{AC}{s^2 + 2sB + B^2 + C^2} = \frac{1}{s^2\frac{1}{AC} + s\frac{2B}{AC} + \frac{B^2+C^2}{AC}} . \tag{1.80}$$

Aus dem Koeffizientenvergleich von Gln. (1.77) und (1.80) erhält man

$$\frac{T_1 T_2}{K} = \frac{1}{AC} \; ; \quad \frac{T_1 + T_2}{K} = \frac{2B}{AC} \; ; \quad 12 + \frac{1}{K} = \frac{B^2 + C^2}{AC}$$

(1.81)

und daraus $K = 0,25$; $T_1 = 4,3$ und $T_2 = 6,7$.

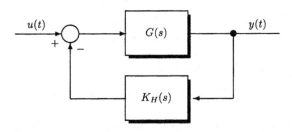

Abbildung 1.24: Regelstrecke
und Hilfsregler

1.35 Identifikation eines Bandpasses

Angabe: *Von einem Bandpass zweiter Ordnung $F_b(s)$ kennt man aus dem gemessenen Amplitudenfrequenzdiagramm die obere (abfallende) Asymptote entsprechend $\frac{11}{\omega}$, ferner die Frequenz $\omega_o = 3,13 \doteq \sqrt{10}$, bei der $\max_\omega |F_b(j\omega)|$ auftritt, sowie $|F_b(j\omega_o)| = 1$. Wie lautet die Übertragungsfunktion $F_b(s)$ als Identifikationsergebnis? Wo liegt der Nulldurchgang von $\arg F_b(j\omega)$?*
Lösung: Aus dem Ansatz $F_b(s)$ folgt bei der Annahme $\omega_{k2} > \omega_{k1}$

$$F_b(s) = \frac{f_o s}{(s + \omega_{k1})(s + \omega_{k2})} \quad \leadsto \quad |F_b(j\omega)| = \frac{f_o}{\sqrt{(\omega_{k1} + \omega_{k2})^2 + \left(\frac{\omega_{k1}\omega_{k2}}{\omega} - \omega\right)^2}} \; .$$

(1.82)

Das Maximum von $|F_b(j\omega)|$ liegt beim Minimum des Radikanden $\frac{\omega_{k1}\omega_{k2}}{\omega} - \omega \to \min_\omega$, das ist beim Wert $\omega_o = \sqrt{\omega_{k1}\omega_{k2}}$. Der zugehörige Betrag lautet $|F_b(\omega_o)| = \frac{f_o}{\omega_{k1} + \omega_{k2}}$. Die Geradenabschnitte, durch die das Bode-Polygon $|F_b(j\omega)|$ gebildet wird, lauten nach Gl.(1.82) bei kleinen, mittleren und großen Frequenzen

$$\frac{f_o}{\omega_{k1}\omega_{k2}}\omega \; , \quad \frac{f_o}{\omega_{k1} + \omega_{k2}} \quad \text{und} \quad \frac{f_o}{\omega} \; .$$

(1.83)

Durch Vergleich der Angaben mit den angeführten Zwischenresultaten findet man

$$\frac{11}{\omega} = \frac{f_o}{\omega} \; , \quad \omega_o \doteq \sqrt{10} = \sqrt{\omega_{k1}\omega_{k2}} \quad \text{und} \quad F_b(j\omega_o) = 1 = \frac{f_o}{\omega_{k1} + \omega_{k2}} \; .$$

(1.84)

Die Auflösung ergibt $f_o = 11$, $\omega_{k1} = 1$ sowie $\omega_{k2} = 10$.
Der Nulldurchgang von $\arg F_b(j\omega)$ folgt aus

$$\frac{\pi}{2} - \arctan \frac{\omega(\omega_{k1} + \omega_{k2})}{-\omega^2 + \omega_{k1}\omega_{k2}} = 0 \quad \leadsto \quad \omega_{nd} = \sqrt{\omega_{k1}\omega_{k2}} = \sqrt{10} \; .$$

(1.85)

1.36 Boje in stabiler aufrechter Lage

Angabe: *Ab welcher Befüllung schwimmt eine teilgefüllte Boje in aufrechter Lage? In Abb. 1.36 sind die geometrischen Daten festgehalten.*
Lösung: Damit die Boje schwimmt, muss das Gewicht der Metall-Boje gleich dem Auftrieb sein. Das Gewicht lautet $2r\pi l d\gamma + (1 + \varepsilon)r^2\pi d\gamma$, der Auftrieb $r^2\pi h + 2r\pi(b + h)d + r^2\pi d$. Dabei ist γ das spezifische Gewicht des Bojenkörpers, ε ein Parameter (bei vorhandenem Bojendeckel $\varepsilon = 1$, ohne Bojendeckel $\varepsilon = 0$), d die Wandstärke der Boje im Mantel und Deckel, α der Neigungswinkel zur Vertikalen. Daraus resultiert

$$h = [(2l + r + \varepsilon r)\gamma - r - 2b]/(r/d + 2) \; .$$

(1.86)

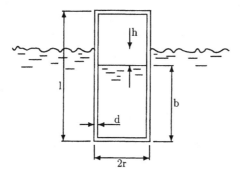

Abbildung 1.25: Zylindrische
Boje und ihre geometrischen
Daten

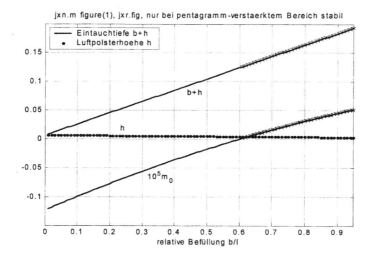

Abbildung 1.26: Eindringtiefe, Luftpolsterhöhe und m_0 über relativer Befüllung

Für stabile aufrechte Lage ist folgendes zu verlangen: Bezogen auf einen willkürlich gewählten Drehpunkt muss das Aufrichtmoment größer sein als das Moment, das zufolge der Schwerkraft die Boje umzuwerfen droht. Das Umwerfmoment (von Mantel und Deckel) ist m_1, das Aufrichtmoment von Luftvolumen (unter Wasser) und Bojenkörper (unter Wasser) m_2

$$m_1 = (2r\pi ld\gamma\frac{l}{2} + \varepsilon r^2\pi d\gamma l)\sin\alpha , \quad m_2 = [r^2\pi h(b + h/2) + 2\pi r(b + h)d(b + h)/2]\sin\alpha . \quad (1.87)$$

Stabilität verlangt $m_2 - m_1 \stackrel{\triangle}{=} m_0 \sin\alpha > 0$.

In Abb. 1.26 sind die beteiligten Informationen aufgetragen. Nur im verstärkten Bereich der Kurve ($b/l > 0,6$) liegt stabile aufrechte Lage vor.

Wird ein zusätzliches Moment M_R aufgebracht, etwa durch Rückstoß eines Luft- oder Wasserjets, so lautet die Bewegungsdifferentialgleichung $I\ddot{\alpha} + \zeta\dot{\alpha} + m_0\sin\alpha = M_R$. Je nach Vorzeichen von m_0 ist auch die Eigenstabilität der Boje in durchwegs positiven Koeffizienten des charakteristischen Polynoms zu erkennen. Mittels eines Reglers, der die Auslenkung α auf M_R wirken lässt, ist Stabilität im geregelten Zustand zu erzwingen.

Kapitel 2

Analyse einfacher Regelkreise

2.1 Kenngrößen eines Regelkreises 2. Ordnung

Angabe: *Für einen Regelkreis mit folgendem $F_o(s)$ und $T(s)$*

$$F_o(s) = \frac{1}{sT_I(1 + \frac{s}{\omega_K})} \qquad T(s) = \frac{1}{1 + sT_I + s^2\frac{T_L}{\omega_K}} \triangleq \frac{1}{1 + \frac{2D}{\omega_N}s + \frac{1}{\omega_N^2}s^2} \tag{2.1}$$

werde Δh und $T_{\ddot{U}}$ auf Führungssprünge als Funktion von ω_D und ω_K ausgedrückt, ebenso der Phasenrand α_R .

Lösung: *Für $\omega_K > \omega_D$ gilt näherungsweise $\omega_D \doteq \frac{1}{T_I}$*

$$\Delta h = \exp\left[-\frac{\pi D}{\sqrt{1 - D^2}}\right] \qquad T_{\ddot{U}} = \frac{\pi}{\omega_N\sqrt{1 - D^2}} \; . \tag{2.2}$$

Der Koeffizientenvergleich liefert

$$\frac{1}{\omega_N^2} = \frac{T_I}{\omega_K} \; \leadsto \; \omega_N = \sqrt{\frac{\omega_K}{T_I}} \doteq \sqrt{\omega_K\omega_D} \; ; \quad \frac{2D}{\omega_N} = T_I \; \leadsto \; D = \frac{1}{2}\sqrt{\omega_K T_I} \doteq \frac{1}{2}\sqrt{\frac{\omega_K}{\omega_D}} \; . \tag{2.3}$$

Daher folgt

$$\Delta h \;\doteq\; \exp\left[-\frac{\pi \cdot \frac{1}{2}\sqrt{\frac{\omega_K}{\omega_D}}}{\sqrt{1 - \frac{1}{4}\frac{\omega_K}{\omega_D}}}\right] = \exp\left[-\pi\sqrt{\frac{\omega_K}{4\omega_D - \omega_K}}\right] \tag{2.4}$$

$$T_{\ddot{U}} \;\doteq\; \frac{\pi}{\sqrt{\omega_K\omega_D} \cdot \sqrt{1 - \frac{1}{4}\frac{\omega_K}{\omega_D}}} = \frac{2\pi}{\sqrt{\omega_K(4\omega_D - \omega_K)}} \tag{2.5}$$

$$\frac{\omega_K}{\omega_D} \doteq \frac{180^o}{\pi(90^o - \alpha_R)} \; \leadsto \; \alpha_R \;\doteq\; 90^o - \frac{180^o}{\pi}\frac{\omega_D}{\omega_K} \; . \tag{2.6}$$

2.2 ∗ Drehzahlregelung einer Gleichstrommaschine

Angabe: *Eine fremderregte Gleichstrommaschine wird über die Ankerspannung gesteuert und mit einem I-Regler drehzahlgeregelt. Als Messglied fungiert ein Tachogenerator M mit Proportionalverhalten. Das Blockschaltbild des Regelkreises, wobei die Maschine in Teilblöcke aufzugliedern ist, soll in einem weiteren Schritt auf den träg eingestellten I-Regler allein in der Dynamik beschränkt werden. Welche Reaktion ergibt sich dann auf einen Lastmomentensprung?*

Lösung: *Bei $L_A = 0$ und $I_m \to 0$ folgt aus Abb. 2.1 die Abb. 2.2 und weiters*

$$\frac{\omega_n(s)}{m_L(s)} = -\frac{R_A sT_I}{k_m\Phi}\frac{\frac{1}{sT_I k_e\Phi}}{1 + M\frac{1}{sT_I k_e\Phi}} = -\frac{R_A}{k_m k_e\Phi^2}\frac{s}{s + \frac{M}{T_I k_e\Phi}} \triangleq -\frac{T_D}{T_1}\frac{s}{s + \frac{1}{T_1}} \tag{2.7}$$

$$\omega_n(s) = -\frac{1}{s}\frac{T_D}{T_1}\frac{s}{s + \frac{1}{T_1}} = -\frac{T_D}{T_1}\frac{1}{s + \frac{1}{T_1}} \; \leadsto \; \omega_n(t) = -\frac{T_D}{T_1}e^{-\frac{t}{T_1}}\sigma(t) \; , \tag{2.8}$$

wobei $T_1 \triangleq \frac{k_e\Phi}{M}T_I$ und $T_D \triangleq \frac{R_A T_I}{M k_m\Phi}$. Den daraus resultierenden einfachen Verlauf zeigt Abb. 2.3.

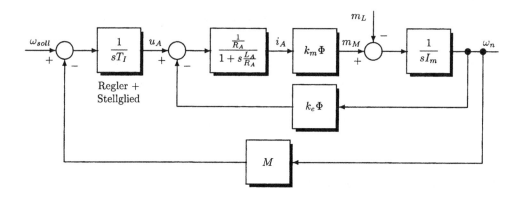

Abbildung 2.1: Drehzahlgeregelte Gleichstrommaschine

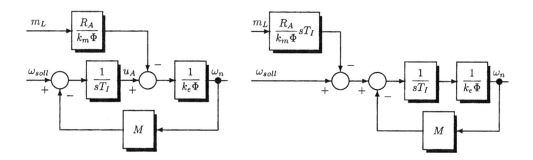

Abbildung 2.2: Vereinfachte Blockbilder

2.3   Störungsübertragung

Angabe: *Das Blockschaltbild einer Regelstrecke $G(s)$ ist in Abb. 2.4 gezeigt. Wie lautet die Ortskurve der Störungsübertragungsfunktion ohne Regler? In einer weiteren Annahme wird die Strecke mit einem Rückwärtsregler $K(s) = U/Y = 10/s$ geregelt. Bewirkt die Regelung für $\omega = 3$ rad/sec eine Verbesserung der Störungsunterdrückung?*

Lösung: Ohne Reglerrückführung gilt

$$\frac{Y(s)}{W_d(s)} = F_{St,oR}(s) = \frac{1+s}{10+s+s^2} \quad \rightsquigarrow \quad F_{St,oR}(j\omega) = \frac{10}{\omega^4 - 19\omega^2 + 100} + j\frac{9\omega - \omega^3}{\omega^4 - 19\omega^2 + 100} \; . \quad (2.9)$$

Bei $\omega = 3$ folgt $F_{St,oR}(j3) = 1 + j0$.

Mit Regler $K(s) = 10/s$ resultiert

$$F_{St}(s) = \frac{s(1+s)}{10 + 20s + s^2 + s^3} \quad \rightsquigarrow \quad F_{St}(j\omega) = \frac{10\omega^2}{\omega^6 - 39\omega^4 + 380\omega^2 + 100} + j\frac{-\omega^5 + 19\omega^3 + 10\omega}{\omega^6 - 39\omega^4 + 380\omega^2 + 100} \; .$$
$$(2.10)$$

Der Imaginärteil letzteren Ausdrucks wird bei $\omega = 4,42$ zu null, somit $F_{St}(j4,42) = 2,05 + j0$. Aus den Ortskurven $F_{St,oR}(j\omega)$ und $F_{St}(j\omega)$ in Abb. 2.5 ist zu entnehmen: Die Regelung weist bei niedrigen Frequenzen, z.B. bei $\omega = 3$, wesentlich höhere Störungsunterdrückung auf, etwa um den Faktor vier besser. Allerdings besitzt die Regelung in der Umgebung von $\omega = 4,42$ eine rund doppelt so hohe Resonanzüberhöhung.

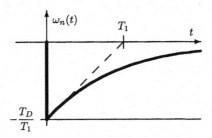

Abbildung 2.3: Verlauf der Umdrehungswinkelgeschwindigkeit $\omega_n(t)$

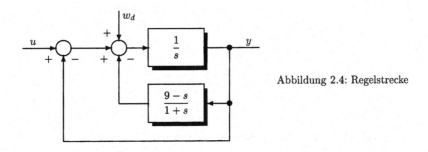

Abbildung 2.4: Regelstrecke

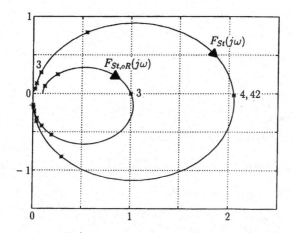

Abbildung 2.5: Ortskurven $F_{St,oR}(j\omega)$ und $F_{St}(j\omega)$ der ungeregelten und der geregelten Strecke

2.4   Sprungantwort eines Regelkreises auf Sollwertsprung

Angabe: *Welche Sprungantwort zeigt der Regelkreis auf Sollwertsprung? Die Daten lauten*

$$G(s) = \frac{1}{s+1} \qquad K(s) = \frac{6(2+s)}{s} \quad \rightsquigarrow \quad T(s) = \frac{6(2+s)}{s^2 + 7s + 12} = \frac{6(s+2)}{(s+3)(s+4)} \ . \tag{2.11}$$

Lösung: Die Sprungantwort lautet, siehe Abb. 2.6,

$$Y(s) = \frac{T(s)}{s} = \frac{1}{s} - \frac{3}{s+4} + \frac{2}{s+3} \quad \rightsquigarrow \quad y(t) = 1 - 3e^{-4t} + 2e^{-3t} \ . \tag{2.12}$$

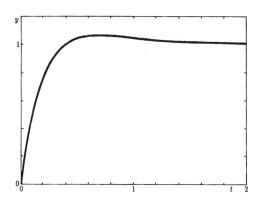

Abbildung 2.6: Sprungantwort
$y(t) = 1 - 3e^{-4t} + 2e^{-3t}$

Mit MATLAB:
```
sysT=zpk([-2],[-3,-4],6)
step(sysT)
```

2.5   ∗ Stellenergie an einer integrierenden Strecke

Angabe: *Welche Stellenergie $\int_o^\infty u^2(t)dt$ ergibt sich bei Sollwert-Einheitssprung auf den Standard-Regelkreis mit $G(s) = \frac{1}{s}$ und $K(s) = \frac{10}{1+0,1\,s}$?*

Lösung: Für $u(t)$ gilt

$$U(s) = \frac{1}{s} \frac{K(s)}{1+G(s)K(s)} = \frac{1}{s} \frac{10s}{10 + s + 0,1s^2} = \frac{100}{\sqrt{75}} \frac{\sqrt{75}}{(s+5)^2 + 75} \tag{2.13}$$

$$u(t) = \frac{100}{\sqrt{75}} e^{-5t} \sin \sqrt{75}\,t \quad \rightsquigarrow \quad u^2(t) = \frac{10^4}{75} e^{-10t} (\frac{1}{2} - \frac{1}{2} \cos 2\sqrt{75}\,t) \ . \tag{2.14}$$

Wegen

$$\int_o^\infty u^2 dt = \lim_{t\to\infty} \int_o^t u^2 dt = \lim_{s\to 0} s\mathcal{L}\{\int_o^t u^2 dt\} = \lim_{s\to 0} s\frac{1}{s}\mathcal{L}\{u^2(t)\} = \lim_{s\to 0} \mathcal{L}\{u^2(t)\} \tag{2.15}$$

resultiert aus nachstehenden Berechnungen die Stellenergie 5

$$\mathcal{L}\{u^2(t)\} = \frac{10^4}{2 \cdot 75} \mathcal{L}\{e^{-10t}(1 - \cos 2\sqrt{75}\,t)\} = \frac{10^4}{150} \Big(\frac{1}{s+10} - \frac{s+10}{(s+10)^2 + (2\sqrt{75})^2} \Big) \tag{2.16}$$

$$\lim_{s\to 0} \mathcal{L}\{u^2(t)\} = \frac{10^4}{150} \Big(\frac{1}{10} - \frac{10}{100 + 300} \Big) = 5 \ . \tag{2.17}$$

2.6   Schleppfehler

Angabe: *Wie sieht für $y_{ref}(t) = 3t$ bei $t \geq 0$ und $u(0^+) = 0$ der transiente und wie der stationäre Zustand der Regelung nach Abb. 2.7 aus?*

Lösung:

$$Y_{ref}(s) \;=\; \frac{3}{s^2} \qquad F_o(s) = \frac{12}{s(1+2s)} \qquad T(s) = \frac{F_o(s)}{1+F_o(s)} = \frac{12}{12+s+2s^2} \tag{2.18}$$

$$Y(s) \;=\; T(s)Y_{ref}(s) = \frac{18}{s^2[(s+0,25)^2+\frac{95}{16}]} = -\frac{0,25}{s} + \frac{3}{s^2} + \frac{0,25s-\frac{23}{8}}{s^2+0,5s+6} \tag{2.19}$$

$$y(t) \;=\; -0,25 + 3t + e^{-0,25t}\left(0,25\cos\frac{\sqrt{95}}{4}t - \frac{47}{380}\sqrt{95}\sin\frac{\sqrt{95}}{4}t\right) \tag{2.20}$$

$$F_e(s) \;=\; \frac{1}{1+F_o(s)} = \frac{s(1+2s)}{12+s+2s^2} \quad\rightsquigarrow\quad \lim_{t\to\infty} e(t) = \lim_{s\to 0} sF_e(s)Y_{ref}(s) = 0,25 . \tag{2.21}$$

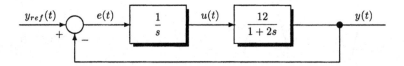

Abbildung 2.7: Regelkreisblockbild

2.7 Anregelzeit

Angabe: *Für einen Standardregelkreis bestehend aus einem PI-Regler* $10\,\frac{s+0,45}{s}$ *und einer* IT_1-*Strecke* $\frac{1}{s(s+6,5)}$ *ist die Anregelzeit („Regelgröße erreicht 50 % des Sollwerts") für Einheitssprung im Sollwert zu berechnen und zwar durch Reihenentwicklung nach* s^{-1}.
Lösung:

$$F_o(s) \;=\; 10\frac{s+0,45}{s^2(s+6,5)} \qquad T(s) = \frac{F_o}{1+F_o} = \frac{10(s+0,45)}{s^2(s+6,5)+10(s+0,45)} \tag{2.22}$$

$$Y(s) \;=\; Y_{ref}(s)T(s) = \frac{1}{s}T(s) = \frac{10(s+0,45)}{s[s^2(s+6,5)+10(s+0,45)]} . \tag{2.23}$$

Die Zerlegung von $Y(s)$ in ein Polynom in s^{-1} liefert die Abschätzung um $t=0$

$$Y(s) = (10s+4,5):(s^4+6,5s^3+10s^2+4,5s) = 10s^{-3} - 60,5s^{-4} + 293,25s^{-5}\ldots \tag{2.24}$$

$$y(t) = 5t^2 - 10,08t^3 + 12,22t^4\ldots \tag{2.25}$$

Daraus folgt, wenn man eine Tabelle $y(t)$ über t anlegt, die Anregelzeit zu $t_{an} \doteq 0,4$.

2.8 ∗ Schwach instabiler Regelkreis mit PT$_2$-Strecke

Angabe: *Man betrachte das System der Abb. 2.8 mit den Parametern* $T_I = 0,25$, $T_1 = 0,8$, $T_2 = 0,4$. *Welche Eigenschaften besitzt der Regelkreis?*
Lösung: Der Regelkreis ist durch

$$T(s) = \frac{12,5}{s^3+3,75s^2+3,125s+12,5} . \tag{2.26}$$

gekennzeichnet. Numerisch findet man eine reelle Lösung des Nennerpolynoms $s_3 = -3,795$. Daraus resultieren die konjugiert komplexen Lösungen $0,0223 \pm j\,1,815$. Die Antwort auf einen Einheitssprung ist

$$y(t) = 1 - 0,184e^{-3,795\,t} - 0,897e^{0,0223\,t}\sin(1,815\,t + 1,14) . \tag{2.27}$$

Dieses Resultat ist in Abb. 2.9 dargestellt, der Schleifenfrequenzgang $F_o(j\omega)$ in Abb. 2.10. Den Wurzelort zeigt Abb. 2.11 für das $F_o(s)$ aus Abb. 2.10, in einer Bezifferung nach einem zusätzlichen Faktor V im Zähler. Die Wurzelortskurve besitzt eine Mehrfachlösung bei $s = -0,528$.

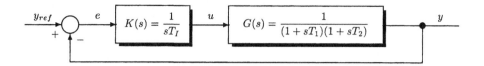

Abbildung 2.8: Regelkreis mit PT$_2$-Strecke

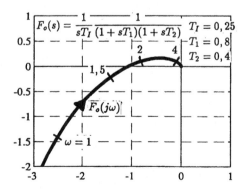

Abbildung 2.9: Ausgang $y(t)$ der Regelung nach Gl.(2.27)

Mit MATLAB Sprungantwort im Zeitbereich 0 bis 10:

```
num=[12.5];
den=[1  3.75...
     3.125   12.5];
sysT=tf(num,den)
step(sysT,10)
```

2.9 Dynamischer Regelfaktor

Angabe: *Wie lautet der dynamische Regelfaktor zu der Anordnung der Abb. 2.12?*
Lösung: Das Übertragungsverhalten mit Regler lautet mit $y_{ref} = 0$

$$[((y_{ref}-\omega_n)K-\omega_nC)A-m_L]B = \omega_n \quad \leadsto \quad \frac{\omega_n}{m_L} = -\frac{B}{1+ABC+ABK} \qquad \frac{\omega_{n,oR}}{m_L} = -\frac{B}{1+ABC} \cdot \quad (2.28)$$

Im Vergleich zu dem Übertragungsverhalten ohne Regler erhält man für den Regelfaktor $R_f(s)$

$$R_f(s) \triangleq \frac{\omega_n(s)}{\omega_{n,oR}(s)} = \frac{1+ABC}{1+ABC+ABK} \cdot \qquad (2.29)$$

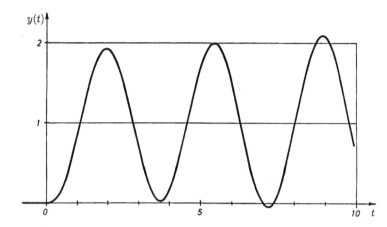

Abbildung 2.10: Frequenzgang $F_o(j\omega)$ zu Abb. 2.8

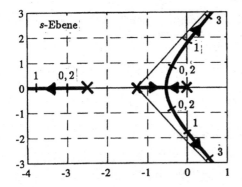

Abbildung 2.11: Wurzelort des Regelkreises nach Abb. 2.8

Mit MATLAB:

```
sysFo=zpk([],[0 -1.25 -2.5], 12.5)
rlocus(sysFo)
```

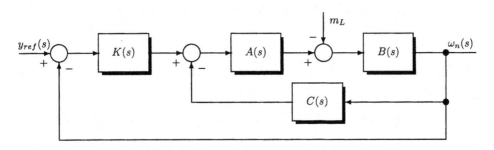

Abbildung 2.12: Regelkreis-Blockbild

2.10 Stellgröße bei Führungssprung

Angabe: *Vom Standardregelkreis*

$$K(s) = \frac{10}{1+3s} \qquad G(s) = \frac{1}{s} \tag{2.30}$$

ist die Stellgröße bei Führungssprung zu ermitteln.
Lösung:

$$U(s) = Y_{ref}(s)\frac{K(s)}{1+K(s)G(s)} = \frac{1}{s}\frac{\frac{10}{3}s}{s^2 + \frac{s}{3} + \frac{10}{3}} \quad \leadsto \quad u(t) = \frac{20}{\sqrt{119}}e^{-\frac{t}{6}}\sin\frac{\sqrt{119}}{6}t . \tag{2.31}$$

Ferner gilt $\omega_N = \sqrt{\frac{10}{3}}$ und $D = \frac{1}{20}\sqrt{\frac{10}{3}} = 0,091$.

2.11 Asymptote einer Frequenzgangsortskurve

Angabe: *Die Asymptote der $F_o(j\omega)$-Ortskurve eines PIT_2-Systems bei $\omega \to 0$ ist zu ermitteln.*
Lösung: Aus der Angabe für $F_o(s)$ bei $s = j\omega$ folgt

$$F_o(s)\Big|_{s=j\omega} = \frac{8s+27}{s(s^2+9s+19)}\Big|_{s=j\omega} = \frac{j8\omega+27}{-j\omega^3-9\omega^2+19j\omega} = \frac{1}{\omega}\frac{-91\omega-8\omega^3+j(-513-45\omega^2)}{361+43\omega^2+\omega^4} . \tag{2.32}$$

Die Asymptote weist (bei $\omega = 0$) einen Realteil von $-\frac{91}{361} \doteq -0,25$ auf. Man beachte, dass ein bloßes Nullsetzen von s in einem Ausdruck $s\,F_o(s)$ ein falsches Ergebnis liefern würde.

2.12   Fläche unter der Regelabweichung

Angabe: *Ein Regelkreis besitzt im aufgeschnittenen Zustand integrales Verhalten. Wie groß ist die Fläche $\int_0^\infty e(t)dt$ (nicht $\int_0^\infty |e(t)|dt$) unter der Regelabweichung bei Sollwertsprung?*
Lösung:

$$E(s) = \frac{1}{1 + G(s)K(s)}Y_{ref}(s) \qquad Y_{ref}(s) = \frac{1}{s} \qquad \mathcal{L}\left\{\int_o^t e(t)dt\right\} = \frac{1}{s}E(s) \tag{2.33}$$

$$\int_o^\infty e(t)dt = \lim_{s\to 0} s\frac{1}{s}E(s) = \lim_{s\to 0}\frac{1}{s + sG(s)K(s)} = \lim_{s\to 0}\frac{1}{sG(s)K(s)} \ . \tag{2.34}$$

2.13   Maximaler Wert des Störungsfrequenzgangs

Angabe: *Eine Störung greife zwischen Regler und Strecke in Abb. 2.13 an. Bei welcher Frequenz der Störung wirkt diese am stärksten auf die Regelgröße? Wie stark ist die Wirkung (H_∞-Norm)?*
Lösung: Aus

$$F_{w_d}(s) = \frac{Y(s)}{W_d(s)} = \frac{G(s)}{1 + K(s)G(s)} \quad\rightsquigarrow\quad F_{w_d}(j\omega) = \frac{j\omega VT_I}{V - \omega^2 T_I T_1 + j\omega T_I} \tag{2.35}$$

ergibt sich

$$\frac{\partial|F_{w_d}(j\omega)|}{\partial\omega} = 0 \quad\rightsquigarrow\quad \omega = \omega_{\max} = \sqrt{\frac{V}{T_I T_1}} \qquad \|F_{w_d}(s)\|_\infty = |F_{w_d}(\omega_{\max})| = V \ . \tag{2.36}$$

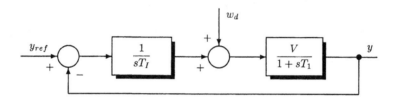

Abbildung 2.13: Regelkreis mit Störung am Streckeneingang

2.14   Flächen zum Abweichungsfrequenzgang

Angabe: *In einem Regelkreis mit dem Regler $K(s) = 9$ und der Strecke $G(s) = 1/[(s-1)(s+3)]$ zeichne man $\log|F_e(j\omega)|$ über ω linear. Wie groß ist etwa die Fläche über und unter der 0-dB-Linie?*
Lösung: Das Gleichgewichtstheorem besagt, dass

$$\int_0^\infty \log|F_e(j\omega)|d\omega = \pi(\log e)\sum_i \Re e\ s_i \tag{2.37}$$

ist, mit s_i als Pole von F_o in der rechten Halbebene. An Hand des gezeichneten Diagramms ist dies leicht zu überprüfen, siehe Abb. 2.14.

$$F_e(s) = \frac{1}{1 + K(s)G(s)} = \frac{(s-1)(s+3)}{(s-1)(s+3)+9} = \frac{s^2 + 2s - 3}{s^2 + 2s + 6} \quad\rightsquigarrow\quad |F_e(j\omega)| = \sqrt{\frac{\omega^4 + 10\omega^2 + 9}{\omega^4 - 8\omega^2 + 36}} \ . \tag{2.38}$$

Als Schnittpunkt von $|F_e(j\omega)|$ mit der 0-dB-Linie erhält man

$$|F_e(j\omega)| = 1 \qquad 18\omega^2 - 27 = 0 \quad\rightsquigarrow\quad \omega = \sqrt{1,5} \ . \tag{2.39}$$

Die Fläche unter der 0-dB-Linie ist grob 0,15; oberhalb 1,45. Zur Kontrolle dient das Gleichgewichtstheorem

$$1,45 - 0,15 = 1,30 \qquad\qquad \pi \cdot \log e \cdot 1 = 1,36 \ . \tag{2.40}$$

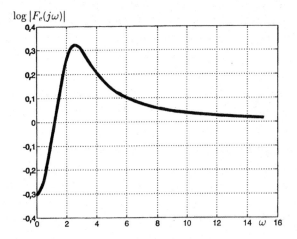

Abbildung 2.14: $\log|F_e(j\omega)|$ über ω
linear

2.15 * Regelkreis mit Toleranz im Dämpfungsgrad der Strecke

Angabe: *Eine Regelstrecke besitzt die Stationärverstärkung 1 sowie zwei Pole bei $s_1 = -3$ und $s_2 = -10$. Der dieser Angabe entsprechende Dämpfungsgrad schwankt um ±20 %. Die Strecke wird mit einem PI-Regler $K(s) = 5 + \frac{2}{s}$ geregelt. Welchen Einfluss hat die 20-prozentige Toleranz von D auf die Koeffizienten des charakteristischen Polynoms des geschlossenen Regelkreises? Wie sehen die Ortskurven von $F_o(j\omega)$ für die beiden Grenzfälle aus, wobei die Punkte für $\omega = 0$, $\omega = \infty$ und $\Re\, F_o(j\omega) = 0$ zu berechnen sind.*
Lösung: Es folgt

$$G(s) = \frac{30}{(s+3)(s+10)} = \frac{1}{1 + \frac{13}{30}s + \frac{1}{30}s^2} \tag{2.41}$$

$$\omega_N^2 = 30 \quad D = \frac{13}{30}\frac{\omega_N}{2} = 1,187 \quad \leadsto \quad D_{\min} = 0,949 \quad D_{\max} = 1,424 \tag{2.42}$$

$$F_o(s) = (5 + \frac{2}{s})\frac{1}{1 + \frac{2D}{\omega_N}s + \frac{1}{\omega_N^2}s^2} \triangleq \frac{z(s)}{n(s)} . \tag{2.43}$$

Das charakteristische Polynom des Regelkreises lautet dann $p(s) = z(s) + n(s) = s^3 + 2\sqrt{30}\,Ds^2 + 180s + 60$ und mit den Grenzwerten aus der Toleranz

$$p_{\min}(s) = 0,0333\,s^3 + 0,347\,s^2 + 6\,s + 2 \qquad p_{\max}(s) = 0,0333\,s^3 + 0,52\,s^2 + 6\,s + 2 . \tag{2.44}$$

Der toleranzbehaftete Dämpfungsgrad D besitzt nur auf den Koeffizienten von s^2 einen Einfluss, nicht auf die übrigen Koeffizienten.

Die Ortskurve von $F_o(j\omega)$ ist in Abb. 2.15 gezeigt, wobei

$$F_o(s) = \frac{5s+2}{s(1 + a\,s + b\,s^2)} \qquad a = 0,347 \text{ bis } 0,52 ; \quad b = 0,0333 . \tag{2.45}$$

$$F_o(j\omega) = \frac{-5\,b\omega^4 + \omega^2(5 - 2a) + j[\omega^3(2\,b - 5a) - 2\omega]}{a^2\omega^4 + (\omega - b\omega^3)^2} \tag{2.46}$$

$$F_o(j\omega)\Big|_{\omega \to 0} = 5 - 2a - j\omega \qquad F_o(j\omega)\Big|_{\omega \to \infty} = 0 \tag{2.47}$$

$$\Re\, F_o(j\omega) = 0 \quad \leadsto \quad (5 - 2a)\omega^2 - 5\,b\omega^4 = 0 \quad \leadsto \quad \omega = \sqrt{\frac{5 - 2a}{5\,b}} . \tag{2.48}$$

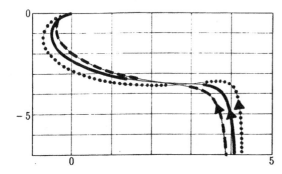

Abbildung 2.15: Schleifenfrequenzgang
zu Gl.(2.43) unter Toleranz in D

2.16 Bode-Diagramm aus der analytischen Angabe

Angabe: *Man zeichne das Bode-Diagramm, exakt und in Polygonnäherung, und zwar für die Angabe*

$$F_o(s) = \frac{(1+5\,s)(1+0,8\,s)(1+0,14\,s)}{s(1+2,5\,s)(1+0,3\,s)(1+0,04\,s+0,01\,s^2)} \; . \tag{2.49}$$

Lösung: In Abb. 2.16 ist es dargestellt.

2.17 Phasenrand als Funktion der Kreisverstärkung

Zur Schleife $F_o(s) = \frac{V(s+a)^2}{s^2}$ bei $a > 0$ bestimme man den Phasenrand als Funktion der Kreisverstärkung V, nämlich $\alpha_R = \alpha_R(V)$.
Lösung:

$$\arg F_o(j\omega) = 2\arctan\frac{\omega}{a} - 2\frac{\pi}{2} = \arctan\frac{2\omega a}{-\omega^2+a^2} - 2\frac{\pi}{2} \quad \leadsto \quad \alpha_R = \pi + \arg F_o(j\omega_D) = 2\arctan\frac{\omega_D}{a} \tag{2.50}$$

$$F_o(j\omega) = \frac{V(-\omega^2+a^2+2j\omega a)}{-\omega^2} \qquad |F_o(j\omega)| = \frac{V}{\omega_D^2}\sqrt{(-\omega_D^2+a^2)^2+4\omega_D^2 a^2} = 1 \tag{2.51}$$

$$\omega_D = a\sqrt{\frac{V}{1-V}} \quad \leadsto \quad \alpha_R(V) = 2\arctan\sqrt{\frac{V}{1-V}} \qquad V < 1 \; . \tag{2.52}$$

2.18 Störungsfrequenzgänge je nach Angriffspunkt

Angabe: *Man ermittle für $K(s) = \frac{10}{s}$ und $G(s) = \frac{1}{(1+s)^2}$ den Störungsfrequenzgang für den Standardregelkreis, wenn in einem Fall die Störung am Eingang und im anderen Fall am Ausgang der Strecke wirkt.*
Lösung: Für Einwirkung am Streckenausgang erhält man

$$F_{St,a} = \frac{1}{1+K(s)G(s)} = \frac{s(1+2s+s^2)}{10+s+2s^2+s^3} \tag{2.53}$$

und die Frequenzgangsortskurve nach Abb. 2.17a.

Bei Wirkung der Störung am Eingang der Strecke wirkt im Vorwärtszweig die Strecke als Filter und die Frequenzgangsortskurve ist durch wesentlich höhere Phasendrehung gekennzeichnet, siehe Abb. 2.17b

$$F_{St,e} = \frac{G(s)}{1+K(s)G(s)} = \frac{s}{10+s+2s^2+s^3} \; . \tag{2.54}$$

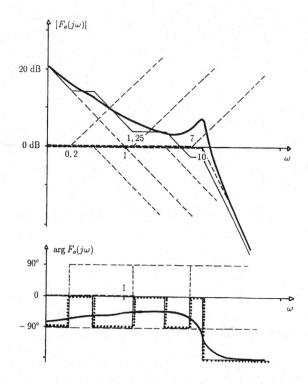

Abbildung 2.16: Bode-Diagramm zu Gl.(2.49)

2.19 Regelkreispole mit gleichem Realteil

Angabe: *Bei welchem K sind die Regelkreispole von identischem Realteil? Die Regelschleife ist vorgegeben als* $F_o(s) = \frac{K(s+1)}{s^2(s+9)}$.

Lösung: Die Beantwortung der Frage erfolgt am besten mit Hilfe der Wurzelortskurve in Abb. 2.18 und es ergibt sich $K = 27$. Alle drei Pole liegen bei -3.

2.20 Ersatz der Störung durch simulierte Führung

Angabe: *Wie kann im Blockbild der Abb. 2.19 eine Störung durch die Führungsgröße simuliert werden?*

Lösung: Die maßgeblichen Beziehungen sind

$$\frac{Y}{W_d} = \frac{G_3(1+H_3G_2)}{1+H_3G_2+H_1G_1G_2G_3+H_2G_3} \qquad \frac{Y}{Y_{ref}} = \frac{G_1G_2G_3}{1+H_3G_2+H_1G_1G_2G_3+H_2G_3} \ . \tag{2.55}$$

Wird gleiches Y in beiden Fällen verlangt, so bedingt dies

$$\frac{Y_{ref}}{W_d} = \frac{G_3(1+H_3G_2)}{G_1G_2G_3} = \frac{1+G_2H_3}{G_1G_2} \quad \rightsquigarrow \quad Y_{ref} = \frac{1+G_2H_3}{G_1G_2}W_d \ . \tag{2.56}$$

Dieses Y_{ref} erzeugt dieselbe Reaktion Y wie die Störung W_d.

2.21 Durchtrittsfrequenz nahe der Knickstelle

Angabe: *Welche Aussage besitzt das Bode-Diagramm von $F_o(j\omega)$ in seinem Knickzug? Es gilt*

$$F_o(j\omega) = \frac{4}{(1+j\omega)(1+\frac{1}{3}j\omega)^2} \ . \tag{2.57}$$

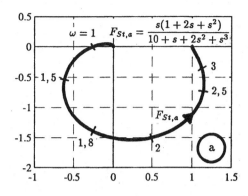 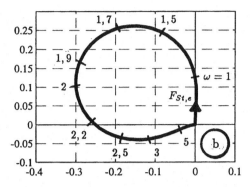

Abbildung 2.17: Frequenzgangsortskurven $F_{St,a}(j\omega)$ (a) und $F_{St,e}(j\omega)$ (b)

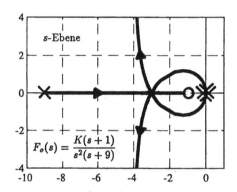

Abbildung 2.18: Wurzelortskurve zu
$F_o(s) = \frac{K(s+1)}{s^2(s+9)}$

Mit MATLAB:

```
sysFo=zpk([-1],[0   0  -9],1)
rlocus(sysFo)
```

Lösung: Das Bode-Diagramm liefert aus seinem Bode-Polygonzug $\hat{\omega}_D = 3,5$ und $\hat{\alpha}_R = 6°$. Diese Approximation ist schlecht, weil der Knickpunkt bei $\omega = 3$ sehr knapp daneben liegt. Die exakte Berechnung vermittelt $\omega_D = 2,3$ und $\alpha_R = 38°$.

2.22   Abstandsregelung zweier Flugzeuge

Angabe: *Zwei hintereinander fliegende Flugzeuge werden über Zusatzschub ΔF des hinteren Flugzeuges abstandsgeregelt. Die Übertragungsfunktion $\frac{\Delta X(s)}{\Delta F(s)}$ ist gesucht, und zwar für die vorgegebenen Stationärwerte $v_{20} = 360$ km/h, $m = 2500$ kg und bei einer aerodynamischen Gegenkraft $c\rho A\frac{v_{20}^2}{2}$ mit $c = 0,05$; $A = 10$ m^2; $\rho = 1kgm^{-3}$; daher $\rho cAv_{20} = 50$.*

Lösung: Die Beschleunigungskraft auf das hintere Flugzeug beträgt $m\dot{v}_2 = F - \frac{\rho cA}{2}v_2^2$. Mit $v_2 \triangleq v_{20} + \Delta v$ und $F \triangleq F_o + \Delta F \triangleq F_o + u$ folgt

$$m\frac{d}{dt}\Delta v = F_o + \Delta F - \frac{\rho cA}{2}(v_{20} + \Delta v)^2 = F_o + u - \frac{\rho cA}{2}(v_{20}^2 - 2v_{20}\Delta v) \tag{2.58}$$

$$\Delta F = u = m\frac{d}{dt}\Delta v + \frac{\rho cA}{2}2v_{20}\Delta v \ . \tag{2.59}$$

Nach der Definition des Abstands $x_D = x_1 - x_2 = x_{10} - x_{20} - \int_o^t \Delta v dt$ und der daraus resultierenden Abstandsänderung $y = \Delta x_D = -\int_o^t \Delta v dt \ \rightsquigarrow \ Y(s) = -\frac{1}{s}\Delta V(s)$ folgt

$$U(s) \quad = \quad ms\Delta V(s) + \rho cAv_{20}\Delta V(s) = -(ms + \rho cAv_{20})sY(s) \tag{2.60}$$

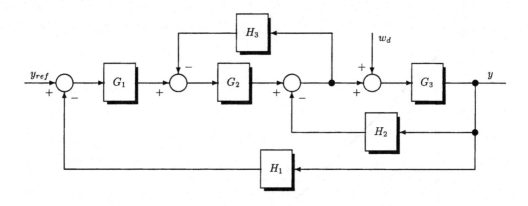

Abbildung 2.19: Regelkreisblockschaltbild

$$\frac{\Delta X(s)}{\Delta F(s)} = \frac{Y(s)}{U(s)} = -\frac{1}{\rho c A v_{20}}\frac{1}{s(1+\frac{m}{\rho c A v_{20}}s)} = \frac{-0,02}{s(1+50s)} \ . \tag{2.61}$$

2.23 Regelkreis und zugeschaltete harmonische Anregung

Angabe: *Man bestimme die Ausgangsgröße $y(t)$ des in Abb. 2.20 angegebenen Regelkreises, wenn er mit $y_{ref}(t) = \cos 2t$ für $t \geq 0$ angeregt wird. Die Anfangsbedingungen von $u(t)$ und $y(t)$ sind gleich null.*
Lösung: Es folgt

$$T(s) = \frac{F_o(s)}{1+F_o(s)} = \frac{5}{(s+1)(s+5)} \qquad \mathcal{L}\{\cos\omega_o t\} = \frac{s}{s^2+\omega_o^2} \qquad Y_{ref}(s) = \frac{s}{s^2+4} \tag{2.62}$$

$$Y(s) = Y_{ref}(s)T(s) = \frac{As+B}{s^2+4} + \frac{C}{s+5} + \frac{D}{s+1} \quad \rightsquigarrow \quad s = -5: \ C = \frac{-25}{29\cdot(-4)} = 0,2155 \ \text{ usw.} \tag{2.63}$$

$$Y(s) = 0,0345\frac{s}{s^2+4} + 0,41375\frac{2}{s^2+4} + \frac{0,2155}{s+5} - \frac{0,25}{s+1} \tag{2.64}$$

$$y(t) = 0,0345\cos 2t + 0,41375\sin 2t + 0,2155e^{-5t} - 0,25e^{-t} \ . \tag{2.65}$$

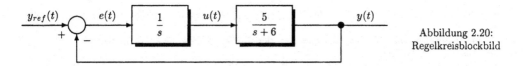

Abbildung 2.20:
Regelkreisblockbild

2.24 Zeitbereichsdaten aus gegebenem $|F_o(j\omega)|$

Angabe: *Aus dem Bode-Diagramm der Abb. 2.21 bestimme man Überschwingweite, Ausregelzeit und den zeitlichen Verlauf der Regelgröße bei sprungförmigem Sollwert.*
Lösung: Man erhält zunächst $F_o(s) = \frac{1}{10s(1+5s)}$. Damit resultiert

$$T(s) = \frac{F_o(s)}{1+F_o(s)} = \frac{1}{1+10s+50s^2} \stackrel{\triangle}{=} \frac{1}{1+\frac{2D}{\omega_N}s+\frac{s^2}{\omega_N^2}} \tag{2.66}$$

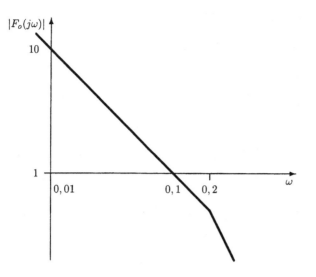

Abbildung 2.21:
Bode-Diagramm

$$\omega_N = \frac{1}{\sqrt{50}} = 0{,}141; \qquad \frac{2D}{\omega_N} = 10 \quad \rightsquigarrow \quad D = \frac{10}{2\sqrt{50}} = 0{,}707 \ . \tag{2.67}$$

Die Überschwingweite Δh und die Ausregelzeit $t_{2\%}$ folgen danach zu

$$\Delta h = e^{-\frac{\pi D}{\sqrt{1-D^2}}} = 0{,}0432 \qquad t_{2\%} = -\frac{1}{D\omega_N}(\ln 0{,}01 + \ln\sqrt{1-D^2}) = \frac{4{,}6 + 0{,}36}{D\omega_N} = 49{,}6 \ . \tag{2.68}$$

Der zeitliche Verlauf der Regelgröße $y(t)$ bei $y_{ref}(t) = \sigma(t)$ ergibt sich aus

$$Y(s) = Y_{ref}(s)T(s) = \frac{1}{s}\,\frac{1}{1+10s+50s^2} = \frac{1}{s} - \frac{s+0{,}1}{(s+0{,}1)^2 + 0{,}01} - \frac{0{,}1}{(s+0{,}1)^2 + 0{,}01} \tag{2.69}$$

mit den Polen bei $0{,}1 \cdot (-1 \pm j)$ zu $y(t) = 1 - e^{-0{,}1\,t}(\cos 0{,}1\,t + \sin 0{,}1\,t)$.

2.25 Regelkreisverhalten aus $|F_o(j\omega)|$

Angabe: *Die Regelschleife $|F_o(j\omega)|$ liegt als*

$$F_o(s) = \frac{5}{s}\,\frac{1}{1+0{,}1s} \tag{2.70}$$

vor. Welche Ausregelzeit und Überschwingweite resultiert für den Regelkreis approximativ?
Lösung: Aus der Angabe folgt

$$T(s) = \frac{1}{1 + \frac{s}{5} + \frac{s^2}{50}} \tag{2.71}$$

sowie $\omega_N = \sqrt{50} = 7{,}07$ und $D = 0{,}707$. Daraus ergibt sich die Ausregelzeit und die Überschwingweite zu

$$t_{2\%} = \frac{4{,}9}{\omega_N D} = 0{,}98 \qquad \Delta h = e^{-\frac{\pi D}{\sqrt{1-D^2}}} = e^{-\pi} = 0{,}043 \ . \tag{2.72}$$

2.26 Regelkreisdiskussion mit Wurzelortskurve

Angabe: *Man schätze die Regelkreisdynamik zur Regelschleife*

$$F_o(s) = \frac{4}{(1+s)(1+s/3)^2} \ . \tag{2.73}$$

Lösung: Mit Hilfe der Wurzelortskurve aus Abb. 2.22 findet man für $V = 4$ die Pole des Regelkreises bei $s_1 = -5,75$; $s_{2,3} = -0,62 \pm j2,72$. Dem dominierenden Polpaar entspricht ein $\omega_N = 2,8$ und $D = 0,22$. Der Wurzelschwerpunkt der Wurzelortskurve liegt bei $-7/3$, der Verzweigungspunkt bei $-5/3$.

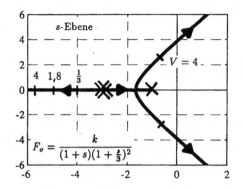

Abbildung 2.22: Wurzelortskurve zu Gl.(2.73)

2.27 Maximaler Schleppfehler

Angabe: *Ein Regelkreis aus PT_1-Regler $\frac{1}{s+2}$ und I-Strecke $\frac{2}{s}$ ist einem Sollwert in Form einer Rampe der Steigung a (pro Sekunde) ausgesetzt. Wie groß ist die maximale Regelabweichung relativ zum (bleibenden) Schleppfehler?*

Lösung: Für den Sollwertverlauf $y_{ref}(s) = \frac{a}{s^2}$ ergibt sich

$$F_e(s) = \frac{1}{1 + K(s)G(s)} = \frac{s(s+2)}{(s+1)^2 + 1} \qquad E(s) = F_e(s)Y_{ref}(s) \tag{2.74}$$

$$sE(s) = \mathcal{L}\{\dot{e}(t)\} = a\left[\frac{s+1}{(s+1)^2 + 1} + \frac{1}{(s+1)^2 + 1}\right] \tag{2.75}$$

$$\max_t e(t) \quad \text{aus} \quad \dot{e}(t) = a(\cos t + \sin t)e^{-t} = 0 \quad \leadsto \quad t_{\max} = \frac{3\pi}{4} = 2,356 \tag{2.76}$$

$$E(s) = \frac{a(s+2)}{s[(s+1)^2 + 1]} = a\left[\frac{1}{s} - \frac{s+1}{(s+1)^2 + 1}\right] \quad \leadsto \quad e(t) = a(1 - e^{-t}\cos t) \tag{2.77}$$

$$e_{\max} = e(t_{\max}) = a(1 - e^{-\frac{3\pi}{4}}\cos\frac{3\pi}{4}) = 1,06701\,a\,; e_\infty = \lim_{t\to\infty} e(t) = a \quad \leadsto \quad \Delta e_{rel} = \frac{e_{\max} - e_\infty}{e_\infty} = 0,067\,. \tag{2.78}$$

2.28 $*$ Phasenrand und Überschwingweite bei einer PT_2-Schleife

Angabe: *Gegeben ist eine allgemeine PT_2-Schleifenübertragungsfunktion $F_o(s)$ im aperiodischen Grenzfall. Wie lautet der allgemeine Zusammenhang zwischen Phasenrand α_R und Überschwingweite Δh des geschlossenen Regelkreises in der Form $\alpha_R = f(\Delta h)$ für die angegebene Systemklasse? Wie groß ist der relative Stationärfehler des Regelkreises?*

Lösung: Im aperiodischen Grenzfall gilt $D_{F_o} = 1 \leadsto F_o(s) = \frac{V}{1 + \frac{2}{\omega_K}s + \frac{s^2}{\omega_K^2}}$. Die Durchtrittsfrequenz ω_D

folgt aus

$$|F_o(j\omega)|\Big|_{\omega=\omega_D} = 1 \leadsto \left|\frac{V\omega_K^2}{\omega_K^2 - \omega_D^2 + j2\omega_K\omega_D}\right| = \frac{V\omega_K^2}{\sqrt{(\omega_K^2 - \omega_D^2)^2 + 4\omega_K^2\omega_o^2}} = 1 \leadsto \omega_D = \omega_K\sqrt{V-1}\,,$$
$$\tag{2.79}$$

letzteres für $V > 1$. Die Überschwingweite Δh resultiert aus

$$T(s) = \frac{V}{1 + V + \frac{2}{\omega_K}s + \frac{1}{\omega_K^2}s^2} \qquad D = \frac{\omega_N}{(1+V)\omega_K} = \frac{1}{\sqrt{1+V}} \qquad \omega_N = \omega_K\sqrt{1+V} \tag{2.80}$$

$$\Delta h = \exp\left(-\frac{\pi D}{\sqrt{1-D^2}}\right) \quad \rightsquigarrow \quad \frac{1}{\pi}\ln(\Delta h) = -\frac{1}{\sqrt{\frac{1}{D^2}-1}} = -\frac{1}{\sqrt{V}} \quad \rightsquigarrow \quad V = \left(\frac{\pi}{\ln(\Delta h)}\right)^2. \tag{2.81}$$

Den Phasenrand α_R findet man zu

$$\arg\{F_o(j\omega)\}\Big|_{\omega_D} = -\arctan\left(\frac{2\omega_K\omega_D}{\omega_K^2-\omega_D^2}\right) = \alpha_R - \pi \quad \rightsquigarrow \quad \tan(\pi-\alpha_R) = \frac{2\sqrt{V-1}}{2-V} \tag{2.82}$$

$$\alpha_R = \pi - \arctan\frac{2\,|\ln(\Delta h)|\sqrt{\pi^2-\ln^2(\Delta h)}}{2\ln^2(\Delta h)-\pi^2}. \tag{2.83}$$

Der Stationärfehler beträgt $\frac{1}{1+V}$.

2.29 Regelkreisreaktion auf Sollwertstoß

Angabe: *Welche Stoßantwort zeigt der Regelkreis nach Abb. 2.23 bei Sollwertstoß?*
Lösung: Man erhält

$$F_o = \frac{\frac{200}{s^2}}{1+0,1s\frac{200}{s^2}} = \frac{200}{s(s+20)} = \frac{p(s)}{q(s)} \quad \rightsquigarrow \quad T(s) = \frac{F_o}{1+F_o} = \frac{p(s)}{p(s)+q(s)} = \frac{200}{200+20s+s^2} \tag{2.84}$$

$$\mathcal{L}^{-1}\{T(s)\} = 20\mathcal{L}^{-1}\left\{\frac{10}{(s+10)^2+100}\right\} = 20e^{-10t}\sin 10t\,. \tag{2.85}$$

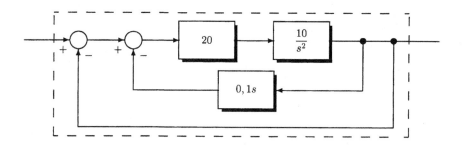

Abbildung 2.23: Zweischleifiger Regelkreis

2.30 ∗ Wurzelortskurve und maximaler Dämpfungsfaktor

Angabe: *Gegeben ist der Standardregelkreis mit der Strecke $G(s) = \frac{10}{s^2+9,3s+46,6}$ und dem Regler $K(s) = \frac{V}{s+0,65}$. Von der Wurzelortskurve des Systems ist gewünscht: Wurzelschwerpunkt, Asymptoten, Austrittswinkel aus den Polen, Stabilitätsgrenze (V_G, ω_G) sowie Verstärkung zu den ausgewählten reellen Polen $s_1 = -3$ und $s_2 = -4$ und die zugehörigen konjugiert komplexen Pole. Wie muss $V = V_\sigma$ gewählt werden, damit der Regelkreis maximalen Dämpfungsfaktor $|\sigma| = |\sigma_{\max}|$ aufweist? Wie lautet für diesen Regler der Stationärfehler des Systems (in %)?*
Lösung:

$$F_o(s) = \frac{10V}{(s+0,65)(s^2+9,3s+46,6)} \tag{2.86}$$

Pole der Schleife aus $\quad s^2+9,3s+46,6=0 \quad \rightsquigarrow \quad s_{1,2} = -4,65 \pm j5,00\,; s_3 = -0,65\,. \tag{2.87}$

Der Wurzelschwerpunkt liegt bei

$$\sigma_w = \frac{1}{n-r}\left(\sum\Re e\,s_{Pi} - \sum\Re e\,s_{Ni}\right) = \frac{1}{3}(-4,65\cdot 2-0,65) = -3,32\,, \tag{2.88}$$

die Asymptoten sind unter $\pm 60^\circ$, 180° geneigt. Für die Austrittswinkel aus den Polen gilt

$$s_1 : \quad \arg F_o \quad = -\arg(-4+5j) - \arg(s_1) - \arg(10j) = -\pi \tag{2.89}$$

$$\arg(s_1) \quad = \pi - \arg(10j) - \arg(-4+5j) = \pi - \frac{\pi}{2} - 2,245 \cong -38,6^\circ . \tag{2.90}$$

Analog gilt für s_2 : $\quad \arg(s_2) \quad = +38,6^\circ \quad$ und $\quad s_3 \quad \arg(s_3) = -180^\circ . \tag{2.91}$

Die Stabilitätsgrenze aus dem charakteristischen Polynom des Regelkreises bzw. aus den Polen von $T(s)$ nach Routh lautet

$$s^3 + 9,95s^2 + 52,645s + (10V + 30,29) \tag{2.92}$$

$$-\frac{\begin{vmatrix} 1 & 52,645 \\ 9,95 & 10V + 30,29 \end{vmatrix}}{9,95} = b_1 = \frac{523,81775 - 10V - 30,29}{9,95} > 0 \quad \rightsquigarrow \quad V < 49,35 \qquad V_G = 49,35 . \tag{2.93}$$

Die Lösung der charakteristischen Gleichung für $V = V_G$ und $s = j\omega$ zeigt

$$-j\omega^3 - 9,95\omega^2 + 25,645j\omega + 523,81775 = 0 \quad \text{Realteil } 523,81775 - 9,95\omega^2 = 0 \quad \rightsquigarrow \quad \omega_G = 7,26 . \tag{2.94}$$

Bei den ausgewählten Polen gilt

$$s^3 + 9,95s^2 + 52,645s + (10V + 30,29) \quad \stackrel{\triangle}{=} \quad (s-a)[(s-\sigma)^2 + \omega^2] = \tag{2.95}$$

$$= \quad (s-a)[s^2 - 2\sigma s + (\sigma^2 + \omega^2)] = \tag{2.96}$$

$$= \quad s^3 - (2\sigma + a)s^2 + (\sigma^2 + 2\sigma a + \omega^2)s - a(\sigma^2 + \omega^2) ; \tag{2.96}$$

aus dem Koeffizientenvergleich folgt

$$2\sigma + a = -9,95 \tag{2.97}$$

$$\sigma^2 + 2\sigma a + \omega^2 = 52,645 \tag{2.98}$$

$$a(\sigma^2 + \omega^2) = -(10V + 30,29) \tag{2.99}$$

und für die speziellen Werte von a

$$a = -3 : \quad \sigma \quad = \frac{-9,95 + 3}{2} = -3,475 \tag{2.100}$$

$$\omega^2 \quad = 52,645 - 32,9256 = 19,72 \quad \rightsquigarrow \quad \omega = 4,44 \tag{2.101}$$

$$V \quad = \frac{1}{10}(-30,29 + 95,385) = 6,51 \tag{2.102}$$

$$a = -4 : \quad \sigma \quad = \frac{-9,95 + 4}{2} = -2,975 \tag{2.103}$$

$$\omega^2 \quad = 52,645 - 20,751 = 31,894 \quad \rightsquigarrow \quad \omega = 5,65 \tag{2.104}$$

$$V \quad = \frac{1}{10}(-30,29 + 102,513) = 13,28 . \tag{2.105}$$

V_σ folgt aus der Forderung $a \equiv \sigma$ aus Gl.(2.97)

$$3a = -9,95 \quad \rightsquigarrow \quad a = 3,317 \tag{2.106}$$

$$3a^2 + \omega^2 = 52,645 \quad \rightsquigarrow \quad \omega^2 = 52,645 - 33,0 = 19,644 \rightsquigarrow \omega = 4,432 \tag{2.107}$$

$$-a(a^2 + \omega^2) = 10V_\sigma + 30,29 \quad \rightsquigarrow \quad V_\sigma = \frac{1}{10}(-30,29 + 101,637) = 7,13 \tag{2.108}$$

$$T(s) = \frac{10V_\sigma}{s^3 + 9,95s^2 + 52,645s + (10V_\sigma + 30,29)} \quad \rightsquigarrow \quad T(s=0) = \frac{10V_\sigma}{10V_\sigma + 30,29} = 0,702 . \tag{2.109}$$

Der relative Fehler beträgt daher 29,8 %. Die Wurzelortskurve zeigt Abb. 2.24.

2.31 Blockbildreduktion einer mehrschleifigen Anordnung

Angabe: *Das Blockschaltbild der Abb. 2.25 ist zu reduzieren.*
Lösung: Die resultierende Form lautet

$$\frac{Y(s)}{Y_{ref}(s)} = \frac{H_1(H_2 H_3 + H_4)}{H_1 H_2 H_3 H_7 + H_1 H_4 H_7 + H_1 H_2 H_5 + H_2 H_3 H_6 + H_4 H_6 + 1} . \tag{2.110}$$

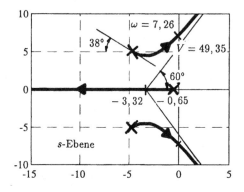

Abbildung 2.24: Wurzelortskurve zu
Gl.(2.86)

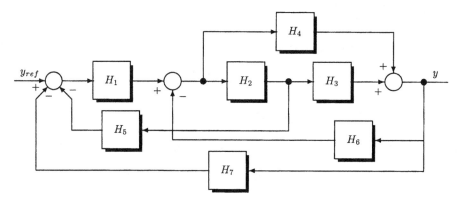

Abbildung 2.25: Mehrschleifige Anordnung

2.32   Regelkreis mit zwei instabilen Schleifenpolen

Angabe: *Der Regelkreis zur Schleifenübertragungsfunktion* $F_o(s) = \frac{V(s+0,5)}{(s-1)^2(s+4)}$ *ist mittel Wurzelortskurve zu analysieren.*

Lösung: Der Regelkreis besitzt das charakteristische Polynom $s^3 + 2s^2 + (V-7)s + (0,5V+4)$. Nach Routh ist für Stabilität $V > 12$ erforderlich, d.h. $V_G = 12$. Für die Einschränkung $s = j\omega_G$ und $V = V_G$ ergeben sich die Nullstellen des Realteils des charakteristischen Polynoms zu $\omega_G = \sqrt{5}$. Division durch $s^2 + 5$ liefert $s + 2$, d.h. bei $V = V_G$ lauten die Regelkreispole $-2; \pm j\sqrt{5}$. Da die Wurzelsumme gleich ist dem negativen Koeffizienten von s^2, also -2, besitzt die Asymptote einen Abschnitt auf der reellen Achse von s_a, wobei

$$s_a + s_a + (-0,5) = -2 \quad \leadsto \quad s_a = -0,75 \, . \tag{2.111}$$

Die Wurzelortskurve zeigt Abb. 2.26.

2.33   Asymptote der Ortskurve eines PIDT$_1$-Reglers

Angabe: *Welche Asymptoten besitzt die Ortskurve* $K(s) = \frac{2+4+5s}{1+s}$ *für* $s = j\omega$ *bei* $\omega \to 0$?

Lösung: Es gilt $K(s)\big|_{s=j\omega,\omega\to0} \neq \frac{2}{j\omega}$, obwohl man dies hätte vermuten können, vielmehr gilt richtig

$$K(j\omega) = \frac{2+5\omega^2}{1+\omega^2} + j\frac{\omega^2-2}{\omega(1+\omega^2)} \quad \leadsto \quad K(j\omega)\big|_{\omega\to0} = 2 - \frac{2j}{\omega} = 2 + \frac{2}{j\omega} \, . \tag{2.112}$$

Die Ortskurve verhält sich also für niedrige Frequenzen wie ein $K_1(s) = 2 + \frac{2}{s}$ und ist in Abb. 2.27 gezeigt.

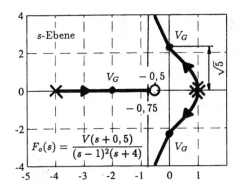

Abbildung 2.26: Wurzelortskurve für instabilen Schleifendoppelpol

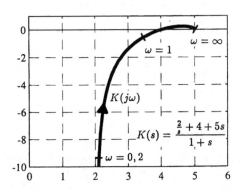

Abbildung 2.27: Ortskurve eines PIDT$_1$-Reglers

2.34 Stoßantwortnäherung

Angabe: *Gesucht ist die Regelgröße $y(t)$ für $t = 0,1$ bei stoßförmiger Sollwerteinwirkung auf den Regelkreis mit $T(s) = \frac{10s+20}{3s^2+6s+20}$.*

Lösung: Die Näherung $Y(s) = T(s) \cdot 1$ ergibt

$$(10s + 20) : (3s^2 + 6s + 20) = \frac{10}{3}s^{-1} - \frac{200}{9}s^{-3} + \frac{400}{9}s^{-4} \dots \tag{2.113}$$

$$y(t)\Big|_{t=0,1} = \frac{10}{3} - \frac{200}{9}\frac{t^2}{2} + \frac{400}{9}\frac{t^3}{3!} \pm \dots \Big|_{t=0,1} = \frac{10}{3} - \frac{200}{9}\frac{0,01}{2} + \frac{400}{9}\frac{10^{-3}}{6} \pm \dots \doteq 3,23 . \tag{2.114}$$

Die exakte Rechnung führt mit Polen bei $-1 \pm j2,38$ auf

$$y(t) = \mathcal{L}^{-1}\left\{\frac{10s + 20}{3s^2 + 6s + 20}\right\} = 10e^{-t}\left[\frac{1}{\sqrt{51}}\sin\frac{\sqrt{51}}{3}t + \frac{1}{3}\cos 2,38\,t\right] \rightsquigarrow y(0,1) = 3,23 . \tag{2.115}$$

2.35 Maximale Stellgröße eines optimal ausgelegten Systems

Angabe: *Bei welchem minimalen T_I stellt sich im Regelkreis nach Abb. 2.28 eine nicht überschwingende Stellgröße $u(t)$ ein? Welcher Sollwertsprung der Höhe y_o darf angelegt werden, damit die Stellgröße u den Wert $u_k = 2,5$ nicht überschreitet?*

Lösung:

$$F_u(s) = \frac{\frac{1}{sT_I}}{1 + \frac{1}{sT_I}\frac{1}{1+1,9s}} = \frac{1 + 1,9\,s}{1 + sT_I(1 + 1,9s)} = \frac{U(s)}{y_o\frac{1}{s}} \tag{2.116}$$

$$1 + sT_I(1 + 1,9\,s) \stackrel{\triangle}{=} 1 + \frac{2D}{\omega_N}s + \frac{s^2}{\omega_N^2} \rightsquigarrow \omega_N = \frac{1}{\sqrt{1,9T_I}}\ ; D = 1 \rightsquigarrow T_I = 4 \cdot 1,9 = 7,6 . \tag{2.117}$$

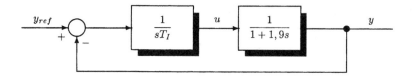

Abbildung 2.28: Blockbild des Regelkreises

Bei Einheitssprung im Sollwert findet man

$$F_u(s) = \frac{1}{14,44} \frac{1+1,9\,s}{(s+0,263)^2} \quad \leadsto \quad U(s) = \frac{1}{s}F_u(s) = \frac{1}{14,44}\left[\frac{A}{s} + \frac{B}{(s+0,263)^2} + \frac{C}{s+0,263}\right] \quad (2.118)$$

$$A = \frac{1}{(0,263)^2} = 14,44; \qquad B = -1,9; \qquad C = -A = -14,44 \tag{2.119}$$

$$u(t) \;=\; \frac{1}{14,44}\left[14,44 - 1,9\,t e^{-0,263\,t} - 14,44 e^{-0,263\,t}\right] \tag{2.120}$$

$$\dot{u}(t) \;=\; -\frac{1,95}{14,44}\left(e^{-0,263\,t} - 0,263\,t e^{-0,263\,t}\right) + \frac{14,79}{14,44}\,0,263\,e^{-0,263\,t} = 0 \tag{2.121}$$

Das Maximum liegt im Stationärzustand $t = t_o = \infty$, $u(t_o) = 1 \quad \leadsto \quad y_o\,u(t_o) = 2,5 \quad \leadsto \quad y_o = 2,5$.

2.36 $\ast$ Messgeräteausfall und seine Auswirkung

Angabe: *An dem System der Abb. 2.29 fällt im ausgeregelten Zustand das Messglied $M(s)$ schlagartig aus; es liefert ab dem Ausfallszeitpunkt ein Signal $y_1 = 0$. Es gelten folgende Übertragungsfunktionen: $K(s) = \frac{5}{1+s}$, $G(s) = \frac{10}{1+2s}$, $M(s) = 1$ im ordnungsgemäßen Zustand, $M(s) = 0$ nach Ausfall. Welchen Verlauf nimmt $y(t)$?*
Lösung: Im Normalfall gilt bei $y_{ref} = 1$ für die Regelgröße $y(t \to \infty) = 0,98$; dies als Anfangsbedingung für den Verlauf nach dem Ausfall.
Die Übertragungsfunktion nach Ausfall lautet

$$F_o(s) = \frac{50}{(1+s)(1+2s)} = \frac{50}{1+3s+2s^2}. \tag{2.122}$$

Das Signal $y_{ref} = 1$ bleibt, y_1 fällt auf null zurück.

$$2\ddot{y} + 3\dot{y} + y = 50(y_{ref} - y_1) \tag{2.123}$$

$$2\left[s^2 Y(s) - sy(0) - \dot{y}(0)\right] + 3\left[sY(s) - y(0)\right] + Y(s) = \frac{50}{s} \tag{2.124}$$

$$Y(s) = \frac{1,96s^2 + 2,94s + 50}{2s(s^2 + 1,5s + 0,5)} = \frac{0,98s^2 + 1,47s + 25}{s(s+0,5)(s+1)} \quad \leadsto \quad y(t) = 50 - 98,04e^{-0,5t} + 49,02e^{-t}. \tag{2.125}$$

Daraus resultiert $y(0) = 0,98$; $y(\infty) = 50$. Die katastrophale Auswirkung bei Regelgrößenausfall wird offenkundig.

2.37 Regelkreisbeurteilung aus dem Betrag der Schleife

Angabe: *Gegeben ist ein Phasenminimumsystem mit der Betragsfrequenzkennlinie $|F_o(j\omega)|$ laut Abb. 2.30. Daten der Regelung betreffend ihrer Qualität (Stationärgenauigkeit, Überschwingzeit, ...) sind gesucht.*
Lösung: Es folgt

$$F_o(s) = \frac{10}{(1+\frac{s}{3,16})(1+\frac{s}{10})(1+\frac{s}{100})} \quad \leadsto \quad F_o(j\omega) = \frac{31600}{(3160 - 113,16\,\omega^2) + j(1347,6\,\omega - \omega^3)} \tag{2.126}$$

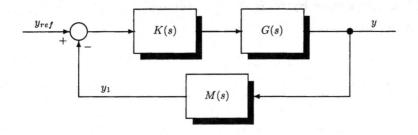

Abbildung 2.29: Standardregelkreis mit Messglied

$$\arg \ F_o(j\omega)|_{\omega=\omega_R} = -\pi \quad \leadsto \quad -\pi = -\text{arc tan} \ \frac{1347,6\,\omega_R - \omega_R^3}{3160 - 113,16\,\omega_R^2} \quad \leadsto \quad \omega_R = \sqrt{1347,6} = 36,71 \ .$$

(2.127)

Der Phasenrand lautet $\alpha_R \doteq 33°$, die Durchtrittsfrequenz $\omega_D \doteq 16,1$, siehe auch Abb. 2.31. Aus der Beziehung $|F_o(j\omega_R)| = 0,21$ folgt schließlich $A_R = \frac{1}{0,21} = 4,73$. Die Stationärgenauigkeit beträgt $1/11 = 9\%$, die Überschwingzeit $T_{\ddot{U}} = 0,2$ Sekunden, die Überschwingweite Δh rund 50 %.

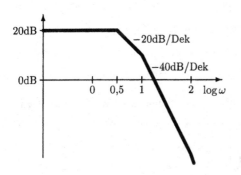

Abbildung 2.30: Bode-Diagramm zu Gl.(2.126)

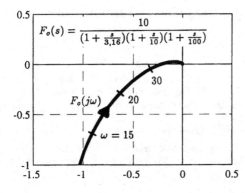

Abbildung 2.31: Frequenzgangsortskurve der Regelschleife zu Gl.(2.126)

2.38 ∗ Wurzelort eines Systems vierter Ordnung

Angabe: *Die Wurzelortskurve zu*

$$F_o(s) = V\frac{s+6}{(s^2+2s+5)(s+2)(s+4)} \qquad F_o(s) \overset{\triangle}{=} V\frac{z(s)}{n(s)} \qquad (2.128)$$

ist zu diskutieren.

Lösung: Die Wurzelortskurve verlässt die komplexen Pole s_{P1} und s_{P2} unter $\pm 14,7°$. Der Asymptotenschnittpunkt liegt bei

$$\frac{\sum_1^4 \Re e\, s_{Pi} - \sum_1^1 \Re e\, s_{Ni}}{n-r} = \frac{-1-1-2-4+6}{4-1} = -\frac{2}{3}. \qquad (2.129)$$

Die Verzweigungspunkte findet man aus

$$\frac{d}{ds}F_o(s) = 0 \qquad \frac{d}{ds}F_o(s) = V\frac{z'n - n'z}{n^2} = 0 \qquad (2.130)$$

$$
\begin{aligned}
z'(s) &= 1 & (2.131)\\
n(s) &= (s^2+2s+5)(s+2)(s+4) & (2.132)\\
n'(s) &= 4s^3 + 24s^2 + 50s + 46 & (2.133)\\
z'n - n'z &= -3s^4 - 40s^3 - 169s^2 - 300s - 236 = 0 \;\rightsquigarrow\; s_1 = -7,2751;\; s_2 = -3,3753. & (2.134)
\end{aligned}
$$

Der Durchtritt durch die imaginäre Achse erfolgt bei $\omega = 2,77$, was sich aus $1 + F_o(j\omega) = 0$ oder ausgeführt $\omega^4 + 23\omega^2 - 236 = 0$ bei $\omega = 2,77$ und $V_{krit} = 15,5$ ergibt.

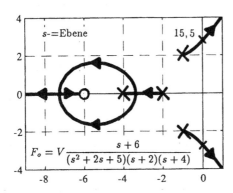

Abbildung 2.32: Wurzelortskurve zu Gl.(2.128)

2.39 ∗ Einfach- und Mehrfachverzweigung einer Wurzelortskurve

Angabe: *Gegeben ist*

$$G(s) = \frac{1}{s(s+1)} \qquad K(s) = \frac{K(s+c)}{s+a}. \qquad (2.135)$$

Für welches K, a und c besitzt die Wurzelortskurve des damit begründeten Regelkreises einen einfachen und einen doppelten Verzweigungspunkt? Wie lautet das Ergebnis in Abhängigkeit von a?

Lösung: Aus $1 + G(s)K(s)$ folgt das charakteristische Polynom $p_{cl}(s)$ und daraus die charakteristische Gleichung

$$p_{cl}(s) = s^3 + (1+a)s^2 + (K+a)s + Kc = 0. \qquad (2.136)$$

Genannte Verzweigungen treten auf, wenn die Wurzel der charakteristischen Gleichung eine dreifache ist, siehe Wurzelortskurve in Abb. 2.33. Gleichsetzung von Gl.(2.136) mit $(s+\alpha)^3$ liefert nach Koeffizientenvergleich in s^i

$$\alpha = \frac{1+a}{3} \qquad K = 3\alpha^2 - a \qquad c = \frac{\alpha^3}{K} \qquad (2.137)$$

und für $a = 10$ die besonderen Werte $\alpha = 3,67$; $K = 30,33$ und $c = 1,63$.

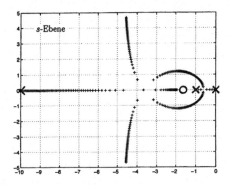

Abbildung 2.33: Wurzelortskurve für
$$a = 10 \text{ zu } F_o(s) = \frac{K(s+1,63)}{s(s+1)(s+10)}$$

2.40 * Dreiecksimpulsantwort mittels Faltung

Angabe: *Die Regelstrecke* $G(s) = \frac{2}{1+2s}$ *wird mit einem Dreiecksimpuls* $x_e(t)$ *laut Abb. 2.34 angeregt. Der zeitliche Verlauf des Ausgangs ist mit Faltung zu bestimmen.*

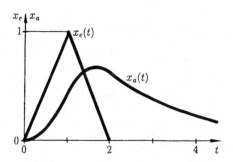

Abbildung 2.34:
Eingangsdreiecksimpuls und Ausgang
der PT$_1$-Strecke

Lösung: Mit der Gewichtsfunktion $g(t) = e^{-0,5t}$ wird abschnittsweise gerechnet.

$$x_e(t) = \begin{cases} 0 & t < 0 \\ t & 0 < t < 1 \quad \text{I} \\ 2 - t & 1 < t < 2 \quad \text{II} \\ 0 & 2 < t \quad \text{III} \end{cases} \tag{2.138}$$

I)

$$x_a(0 \le t < 1) = \int_o^t \tau e^{-0,5(t-\tau)} d\tau = 2t - 4 + 4e^{-0,5t} \tag{2.139}$$

II)

$$x_a(1 \le t < 2) = \int_o^1 \tau e^{-0,5(t-\tau)} d\tau + \int_1^t (2 - \tau)e^{-0,5(t-\tau)} d\tau = -2t + 8 - 8e^{-0,5(t-1)} + 4e^{-0,5t} \tag{2.140}$$

III)

$$x_a(2 < t) = 4e^{-0,5t} - 8e^{-0,5(t-1)} + 4e^{-0,5(t-2)} . \tag{2.141}$$

2.41 Faltung und Laplace-Transformation

Angabe: *Eine Regelstrecke mit der Gewichtsfunktion* $g(t) = 1,155\ e^{-0,5t} \sin 0,866\ t$ *wird mit einem bei* $t = 0$ *beginnenden Cosinus angeregt. Welche Reaktion liegt bei* $t = 1$ *vor ?*

Lösung: Man erhält mit $x_e(t) = \cos t$ bei Faltung

$$x_a(t) = \int_o^t x_e(\tau)g(t-\tau)d\tau \tag{2.142}$$

und verwendet

$$\cos a \sin b = \frac{1}{2}[\sin(a+b) - \sin(a-b)] = \frac{1}{2}\Im m \left[e^{j(a+b)} - e^{j(a-b)}\right]. \tag{2.143}$$

Mit Zwischenrechnungen folgt

$$x_a(t) = \sin t - 1,155e^{-0,5t}\sin 0,866t \quad \text{und} \quad x_a(1) = 0,307. \tag{2.144}$$

Mit Laplace-Transformation findet man

$$X_e(s) = \frac{s}{s^2+1} \quad G(s) = 1,155\frac{0,866}{(s+0,5)^2+0,866^2} \quad X_a(s) = \frac{As+B}{(s+0,5)^2+0,866^2} + \frac{Cs+D}{s^2+1} \tag{2.145}$$

unter $A = C = 0$ und $B = -D = -1$. Die Rücktransformation liefert das Ergebnis der Gl.(2.144).

2.42   Schlechtestes Störungsverhalten

Angabe: *Bei welcher Frequenz wird der Regelkreis mit der Störungsübertragungsfunktion*

$$F_{St}(s) = \frac{1}{1 + \frac{2D}{\omega_N}s + \frac{1}{\omega_N^2}s^2} \quad \text{mit } D = 0,4 \tag{2.146}$$

die schlechteste Güte aufweisen, wenn als Güte das Amplitudenbetragsverhältnis $|F_{St}|$ bezeichnet wird?
Lösung:

$$|F_{St}(j\omega)| = \left|\frac{1}{(1-\frac{\omega^2}{\omega_N^2}) + j2D\frac{\omega}{\omega_N}}\right| = \frac{1}{\sqrt{[1-(\frac{\omega}{\omega_N})^2]^2 + \frac{4D^2\omega^2}{\omega_N^2}}} \tag{2.147}$$

$$\frac{\partial|F_{St}(j\omega)|}{\partial\omega} = 0 \quad \rightsquigarrow \quad \omega_D = \omega_N\sqrt{1-2D^2} = \sqrt{0,68}\,\omega_N = 0,82\,\omega_N. \tag{2.148}$$

2.43   Signalflussdiagramm

Angabe: *Man ermittle die Übertragungsfunktion zum Signalflussdiagramm nach Abb. 2.35.*
Lösung: In ihm ergibt sich

$$G(s) = \frac{ACE}{1-B-D+BD-FC}. \tag{2.149}$$

2.44   Wurzelortskurve und imaginäre Achse

Angabe: *Der Parameter T_N, bei dem die Wurzelortskurve zu*

$$F_o(s) = \frac{1}{sT_N}\frac{1}{(s+2)(s+5)} \tag{2.150}$$

durch die imaginäre Achse der s-Ebene hindurchtritt, ist zu berechnen.
Lösung: Aus

$$1 + F_o = 0 = 1 + sT_N(s+2)(s+5) = 1 - 7\omega^2 T_N + j\omega T_N(10 - \omega^2) \tag{2.151}$$

folgt $\omega = \sqrt{10}$ und $T_N = \frac{1}{70}$. Dort ist zugleich die Schließbedingung erfüllt.

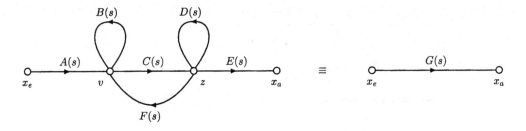

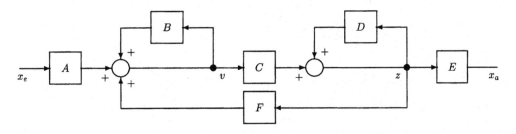

Abbildung 2.35: Signalflussdiagramm und Blockschaltbild

2.45 * Wurzelortskurve und zulässiger Verstärkungsbereich

Angabe: *Gegeben ist die Schleifenübertragungsfunktion*

$$F_o(s) = \frac{10}{(s - 0,3)(s^2 + 9,3s + 46,6225)} ,$$ (2.152)

gesucht die zugehörige Wurzelortskurve mit Asymptoten, Orientierung der Äste, Verstärkung V_G an der Stabilitätsgrenze und zugehörige Punkte auf der Wurzelortskurve sowie schließlich Verstärkung V_3 zum Pol $s_1 = -3$. Wo liegen die anderen beiden zu dieser Verstärkung gehörigen Systempole?
Lösung: Die Pole der Schleife liegen bei $+0,3$ und

$$s_{2,3} = -\frac{9,3}{2} \pm \sqrt{(\frac{9,3}{2})^2 - 46,6225} = -4,65 \pm j5 .$$ (2.153)

Der Schnittpunkt der Asymptoten der Wurzelortskurve liegt bei $\sigma_w = \frac{1}{3}(-0,3 - 4,65 - 4,65) = -3,2$.
Das charakteristische Polynom des Regelkreises lautet

$$p_{cl}(s) = (s - 0,3)(s^2 + 9,3s + 46,6225) + 10V = s^3 + 9s^2 + 43,8325s + (10V - 13,98675) .$$ (2.154)

Stabilitätsgrenze auf der imaginären Achse: Aus

$$p_{cl}(s) = (s + \sigma_{G1})(s + j\omega_{G1})(s - j\omega_{G1}) = s^3 + \sigma_{G1}s^2 + \omega_{G1}^2 s + \sigma\omega_{G1}^2$$ (2.155)

folgt $V_{G1} = 40,8$ $\omega_{G1} = \pm 6,62$ $\sigma_{G1} = 9$. Stabilitätsgrenze auf der reellen Achse:

$$p_{cl}(s) = s(s + \sigma_{G2} + j\omega_{G2})(s + \sigma_{G2} - j\omega_{G2}) = s^3 + 2\sigma_{G2}s^2 + (\sigma_{G2}^2 + \omega_{G2}^2)s .$$ (2.156)

Daraus erhält man

$$\sigma_{G2} = 4,5; \quad \omega_{G2} = \pm 4,86; \quad V_{G2} = 1,399 .$$ (2.157)

Welche Punkte gehören bei gleichem V_{G3} noch zur Wurzelortskurve, wenn ein Punkt bei $(-3, \ j0)$ zur Wurzelortskurve gehört

$$p_{cl}(s) = (s+3)(s - \sigma_{G3} + j\omega_{G3})(s - \sigma_{G3} - j\omega_{G3}) = s^3 + (3 - 2\sigma_{G3})s^2 + (6\sigma_{G3} + \sigma_{G3}^2 + \omega_{G3}^2)s + 3(\sigma_{G3}^2 + \omega_{G3}^2) .$$ (2.158)

Nach Koeffizientenvergleich folgt

$$\sigma = \sigma_{G3} = -3; \quad \omega_{G3} = \pm 4,10; \quad V_{G3} = 9,15$$ (2.159)

mit Darstellung in Abb. 2.36. Der zulässige Verstärkungsbereich lautet $V_{G2} = 1,399 \leq V \leq V_{G1} = 40,8$.

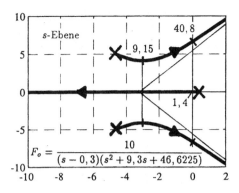

Abbildung 2.36: Wurzelortskurve zur
Bestimmung des zulässigen
Verstärkungsbereichs

2.46 Durchlaufdauer durch einen elliptischen Grenzzyklus

Angabe: *Für einen Streckenausgang in Spannungsform gelten in der Phasenebene die Maßstäbe 1 cm/V an der Abszisse und 2 cm/(Vs^{-1}) an der Ordinate. Es stellt sich ein ellipsenförmiger Grenzzyklus ein, und zwar mit den Hauptachsenlängen 3 cm und 2 cm in Abszissen- und Ordinatenrichtung. Wie lange braucht dieses System für den einfachen Durchlauf durch den Grenzzyklus?*
Lösung: Die extremen Auslenkungen der Ellipse bedeuten 3V in Abszissen- und 1 V/s in Ordinatenrichtung. Setzt man die Schwingung mit Zahlenwerten in Volt mit $y = y_1 \sin\omega t$ an, dann ist $y_1 = 3$. Dann folgt $\dot{y} = y_1\omega\cos\omega t$, der Faktor $y_1\omega$ muss 1 sein. Somit ist $\omega = \frac{1}{3}$ (Sekunde hoch minus eins) oder die Durchlaufdauer $T_c = \frac{2\pi}{\omega} = 6\pi = 18,8$ Sekunden.

2.47 * Wurzelortskurve nach einer Pollage

Angabe: *Gegeben ist die Schleifenübertragungsfunktion*

$$F_o(s) = \frac{610}{(s+a)(s^2+8s+41)} \; . \tag{2.160}$$

Man skizziere die Wurzelortskurve des Systems nach der variablen Pollage a. Für welche Pollage a_G ist der geschlossene Regelkreis grenzstabil? Welche Frequenz ω_G besitzt die auftretende Dauerschwingung? Wo liegt der restliche, zu a_G gehörige Pol des geschlossenen Regelkreises?
Lösung: Umformung der charakteristischen Gleichung:

$$F_o(s) = \frac{610}{(s+a)(s^2+8s+41)} = -1 \quad \leadsto \quad -(s+a) = \frac{610}{s^2+8s+41} \tag{2.161}$$

$$-a = \frac{610}{s^2+8s+41} + s = \frac{s^3+8s^2+41s+610}{s^2+8s+41} \quad \leadsto \quad \bar{F}_o(s) = a\frac{s^2+8s+41}{s^3+8s^2+41s+610} = -1 \; . \tag{2.162}$$

Somit ist die Aufgabenstellung auf die Wurzelortskurve nach einer Ersatzverstärkung a an $\bar{F}_o$ zurückgeführt.

Die Nullstellen von $\bar{F}_o(s)$ liegen bei $s_{1,2} = -4 \pm \sqrt{16-41} = -4 \pm j5$, die Polstellen von $\bar{F}_o(s)$ erkennt man aus $\bar{p}(s) = s^3+8s^2+41s+610 \equiv (s+10)(s-1 \pm j7,75)$. Das charakteristische Polynom an der Stabilitätsgrenze lautet

$$\bar{p}_{cl}(s) = (s+a)(s^2+8s+41) + 610 = s^3+(8+a)s^2+(8a+41)s+(610+41a) \tag{2.163}$$

und wird dem Polynom speziellen Ansatzes

$$(s+\sigma)(s^2+\omega^2) = s^3+\sigma s^2+\omega^2 s+\sigma\omega^2 \tag{2.164}$$

gleichgesetzt. Ein Koeffizientenvergleich vermittelt

$$8+a = \sigma \tag{2.165}$$

$$41+8a = \omega^2 \tag{2.166}$$

$$610+41a = \sigma\omega^2 \; . \tag{2.167}$$

Elimination von a aus Gln.(2.165) und (2.166) liefert $23 = 8\sigma - \omega^2$, aus Gln.(2.165) und (2.167) ferner $282 = \sigma\omega^2 - 41\sigma$. Elimination von ω^2 aus den beiden vorgenannten Ausdrücken führt auf

$$\sigma^2 - 8\sigma - 35,25 = 0 \quad \leadsto \quad \sigma_G = 11,16 \quad \leadsto \quad \omega_G = 8,14 . \tag{2.168}$$

Aus Gl.(2.165) folgt schließlich $a_G = \sigma_G - 8 = 3,16$.

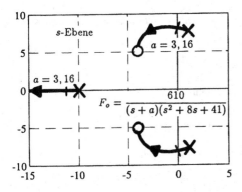

Abbildung 2.37: Wurzelortskurve nach a für $F_o(s) = \frac{610}{(s+a)(s^2+8s+41)}$

2.48 Wurzelortskurve für negative Verstärkung

Angabe: *Gegeben ist der Standardregelkreis mit Regler $K(s)$ und Strecke $G(s)$*

$$K(s) = \frac{k}{s+1} , \quad G(s) = \frac{s+1}{s^2 + 2s + 5} . \tag{2.169}$$

Mit dem Verfahren nach Routh ermittle man, für welche k das geschlossene System stabil ist. Sodann werde angenommen, dass durch Verpolung des Subtraktionsknotens Mitkoppelung im System entsteht. Man zeichne für diesen Fall die Wurzelortskurve des Systems (Bezifferung nach der Verstärkung k) und überprüfe das Ergebnis mit der Stabilitätsgrenze nach Routh.
Lösung: Aus $1 + F_o(s) = 0$ folgt

$$k + s^2 + 2s + 5 = 0 \quad \leadsto \quad k > -5 . \tag{2.170}$$

Die Lösung der charakteristischen Gleichung lautet $s_{1,2} = -1 \pm \sqrt{-4 - k}$. Die Wurzelortskurve für negative k zeigt die Abb. 2.38.

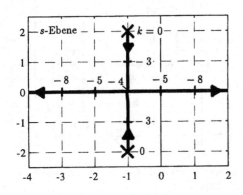

Abbildung 2.38: Wurzelortskurve zu Gl.(2.169)

2.49   Regelkreisresonanz im Führungsverhalten

Angabe: *Der Standardregelkreis mit*

$$K(s) = \frac{1}{sT_I} \qquad G(s) = \frac{1}{1 + sT_1} . \qquad (2.171)$$

unterliegt einer harmonische Anregung y_{ref}. *Welche Bedingung müssen die Größen* T_I *und* T_1 *erfüllen, damit die Schwingung der Regelgröße* y *unerwarteterweise höhere Amplitude erreicht als die der Anregung* y_{ref} *selbst? Bei welcher Anregungsfrequenz* ω_{rz} *erreicht die Schwingung der Regelgröße maximale Amplitude, wenn die vorstehende Bedingung eingehalten wird?*

Lösung: Aus

$$T(s) = \frac{KG}{1 + KG} = \frac{1}{1 + sT_I + s^2 T_1 T_I} \qquad (2.172)$$

folgt die Regelgrößenüberhöhung bei jenem $s = j\omega$, bei dem

$$|1 + sT_I + s^2 T_1 T_I| < 1 \qquad 0 < \omega < \frac{\sqrt{2T_1 - T_I}}{T_1 \sqrt{T_I}} . \qquad (2.173)$$

Gemäß Abb. 4.7 aus Band 1 (*Weinmann, A., 1994*) gilt für den Regelkreis

$$D = 0,5 \sqrt{\frac{T_I}{T_1}} . \qquad (2.174)$$

Seine Resonanzfrequenz liegt bei

$$\omega_{rz} = \frac{1}{\sqrt{T_1 T_I}} \sqrt{1 - 0,5 \frac{T_I}{T_1}} . \qquad (2.175)$$

2.50   Stabilität und Wurzelortskurven

Angabe: *Aus den Wurzelortskurven und dem Routh-Kriterium ist die Stabilität von Regelkreisen zu diskutieren, und zwar für*

$$a) \quad F_o(s) \quad = V \frac{s + 5}{(s + 1)^2 (s + 2)} \qquad V < 18 \qquad (2.176)$$

$$b) \quad F_o(s) \quad = V \frac{s + 2}{(s - 1)^2 (s + 5)} \qquad V > 32 . \qquad (2.177)$$

Lösung: Die Wurzelortskurven zeigt die Abb. 2.39 in a und b.

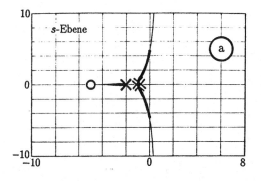 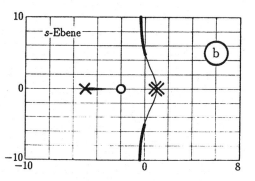

Abbildung 2.39: Wurzelortskurve mit Stabilität unter (a) und über (b) einer bestimmten
Grenzverstärkung

2.51 * Durchtrittsfrequenz, Phasenrand und Anregelzeit

Angabe: *Wie ist die Abhängigkeit der Überschwingzeit $T_{\ddot{U}}$ von der Durchtrittsfrequenz ω_D und vom Phasenrand? Wie groß ist die Anregelzeit T_{an} eines Regelkreises mit der Führungsübertragungsfunktion* $\frac{\omega_N^2}{\omega_N^2 + 2D\omega_N s + s^2}$? *Welcher detaillierte Zusammenhang besteht* $T_{\ddot{U}} = f(\omega_D, \alpha_R)$?
Lösung:

$$T(s) = \frac{1}{1 + \frac{2D}{\omega_N}s + \frac{1}{\omega_N^2}s^2} = \frac{F_o(s)}{1 + F_o(s)} \quad \rightsquigarrow \quad F_o(s) = \frac{1}{\frac{s}{\omega_N}(2D + \frac{s}{\omega_N})} . \tag{2.178}$$

Die Durchtrittsfrequenz folgt aus

$$|F_o(j\omega_D)| = \frac{1}{\frac{\omega_D}{\omega_N}|2D + j\frac{\omega_D}{\omega_N}|} = 1 \quad \rightsquigarrow \quad \left(\frac{\omega_D}{\omega_N}\right)^4 + 4D^2\left(\frac{\omega_D}{\omega_N}\right)^2 - 1 = 0 \quad \rightsquigarrow \quad \frac{\omega_D}{\omega_N} = \sqrt{-2D^2 + \sqrt{4D^4 + 1}} . \tag{2.179}$$

Nahe $D = 0,7$ gilt die Näherung $\frac{\omega_D}{\omega_N} = 0,64[1 - (D - 0,7)]$.

Der Phasenrand lautet

$$\alpha_R = \pi + \arg\{F_o(j\omega_D)\} = \pi - \frac{\pi}{2} - \arg\left\{2D + j\frac{\omega_D}{\omega_N}\right\} = \frac{\pi}{2} - \arctan\left(\frac{\omega_D}{\omega_N}\frac{1}{2D}\right) \tag{2.180}$$

$$\alpha_R = \operatorname{arccot}\left[\frac{\sqrt{-2D^2 + \sqrt{4D^4 + 1}}}{2D}\right] \tag{2.181}$$

$$\frac{\omega_D}{\omega_N}\frac{1}{2D} = \tan\left(\frac{\pi}{2} - \alpha_R\right) = \frac{1}{\tan \alpha_R} \quad \rightsquigarrow \quad 4D^2 = \left(\frac{\omega_D}{\omega_N}\right)^2 \tan^2 \alpha_R . \tag{2.182}$$

Einsetzen von $4D^2$ aus Gl.(2.182) in (2.179) liefert

$$\omega_N = \frac{\omega_D}{\sqrt{\cos \alpha_R}} , \tag{2.183}$$

Einsetzen von Gl.(2.183) in (2.182)

$$D = \frac{1}{2}\frac{\sin \alpha_R}{\sqrt{\cos \alpha_R}} . \tag{2.184}$$

Die Überschwingzeit $T_{\ddot{U}}$ folgt aus $T_{\ddot{U}} = \frac{\pi}{\omega_N\sqrt{1-D^2}}$ durch Einsetzen von Gl.(2.183) und (2.184) zu

$$T_{\ddot{U}} = \frac{\pi}{\omega_D}\frac{1}{\sqrt{\frac{1}{\cos \alpha_R} - \frac{1}{4}\tan^2 \alpha_R}} \triangleq \frac{\pi}{\omega_D}\eta(\alpha_R) . \tag{2.185}$$

Ein typischer Wert bei $\alpha_R \doteq 60°$ lautet

$$T_{\ddot{U}} = 0,894\frac{\pi}{\omega_D} . \tag{2.186}$$

Der Korrekturfaktor $\eta(\alpha_R)$ ist in Abb. 2.40 dargestellt, die Abweichung von 1 ist im relevanten Bereich nur gering.

Die Formeln $T_I = \frac{2D}{\omega_N}$ und $\omega_K = 2D\omega_N$ dienen zur Rückführung der Daten der Angabe aus Daten von $T(s)$, wobei

$$T(s) = \frac{\omega_N^2}{s^2 + 2D\omega_N s + \omega_N^2} \tag{2.187}$$

mit den Polstellen $s_{1,2} = -D\omega_N \pm j\omega_N\sqrt{1 - D^2}$ gilt.

Aus der Formel für $h(\omega_N t)$ aus Abb. 1.26, Band 1 (*Weinmann, A., 1994*) folgt die Anregelzeit T_{an} aus der Beziehung $h(\omega_N T_{an}) = 1$. Aus dieser wieder ergibt sich

$$\sqrt{1 - D^2}\cos(\omega_N T_{an}\sqrt{1 - D^2}) + D\sin(\omega_N T_{an}\sqrt{1 - D^2}) = 0 . \tag{2.188}$$

Da ein Wendepunkt dazwischen liegt (bzw. wegen $\tan \varphi = -x$ und $\tan(\pi - \varphi) = x$) folgt

$$\sqrt{1 - D^2}\cos(\pi - \omega_N T_{an}\sqrt{1 - D^2}) + D\sin(\pi - \omega_N T_{an}\sqrt{1 - D^2}) = 0 \tag{2.189}$$

$$-\sqrt{1 - D^2}\cos(\omega_N T_{an}\sqrt{1 - D^2}) + D\sin(\omega T_{an}\sqrt{1 - D^2}) = 0 \tag{2.190}$$

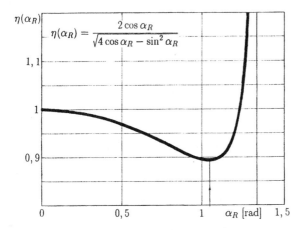

$$\eta(\alpha_R) = \frac{2\cos\alpha_R}{\sqrt{4\cos\alpha_R - \sin^2\alpha_R}}$$

Abbildung 2.40:
Überschwingzeit-Korrekturfaktor
$\eta(\alpha_R)$ über dem Phasenrand

$$T_{an} = \frac{1}{\omega_N\sqrt{1-D^2}}\left(\pi - \arctan\frac{\sqrt{1-D^2}}{D}\right). \tag{2.191}$$

In Vergleich dazu aus Gl.(12.10), Band 1 (*Weinmann, A., 1994*), $T_{\ddot{U}} = \frac{1}{\omega_N\sqrt{1-D^2}}\pi$. Wird D gemäß Gl.(2.184) durch α_R ersetzt, folgt

$$T_{an} = T_{\ddot{U}}\left(1 - \arctan\sqrt{4\frac{\cos\alpha_R}{\sin^2\alpha_R} - 1}\right). \tag{2.192}$$

2.52 Allpass-Schleife und Phasenrand

Angabe: *Die Regelschleife lautet*

$$F_o(s) = \frac{s-1}{(s+1)(s-p)}. \tag{2.193}$$

Für welche Pollagen p ist der geschlossene Regelkreis stabil? Wie lautet der relative Stationärfehler in Abhängigkeit von p bei konstantem Sollwert? Wo liegt die Durchtrittsfrequenz ω_D in Abhängigkeit von p? Existiert die Durchtrittsfrequenz für stabile Regelkreise?
Lösung: Aus

$$T(s) = \frac{F_o(s)}{1+F_o(s)} = \frac{s-1}{s^2 + (2-p)s - (1+p)} \tag{2.194}$$

folgt, dass $1+p < 0$ und $(2-p) > 0$ sein muss. Dies ergibt gemeinsam $p < -1$.
   Der Stationärfehler beträgt somit

$$\lim_{t\to\infty} e(t) = \lim_{s\to 0} sE(s) = \lim_{s\to 0} s[1 - T(s)]\frac{1}{s} = \frac{p}{p+1}. \tag{2.195}$$

Aus

$$|F_o(j\omega_D)| = 1 \quad \leadsto \quad \omega_D = \sqrt{1-p^2} \tag{2.196}$$

erkennt man, dass für $p < -1$ kein reelles ω_D existiert und daher der Phasenrand nicht definierbar ist.

2.53 * Last an einem elastischem Seil

Angabe: *Eine Regelstrecke G(s) besitzt die Stationärverstärkung eins und ein konjugiert komplexes Polpaar $\pm 2j$ auf der imaginären Achse. (Dies entspricht einer Last an einem dämpfungsfreien und ideal elastischen Seil.) Welcher Regler stabilisiert diese Strecke zufriedenstellend?*
Lösung: Ein idealer PD-Regler als erste Näherung

$$K(s) = 4k_R(1 + sT_D) \tag{2.197}$$

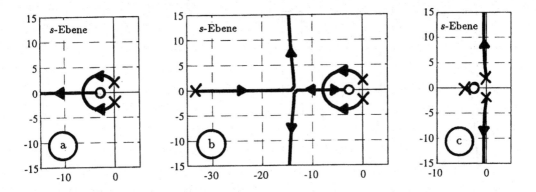

Abbildung 2.41: Wurzelortskurve für elastische Regelstrecke mit idealem PD-Regler (a), für PDT_1-Regler bei $T_1 = 0,03$ (b) und mit dem Regler $\frac{k_R(1+sT_D)}{1+sT_1}$ bei $T_1 = 0,25$ (c)

mit den Werten $k_R = 9$ und $T_D = \sqrt{10}/9 = 0,351$ bewirkt eine Polverschiebung gemäß Wurzelortskurve nach Abb. 2.41a.

Die Verstärkung k_R folgt aus dem Wunsch nach 10 % Stationärabweichung

$$T(s) = \frac{4k_R(1+sT_D)}{4k_R(1+sT_D) + s^2 + 4} \quad \text{aus} \quad G(s) = \frac{1}{s^2+4} \quad \text{und} \quad F_o(s) = \frac{4k_R(1+sT_D)}{s^2+4} \tag{2.198}$$

zu $\lim_{t \to \infty} y(t) = \frac{k_R}{1+k_R}$ bei Sollwerteinheitssprung.

Der obgenannte Wert T_D folgt aus der Überlegung, dass schnellstmögliches überschwingfreies Ausregeln dann erfolgt, wenn der Regelkreis einen Doppelpol aufweist. Aus dem charakteristischen Polynom des Regelkreises

$$p_{cl}(s) = s^2 + 4k_R T_D s + 4k_R + 4 \stackrel{\triangle}{=} s^2 + 2\sigma s + \sigma^2 \tag{2.199}$$

liegt dann ein Doppelpol vor, wenn

$$4k_R T_D = 2\sigma = 4\sqrt{k_R+1} \quad \leadsto \quad T_D = \frac{\sqrt{k_R+1}}{k_R} = \frac{\sqrt{10}}{9} = 0,351 \quad \leadsto \quad K(s) = 9(1+0,351s) . \tag{2.200}$$

Die Wurzelortskurve für einen PDT_1-Regler

$$K(s) = \frac{k_R(1+sT_D)}{1+sT_1} \tag{2.201}$$

zeigt die Abb. 2.41b unter $T_1 = 0,03$. Vergrößert man T_1, so rückt man den Pol bei -33 an die Nullstelle heran und die Stabilisierung wird geschwächt, siehe Wurzelortskurve Abb. 2.41c für $T_1 = 0,25$.

Die Sprungantwort des Regelkreises für den idealen PD-Regler unter $k_R = 9$ und $T_D = 0,351$ zeigt die Abb. 2.42.

2.54 * Regelung mit Allpass als Strecke

Angabe: *Eine Allpass-Strecke soll fehlerfrei und unter einem Dämpfungsgrad von $D = 0,7$ geregelt werden. Kommt dafür ein üblicher PI-Regler in Frage? Welcher Regler ist günstig? Welchen Stabilitätsbereich besitzt dieser Regler?*
Lösung: Ein PI-Regler mit negativer P-Verstärkung löst die Aufgabe, wie die Wurzelortskurve („root contour") in Abb. 2.43b beweist. Dabei wurde

$$G(s) = \frac{29-s}{3(29+s)} \quad \text{und} \quad K(s) = -k_R + \frac{1}{sT_I} \tag{2.202}$$

angenommen. Daraus folgt

$$F_o(s) = \frac{29-s}{3(29+s)} \frac{1-k_R T_I s}{sT_I} \tag{2.203}$$

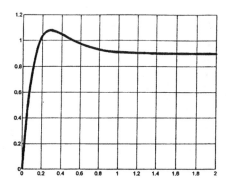

Abbildung 2.42: Sprungantwort für
den idealen PD-Regler

$$1 + F_o(s) = 0 \quad \leadsto \quad p_{cl}(s) = 0 \quad \leadsto \quad p_{cl}(s) = T_I(k_R + 3)s^2 + [29T_I(3 - k_R) - 1]s + 29 \qquad (2.204)$$

mit einem ersatzweisen $\bar{F}_o(s)$ von

$$\bar{F}_o(s) = k_R \frac{0,1s(s - 29)}{(s + 4,59)(s + 21,1)} \; . \qquad (2.205)$$

Einem Dämpfungsgrad $D = 0,7$ entspricht $p_{cl}(s) = s^2 + 2\sigma s + 2\sigma^2$. Für die Annahme $k_R = 1$ folgt

$$2\sigma^2 = \frac{29}{4T_I} \quad \text{und} \quad 2\sigma = \frac{58T_I - 1}{4T_I} \; . \qquad (2.206)$$

Die beiden Gleichungen sind bei $\sigma = 6$ verträglich. Damit erhält man

$$T_I = \frac{29}{8\sigma^2} = \frac{1}{58(\sqrt{2} - 1)^2} = 0,1005 \; . \qquad (2.207)$$

Die Wurzelortskurve in Abb. 2.43a ist für dieses T_I gezeichnet, mit einem Verstärkungsfaktor V statt $\frac{1}{3}$ in Gl.(2.203).

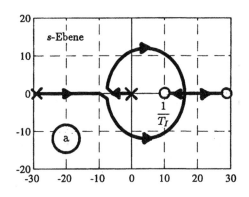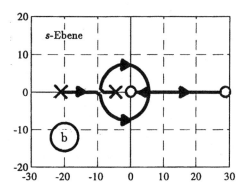

Abbildung 2.43: Wurzelortskurve zu Gl.(2.203) (a) und Gl.(2.205) (b)

Die Sprungantwort des Regelkreises bei Sollwerteinheitssprung und unter $k_R = 1$, $T_I = 0,1$ zeigt die Abb. 2.44.

Die Stabilität des Regelkreises nach Routh folgt für $T_I = 0,1$ gemäß

$$p_{cl}(s) = 0,1(k_R + 3)s^2 + \left[\frac{29(3 - k_R)}{10} - 1\right]s + 29 \qquad (2.208)$$

zu

$$k_R + 3 > 0 \quad \leadsto \quad k_R > -3 \quad \text{und} \quad \frac{29(3 - k_R)}{10} - 1 > 0 \quad \leadsto \quad k_R < 2,65 \; , \qquad (2.209)$$

liegt also bei $-3 < k_R < 2,65$ vor.

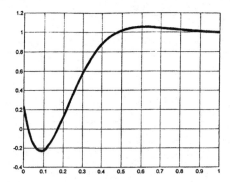

Abbildung 2.44: Sprungantwort des
Regelkreises mit Allpass-Strecke
Mit MATLAB:
G=tf([-1 29],[3 87])
K=tf([-0.1 1],[0.1 0])
T=feedback(series(G,K), tf(1,1))
step(T)

2.55 Spezielle Anfangsbedingung

Angabe: *Bei welcher besonderen Anfangsbedingung ist die Rampenantwort eines PT_1-Elements*

$$\dot{y}(t) + ay(t) = aVu(t) \tag{2.210}$$

dadurch gekennzeichnet, dass in ihr keine Exponentialfunktion enthalten ist? In welcher Relation steht diese Anfangsbedingung zum Schleppfehler?
Lösung: Die Rampenantwort lautet allgemein und mit $u(t) = t$ und $U(s) = \frac{1}{s^2}$

$$Y(s) = \frac{1}{s+a}y(0) + \frac{aV}{s+a}U(s) \qquad y(t) = [y(0) + \frac{V}{a}]e^{-at} - \frac{V}{a} + Vt . \tag{2.211}$$

Für $y(0) = -\frac{V}{a}$ verschwindet der Exponentialanteil. Dieser Wert der besonderen Anfangsbedingung entspricht dem Schleppfehler $e_\infty = \lim_{t\to\infty} y(t) - Vt = -V/a$.

2.56 Regelung mit I_2-Strecke

Angabe: *Wie lautet $y(t)$ bei $y_{ref}(t) = \sigma(t)$ in der Regelung nach Abb. 2.45a.*
Lösung: Das Blockbild in Abb. 2.45a kann einfach auf 2.45b umgezeichnet werden, wobei man sich der Hilfsvariablen $h(t) = 2y(t) + \dot{y}(t)$ bedient. Die Führungsübertragungsfunktion ergibt sich zu

$$T(s) = \frac{Y(s)}{Y_{ref}(s)} = \frac{2}{s^2 + s + 2} . \tag{2.212}$$

Mit $Y_{ref}(s) = \frac{1}{s}$ folgt

$$Y(s) = \frac{1}{s} - \frac{s+1}{s^2+s+2} = \frac{1}{s} - \frac{s+0,5}{(s+0,5)^2+1,75} - \frac{0,5}{\sqrt{1,75}}\frac{\sqrt{1,75}}{(s+0,5)^2+1,75} \tag{2.213}$$

und schließlich

$$y(t) = 1 - e^{-\frac{t}{2}}\cos\frac{\sqrt{7}}{2}t - \frac{1}{\sqrt{7}}e^{-\frac{t}{2}}\sin\frac{\sqrt{7}}{2}t \qquad t > 0 . \tag{2.214}$$

2.57 3-dB-Bandbreite des Führungsverhaltens

Angabe: *Die Regelstrecke $G(s) = \frac{6}{s-3}$ soll durch einen PDT_1-Regler $K(s) = K_P\frac{1+sT_D}{1+sT_1}$ stabilisiert werden. Auf Sollwertsprung darf der Stellgrößenanfangswert nicht höher als 2 liegen. Der Regelkreis soll einen Doppelpol bei -5 aufweisen. Wie groß ist die 3dB-Bandbreite des Führungsverhaltens?*
Lösung: Aus dem Anfangswerttheorem für $F_u(s) = K/(1 + KG)$ bei $\frac{1}{s}$ als Sollwerteingang folgt $K_P T_D/T_1 = 2$. Das charakteristische Polynom des Regelkreises lautet $6K_P(1 + sT_D) + (s - 3)(1 + sT_1)$. Es besitzt einen Doppelpol bei -5, wenn $T_1 = 1$ und $K_P = 14/3$. Danach folgt $T_D = 3/7$. Die bleibende Regelabweichung resultiert aus $T(s)$ mit dem Endwerttheorem zu $-0,12$.

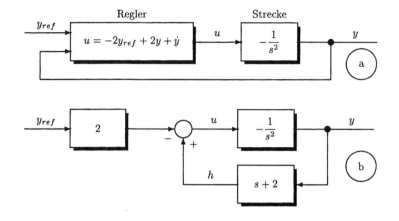

Abbildung 2.45: Regelungsblockbilder

Die 3-dB-Bandbreite ω_B erhält man mit dem Ansatz

$$T(s) = \frac{K(s)G(s)}{1 + K(s)G(s)} \qquad |T(j0)| \frac{1}{\sqrt{2}} = |T(j\omega_B)| = \frac{\sqrt{28^2 + 12^2\omega_B^2}}{\omega_B^2 + 25} \quad \text{zu} \quad \omega_B = 13,5 \, . \qquad (2.215)$$

2.58 ∗ Regelkreisreaktion auf einen Dreiecksimpuls der Störgröße

Angabe: *Der Regelkreis laut Abb. 2.46 unterliegt einer dreiecksimpulsförmigen Störgröße. Die Störungsübertragungsfunktion lautet* $F_{St}(s) = \frac{5s}{50 + s + 3s^2}$. *Welche Reaktion* $y(t)$ *ist zu erwarten?*
Lösung: Die Störgröße der vorliegenden speziellen Art ist durch

$$w_d(t) = \frac{4}{T} t\sigma(t) - 2\frac{4}{T}(t - T)\sigma(t - T) + \frac{4}{T}(t - 2T)\sigma(t - 2T) \quad \leadsto \quad W_d(s) = \frac{4}{T}\frac{1}{s^2}(1 - 2e^{-sT} + e^{-2sT}) \quad (2.216)$$

zu charakterisieren, wobei $\sigma(t) \equiv 1(t)$. Damit ist der Streckenausgang $Y(s)$

$$Y(s) = \frac{20}{Ts(3s^2 + s + 50)}(1 - 2e^{-sT} + e^{-2sT}) \, . \quad \text{Mit} \quad \frac{1}{s(50 + s + 3s^2)} = \frac{1}{50}\frac{1}{s} + \frac{-\frac{1}{50} - \frac{3}{50}s}{50 + s + 3s^2} \qquad (2.217)$$

als partialbruchentwickelter Bruchterm ergibt sich die weitere Zerlegung der Lösung im Bildbereich zu

$$Y(s) = \frac{2}{5T}\left(\frac{1}{s} - \frac{s + \frac{1}{6}}{(s + \frac{1}{6})^2 + \frac{599}{36}} - \frac{1}{\sqrt{599}}\frac{\frac{\sqrt{599}}{6}}{(s + \frac{1}{6})^2 + \frac{599}{36}}\right)(1 - 2e^{-sT} + e^{-2sT}) \, . \qquad (2.218)$$

Nach Rücktransformation findet man

$$y(t) = \frac{2}{5T}\left[1 - \left(\cos\frac{\sqrt{599}}{6}t + \frac{1}{\sqrt{599}}\sin\frac{\sqrt{599}}{6}t\right)e^{-\frac{1}{6}t}\right]\sigma(t) \quad \text{etc....,} \qquad (2.219)$$

wobei „etc." zwei weitere zeitverschobene Terme unter Berücksichtigung der Faktoren -2 und $+1$ bedeutet. Die Abb. 2.47 zeigt für $T = 1$ den Gesamtverlauf der Regelgröße $y(t)$ auf die Dreiecksanregung; bei flächengleicher Dirac-Anregung $4\delta(t)$ ergibt sich ein sehr ähnliches $y(t)$. Der niedrige Dämpfungsgrad von $D = 0,1/\sqrt{6}$ (das langsame Abklingen) lässt die Detailform der Anregung in ihrer Bedeutung zurücktreten, und zwar ungeachtet der Tatsache, dass $2T = 2$ zu der Periode der Frequenz ω_N des Nenners $(50 + s + 3s^2)$ sehr nahe liegt, nämlich $2\pi \cdot 6/\sqrt{599} = 1,54$.

2.59 Ortskurve der Sensitivität eines Regelkreises

Angabe: *Regler- und Streckenübertragungsfunktion eines Regelkreises lauten*

$$K(s) = \frac{3(s + 3)}{s} \quad \text{und} \quad G(s) = \frac{1}{s^2 + 4s + 3} \cdot \qquad (2.220)$$

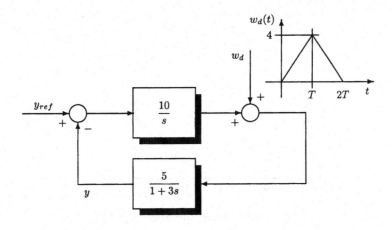

Abbildung 2.46: Regelkreis unter Dreiecksstörung

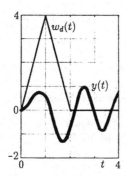

Abbildung 2.47: Reaktion auf Dreiecksanregung

Welche Eigenschaften besitzt die Sensitivität des Regelkreises?
Lösung: Die Sensitivität $S(s)$ (der Regelfaktor $R_f(s)$) lautet mit $F_o(s) = K(s)G(s)$

$$S(s) = R_f(s) = \frac{1}{1 + F_o(s)} = \frac{s(s+1)}{3 + s + s^2} \equiv 1 - \frac{1}{1 + \frac{s}{3} + \frac{s^2}{3}} . \qquad (2.221)$$

Zum Zeichen der Ortskurve $S(j\omega) = R_f(j\omega)$ können mit letzterer Umformung die Ortskurven eines PT$_{2s}$-Elements mit $\omega_N = \sqrt{3}$ und $D = \frac{1}{2\sqrt{3}} \doteq 0,28$ verwendet werden, und zwar unter Vorzeichenwechsel (Symmetrie zum Ursprung) und Verschiebung um eins nach rechts (Abb. 2.48).

2.60 Größte Ortskurvendistanz

Angabe: *Für welches ω nimmt die Distanz (Differenz) zwischen Punkten nachstehender Ortskurven*

$$\left.\frac{1}{s+1}\right|_{s=j\omega} \qquad \left.\frac{-1}{s-2,5}\right|_{s=j\omega} \qquad (2.222)$$

ein Maximum an? Die Tatsache bleibe unbeachtet, dass das zweitgenannte Element instabil ist.
Lösung: Erstere Ortskurve ist ein Halbkreis von $(+1; j0)$ zum Ursprung „im Uhrzeigersinn", zweitere ein Halbkreis von $(0,4; j0)$ zum Ursprung „im Gegenuhrzeigersinn". Als Distanz erhält man

$$d_o(s)\Big|_{s=j\omega} = \left[\frac{1}{s+1} - \frac{-1}{s-2,5}\right]\Big|_{s=j\omega} = \left.\frac{2s-1,5}{s^2 - 1,5s - 2,5}\right|_{s=j\omega} \qquad (2.223)$$

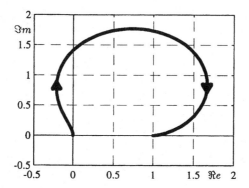

Abbildung 2.48: Ortskurve der Sensitivität $S(j\omega)$

$$|d_o(j\omega)| \;\to\; \max_\omega \qquad\qquad (2.224)$$

$$|d_o(j\omega)|^2 = \frac{2,25 + 4\omega^2}{6,25 + 7,25\,\omega^2 + \omega^4} \qquad\qquad (2.225)$$

$$\frac{d}{d\omega}|d_o(j\omega)|^2 = 0 \;\;\text{liefert}\;\; \omega^4 + 1,125\omega^2 - 2,1719 = 0 \qquad\qquad (2.226)$$

$$\omega_{\text{max}} = 1,0074 \qquad \max|d_o(j\omega)| = 0,6565 \;. \qquad\qquad (2.227)$$

2.61   Grenzstabilität bei Schleife mit Vierfachpol ($2n$-fach-Pol)

Angabe: *Gegeben ist die Schleifenübertragungsfunktion $F_0(s) = \frac{V}{(1+s)^4}$. Bei welcher Grenz-Verstärkung V_G und bei welcher Durchtrittsfrequenz ω_D ist der Regelkreis gerade grenzstabil?*
Lösung: Aus der Betragsbedingung folgt

$$\left.|F_0(s)|\right|_{s=j\omega_D} = \left|\frac{V_G}{(j\omega_D + 1)^4}\right| = 1 \;\rightsquigarrow\; V_G = (\omega_D^2 + 1)^2 \;, \qquad\qquad (2.228)$$

aus der Argumentsbedingung

$$\arg F_o(j\omega_D) = -4\,\text{arc tan}\,\frac{\omega_D}{1} = -\pi \;\rightsquigarrow\; \omega_D = \tan\frac{\pi}{4} = 1 \;. \qquad\qquad (2.229)$$

Aus beiden resultiert $V < V_G = 4$.
    Für einen $2n$-fach-Pol bei -1 findet man in analoger Rechnung

$$V_G = (\omega_D^2 + 1)^n \;, \quad \omega_D = \tan\frac{\pi}{2n} \;, \quad V_G = (\cos\frac{\pi}{2n})^{-2n} \;. \qquad\qquad (2.230)$$

2.62   Phasenrand und Schleife mit Siebzehnfach-Polstelle

Angabe: *Welches a in $F_o(s) = 1/(s + a)^{17}$ verträgt der Regelkreis, um einen Phasenrand von 44° zu sichern?*
Lösung: Aus $|F_0(j\omega)| = 1$ folgt $\omega_D = \sqrt{1 - a^2}$. Der Phasenrand von 44° verlangt

$$180 - 17\,\text{arc tan}\,\frac{\omega_D}{a} = 44 \qquad\qquad (2.231)$$

$$\text{arc tan}\,\frac{\sqrt{1 - a^2}}{a} = 8^o = \frac{8\pi}{180} = \frac{\pi}{22,5} \qquad\qquad (2.232)$$

$$\text{bei}\;\tan a \doteq a\;\text{klein}\ldots \qquad a = 1/\sqrt{1 + \pi^2/22,5^2} \;. \qquad\qquad (2.233)$$

Kapitel 3

Einfache Entwürfe von Regelkreisen

3.1 Regelkreis aus Totzeitelement und Integrator

Angabe: *Ein Regelkreis bestehe aus Totzeit- und Integratorelement (Abb. 3.1). Wie sieht seine Reaktion $y(t)$ auf Sollwertsprung bei Anfangsruhezustand aus?*
Lösung: Die Reaktion im Intervall $0 \leq t < T_t$ ist sehr leicht zu bestimmen, weil die Regelkreisrückmeldung zufolge Totzeitwirkung noch fehlt, daher ist $y(t)$ null. Im Intervall $T_t \leq t < 2T_t$ wirkt der Sollwertsprung verschoben auf den Integrator

$$y(t) = \frac{1}{T_N}(t - T_t)\sigma(t - T_t) \qquad T_t \leq t < 2T_t \; . \tag{3.1}$$

Dieser Teil $y(t)$ wirkt sich auf den Integratoreingang erst im folgenden Intervall $2T_t \leq t < 3T_t$ aus

$$y(t) = \frac{1}{T_N}(t - T_t)\sigma(t - T_t) - \frac{1}{T_N^2}\frac{(t - 2T_t)^2}{2}\sigma(t - 2T_t) \; . \tag{3.2}$$

Allgemein lautet die Antwort mit $Y_{ref} = 1/s$

$$Y(s) = \frac{e^{-sT_t}}{sT_N + e^{-sT_t}} \frac{1}{s} \quad \rightsquigarrow \quad y(t) = \sum_{i=1}^{\infty} \frac{1}{T_N^i}\frac{1}{i!}(t - iT_t)^i(-1)^{i-1}\sigma(t - iT_t) \; . \tag{3.3}$$

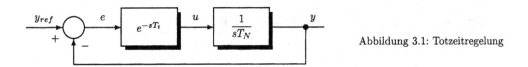

Abbildung 3.1: Totzeitregelung

Für $T_t = 2$ zeigt die Abb. 3.2 die Regelgröße bei kleinen Zeitwerten für mehrere Integratornachstellzeiten T_N. Die Stabilitätsgrenze liegt bei $T_N = 2T_t/\pi$ und einer Frequenz $\pi/(2T_t)$. Stabilität verlangt $T_N > 2T_t/\pi$. Bei ihr weisen Totzeit und Integrator je $\pi/2$ Phasennacheilung auf, beide überdies eine Stationärverstärkung von 1.

3.2 Förderband-Regelung

Angabe: *Die Aufbringung von Grobschotter auf ein Förderband erfolgt mit einem Rüttler, dessen Leistungs- und Vorverstärker die Differenz von Soll- und Istwert integrierend verarbeitet. Die Integrationszeitkonstante beträgt T_I. Der Istwert kann erst durch eine um T_t verschobene Messeinrichtung bereitgestellt werden. Welches Führungsverhalten besitzt dieser Schotterdosier-Regelkreis? Für welches T_I wird der Regelkreis bei $T_t = 2$ an der Stabilitätsgrenze betrieben?*
Lösung: Die Dynamik des Regelkreises kann aus Abb. 3.3 gewonnen werden, und zwar mit

$$F_o(s) = \frac{e^{-sT_t}}{sT_I} \quad \text{zu} \quad T(s) = \frac{\frac{1}{sT_I}}{1 + \frac{e^{-sT_t}}{sT_I}} = \frac{1}{sT_I + e^{-sT_t}} \; . \tag{3.4}$$

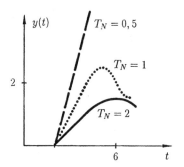

Abbildung 3.2: Ausgang der Strecke der
Totzeitregelung bei Sprunganregung im
Sollwert

Die Stabilitätsgrenze ergibt sich aus

$$\arg\{F_o(j\omega_D)\} = -\frac{\pi}{2} - \omega_D T_t = -\pi \tag{3.5}$$

bei der Durchtrittsfrequenz $\omega_D = 0{,}5\,\pi/T_t = \pi/4$. Mit ihr findet man

$$|F_o(j\omega)| = \frac{1}{\omega T_I} \quad \leadsto \quad |F_o(j\omega_D)| = \frac{1}{\omega_D T_I} = 1 \quad \leadsto \quad T_I = 4/\pi = 1{,}27 \ . \tag{3.6}$$

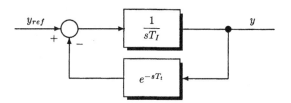

Abbildung 3.3:
Schotterdosier-Regelkreis

3.3   Betragsoptimum zu PT$_4$-Strecke und PI-Regler

Angabe: *Gegeben sind Strecke und Regler im Standardregelkreis laut Abb. 3.4 zu*

$$G(s) = \frac{1}{a(s)} \triangleq \frac{1}{a_o + a_1 s + a_2 s^2 + a_3 s^3} \qquad K(s) = r_o + \frac{r_1}{s} \ . \tag{3.7}$$

Welche Koeffizienten r_o und r_1 gelten für betragsoptimale Reglereinstellung (Betragsanschmiegung)?

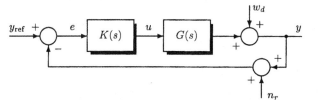

Abbildung 3.4: Standardregelkreis

Lösung: Aus

$$T(s) = \frac{GK}{1 + GK} = \frac{r_1 + r_o s}{a_3 s^4 + a_2 s^3 + a_1 s^2 + (a_o + r_o)s + r_1} \qquad \text{mit} \qquad \left.|T(s)|_{s=j\omega}\right| \doteq 1 \tag{3.8}$$

folgt

$$|r_1 + r_o j\omega| \doteq |r_1 - a_1\omega^2 + a_3\omega^4 + j\omega(r_o + a_o - a_2\omega^2)| \ . \tag{3.9}$$

Der Koeffizientenvergleich für ω^2 und ω^4 bringt

$$\omega^2 : \qquad r_o^2 = -2r_1 a_1 + r_o^2 + a_o^2 + 2r_o a_o \tag{3.10}$$

$$\omega^4 : \qquad 0 = a_1^2 + 2r_1 a_3 - 2r_o a_2 - 2a_o a_2 \tag{3.11}$$

und daraus

$$r_o = \frac{2a_o a_1 a_2 - a_o^2 a_3 - a_1^3}{2(a_o a_3 - a_1 a_2)} \quad \text{sowie} \quad r_1 = \frac{a_o(a_o a_2 - a_1^2)}{2(a_o a_3 - a_1 a_2)} \ . \tag{3.12}$$

3.4 Reglerdimensionierung für dominierendes Polpaar

Angabe: Zu $G(s) = \frac{200}{(1+s)(1+2s)}$ soll ein I-Regler $K(s) = \frac{1}{sT_I}$ derart gewählt werden, dass das dominierende konjugiert komplexe Polpaar des Regelkreises gleichen Real- und Imaginärteil aufweist. Welchen Phasenrand besitzt der Regelkreis?
Lösung:

$$F_o(s) \quad = \quad K(s)G(s) = \frac{200}{T_I} \frac{1}{s(1+s)(1+2s)} \tag{3.13}$$

$$T(s) \quad = \quad \frac{F_o(s)}{1+F_o(s)} = \frac{100/T_I}{s^3 + \frac{3}{2}s^2 + \frac{1}{2}s + 100/T_I} \triangleq \frac{100/T_I}{(s+a+ja)(s+a-ja)(s+b)}. \tag{3.14}$$

Der Koeffizientenvergleich in s^2 und s liefert für a und b die Werte $a = 0,191$ und $b = 1,118$; weiters in s^0

$$\frac{100}{T_I} = (a+ja)(a-ja)b = 2a^2 b \quad \leadsto \quad T_I = \frac{100}{2a^2 b} = 1226,1 \ . \tag{3.15}$$

(Eine formal zweite Lösung $a = 1,309$; $b = -1,118$ entspräche einem instabilen System.) Die Dominanz wird durch die Tatsache $a \ll b$ bestätigt. Der Phasenrand folgt aus

$$|F_o(j\omega_D)| = \frac{200}{1226,1} \frac{1}{\omega_D \sqrt{1+\omega_D^2}\sqrt{1+4\omega_D^2}} = 1 \ . \tag{3.16}$$

Unter der Näherung $\omega_D \ll 1$ folgt $\omega_D \doteq \frac{1}{6}$ und für die Phase $-\frac{\pi}{2} - \omega - 2\omega = -1,57 - 0,5 = -2,07$, also für den Phasenrand rund 62°.

3.5 Dimensionierung auf Phasenreserve

Angabe: Ein Regelkreis mit IT_n-Strecke und P-Regler K_P soll auf Phasenreserve α_R dimensioniert werden. Die Zeitkonstanten der Strecke seien gleich groß.
Lösung: Nach der Angabe erhält man aus

$$F_o(s) = K_P \frac{1}{sT_I} \frac{1}{(1+sT)^n} \tag{3.17}$$

die Phasendrehung bei der Durchtrittsfrequenz ω_D

$$\arg F_o(j\omega) = \left[-\frac{\pi}{2} - n \arctan \omega T\right]\Bigg|_{\omega=\omega_D} = -\pi + \alpha_R \quad \leadsto \quad n \arctan \omega_D T = \frac{\pi}{2} - \alpha_R \quad \leadsto \quad \omega_D T = \tan \frac{\frac{\pi}{2} - \alpha_R}{n} \ . \tag{3.18}$$

Mit Betrag gleich eins im Durchtrittspunkt folgt schließlich mit $|1 + j\omega_D T| = \sqrt{1+\omega_D^2 T^2}$

$$|F_o(j\omega_D)| = 1 \quad \leadsto \quad \frac{K_P}{\omega_D T_I} \frac{1}{|1+j\omega_D T|^n} = 1 \quad \leadsto \quad K_P = \frac{\frac{T_I}{T} \sin \frac{\frac{\pi}{2} - \alpha_R}{n}}{(\cos \frac{\frac{\pi}{2} - \alpha_R}{n})^{n+1}} \ . \tag{3.19}$$

3.6 Ziegler-Nichols-Einstellung

Angabe: *Nach Ziegler-Nichols wird gutes Störungsverhalten dann erreicht, wenn zunächst mit einem P-Regler der kritischer Verstärkungswert V_{krit} und die Schwingungskreisfrequenz ω_{krit} an der Stabilitätsgrenze berechnet und sodann der PI-Regler $K(s) = K_P(1 + \frac{1}{sT_N})$ mit den Werten $K_P = 0,45\,V_{krit}$ und $T_N = 0,85\,\frac{2\pi}{\omega_{krit}}$ eingestellt wird. Wie lautet diese Bemessung bei einer Regelstrecke $G(s) = \frac{1}{(1+s)(1+s+s^2)}$?*
Lösung: Aus $1 + V_{krit}G(s) = 0$ und $s = j\omega$ folgt

$$-j\omega^3 - 2\omega^2 + 2j\omega + (V_{krit} + 1) = 0 \tag{3.20}$$

sowie $\omega_{krit} = \sqrt{2}$ und $V_{krit} = 3$. Somit lautet der PI-Regler $K_P = 1,35$ und $T_N = 0,85\pi\sqrt{2} = 3,78$.

3.7 * Totzeitkompensation

Angabe: *Ein Standardregelkreis aus Regler $K(s)$ und Strecke $G(s)$ unterliege einem Messrauschen, das durch eine harmonische Schwingung $n_r(t)$ der Frequenz ω_r genähert wird. In der Regelstrecke trete fallweise eine Totzeit T_t auf; in einem solchen Fall wird im Regler ein Zählerterm $1 + sT_D$ in der Übertragungsfunktion hinzugenommen*

$$G(s) = \frac{1}{1 + sT_1}[\times e^{-sT_t}] \qquad K(s) = \frac{V}{1 + sT_2}[\times(1 + sT_D)] . \tag{3.21}$$

Durch die Aufnahme des D-Terms $1 + sT_D$ möge die Messoberschwingung in der Stellgröße eine Erhöhung um weniger als den Faktor κ erfahren. Bis zu welcher Totzeit T_t und Differentialzeitkonstante T_D lässt sich gleicher Phasenrand in beiden Betriebsfällen erreichen? Die Zeitkonstante T_2 sei so klein, dass sie für die Phasenrandberechnung unbeachtet bleiben könne.
Lösung: Zunächst wird angenommen, dass die Messoberschwingung so hochfrequent sei, dass $KG \doteq 0$ gilt. Das Verhältnis Stellgröße zu Messoberschwingung ist dann im Fall mit D-Term im Regler zum Fall ohne D-Term $|1 + j\omega_r T_D|$. Damit dieser Wert kleiner als κ bleibt, muss

$$|1 + j\omega_r T_D| \leq \kappa \quad \rightsquigarrow \quad T_D \leq \frac{\sqrt{\kappa^2 - 1}}{\omega_r} \tag{3.22}$$

gelten. Für die Durchtrittsfrequenz ohne (o) und mit (m) Totzeit findet man beziehungsweise

$$|F_o(j\omega_{Do})| = \left|\frac{V}{(1 + sT_1)(1 + sT_2))}\right|\Big|_{\omega_{Do}} = 1 \quad \rightsquigarrow \quad \omega_{Do} = \frac{\sqrt{V^2 - 1}}{T_1} \tag{3.23}$$

$$\arg F_{oo}(j\omega_{Do}) = -\arg(1 + j\omega_{Do}T_1) = -\arctan\sqrt{V^2 - 1} \tag{3.24}$$

$$|F_o(j\omega_{Dm})| = \left|\frac{V(1 + sT_D)e^{-sT_t}}{(1 + sT_1)(1 + sT_2))}\right|\Big|_{\omega_{Dm}} = 1 \quad \rightsquigarrow \quad \omega_{Dm} = \frac{\sqrt{V^2 - 1}}{\sqrt{T_1^2 - V^2 T_D^2}} \tag{3.25}$$

$$\arg F_{om}(j\omega_{Dm}) = \arctan(\omega_{Dm}T_D) - \omega_{Dm}T_t - \arctan(\omega_{Dm}T_1) . \tag{3.26}$$

Die Totzeitkompensation folgt aus der Gleichsetzung $\arg F_{oo} = \arg F_{om}$ zu

$$T_t = \frac{\arctan(\omega_{Dm}T_D) - \arctan(\omega_{Dm}T_1) + \arctan\sqrt{V^2 - 1}}{\sqrt{\frac{V^2 - 1}{T_1^2 - V^2 T_D^2}}} . \tag{3.27}$$

Für die Zahlenwerte $T_1 = 1$, $T_2 = 0,05$, $\omega_r = 100$, $\kappa = 2$, $V = 2$ ergibt sich

$$T_D \leq 0,0173 , \quad \omega_{Do} = 1,732 , \omega_{Dm} = 1,733 \quad \text{und} \quad T_t = 0,0172 . \tag{3.28}$$

Angemerkt sei, dass bei Taylor-Entwicklung $e^{sT_t} = 1 + sT_t + \dots$ aus Kompensationsgründen ebenso näherungsweise $T_D = T_t$ folgt. In der Abb. 3.5 sind die Amplituden- und Phasenfrequenzkennlinien für den Fall ohne und mit Totzeit dargestellt.

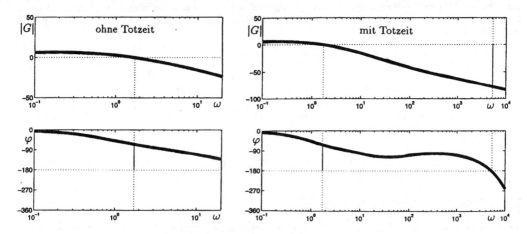

Abbildung 3.5: Bode-Diagramm ohne Totzeit und mit Totzeit

3.8 * Geschwindigkeitsregelung an einer Elektrolokomotive

Angabe: *Ein Zug samt Lokomotive besitzt die Gesamtmasse von m_G = 420 000 kg. Das Verhältnis von Lokomotivmasse zur gesamten Waggonmasse beträgt 1:5. Die Geschwindigkeitsregelung auf der Lokomotive erfolge mit einem PI-Regler. Der Geschwindigkeitssollwert wird durch eine Rampe vorgegeben. Das Stellglied zwischen der Funktionsabgrenzung Reglerausgang und Antriebskraft $f(t)$ besitzt die Verstärkung k_1 = 20 [kN/V], das Messglied den Skalierungsfaktor k_2 = 0,1 [Vs/m]. Als Zugkraft werde (günstigstenfalls) 150 kN angenommen. Das Blockschaltbild der Regelung unter Vernachlässigung sämtlicher Verluste durch Reibung und Luftwiderstand zeigt die Abb. 3.6. Es enthält Signale, die teils mechanischen Bewegungsdaten entsprechen, z.B. Istgeschwindigkeit, teils elektrische Vorgaben, wie den Geschwindigkeitssollwert. Der Geschwindigkeitsregler werde so parametriert, dass ein Phasenrand von 60° eingehalten wird und die Durchtrittsfrequenz bei ω_D = 0,06 [Radiant/Sekunde] zu liegen kommt.*

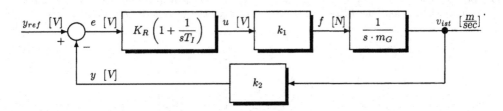

Abbildung 3.6: Blockbild der Geschwindigkeitsregelung der Lokomotive

Lösung: Die Verläufe von y_{ref} und stationär von y sind Rampen, weiters sind $e = 0$ und u stationär konstant. Die Steigung der Sollwertrampe betrage η. Dann gilt

$$\frac{F(s)}{Y_{ref}(s)} = \frac{k_1 K_R(1 + \frac{1}{sT_I})}{1 + k_1 k_2 K_R(1 + \frac{1}{sT_I})\frac{1}{s\, m_G}} \quad \text{mit} \quad Y_{ref}(s) = \frac{\eta}{s^2} \ . \tag{3.29}$$

Wegen u und $f = \mathcal{L}^{-1}\{F(s)\}$ stationär konstant ist das Endwerttheorem anwendbar

$$\lim_{t \to \infty} f(t) = \lim_{s \to 0} s\frac{\eta}{s^2}\frac{F(s)}{Y_{ref}(s)} = \frac{\eta m_G}{k_2} \tag{3.30}$$

$$\eta = \frac{k_2}{m_G}180000 = \frac{0,1 \text{ [Volt Sekunde/Meter]}}{420000 \text{ [kg]}}180000 \text{ [Newton]} = 4,286 \cdot 10^{-2}\text{[Volt/Sekunde]} \ . \tag{3.31}$$

Der Wert 180 kN ergibt sich als Zugkraft oder Umfangskraft am Lokrad aus Zughakenkraft 150 kN nach der Relation Lok- zu Waggonmasse 1:5. Der Wert $4,286 \cdot 10^{-2}$[Volt/Sekunde] entspricht einer Beschleunigung von 1,54 km/h pro Sekunde.

$$F_o(s) = \frac{K_R(1 + sT_I)}{sT_I} k_1 \, k_2 \, \frac{1}{s \, m_G} \quad \leadsto \quad |F_o(j\omega)| = K_R k_1 k_2 \frac{1}{\omega^2 T_I m_G} \sqrt{1 + \omega^2 T_I^2} \qquad (3.32)$$

Bei $\arg F_o(j\omega) \Big|_{\omega=\omega_D} = -90^o - 90^o + \arg(1 + j\omega T_I) \Big|_{\omega=\omega_D} = -120^o$ folgt

$$\arg(1 + \omega_D T_I) = 60^o \quad \leadsto \quad \arctan \omega_D T_I = 60^o \quad \leadsto \quad T_I = 28,87 \text{ [Sekunden]} . \qquad (3.33)$$

Aus $|F_o(j\omega_D)| = 1$ ergibt sich schließlich

$$K_R = \frac{1}{k_1 k_2} \frac{\omega_D^2 T_I m_G}{\sqrt{1 + \omega_D^2 T_I^2}} = 10,91 . \qquad (3.34)$$

3.9 PI-Regler-Dimensionierung

Angabe: *Gegeben ist die PT_1-Regelstrecke $G(s)$, zu dimensionieren sei ein PI-Regler $K(s)$ derart, dass die Regelung einen Dämpfungsgrad $D = \sqrt{2}/2$ annimmt, und zwar bei $T_1 = 2$, $V = 4$ und $\omega_N = 7$.*

$$G(s) = \frac{V}{1 + sT_1} \qquad K(s) = K_P \frac{1 + sT_I}{sT_I} \qquad T(s) = \frac{KG}{1 + KG} = \frac{1 + sT_I}{1 + sT_I(1 + \frac{1}{K_P V}) + s^2 \frac{T_I T}{K_P V}} . \qquad (3.35)$$

Lösung: Aus dem normierten PT_2-Element folgt durch Koeffizientenvergleich des Nenners

$$\omega_N = \sqrt{\frac{K_P V}{T_I T}} \qquad D = 0,5(1 + K_P V)\sqrt{\frac{T_I}{T K_P V}} . \qquad (3.36)$$

Wird ω_N vorgegeben, dann resultiert

$$K_P = \frac{\sqrt{2} \, T\omega_N - 1}{V} = 4,7; \quad T_I = \frac{\sqrt{2}}{\omega_N} - \frac{1}{T\omega_N^2} = 0,19 . \qquad (3.37)$$

3.10 Phasenrand zur Dimensionierung

Angabe: *Gegeben ist eine PT_2-Strecke $G(s) = \frac{1}{1+2s+s^2}$ mit einem P-Regler $K(s) = K_1$. Die Verstärkung K_1 ist zu berechnen, damit der Phasenrand $\alpha_R = 60^o$ beträgt. Die Wurzelortskurve ist zu zeichnen.*

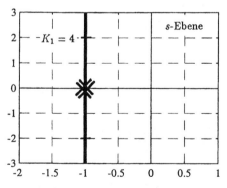

Abbildung 3.7: Wurzelortskurve

Lösung: Die Durchtrittsfrequenz $\omega_D = 1,7$ resultiert aus

$$F_o(s) = \frac{K_1}{1 + 2s + s^2} \quad \leadsto \quad \arg F_o(j\omega) = \arctan \frac{-2\omega}{1 - \omega^2} = -180 + \alpha_R = -120^o \quad \leadsto \quad \frac{2\omega}{1 - \omega^2} = -1,73 \quad \leadsto \quad \omega_D$$
$$(3.38)$$

$$\omega_D = \sqrt{3} \quad \leadsto \quad |F_o(j\omega_D)| = 1 = \frac{K_1}{\sqrt{(1 - \omega_D^2)^2 + 4\omega_D^2}} \quad \leadsto \quad K_1 = 4 \, . \tag{3.39}$$

Die charakteristische Gleichung des Regelkreises lautet $s^2 + 2s + (1 + K_1) = 0$ mit der Lösungsmannigfaltigkeit $s_{w1,2} = -1 \pm j\sqrt{K_1}$. Die Wurzelortskurve zeigt die Abb. 3.7.

3.11 Störungsfrequenz mit bestimmter Resonanz

Angabe: *Gegeben ist der Standardregelkreis mit Störungsangriff $w_d(t)$ am Streckeneingang*

$$G(s) = \frac{1}{1 + sT_1 + s^2 T_2^2}, \quad K(s) = V \quad T_1 = 1,0 \quad T_2 = 0,5 \, . \tag{3.40}$$

Gesucht ist das Störungsverhalten des Regelkreises auf Sprungstörung $\sigma(t)$ in $w_d(t)$ und jene Verstärkung V, unter der der Regelkreis eine resultierende Störungsübertragung im Resonanzpunkt von 5%(-26 dB) aufweist.
Lösung:

$$F_{St}(s) = \frac{G}{1 + KG} = \frac{1}{(1 + V) + s + 0,25s^2} \quad \leadsto \quad |F_{St}(j\omega)| = \left\{[(1 + V) - 0,25\omega^2]^2 + \omega^2\right\}^{-0,5} \tag{3.41}$$

$$\frac{\partial |F_{St}(j\omega)|}{\partial \omega} = 0 \quad \leadsto \quad \omega = \omega_{rz} = 2\sqrt{V - 1} \, ; \quad |F_{St}(j\omega_{rz})| = 0,05 \text{ laut Angabe} \leadsto V = 100 \tag{3.42}$$

$$F_{St}(s) = \frac{1}{101 + s + 0,25\,s^2} = \frac{\frac{1}{101}}{1 + \frac{1}{101}s + \frac{1}{404}s^2} \quad \leadsto \quad \omega_N = 20,1 \quad D = 0,099 \, . \tag{3.43}$$

Die Reaktion auf Sprungstörung $\sigma(t)$ in $w_d(t)$ ergibt sich zu

$$Y(s) = F_{St}\frac{1}{s} = \frac{A}{s} + \frac{B(s + 2) - 2B + C}{(s + 2)^2 + 400} = \frac{4}{s(404 + 4s + s^2)} = \frac{1}{101s} - \frac{1}{101}\frac{4 + s}{404 + 4s + s^2} \tag{3.44}$$

$$y(t) = A + Be^{-2t}\cos\sqrt{400}\,t + \frac{-2B + C}{\sqrt{400}}e^{-2t}\sin 20\,t \tag{3.45}$$

$$y(t) = \frac{1}{101}\left[1 - e^{-2t}(\cos 20\,t + \frac{1}{10}\sin 20\,t)\right] \quad t \geq 0 \, . \tag{3.46}$$

3.12 PDT$_1$-Regler-Auslegung

Angabe: *Zu einer Regelstrecke $G(s)$ ist ein PDT$_1$-Regler $K(s)$ mit $T_v/T_1 \leq 10$ auszulegen*

$$G(s) = \frac{40}{s}\frac{1}{(1 + 0,5\,s)(1 + 0,2\,s)} \qquad K(s) = K_R\frac{1 + sT_v}{1 + sT_1} \, . \tag{3.47}$$

Lösung: Mit $T_v = 0,5$ wird eine Polstelle der Strecke kompensiert. Aus der Größenrelation der Reglerzeitkonstanten folgt $T_1 \geq 0,05$. Somit lautet die Regelschleife für $T_v/T_1 = 10$

$$F_o(s) = K_R\frac{40}{s}\frac{1}{(1 + 0,2s)(1 + 0,05s)} \, . \tag{3.48}$$

Die Wahl der Durchtrittsfrequenz ω_D erfolgt derart, dass $\arg F_o(j\omega_D) = -120°$ wird

$$\arg F_o(j\omega_D) = -\frac{\pi}{2} - \arctan 0,2\omega_D - \arctan 0,05\omega_D = -\frac{2\pi}{3} \, . \tag{3.49}$$

Daraus erhält man $\omega_D = 2,2$ und aus dem Betrag von $F_o(j\omega_D)$ gleich eins den Wert $K_R = 1/16,5$.

3.13 Reglerdimensionierung auf bestimmte Regelkreisantwort

Angabe: *Welcher Regler ist im Standardregelkreis nach Abb. 3.4 erforderlich, um bei der Regelstrecke* $\frac{1}{5+8s}$ *eine Regelkreisantwort auf Sollwertsprung von genau*

$$y(t) = 1 - \frac{3}{2}e^{-0,25t} + \frac{1}{2}e^{-0,5t} \tag{3.50}$$

zu erhalten?
Lösung:

$$Y(s) = \frac{1}{s} - \frac{3}{2} \cdot \frac{1}{s+\frac{1}{4}} + \frac{1}{2} \cdot \frac{1}{s+\frac{1}{2}} = \frac{(1+4s)(1+2s) - 6s(1+2s) + s(1+4s)}{s(1+4s)(1+2s)} = \tag{3.51}$$

$$= \frac{1 + 6s + 8s^2 - 6s - 12s^2 + s + 4s^2}{s(1+6s+8s^2)} = \frac{1+s}{s(1+6s+8s^2)} = \frac{1}{s}T(s) \tag{3.52}$$

$$T(s) = \frac{F_o(s)}{1 + F_o(s)} \quad\rightsquigarrow\quad F_o(s) = \frac{T(s)}{1 - T(s)} \tag{3.53}$$

$$F_o(s) = \frac{1+s}{(1+6s+8s^2) - (1+s)} = \frac{1+s}{5s+8s^2} = K(s)G(s) = \frac{1+s}{s} \cdot \frac{1}{5+8s} \tag{3.54}$$

Als Resultat folgt $K(s) = \frac{1+s}{s}$, also ein PI-Regler mit $K_R = 1$ und $T_I = 1$.

3.14 Betragsoptimum ohne Aufhebungskompensation

Angabe: *Gegeben ist die Regelstrecke $G(s)$ und der Regler $K(s)$*

$$G(s) = \frac{3}{(1+400s)(1+250s)} \qquad K(s) = K_R(1 + \frac{1}{sT_N}) \ . \tag{3.55}$$

Die Parameter des Reglers sind mit Hilfe der Betragsoptimierung zu dimensionieren.
Lösung:

$$F_o(s) = \frac{3K_R(1+sT_N)}{sT_N(1+400s)(1+250s)} \triangleq \frac{z(s)}{n(s)} \tag{3.56}$$

$$T(s) = \frac{z(s)}{z(s) + n(s)} = \frac{3K_R(1+sT_N)}{sT_N(1+400s)(1+250s) + 3K_R(1+sT_N)} \tag{3.57}$$

$$|T(j\omega)| = \sqrt{\frac{9K_R^2 + 9\omega^2 K_R^2 T_N^2}{9K_R^2 - 3900\omega^2 K_R T_N + \omega^4 \cdot 422500 T_N^2 + \omega^2 T_N^2(3K_R+1)^2 - 2\omega^4 T_N^2(3K_R+1)10^5 + 60^6 \, 10^{10}T_N^2}} \cdot \tag{3.58}$$

Der resultierende Nenner lautet

$$9K_R^2 + \omega^2[T_N^2(3K_R+1)^2 - 3900K_R T_N] + \omega^4[422500T_N^2 - 2 \cdot 10^5 T_N^2(3K_R+1)] + \dots \tag{3.59}$$

Das Nullsetzen der zweiten Klammer [ ] liefert

$$422500 = 200000(3K_R+1) \quad\rightsquigarrow\quad K_R = 0,37 \ . \tag{3.60}$$

Aus dem Gleichsetzen der ersten Klammer [ ] (Koeffizient von ω^2) mit $9K_R^2 T_N^2$ aus dem Zähler resultiert $T_N(3K_R+1)^2 - 3900K_R = 9K_R^2 T_N^2 \rightsquigarrow T_N = 448$.

3.15 Reglerdimensionierung auf Führungsimpulsantwort

Angabe: *Nach Abb. 3.8 ist im Vorwärtszweig der Regler $K(s) = K$ und die Strecke $G(s) = \frac{1}{(1+sT_1)(1+sT_2)}$ gegeben, im Rückwärtszweig liegt ein Messglied $M(s) = 12$. Die Gewichtsfunktion des Regelkreises soll sich im Führungsverhalten zu $0,02712e^{-0,19097t} \sin 0,32003t$ ergeben. Welchen Phasenrand hat die Regelung?*
Lösung:

$$T(s) = \frac{\frac{K}{(1+sT_1)(1+sT_2)}}{1 + \frac{12K}{(1+sT_1)(1+sT_2)}} = \frac{1}{s^2 \cdot \frac{T_1 T_2}{K} + s \cdot \frac{T_1+T_2}{K} + 12 + \frac{1}{K}} \tag{3.61}$$

$$\mathcal{L}\{a \cdot e^{-bt} \cdot \sin \omega t\} = \frac{a\omega}{(s+b)^2 + \omega^2} = \frac{1}{s^2 \cdot \frac{1}{a\omega} + s\frac{2b}{a\omega} + \frac{b^2 + \omega^2}{a\omega}} \tag{3.62}$$

Gleichsetzen und Koeffizientenvergleich liefert $K = 0,2498;\ T_2 = 6,7;\ T_1 = 4,3$. Ferner gilt

$$F_o(s) = \frac{12K}{(1+sT_1)(1+sT_2)} \quad |F_o(j\omega_D)| = 1 \quad |F_o(j\omega)| = \frac{12K}{\sqrt{1+\omega^2 T_1^2}} \cdot \frac{1}{\sqrt{1+\omega^2 T_2^2}} = 1 \ \leadsto \ \omega_D = 0,259$$
$$\tag{3.63}$$

$$\arg[F_o(j\omega)] = -\arg(1+j\omega_D T_1) - \arg(1+j\omega_D T_2) \quad \leadsto \quad \alpha_R = 180 + \arg F_o(j\omega_D) = 72° \ . \tag{3.64}$$

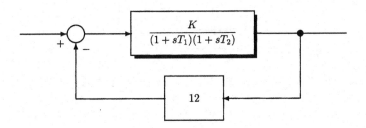

Abbildung 3.8: Regelkreis zweiter Ordnung

3.16   Reglereinstellung für 48° Phasenrand

Angabe: *Für ein und dieselbe Regelstrecke*

$$G(s) = \frac{1}{(1+0,1s)(1+0,01s)} \tag{3.65}$$

ist die Einstellung eines P-Reglers, eines I-Reglers und eines PI-Reglers gefragt. Die Einstellung soll derart erfolgen, dass der Phasenrand stets 48° beträgt.

Lösung: Um in jedem Fall einen Phasenrand von 48° sicherzustellen, ist für den P-, I- und PI-Regler beziehungsweise $K_R = 16, T_N = 0,1026$ und $K_R = 5;\ T_N = 0,04$ zu wählen, wie aus Bode-Diagrammen entnommen werden kann. Die Unterbestimmtheit im Falle des PI-Reglers (in Form der beiden unbekannten Reglerparameter bei nur einer Phasenrandangabe) wurde dabei durch Anlehnung an das Symmetrische Optimum aufgehoben. Man beachte die stark unterschiedlichen Durchtrittsfrequenzen ω_D von $F_o(j\omega)$ durch den Betrag eins von den Werten 108; 7,7 und 49 Radiant/Sekunde, aus denen die Regelkreisdynamik in jedem Fall abgeschätzt werden kann.

3.17   Ausbleibende Schwingungsneigung des Regelkreises

Angabe: *Bei welchen Werten V wird ein Regelkreis mit dem gegebenen $F_o(s)$ kein Schwingungsverhalten aufweisen?*

$$F_o(s) = \frac{V(1+0,3s)(1+2s)}{s^2(1+s)} \ . \tag{3.66}$$

Zur Unterstützung wird angegeben, dass $dF_o(s)/ds = 0$ bei den Werten $s_1 = 0;\ s_2 = -6,36;\ s_{3,4} = -0,653 \pm j0,312$ auftritt.

Lösung: Der Verzweigungspunkt der Wurzelortskurve folgt aus

$$\frac{dF_o}{ds} = 0 \quad \leadsto \quad s(s^3 + 7,67s^2 + 8,83\,s + 3,33) = 0 \tag{3.67}$$

zu $-6,36$, unabhängig von V, siehe Abb. 3.9. Die charakteristische Gleichung lautet

$$s^3 + s^2(1+0,6\,V) + 2,3\,Vs + V = 0 \tag{3.68}$$

Bei $s = -6,36$ eingesetzt folgt aus ihr $V = 20,385$. Kein Überschwingen gilt also für $V > 20,385$.

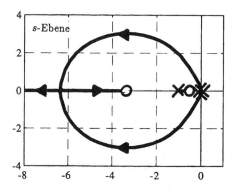

Abbildung 3.9: Wurzelortskurve. Mit MATLAB: `rlocus([0.6 2.3 1],[1 1 0 0])`

3.18 Betragsoptimale Auslegung mit Aufhebungskompensation

Angabe: *Die Knickfrequenz und die Proportionalverstärkung des PI-Reglers*

$$K(s) = K_P \frac{1 + sT_N}{sT_N} \quad zu \quad G(s) = \frac{10}{(1 + 0,1s)(1 + 0,03s)} \tag{3.69}$$

nach dem Betragsoptimum sind gesucht.

Lösung: Bei Wahl von $T_N = 0,1$ erfolgt Aufhebungskompensation und man findet

$$F_o(s) = \frac{10K_P}{sT_N(1 + 0,03s)} = \frac{100K_P}{s(1 + 0,03s)} \overset{\triangle}{=} \frac{V}{s(1 + sT_o)} \qquad T(s) = \frac{V}{V + s(1 + sT_o)} \tag{3.70}$$

$$T(j\omega) = \frac{1}{1 + \frac{j\omega}{V} - \frac{\omega^2 T_o}{V}} \quad \rightsquigarrow \quad 1 + \frac{\omega^4 T_o^2}{V^2} - 2\frac{\omega^2 T_o}{V} + \frac{\omega^2}{V^2} \doteq 1 \ . \tag{3.71}$$

Wird der quadratische Term unterdrückt, so erhält man

$$\omega^2 \left(\frac{1}{V^2} - \frac{2T_o}{V} \right) = 0 \quad \rightsquigarrow \quad V = \frac{1}{2T_o} = \frac{1}{0,06} = 16,67 = 100K_P \quad \rightsquigarrow \quad K_P = 0,167 \ . \tag{3.72}$$

Die Verhaltensweise dieses Regelkreises entspricht der eines PT_{2s}-Elements und lautet mit $\omega_N^2 = \frac{V}{T_o}$

$$\frac{1}{V} = \frac{2D}{\omega_N} = 2D\sqrt{\frac{T_o}{V}} \quad \rightsquigarrow \quad D = \frac{1}{2}\sqrt{\frac{1}{VT_o}} = \frac{1}{2}\sqrt{\frac{0,06}{0,03}} = \frac{\sqrt{2}}{2} = 0,7 \ . \tag{3.73}$$

3.19 Regelkreisdimensionierung auf Führungsimpulsantwort

Angabe: *Die Gewichtsfunktion des Regelkreises laut Abb. 3.10 von $y_{ref}(t)$ nach $y(t)$ sei*

$$1,8e^{-2t} - 2e^{-0,9t}[0,9\cos t - \sin t] \ . \tag{3.74}$$

Die Parameter a, b, c und K laut Abb. 3.10 sind zu berechnen.

Lösung: Für den Regelkreis gilt

$$T(s) = \frac{K}{(s + a)(s^2 + bs + c) + 0,1K} = \frac{K}{s^3 + s^2(a + b) + s(ab + c) + ac + 0,1K} \ . \tag{3.75}$$

Eine Umformung der Gewichtsfunktion auf komplexe Schreibweise ergibt

$$1,8e^{-2t} - [(0,9 + j)e^{(-0,9+j)t} + (0,9 - j)e^{(-0,9-j)t}] \ . \tag{3.76}$$

Das Laplace-Bild der gegebenen Gewichtsfunktion lautet

$$\frac{1,8}{s + 2} - \left[\frac{0,9 + j}{s + 0,9 - j} + \frac{0,9 - j}{s + 0,9 + j} \right] = \frac{4}{s^3 + 3,8s^2 + 5,41s + 3,62} \ . \tag{3.77}$$

Ein Koeffizientenvergleich liefert $K = 4$ und $a + b = 3,8$; $ab + c = 5,41$; $ac + 0,1K = ac + 0,4 = 3,62$.
Daraus findet man $a^3 - 3,8a^2 + 5,41a - 3,22 = 0$ und $a = 1,77$; $b = 2,027$ sowie $c = 1,816$.

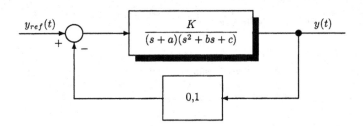

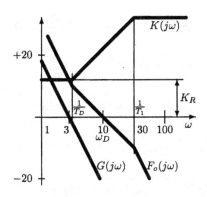

Abbildung 3.10:
Einschleifiger Regelkreis

Abbildung 3.11: Bode-Diagramm
zum Symmetrischen Optimum

3.20 Bemessung auf bestimmten Phasenrand

Angabe: *Wie ist der Integralregler* $K(s) = \frac{1}{sT_I}$ *einzustellen, damit er mit der vorgegebenen Regelstrecke*
$G(s) = \frac{1}{(1+0,1s)(1+0,01s)}$ *gerade* $\alpha_R = 48°$ *Phasenrand ergibt?*
Lösung: Für die Strecke verbleibt $42°$ Phasennacheilung

$$- \arg(1 + 0,1j\omega)(1 + 0,01j\omega) = -90° + \alpha_R = -42° \tag{3.78}$$

$$\arg(1-0,001\omega^2+j\omega0,11) = \arctan\frac{0,11\omega}{1 - 0,001\omega^2} = 42° \quad \rightsquigarrow \quad \frac{0,11\omega}{1 - 0,001\omega^2} = \tan 42° \quad \rightsquigarrow \quad \omega = \omega_D = 7,7.$$
$$\tag{3.79}$$

Aus $|F_o(j\omega_D)| = 1$ folgt schließlich $T_I = 0,103$.

3.21 Symmetrisches Optimum

Angabe: *Gegeben ist die Regelstrecke* $G(s) = 9/s^2$. *Man entwerfe im Bode-Diagramm einen* PDT_1*-Regler
nach der Methode des Symmetrischen Optimums, sodass die Durchtrittsfrequenz von* $F_o(s)$ *bei* $\omega_D = 10$ *zu
liegen kommt. Das Verhältnis der Knickfrequenzen von* $F_o(s)$ *soll* $\frac{\omega_{K1}}{\omega_{K2}} = 9$ *betragen. Die Reglerparameter
K_R, T_D und T_1 sind zu ermitteln.*
Lösung: Die Vorgabe bedeutet $K(s) = K_R(1 + sT_D)/(1 + sT_1)$. Für $\omega_D = 10$ folgen die beiden Knickfrequenzen $\frac{1}{T_1} = 30$ und $\frac{1}{T_D} = 3,3\dot{3}$, wie auch im Bode-Diagramm der Abb. 3.11 eingetragen. Damit ω_D die
Durchtrittsfrequenz ist, hat

$$\log |G(j\omega_D| + \log |K(j\omega_D| = \log |G(j\omega_D| + 0.5[\log |K(j\omega)|\big|_{\omega=0} + \log |K(j\omega)|\big|_{\omega=\infty}] \tag{3.80}$$

$$= \log \frac{9}{\omega_D^2} + \log K_R + 0.5 \log \frac{T_D}{T_1} = \log \frac{9}{(10)^2} + \log K_R + \log 3 = 0 \tag{3.81}$$

zu gelten, woraus $K_R = 3,698$ folgt.

3.22 Reglerentwurf auf Überschwingfreiheit

Angabe: *Eine Regelstrecke gehorcht der Differentialgleichung*

$$4\ddot{y}(t) - \dot{y}(t) = 3u(t) \ . \tag{3.82}$$

Gesucht ist ein einfach strukturierter Regler, der eine stabile Regelung ermöglicht. Welche Reglerparameter wären vorzuschlagen, damit sowohl überschwingfreie als auch schnellstmögliche Regelung besorgt wird? Der relative Stationärfehler des Führungsverhaltens soll 10 % nicht überschreiten.
Lösung: Die Streckenübertragungsfunktion folgt zunächst als $G(s) = \frac{3}{s(4s-1)}$. Eine einfache Überlegung mit der Wurzelortskurve führt auf einen DT_1-Regler

$$K(s) = \frac{sT_D}{1 + sT_1} \tag{3.83}$$

mit Pol-Nullstellen-Kompensation im Ursprung. Aus $1 + K(s)G(s) = 0$ findet man das charakteristische Polynom zu

$$p_{cl}(s) = 4T_1 s^2 + (4 - T_1)s + 3T_D - 1 \ . \tag{3.84}$$

Stabilität (nach Routh) liegt bei $0 < T_1 < 4$ und $T_D > 1/3$ vor. Damit bei $y_{ref}(t) = \sigma(t)$ der Ausgang $y(t)\big|_{t\to\infty}$ nur 10 % abweicht, ist $T_D = 3,67$ (oder größer) zu verlangen. Damit das Führungsverhalten dem aperiodischen Grenzfall mit Doppelpol bei $-a$ gleichkommt, d.h. das charakteristische Polynom zu $4T_1(s+a)^2$ lautet, ist $4 - T_1 = 8aT_1$ und $10 = 4a^2T_1$ einzuhalten. Dies führt auf $a = 5,122$ und $T_1 = 0,095$.

3.23 Entwurf eines P-Reglers zu einer Totzeitstrecke

Angabe: *Eine Regelstrecke mit Totzeit $T_t = 0,1$ und Integralverhalten wird mittels P-Reglers geregelt. Die Störgröße w_d darf stationär mit maximal 5 % auf die Regelgröße durchschlagen, siehe Abb. 3.12. Wie groß ist die notwendige Reglerverstärkung k_R? Wie groß ist der Phasenrand α_R? Wie groß ist der Amplitudenrand A_R?*
Lösung: Aus

$$F_{St}(s) = \frac{\frac{1}{4s}}{1 + \frac{k_R}{2s}e^{-sT_t}} = \frac{1}{4s + 2k_R e^{-sT_t}} \tag{3.85}$$

folgt für den Wert 0,05 bei $s = 0$ der Wert $k_R = 10$. Die Durchtrittsfrequenz ω_D lautet $k_R/2 = 5$. Der Phasenrand beträgt $61,4^o$. Die $F_o(j\omega)$-Ortskurve schneidet die negativ reelle Achse bei 15,7 rad/Sekunde, der Amplitudenrand folgt daraus zu $3,14$.

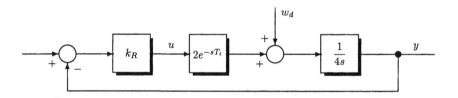

Abbildung 3.12: Regelkreis mit Totzeitstrecke

3.24 Entwurf auf Durchtrittsfrequenz und Phasenrand

Angabe: *Die Regelstrecke $G(s) = \frac{0,75}{s+0,25}$ wird mittels eines PI-Reglers geregelt. Wie lauten die Reglerparameter K_R und T_N für eine Durchtrittskreisfrequenz $\omega_D = 5$ und für einen Phasenrand $\alpha_R = 60^o$?*
Lösung: Mit der Schleifenübertragungsfunktion

$$F_o(s) = K(s)G(s) = K_R \frac{1 + sT_N}{sT_N} \frac{K}{1 + sT_1} \tag{3.86}$$

und ω_D aus $|F_o(j\omega_D)| = 1$ lautet der Phasenrand $\alpha_R = \pi + \arg F_o(j\omega_D)$. Für das konkrete $F_o(j\omega)$ folgt

$$\arg F_o(s) = \arg(1+j\omega T_N) + \arg\frac{1}{j\omega T_N} + \arg\frac{1}{1+j\omega T_1} \quad \rightsquigarrow \quad T_N = \frac{\tan[\alpha_R - \frac{\pi}{2} + \arctan(\omega_D T_1)]}{\omega_D} . \quad (3.87)$$

Aus $|F_o(j\omega_D)| = 1$ resultiert

$$|F_o(j\omega_D)|^2 = K^2 K_R^2 \frac{1+\omega_D^2 T_N^2}{\omega_D^2 T_N^2 (1+\omega_D^2 T_1^2)} = 1 \quad \rightsquigarrow \quad K_R = \sqrt{\frac{\omega_D^2 T_N^2 (1+\omega_D^2 T_1^2)}{K^2(1+\omega_D^2 T_N^2)}} \qquad (3.88)$$

Mit den Werten aus der Angabe, nämlich $K = 3$ und $T_1 = 4$, erhält man schließlich $T_N = 0,3096$ und $K_R = 5,6068$.

3.25 PI-Regler-Bemessung zu einer PT_2T_t-Strecke

Angabe: *Welche Übertragungsfunktion $G(s) = \frac{Y(s)}{U(s)}$ besitzt die Regelstrecke nach Abb. 3.13? Zu ihr ist ein PI-Regler $K(s) = K_R\left(1 + \frac{1}{sT_N}\right)$ zu entwerfen, und zwar mittels Aufhebungskompensation im Bode-Diagramm und für einen Phasenrand des Systems von 60°. Welche Durchtrittsfrequenz ω_D besitzt die Regelschleife, und wie lauten die Reglerparameter K_R und T_N?*

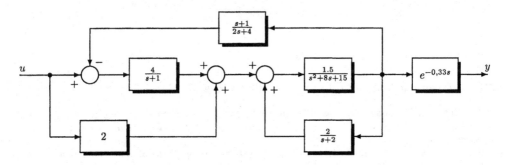

Abbildung 3.13: Blockbild der Regelstrecke

Lösung: Die Reduktion des Streckenblockschaltbilds ergibt

$$G(s) = \frac{3}{(s+1)(s+5)}e^{-\frac{1}{3}s} . \qquad (3.89)$$

Aufhebungskompensation mit $T_N = 1$ im PI-Regler bewirkt $F_N(s) = \frac{3K_R}{s(s+5)}e^{-\frac{1}{3}s}$.

Aus der Phasenranddefinition und -angabe folgt

$$\alpha_R = \pi + \arg F_o(j\omega_D) = \pi - \frac{\pi}{2} - 0,33\omega_D - \arctan\frac{\omega_D}{5} = \frac{\pi}{3} \quad \rightsquigarrow \quad 0,33\omega_D + \arctan\frac{\omega_D}{5} - \frac{\pi}{6} = 0 , \quad (3.90)$$

also eine transzendente Gleichung. Eine graphische Lösung ist vorzuziehen, bei der $\arg F_o(j\omega)$ gezeichnet und das zum Phasenrand 60° gehörige ω_D abgelesen wird. Man findet dabei $\omega_D \doteq 0,99$. Schließlich folgt sowohl aus der genäherten Amplitudenganglinie wie auch aus

$$\left| \frac{3K_R}{s(s+5)} \right|_{s=j\omega_D} = 1 \quad \rightsquigarrow \quad K_R \doteq 1,67. \qquad (3.91)$$

3.26 PI-Regler mit Stellgrößenbeschränkung

Angabe: *Zu Regelstrecke $G(s) = \frac{1}{s+2}$ ergeben sich folgende Fragen: Welche Reglerstruktur ist notwendig, damit die Schleifenübertragungsfunktion Integralverhalten aufweist? Für die Berechnung der Reglerparameter gelten folgende Richtlinien: Die Ausregelzeit $T_{2\%}$ bei Sprunganregung mit $y_{ref}(t) = 2\sigma(t)$ soll* *so klein wie möglich werden. Allerdings darf die Stellgröße $u(t)$ für alle $t \geq 0$ den Wert $u_{max} = 4$ nicht überschreiten.*

Lösung: Der PI-Regler

$$K(s) = k_R \frac{1 + sT_N}{sT_N} = k_R \frac{\frac{1}{T_N} + s}{s} \tag{3.92}$$

mit $T_N = \frac{1}{2}$ bewirkt $F_o(s) = \frac{k_R}{s}$. Die Führungs- und Stellübertragungsfunktion ergibt sich zu

$$T(s) = \frac{F_o(s)}{1 + F_o(s)} = \frac{k_R}{s + k_R} \qquad F_u(s) = \frac{K(s)}{1 + F_o(s)} = \frac{k_R \frac{s+2}{s}}{1 + \frac{k_R}{s}} = \frac{k_R(s+2)}{(s+k_R)} \ . \tag{3.93}$$

Mit $Y_{ref}(s) = \frac{2}{s}$ erhält man

$$Y(s) = 2\frac{k_R}{s(s+k_R)} = 2(\frac{1}{s} - \frac{1}{s+k_R}) = \mathcal{L}\{y(t)\} = \mathcal{L}\{2(1 - e^{-k_R t})\sigma(t)\} \tag{3.94}$$

$$|y - y_{ref}| = 2e^{-k_R T_{2\%}} = 0,02 \cdot 2 \ \rightsquigarrow \ T_{2\%} = -\frac{\ln 0,02}{k_R} \ \rightarrow \ \min_{k_R} \ \rightsquigarrow \ k_R \ \rightarrow \ \text{maximal} \ . \tag{3.95}$$

Aus dem PDT_1-Verhalten der Stellübertragungsfunktion resultiert, dass die Sprungantwort Extrema entweder bei $t = 0$ oder bei $t \rightarrow \infty$ besitzt

$$u(t = 0) \quad = \quad 2k_R \leq 4 \ \rightsquigarrow \ k_R \leq 2 \tag{3.96}$$
$$u(t \rightarrow \infty) \quad = \quad 4 \leq 4 \ . \tag{3.97}$$

Die Reglerparameter lauten somit $k_R = 2$, $T_N = \frac{1}{2}$.

3.27 Referenzmodell für den einschleifigen Regelkreis

Angabe: *Unter der Voraussetzung, dass $V(s)$ in Abb. 3.14 mit demselben Polüberschuss wie die Strecke $G(s)$ dimensioniert wird, ist die Vorsteuerung $K_1(s)$ auszulegen. Welche Aufgabe hat der Regler $K(s)$ zu übernehmen?*

Lösung: Die Vorsteuerung ist nach $K_1(s) = V(s)/G(s)$ zu dimensionieren. Man findet dann nämlich nach Abb. 3.14

$$\frac{Y(s)}{Y_{ref}(s)} = \frac{G(s)[K_1(s) + V(s)K(s)]}{1 + K(s)G(s)}\bigg|_{K_1=V/G} = V(s) \tag{3.98}$$

Der Regler $K(s)$ ist nur für das Störungsübertragungsverhalten gegenüber $W_d(s)$ maßgeblich und im Führungsverhalten nur bezüglich Realisierungsungenauigkeiten von $G(s)$ in $K_1(s)$.

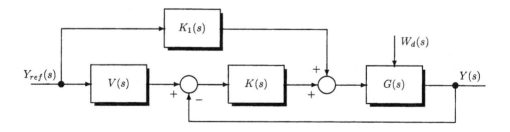

Abbildung 3.14: Regelkreis mit Vorsteuerung über V und K_1

3.28 ∗ Reglerbemessung zu einer I_2-Strecke

Angabe: *Zur Regelstrecke $G(s) = 1/s^2$ ist ein PDT_1-Regler $K(s) = V(1+sT_1)/(1+sT_2)$ zu entwerfen. Die Koeffizienten V, T_1 und T_2 sind so zu bemessen, dass eine sprungförmige Störung w_d am Streckeneingang* einen maximalen Stationärfehler von 10% hervorruft und der Phasenrand 60° beträgt. Wird $a \overset{\triangle}{=} \sqrt{T_1/T_2}$ definiert, so möge die Durchtrittsfrequenz ω_D bei

$$\omega_D = \frac{a}{T_1} = \frac{1}{aT_2} \tag{3.99}$$

liegen.

Lösung: Die Störungsübertragungsfunktion

$$\frac{Y(s)}{W_d(s)} = F_{St}(s) = \frac{\frac{1}{s^2}}{1 + V\frac{1+sT_1}{1+sT_2}\frac{1}{s^2}} = \frac{1 + sT_2}{V + VT_1s + s^2 + T_2s^3} \tag{3.100}$$

verlangt nach dem Endwerttheorem $V = 10$, um den zehnprozentigen Stationärfehler zu garantieren.

Mit der Durchtrittsfrequenz ω_D folgt aus

$$F_o(s) = V\frac{1+sT_1}{1+sT_2}\frac{1}{s^2} \tag{3.101}$$

$$\alpha_R = 180° + \arg F_o(j\omega_D) = \arctan \omega_D T_1 - \arctan \omega_D T_2 = \arctan a - \arctan \frac{1}{a} = \arctan \frac{a - \frac{1}{a}}{2} \tag{3.102}$$

$$a = \tan \alpha_R \pm \sqrt{\tan^2 \alpha_R + 1}\Big|_{\alpha_R=60°} = 3,73 . \tag{3.103}$$

Die Durchtrittsfrequenz ω_D muss noch $|F_o(j\omega_D)| = 1$ erfüllen, woraus

$$|F_o(j\omega_D)|^2 = \frac{V^2}{\omega_D^4}\frac{|1+\omega_D T_1|^2}{|1+\omega_D T_2|^2} = \frac{V^2(1+\omega_D^2 T_1^2)}{\omega_D^4(1+\omega_D^2 T_2^2)} = 1 \tag{3.104}$$

resultiert. Mit Gl.(3.99) folgt schließlich

$$|F_o(j\omega_D)|^2 = \frac{V^2 T_1^4}{a^2} = 1 \quad \rightsquigarrow \quad T_1 = \sqrt{\frac{a}{V}} = 0,61 \quad T_2 = \frac{T_1}{a^2} = 0,044 . \tag{3.105}$$

3.29 Reglerkreisbemessung auf maximale Stellgröße

Angabe: *Der Standardregelkreis besitzt*

$$G(s) = \frac{5}{s(1 + 0,1s)} \quad \text{und} \quad K(s) = k_r\frac{1+sT_2}{1+sT_1} . \tag{3.106}$$

Die Parameter k_r, T_2 und T_1 des Reglers sind derart zu bemessen, dass der Regelkreis folgende Forderungen erfüllt: Die Sprungantwort des Führungsübertragungsverhaltens soll PT_{2s}-Verhalten aufweisen. Das Überschwingen der Regelgröße bei einem Sollwertsprung soll weniger als 5% betragen. Bei einem Sollwertsprung der Höhe 1 darf die maximale Stellgröße den Wert $u_{max} = 10$ nicht überschreiten.

Lösung: Um PT_{2s}-Verhalten zu erreichen, wird Polkompensation mit $T_2 = 0,1$ gewählt. Dann lautet das Führungsübertragungsverhalten

$$T(s) = \frac{1}{1 + \frac{1}{5k_r}s + \frac{T_1}{5k_r}s^2} \overset{\triangle}{=} \frac{1}{1 + \frac{2D}{\omega_N}s + \frac{1}{\omega_N^2}s^2} . \tag{3.107}$$

Aus der Bedingung des 5% Überschwingens gilt

$$e^{-\frac{\pi D}{\sqrt{1-D^2}}} \leq 0,05 \quad \rightsquigarrow \quad D \geq 0,7 . \tag{3.108}$$

Nach dem Anfangswerttheorem folgt

$$\lim_{s \to \infty} \frac{k_r\frac{1+sT_2}{1+sT_1}}{1 + \frac{5k_r}{s(1+sT_1)}} = u_{max} = 10 \quad \rightsquigarrow \quad \frac{k_r T_2}{T_1} = 10 . \tag{3.109}$$

Damit und aus dem Koeffizientenvergleich im Nenner von $T(s)$ resultieren drei Gleichungen in den Unbekannten T_1, ω_N und k_r. Ihre Auflösung führt auf $\omega_N = 22,4$; $k_r = 3,16$; $T_1 = 0,032$.

3.30 Zweischleifige Regelung mit Digitalrechner

Angabe: *Wie lautet* $T(s) = \frac{y(s)}{y_{ref}(s)}$ *zu Abb. 3.15? Wie groß ist die Phasenreserve* α_R *der äußeren Regelschleife? Wie groß darf (näherungsweise) die Abtastzeit* T *maximal sein, wenn der Regler* $K(s) = \frac{1}{2s}$ *in einem Digitalrechner realisiert wird?*

Lösung: Man findet die Führungsübertragungsfunktion

$$T(s) = \frac{1+3s}{1+4s+3s^2+0,5s^3} \quad \text{und in} \quad F_o(s) = \frac{1+3s}{s(1+3s+0,5s^2)} \tag{3.110}$$

eine dazugehörige Ersatzschleife $F_o(s)$ eines einschleifigen Regelkreises. Das Bode-Diagramm von $F_o(j\omega)$ zeigt $\omega_D \doteq 1$ und $\alpha_R \doteq 100^o$. Eine fiktive Zusatztotzeit in der Schleife dürfte für Stabilität $\omega_D T_t = 100\frac{\pi}{180}$ betragen. Wird $T_t = \frac{T}{2}$ gesetzt, so hat die Abtastzeit näherungsweise $T < 3,5$ zu gelten.

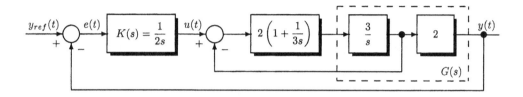

Abbildung 3.15: Zweischleifiger Regelkreis mit Digitalrechner in der äußeren Schleife

3.31 Reglerentwurf für Überschwingen und Ausregelzeit

Angabe: *Ein Standardregelkreis besitzt einen Regler* $K(s) = K_P\frac{1+sT_D}{s(1+sT_1)}$ *und eine Strecke* $G(s) = \frac{5}{1+3s}$. *Man bestimme die Parameter des Reglers* $K(s)$ *derart, dass der geschlossene Regelkreis* PT_{2s}-*Verhalten mit 5% Überschwingen und einer Ausregelzeit (für 2% Abweichung) von 8 Sekunden aufweist.*

Lösung: Fehlerfreies PT_{2s}-Verhalten des Regelkreises setzt eine IT_1-Schleife voraus. Um die Zeitkonstante 3 der Strecke zu kompensieren, ist $T_D = 3$ zu wählen. Aus dem berechneten Führungsverhalten $T(s)$ folgt durch Vergleich mit der normierten Darstellung

$$T(s) = \frac{5K_P}{5K_P+s+s^2T_1} \quad \leadsto \quad \frac{2D}{\omega_N} = \frac{1}{5K_P} \quad \text{und} \quad \frac{1}{\omega_N^2} = \frac{T_1}{5K_P} \; . \tag{3.111}$$

Das Überschwingen $\Delta h = \exp\left(-\frac{\pi D}{\sqrt{1-D^2}}\right) = 0,05$ verlangt $D = 0,69$. Aus $\omega_N t_{2\%} = \frac{-\ln 0,01 - \ln\sqrt{1-D^2}}{D} = \frac{4,9}{D}$ resultiert $\omega_N = 0,83$, nach Gl.(3.111) $K_P = 0,13$ und $T_1 = 0,81$.

3.32 Geschwindigkeitskonstante

Angabe: *Ein Standardregelkreis mit dem Regler* $K(s) = \frac{1}{2s}$ *und der Strecke* $G(s) = \frac{1}{1+s}$ *soll im Regler zu*

$$K'(s) = K_P\frac{1+sT_D}{1+sT_1}K(s) \tag{3.112}$$

modifiziert werden. Gesucht sind die Parameter K_P, T_D *und* T_1 *derart, dass die Geschwindigkeitskonstante um den Faktor 5 gegenüber der ursprünglichen Regelung erhöht wird, die Regelschleife jedoch weiterhin* IT_1-*Verhalten aufweist und sich der Phasenrand nicht ändert. Welche Auswirkung hat dies auf den Schleppfehler?*

Lösung: Für das ursprüngliche $K(s)$ lautet die Geschwindigkeitskonstante $K_V = \lim_{s\to 0} sF_o(s) = 0,5$, für die Regelung mit $K'(s)$, durch ' unterschieden, gilt

$$K_V' = \lim_{s\to 0} sF_o' = \lim_{s\to 0} s\frac{1}{2s}\frac{1}{1+s}K_P\frac{1+sT_D}{1+sT_1} = 5\,K_V \quad \leadsto \quad K_P = 5 \; . \tag{3.113}$$

Damit die Schleife IT_1-Verhalten behält, ist $T_D = 1$ zu wählen. Gemäß Gl.(12.7) aus *Weinmann, A., 1994*, ist bei IT_1-Schleifen der Phasenrand allein vom Quotienten der Durchtrittsfrequenz ω_D und der Knickfrequenz ω_K bestimmt. Unveränderter Phasenrand verlangt somit $\omega_D/\omega_K = \omega'_D/\omega'_K$.

Aus $|F_o(j\omega)| = 1$ folgt $\omega_D = 0,46$ und $\frac{\omega_D}{\omega_K} = \frac{0,46}{1} = 0,46$. Mit $\omega'_K = \frac{1}{T_1}$ und $\omega_D/\omega_K = \omega'_D/\omega'_K$ erhält man aus $|F_o(j\omega'_D)| = 1$ den Wert $T_1 = 0,2$ und schließlich $K'(s) = \frac{2,5}{s}\frac{1+s}{1+0,2s}$. Der Schleppfehler geht von 2 auf 0,4 zurück.

3.33 Fehlerfreie Positionsregelung

Angabe: *Welche Bedingungen müssen die Parameter der I_2-Strecke und des PID-Reglers erfüllen, damit Stabilität herrscht?*

$$G(s) = \frac{V_o}{s^2} \qquad K(s) = K_P(1 + \frac{1}{sT_I})(1 + sT) \tag{3.114}$$

Lösung: Der Schnitt der Nyquist-Ortskurve der Regelschleife KG mit dem Nyquist-Punkt $(-1, j0)$ wird aus $\Im\{K(j\omega)G(j\omega)\} = 0$ gerechnet, und zwar zu $\omega^2 = \frac{1}{TT_I}$. Aus $|K(j\omega)G(j\omega)| = 1$ folgt der Beiwert $K_P = \frac{1}{V_oT(T+T_I)}$. Um keine Umfahrungen sicherzustellen, hat K_P durch $K_P \geq$ ersetzt zu werden.

Verwendet man das Routh-Kriterium, so folgt aus dem Polynom des geschlossenen Kreises

$$T_I s^3 + K_P V_o T T_I s^2 + K_P V_o (T + T_I)s + K_P V_o = 0 \tag{3.115}$$

und aus dem Routh-Schema dasselbe Ergebnis $-1 + K_P V_o T(T + T_I) > 0$.

3.34 Kleinster Dämpfungsgrad

Angabe: *Der Regelkreis, bestehend aus*

$$K(s) = V\frac{s+2}{s+1} \qquad G(s) = \frac{2}{s}, \tag{3.116}$$

soll in V derart eingestellt werden, dass die Führungsübertragungsfunktion den kleinstmöglichen Dämpfungsgrad aufweist.

Lösung: Die zugehörige Wurzelortskurve besteht aus einer Strecke zwischen 0 und -1, einer Halbgeraden links von -2 und einem Kreis, der die Verzweigungspunkte der Wurzelortskurve als Bestimmungsstücke enthält. Damit folgt

$$\frac{dK(s)G(s)}{ds} = 0 \quad \leadsto \quad s^2 + 4s + 2 = 0 \quad \leadsto \quad -2 \pm \sqrt{2}. \tag{3.117}$$

Der Kreismittelpunkt liegt daher bei -2, der Radius beträgt $\sqrt{2}$, der Dämpfungsgrad hat die Größe $D = 0,25/\sqrt{V} + 0,5\sqrt{V}$. Die Punkte $-1 \pm j$ besitzen kleinsten Dämpfungsgrad, und zwar $\sqrt{2}/2$; sie werden für $V = 0,5$ eingenommen.

3.35 Transmissionsnullstelle

Angabe: *Welches Übertragungselement transformiert ein Signal $u(t) = e^{-at}$ in eines vom zeitlichen Verlauf e^{-bt}?*

Lösung: Eine Transmissions-Nullstelle liegt dann vor, wenn der Zählerterm von $G(s)$ eine Polstelle des Anregungssignals $U(s)$ kompensiert. Das Signal $U(s) = \frac{1}{s+a}$ wird durch ein Übertragungselement der Form $G(s) = \frac{s+a}{s+b}$ in ein Ausgangssignal $y(t) = \mathcal{L}^{-1}\{\frac{1}{s+b}\} = e^{-bt}$ umgesetzt.

3.36 Kombinierte Anregung und Anfangsbedingungen

Angabe: *Die Regelstrecke*

$$G(s) = \frac{s+2}{s^2 + 5s + 6} \tag{3.118}$$

wird durch $u(t) = \delta(t) + 2e^{-t}$ angeregt, ausgehend von $\mathbf{x}(0^+) = (2\ \ 1)^T$ in Beobachtungsnormalform. Wie lautet der Ausgang?

Lösung: Man findet für die Beobachtungsnormalform

$$\mathbf{A} = \begin{pmatrix} 0 & -6 \\ 1 & -5 \end{pmatrix} \quad \mathbf{B} = \begin{pmatrix} 2 \\ 1 \end{pmatrix} \quad \mathbf{C} = (0 \ 1) \quad D = 0 \tag{3.119}$$

$$\boldsymbol{\Phi}(s) = (s\mathbf{I} - \mathbf{A})^{-1} = \frac{1}{(s+2)(s+3)} \begin{pmatrix} s+5 & -6 \\ 1 & s \end{pmatrix} . \tag{3.120}$$

Der Ausgangsanteil $y_h(t)$ zufolge $\mathbf{x}(0^+)$ folgt zu

$$y_h(t) = \mathbf{C}\boldsymbol{\Phi}(t)\mathbf{x}(0^+) = \mathbf{C}\mathcal{L}^{-1}\{\boldsymbol{\Phi}(s)\}\mathbf{x}(0^+) = e^{-3t} . \tag{3.121}$$

Der partikuläre Anteil ergibt sich aus $G(s)u(s)$ zu $\mathcal{L}^{-1}\{\frac{1}{s+1}\} = e^{-t}$. Somit lautet der gesamte Ausgang $y(t) = e^{-3t} + e^{-t}$.

3.37 Möglichkeit zur Stabilisierung?

Angabe: *Gibt es grundsätzliche Schwierigkeiten, mit einem Regler $K(s) = \frac{V}{s+2}$ die Strecke $G(s) = \frac{s+5-d}{s-6}$ zu stabilisieren?*
Lösung: Wenn $d > 5$, liegt eine Nullstelle von $F_0(s)$ in der rechten Halbebene und somit ein kompletter Ast der Wurzelortskurve für $0 < V < \infty$ zwischen $+6$ (rechts) und $d - 5$ (links). Sollte $d < 5$ sein, ist Stabilität für $V > 12/(5 - d)$ möglich.

3.38 Vorgabe des Dämpfungsfaktors

Angabe: *Gegeben ist $G(s) = \frac{m+3}{(s+2)(s-1)}$, wobei m eine beliebige positive Zahl ist. Gesucht ist ein PDT_1-Regler $K(s)$ mit Pol-Nullstellen-Kompensation derart, dass der Regelkreis den Dämpfungsfaktor $0{,}8$ erreicht. Welche natürliche Frequenz ω_N hat der Regelkreis?*
Lösung: Nach Pol-Nullstellen-Kompensation mit dem Ansatz $K(s) = \frac{s+2}{s+a}$ lautet $F_0(s) + 1 = 0$

$$s^2 + (a-1)s - a + m + 3 = 0 . \tag{3.122}$$

Darin ist $(a-1) \triangleq 2D\omega_N$ und $m + 3 - a \triangleq \omega_N^2$. Der Dämpfungsfaktor $D\omega_N = 0{,}8$ liefert $a - 1 = 2D\omega_N = 2.0{,}8 = 1{,}6 \rightsquigarrow a = 2{,}6$. Die natürliche Kreisfrequenz lautet danach $\omega_N = \sqrt{m+3-2{,}6} = \sqrt{m+0{,}4}$.

3.39 Vorgabe des Schleppfehlers

Angabe: *Ein Regelkreis besteht aus $G(s) = V/[s(s+3)(s+2)]$ und $K(s) = (s+k)/(s+1)$. Welches k und V ist erforderlich, um einen Schleppfehler $e_\infty = 0{,}375$ zu erreichen und alle Pole weiter links als $-0{,}4$ zu legen.*
Lösung: Der Schleppfehler und die Lösungen der charakteristischen Gleichung verlangen

$$e_\infty = e(t)\Big|_{t\to\infty} = \lim_{s\to 0} s\frac{1}{1+GK}\frac{1}{s^2} = \frac{6}{6+Vk} \tag{3.123}$$

$$s^4 + 6s^3 + 11s^2 + (6+V)s + V\,k = 0 \quad \text{roots}([1 \ \ 6 \ \ 11 \ \ 6+V \ \ V*k]) \ \rightsquigarrow \ k = 1 \ \ V = 10. \tag{3.124}$$

3.40 Phasenrand und Stabilität

Angabe: *Gegeben ist $K(s) = \frac{2}{s+1}$ und $G(s) = \frac{1}{(s+1)^3}$. Wie groß ist der Phasenrand? Ist der Regelkreis stabil? Wenn bei $K(s)$ die Verstärkung 2 durch V ersetzt wird, bei welchem V und welchem ω kreuzt die Wurzelortskurve die imaginäre Achse?*
Lösung:

$$|F_o(j\omega)| = \frac{2}{|j\omega_D + 1|^4} = 1 \ \rightsquigarrow \ \omega_D^2 = \sqrt{2} - 1 ; \ \omega_D \doteq 0{,}64 . \tag{3.125}$$

Der Phasenrand ist $180^o - 4 \arctan(\frac{0{,}6}{1}) \doteq 49^o$. In der charakteristischen Gleichung des geschlossenen Regelkreises

$$s^4 + 4s^3 + 6s^2 + 4s + 1 + V = 0 \tag{3.126}$$

soll $s = j\omega_0$ eine Lösung sein. Es folgt aus dem $\mathfrak{Im}$-Teil obiger Gleichung $= 0$: $-4\omega_0^3 + 4\omega_0 = 0$; $\omega_0 = 1$. Aus $\mathfrak{Re}$-Teil $= 0$: $\omega_0^4 - 6\omega_0^2 + 1 + V = 0$; $V = 4$.

Kapitel 4

Stabilität

4.1 Ortskurve vom Schleifenfrequenzgang $F_o(j\omega)$

Angabe: *Zu $K(s) = V(s+a)$ und $G(s) = 1/s^2$ zeichne man die Ortskurve der Regelschleife $F_o(j\omega)$ für $V = 2$ und $a = 1,5$.*
Lösung: Das Aussehen der Ortskurve als Parabel ist der Abb. 4.1 zu entnehmen. Nach dem Nyquist-Stabilitätskriterium handelt es sich um einen stabilen Regelkreis.

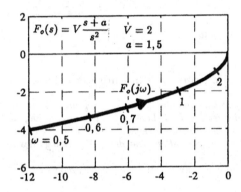

Abbildung 4.1: Frequenzgangsortskurve zur Schleife mit I_2-Strecke und PD-Regler

4.2 Vollständige Ortskurve und Nyquist-Kriterium

Angabe: *Die Schleifenübertragungsfunktion eines Regelkreises laute*

$$F_o(s) = \frac{20(s-1)}{(s+3)(s+5)} \ . \tag{4.1}$$

Ist das System stabil?
Lösung: Das Nyquistkriterium verlangt, die Anzahl der Pole von $F_o(s)$ in der rechten Halbebene abzulesen (das ist $P = 0$) und die Anzahl der Umfahrungen (im Uhrzeigersinn) der vollständigen Ortskurve um den Nyquistpunkt $(-1, j0)$ festzustellen, das ist laut Abb. 4.2 $U = +1$. Die Stabilitätsbedingung $U = -P$ ist nicht erfüllt, das System also instabil.

4.3 Stabilität eines Synchronmotor-Antriebs

Angabe: *Ein Synchronmotoren-Antrieb ohne Regelung ist mit einer Last gekuppelt, die konstantes Drehmoment abverlangt. Die Kennlinie des Antriebsmoments über dem Polradwinkel θ ist als a) steigend oder als b) fallend (jenseits des Kippwinkels) zu untersuchen. Unter Zugrundelegung eines dynamischen Verhaltens des Antriebs von zweiter Ordnung zeige man, welche Betriebsart (a oder b) stabil ist.*
Lösung: Mit $x = \theta - \theta_0$ wird die Auslenkung des Polradwinkels aus dem Stationärpunkt θ_0, mit ΔM_L ein virtuelle Störmoment, mit I das Trägheitsmoment und mit d der Dämpfungsbeiwert bezeichnet. Dann

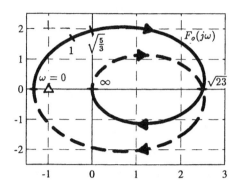

Abbildung 4.2: Vollständige Ortskurve von Fo

gilt mit dem charakteristischen Polynom $p(s)$

$$I\ddot{x} + d\dot{x} + \zeta x = \Delta M_L \quad \leadsto \quad p(s) = s^2 + \frac{d}{I}s + \frac{\zeta}{I} = 0 \quad \leadsto \quad s_{1,2} = -\frac{d}{2I} \pm \sqrt{\frac{d^2}{4I^2} - \frac{\zeta}{I}} \, . \tag{4.2}$$

Somit gilt für a) $\zeta > 0 \quad \Re e\, s_{1,2} < 0 \quad$ stabiles Verhalten, b) $\zeta < 0 \quad s_1 > 0$, $s_2 < 0 \quad$ instabiles Verhalten.

4.4 $*$ Instabiler Regler und instabile Nichtphasenminimum-Strecke

Angabe: *Die Strecke sei sowohl instabil als auch nichtminimalphasig: $G(s) = \frac{s-a}{s-b}$ mit $b > a$. Weist sie doch sowohl einen Pol wie auch eine Nullstelle in der rechten Halbebene auf. Zur Stabilisierung entwerfe man einen (an sich instabilen) PT_1-Regler nach Routh, man diskutiere die Stabilität des Regelkreises nach Nyquist und nach der Wurzelortskurve. Welche Interpretation lässt die „Verstärkung" des Reglers innerhalb der komplexen Ebene zu?*
Lösung: Mit einem Regler $K(s) = \frac{k}{s-c}$ lautet die charakteristische Gleichung des Regelkreises

$$K(s)G(s) + 1 = \frac{k(s-a)}{(s-c)(s-b)} + 1 = 0 \quad \leadsto \quad s^2 + (k - b - c)s + bc - ka = 0 \, . \tag{4.3}$$

Stabilität ist bei einem System zweiter Ordnung garantiert, wenn alle Koeffizienten gleiches Vorzeichen besitzen

$$\left.\begin{array}{ll} k - b - c > 0 & \leadsto \quad k > b + c \\ bc - ka > 0 & \leadsto \quad k < \frac{bc}{a} \end{array}\right\} \quad \leadsto \quad b + c < k < \frac{bc}{a} \, . \tag{4.4}$$

Gemäß $b + c < \frac{bc}{a}$ ist eine notwendige Bedingung $c > \frac{ab}{b-a}$. Für einen besonderen numerischen Fall $a = 1$, $b = 2$, $c = 3$ findet man $5 < k < 6$. Wird $k = 5,5$ gewählt, dann umschließt die Schleifenortskurve in Abb. 4.3 den Nyquist-Punkt $(-1, j0)$ im Gegenuhrzeigersinn, d.h. $U = -2$. Nach dem Nyquist-Kriterium $U = N - P$ ist die Stabilitätsbedingung $N = 0$ oder $U = -P$. Da die Schleife zwei Pole ($P = 2$) in der rechten Halbebene besitzt, ist Stabilität nach Nyquist erfüllt.
Für $a = 1$, $b = 2$, $c = 3$ ist das Regelsystem im Bereich $5 < k < 6$ stabil. Den Wurzelort zeigt Abb. 4.4.
Die komplexe „Verstärkung" des Reglers soll folgenden Anforderungen genügen (*Leithead, W.E., and O'Reilly, J., 1991*):
(i) „niedrige" Verstärkung an den Stellen der Streckennullstellen in der rechten Halbebene, also $s = a$, $\frac{1}{a-c} = -\frac{1}{2}$
(ii) „hohe" Verstärkung bei den Streckenpolen der rechten Halbebene $s = b$, d.h. $\frac{1}{|b-c|} = 1$.
Andernfalls wäre unter hoher Verstärkung bei den Streckennullstellen aus der charakteristischen Gleichung $K(s)\,(s-a) + (s-b) = 0$ die Lösung durch $K(s)\,(s-a) = 0$ dominiert; dies würde bedeuten, dass die Nullstelle der rechten Halbebene zu einer Lösung der charakteristischen Gleichung würde, was Instabilität nach sich ziehen würde.

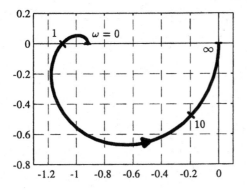

Abbildung 4.3: Ortskurve des
Schleifenfrequenzgangs
Mit MATLAB:
```
nyquist([5.5 -5.5],[1 -5 6],...
        linspace(0,10,100))
        grid
sysG=tf([1 -1],[1 -2])
sisotool(sysG, tf([5.5],[1 -3]))
```

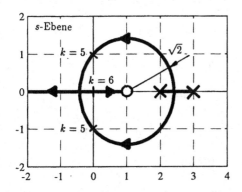

Abbildung 4.4: Wurzelortskurve
Mit MATLAB:
```
rlocus([1 -1],[1 -5 6])
```

4.5 * Reeller Stabilitätsradius für ein System 2. Ordnung

Angabe: *Um welche reelle Matrix* **E** *ist die gegebene Koeffizientenmatrix* **A** *der Zustandsraumdarstellung zu ergänzen, damit die Eigenwerte von* **A + E** *gerade an die Stabilitätsgrenze fallen und* **E** *die Bedingung kleinster Spektralnorm* $\|\mathbf{E}\|_s \to \min$ *erfüllt? Diese kleinste Spektralnorm ist der reelle Stabilitätsradius* r_R. *Welcher Rechengang ist dabei einzuschlagen?*

Lösung: Also hat zu gelten

$$\mathbf{A} \triangleq \begin{pmatrix} a_1 & a_2 \\ a_3 & a_4 \end{pmatrix} , \quad \mathbf{E} \triangleq \begin{pmatrix} e_1 & e_2 \\ e_3 & e_4 \end{pmatrix} , \quad \lambda[\mathbf{A} + \mathbf{E}] = \pm j\omega . \tag{4.5}$$

Die Eigenwerte der Matrixsumme $\mathbf{A} + \mathbf{E}$

$$\lambda[\mathbf{A} + \mathbf{E}] = \lambda[\begin{pmatrix} a_1 + e_1 & a_2 + e_2 \\ a_3 + e_3 & a_4 + e_4 \end{pmatrix}] \quad \text{lauten} \tag{4.6}$$

$$[\lambda - (a_1 + e_1)][\lambda - (a_4 + e_4)] - (a_2 + e_2)(a_3 + e_3) = 0 \tag{4.7}$$

$$\lambda^2 - (a_1 + e_1 + a_4 + e_4)\lambda + (a_1 + e_1)(a_4 + e_4) - (a_2 + e_2)(a_3 + e_2) = 0 \tag{4.8}$$

$$\lambda_{12} = \frac{a_1 + e_1 + a_4 + e_4}{2} \pm \sqrt{\frac{(a_1 + e_1 + a_4 + e_4)^2}{4} - (a_1 + e_1)(a_4 + e_4) + (a_2 + e_2)(a_3 + e_3)} . \tag{4.9}$$

Die Bedingung $\lambda = \pm j\omega$ führt auf

$$a_1 + e_1 + a_4 + e_4 = 0 \quad \rightsquigarrow \quad e_1 = -e_4 - (a_1 + a_4) , \tag{4.10}$$

d.h. ist e_4 gefunden, folgt daraus zwangsläufig e_1; die Minimierung hat nur mehr über drei Variable e_2, e_3, e_4 stattzufinden. Aber auch die müssen einer Ungleichung gehorchen, und zwar jener in der Weise, dass der obstehende Radikand negativ oder null ist

$$-(a_1 + e_1)(a_4 + e_4) + (a_2 + e_2)(a_3 + e_3) = -\omega^2 \le 0 \qquad (4.11)$$

$$(a_4 + e_4)^2 + (a_2 + e_2)(a_3 + e_3) = -\omega^2 \le 0 \quad \rightsquigarrow \quad e_2 = \frac{-\omega^2 - (a_4 + e_4)^2}{a_3 + e_3} - a_2 \, . \qquad (4.12)$$

Die Bedingung der minimalen Spektralnorm führt auf

$$\|\mathbf{E}\|_s^2 = \lambda_{\max}[\begin{pmatrix} e_1 & e_3 \\ e_2 & e_4 \end{pmatrix} \begin{pmatrix} e_1 & e_2 \\ e_3 & e_4 \end{pmatrix}] \to \min \qquad (4.13)$$

$$\lambda_{\max}\left[\begin{array}{cc} e_1^2 + e_3^2 & e_1 e_2 + e_3 e_4 \\ e_1 e_2 + e_3 e_4 & e_2^2 + e_4^2 \end{array}\right] \to \min \qquad (4.14)$$

$$\det\begin{pmatrix} \lambda_{\max} - e_1^2 - e_3^2 & -e_1 e_2 - e_3 e_4 \\ -e_1 e_2 - e_3 e_4 & \lambda_{\max} - e_2^2 - e_4^2 \end{pmatrix} = 0 \qquad (4.15)$$

$$\lambda_{\max}^2 - (e_1^2 + e_2^2 + e_3^2 + e_4^2)\lambda_{\max} + (e_1^2 + e_3^2)(e_2^2 + e_4^2) - (e_1 e_2 + e_3 e_4)^4 = 0 \qquad (4.16)$$

$$\|\mathbf{E}\|_s^2 = \lambda_{\max} = \frac{\sum_1^4 e_i^2}{2} + \sqrt{\frac{(\sum_1^4 e_i^2)^2}{4} - (e_1^2 + e_3^2)(e_2^2 + e_4^2) + (e_1 e_2 + e_3 e_4)^2} \to \min \, , \qquad (4.17)$$

wobei auch die Gln.(4.10) und (4.12) einzuhalten sind.

Die Minimierung von $\|\mathbf{E}\|_s^2$ hat also für ein vorgegebenes ω zunächst über e_3 und e_4 zu erfolgen, danach über ω

$$r_R = \min_{\omega} \ \min_{e_3, e_4} \ \|\mathbf{E}\|_s^2 \, . \qquad (4.18)$$

Als Zwischenergebnis für $\mathbf{A} = \begin{pmatrix} 0 & 1 \\ -3 & -2 \end{pmatrix}$ bei $\omega = 1$ kann $\mathbf{E} = \begin{pmatrix} 1 & -0,267 \\ 0,271 & 1 \end{pmatrix}$ genannt werden.

4.6   Nyquist-Stabilität einer PIDT$_2$-Schleife

Angabe: *Der Regelkreis mit*

$$F_o(s) = \frac{27 - 73s + 7s^2}{s(100 + 2s + s^2)} \qquad (4.19)$$

ist nach Nyquist auf Stabilität zu untersuchen.

Lösung: Rationalmachen von $F_o(j\omega)$ liefert

$$F_o(j\omega) = \frac{\omega^2(-7354 + 87\omega^2) + j\omega(-2700 + 873\omega^2 - 7\omega^4)}{\omega^2(-100 + \omega^2)^2 + 4\omega^4} \, . \qquad (4.20)$$

Der Schnittpunkt mit der reellen Achse $\Im m \, F_o(j\omega) = 0$ folgt rechnerisch aus der biquadratischen Gleichung

$$7\,\omega^4 - 873\,\omega^2 + 2700 = 0 \quad \rightsquigarrow \quad \omega_{1,2} = 1,78; \ 11,02 \quad \rightsquigarrow \quad \Re e \, F_o(j\omega)\Big|_{\omega_1 = 1,78} = -\frac{22462}{29769} = -0,75 \, ; \ (4.21)$$

das führt zur Aussage der Stabilität. Der zweite Schnittpunkt bei ω_2 mit der positiven reellen Achse ist ohne weitere Bedeutung.

4.7   * Stabilitätsradius. Polynomgrad bei analytischer Darstellung

Angabe: *Der Stabilitätsradius eines Eingrößenregelkreises lässt sich praktisch nur durch Zeichnen der Ortskurve ermitteln. Auf welchen Grad von Polynomen führt der analytische Weg? Wie lautet er für die Beispiele*

$$F_{o1}(s) = \frac{5}{(1 + 0,3\,s)(1 + 0,6\,s)(1 + 0,7\,s)} \quad und \quad F_{o2}(s) = \frac{1}{sT_I(1 + sT_1)} \qquad T_I = 3, \ T_1 = 0,77 \ ? \ (4.22)$$

Warum ist die Lösungsgleichung biquadratisch?

Lösung: Der Stabilitätsradius beträgt nach Abb. 4.5 $r_1 = 0,29$ bei $\omega = \omega_{T1} \doteq 3$. Für F_{o2} lauten die Ergebnisse $r_2 = 0,8635$ bei $\omega = \omega_{T2} = 0,9264$.

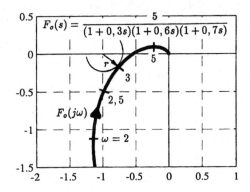

Abbildung 4.5: Ortskurve
$F_o(j\omega)$ und Stabilitätsradius
Mit MATLAB:
omega=1:1:5; s=j*omega;
[r,omegamin]=min(abs(1.+5./...
((1.+0.3*s).*...
(1+0.6*s).*(1+0.7*s))))

Sind die Toleranzen $\Delta F_o(j\omega)$ des Frequenzgangs $F_o(j\omega)$ dem Betrag $|\Delta F_o(j\omega)|$ nach frequenzunabhängig größer als der Stabilitätsradius, dann muss mit Instabilität gerechnet werden.

Der analytische Weg zur Berechnung des Stabilitätsradius führt auf folgende Beziehungen. Der Betrag der Distanz vom Nyquistpunkt zur Ortskurve $F_o(j\omega)$ lautet (im Quadrat)

$$|1 + F_o(j\omega)|^2 = [1 + F_o(j\omega)][1 + F_o^*(j\omega)] \tag{4.23}$$

$$F_o(j\omega) \triangleq \frac{n(j\omega)}{d(j\omega)} \quad \rightsquigarrow \quad |1 + F_o(j\omega)|^2 = 1 + \frac{n^*}{d^*} + \frac{n}{d} + \frac{n^*n}{dd^*} = 1 + \frac{dn^* + d^*n + nn^*}{dd^*} \ . \tag{4.24}$$

Minimierung bedeutet

$$\frac{\partial}{\partial \omega}|1 + F_o(j\omega)|^2 = 0 \quad \rightsquigarrow \quad d^*d\frac{\partial}{\partial \omega}[n^*d + nd^* + n^*n] - (n^*d + nd^* + n^*n)\frac{\partial d^*d}{\partial \omega} = 0 \ . \tag{4.25}$$

Daraus folgt als Bestimmungsgleichung für die Frequenz ω_T, bei der der Kreis mit dem Stabilitätsradius die Ortskurve $F_o(j\omega)$ berührt,

$$dd^*(d + n)\frac{\partial n^*}{\partial \omega} + dd^*(d^* + n^*)\frac{\partial n}{\partial \omega} = d(d + n)\frac{\partial d^*}{\partial \omega}n^* + d^*(d^* + n^*)\frac{\partial d}{\partial \omega}n \ . \tag{4.26}$$

Die Gl.(4.26) kann noch geringfügig vereinfacht werden, wenn die nachstehenden Beziehungen beachtet werden

$$(a + jb)(c - jd) = ac + bd + j(bc - ad) \qquad (a - jb)(c + jd) = ac + bd - j(bc - ad) \tag{4.27}$$

$$nd^* + n^*d = 2(\Re e\ n \cdot \Re e\ d + \Im m\ n \cdot \Im m\ d) \ . \tag{4.28}$$

Man erhält dann einen sehr komplizierten Ausdruck, der nach ω aufzulösen ist,

$$|d|^2\{\Re e\ (d + n)\frac{\partial \Re e\ n}{\partial \omega} + \Im m\ (d + n)\frac{\partial \Im m\ n}{\partial \omega}\} = \Re e\ [dn(d + n)]\frac{\partial \Re e\ d}{\partial \omega} + \Im m\ [nd(d + n)]\frac{\partial \Im m\ d}{\partial \omega} \ . \tag{4.29}$$

Die Ordnung bei Berechnung des Stabilitätsradius findet man gemäß

$$r^2 = \min_\omega |1 + F_o(j\omega)|^2 = \min_\omega |1 + \frac{n(j\omega)}{d(j\omega)}|^2 = \min_\omega (1 + \frac{n}{d})(1 + \frac{n^*}{d^*}) = \min_\omega \frac{(d + n)(d^* + n^*)}{dd^*} \tag{4.30}$$

mit der Quotientendifferentiationsregel

$$dd^*(\frac{\partial dd^*}{\partial \omega} + \frac{\partial nd^*}{\partial \omega} + \frac{\partial n^*d}{\partial \omega} + \frac{\partial nn^*}{\partial \omega}) - (dd^* + nd^* + n^*d + nn^*)\frac{\partial dd^*}{\partial \omega} = 0 \ . \tag{4.31}$$

Bei $\partial d > \partial n$ ist für den maximalen Grad der Term

$$dd^*\frac{\partial dd^*}{\partial \omega} \tag{4.32}$$

maßgeblich, also $4\partial d - 1$.

Wegen $nd^* + n^*d = nd^* + (nd^*)^*$ ist dieser Ausdruck immer biquadratisch in ω. Weiters ergibt sich auch immer eine Kürzungsmöglichkeit durch ω; daher ist letztlich für den Grad ein Polynom vom Grad

$$\frac{1}{2}(4\partial d - 1 - 1) = 2\partial d - 1 \tag{4.33}$$

im ω^2 bestimmend. Das Faktum, dass die Lösungsgleichung in ω biquadratisch ist, ergibt sich auch unmittelbar aus der Überlegung, dass für ein negatives, betragsmäßig ebenso großes ω derselbe Stabilitätsradius resultiert; ist doch die Ortskurve für negative ω symmetrisch zur Ortskurve mit positiven ω.

4.8   Lyapunov-Stabilität

Angabe: *Das kontinuierliche lineare System* $\mathbf{A} = \begin{pmatrix} 0 & 1 \\ -2 & -3 \end{pmatrix}$ *ist nach Lyapunov auf Stabilität zu untersuchen.*

Lösung: Das System ist stabil, weil $\lambda_i[\mathbf{A}] = -1$; -2. Die Lyapunov-Stabilitätsbedingung (siehe etwa *Weinmann, A., 1991, Eq.(13.16)*) ist durch die Lösung $\mathbf{P}$ von

$$\mathbf{AP} + \mathbf{PA}^T = -\mathbf{I} \quad \text{bei} \quad \mathbf{P} \stackrel{\triangle}{=} \begin{pmatrix} p_{11} & p_{12} \\ p_{12} & p_{22} \end{pmatrix} . \tag{4.34}$$

gegeben. Umschreiben liefert

$$\begin{pmatrix} 0 & 1 & 1 & 0 \\ -2 & -3 & 0 & 1 \\ -2 & 0 & -3 & 1 \\ 0 & -2 & -2 & -6 \end{pmatrix} \begin{pmatrix} p_{11} \\ p_{12} \\ p_{12} \\ p_{22} \end{pmatrix} = \begin{pmatrix} -1 \\ 0 \\ 0 \\ -1 \end{pmatrix} \rightsquigarrow \mathbf{P} = \begin{pmatrix} 1 & -0,5 \\ -0,5 & 0,5 \end{pmatrix} . \tag{4.35}$$

Die Matrix $\mathbf{P}$ ist positiv definit, weil ihre Eigenwerte $\lambda_i[\mathbf{P}] = 1,309$; $0,1910$ positiv sind und $\mathbf{P}$ symmetrisch angesetzt werden konnte.

4.9   Hurwitz-Kriterium

Angabe: *Die Stabilität des Polynoms*

$$s^4 + 8s^3 + 19s^2 + 14s + 8 = 0 \tag{4.36}$$

werde nach dem Hurwitz-Kriterium festgestellt.

Lösung: Nach Eq.(21.32) aus *Weinmann, A., 1991* müssen alle Unterdeterminanten des Schemas

$$\begin{pmatrix} 8 & 14 & 0 & 0 \\ 1 & 19 & 8 & 0 \\ 0 & 8 & 14 & 0 \\ 0 & 1 & 19 & 8 \end{pmatrix} \tag{4.37}$$

größer 0 sein. Dies ergibt für alle nordwestlichen Unterdeterminanten

$$\det \begin{pmatrix} 8 & 14 \\ 1 & 19 \end{pmatrix} = 8 \cdot 19 - 14 = 138 \; > \; 0 \tag{4.38}$$

$$\det \begin{pmatrix} 8 & 14 & 0 \\ 1 & 19 & 8 \\ 0 & 8 & 14 \end{pmatrix} = 1420 \; > \; 0 \tag{4.39}$$

$$\det \begin{pmatrix} 8 & 14 & 0 & 0 \\ 1 & 19 & 8 & 0 \\ 0 & 8 & 14 & 0 \\ 0 & 1 & 19 & 8 \end{pmatrix} = 11360 \; > \; 0 \; . \tag{4.40}$$

Da alle Determinanten größer als 0 sind, ist der Regelkreis mit obigem charakteristischem Polynom stabil.

4.10   * Minimaler Stabilitätsradius

Angabe: *Bei welchem ω und*

$$\mathbf{A} = \begin{pmatrix} 0 & 1 \\ -5 & -2 \end{pmatrix} \tag{4.41}$$

besitzt $r_c[\mathbf{A}] \stackrel{\triangle}{=} +\sqrt{\lambda_{\min}[\mathbf{L}]}$ ein Minimum über ω, wobei $\lambda_{\min}$ der minimale Eigenwert der Matrix

$$\mathbf{L} = (-j\omega\mathbf{I} - \mathbf{A})^T (j\omega\mathbf{I} - \mathbf{A}) \tag{4.42}$$

ist, siehe Weinmann, A., 1991, Eq. (23.33). Wie groß ist $r_c[\mathbf{A}]$ im Minimum?
Lösung: Es folgt

$$\mathbf{L} = \begin{pmatrix} \omega^2 + 25 & 6j\omega + 10 \\ -6j\omega + 10 & 5 + \omega^2 \end{pmatrix} \rightsquigarrow \det(\lambda\mathbf{I} - \mathbf{L}) = \det\begin{pmatrix} \lambda - (\omega^2 + 25) & -10 - 6j\omega \\ -10 + 6j\omega & \lambda - (5 + \omega^2) \end{pmatrix} = 0 \tag{4.43}$$

$$\lambda^2 - (2\omega^2 + 30)\lambda + (\omega^4 - 6\omega^2 + 25) = 0 \rightsquigarrow \lambda_{\min}(\omega) = \omega^2 + 15 - \sqrt{36\omega^2 + 200} \tag{4.44}$$

$$\frac{\partial\lambda_{\min}}{\partial\omega} = 2\omega - \frac{72\omega}{2\sqrt{36\omega^2 + 200}} = 0 \rightsquigarrow \omega^2 = \frac{31}{9} \rightsquigarrow \lambda_{\min} = 0{,}4444 \rightsquigarrow r_c = 0{,}6667 . \tag{4.45}$$

Den Verlauf von $\lambda_{\min}$ über ω^2 zeigt die Abb. 4.6.

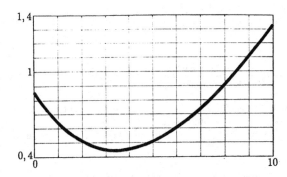

Abbildung 4.6: Verlauf vom minimalen Eigenwert $\lambda_{\min}$ über ω^2

4.11   * Youla-Stabilisierung einer skalaren integrierenden Strecke

Angabe: *Für $G(s) = \frac{1}{s}$ ist die Menge aller stabilen Regler und Vorfilter zu berechnen.*
Lösung: Nach Gl.(5.134), Band 2 (*Weinmann, A., 1995*), folgt

$$G(s) = \frac{\frac{1}{s+1}}{\frac{s}{s+1}} \stackrel{\triangle}{=} \frac{Z}{N} \tag{4.46}$$

und aus der zugehörigen Bezout-Gleichung (5.135), Band 2 (*Weinmann, A., 1995*),

$$XZ + YN = 1 \rightsquigarrow X\frac{1}{s+1} + Y\frac{s}{s+1} = 1 \tag{4.47}$$

eine Lösung $X = 1$ und $Y = 1$. Damit ergibt sich aus Gl.(5.136), Band 2, für den Regler und das Vorfilter

$$K(s) = (1 - Q_d\frac{1}{s+1})^{-1}(1 + Q_d\frac{s}{s+1}) = \frac{1 + s(1 + Q_d)}{1 - Q_d + s} \tag{4.48}$$

$$V(s) = \frac{Q_r}{1 - Q_d\frac{1}{s+1}} = \frac{Q_r(s+1)}{s+1 - Q_d} . \tag{4.49}$$

Q_d und Q_r sind beliebige stabile Übertragungsfunktionen.
Für reelles Q_d folgt aus $1 + K(s)G(s) = 0$ für die charakteristische Gleichung des Regelkreises

$$1 + \frac{1}{s}\frac{1 + s(1 + Q_d)}{1 - Q_d + s} = 0 \rightsquigarrow s^2 + s(1 - Q_d + 1 + Q_d) + 1 = 0 . \tag{4.50}$$

Da sich Q_d aufhebt, ist das charakteristische Polynom für jedes Q_d vom Hurwitz-Typ.

4.12 Stabilität mit Beiwertbedingungen und Nyquist-Kriterium

Angabe: *Für $K(s) = 50$ und $T_t = 0,05$ ist der Regelkreis nach Abb. 4.7 mit Beiwertbedingungen und dem Nyquist-Kriterium zu untersuchen.*
Lösung: Für die Führungsübertragungsfunktion erhält man

$$T(s) = \frac{Ke^{-0,05s}}{(1 + s \cdot 1,45)(1 + s \cdot 0,36) + Ke^{-0,05s}} \, . \tag{4.51}$$

Die Polstellen von $T(s)$ folgen aus $1 + 1,81s + 0,522s^2 + Ke^{-0,05s} = 0$. Für Stabilitätsgrenze ($s = j\omega$) gilt die folgende komplexe Bedingung in K

$$1 - 0,522\omega^2 + j1,81\omega + K\cos 0,05\omega - jK\sin 0,05\omega = 0 \tag{4.52}$$

oder zwei reelle Bedingungen

$$
\begin{aligned}
1 - 0,522\omega^2 + K\cos 0,05\omega &= 0 \tag{4.53} \\
1,81\omega - K\sin 0,05\omega &= 0 \, . \tag{4.54}
\end{aligned}
$$

Gleichbedeutend ist

$$1 + 2,232\omega^2 + 0,2724\omega^4 = K^2 \, . \tag{4.55}$$

Lässt man T_t noch allgemein zu, dann gilt

$$
\begin{aligned}
K\sin \omega T_t &= 1,81\omega \tag{4.56} \\
\text{oder} \quad T_t &= \frac{1}{\omega} \arcsin \frac{1,81\omega}{\sqrt{1 + 2,231\omega^2 + 0,2724\omega^4}} \, . \tag{4.57}
\end{aligned}
$$

Das Diagramm in der Parameterebene (Abb. 4.8) weist für $T_t = 0,05$ eine Grenzverstärkung $K_G = 36,5$ aus. Der Bereich unter der Kurve ist der Bereich stabiler Einstellungen.

Das Bodediagramm für $K(s) = 1$ ist in der Abb. 4.9 gezeigt. Für die Angabe $K(s) = 50$ ist der Regelkreis instabil.

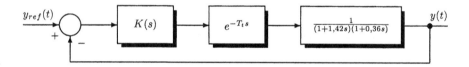

Abbildung 4.7: Regelkreis

4.13 Stabilität bei instabiler PIT$_1$-Schleife

Angabe: *Ist das Verhalten der Regelung mit der Schleife $F_o(s) = k(s+2)/[s(s-1)]$ bei $k = 1$ stabil oder labil?*
Lösung: Aus

$$\arg F_o(j\omega) = -\pi \quad \leadsto \quad -\frac{\pi}{2} + \arctan \frac{\omega}{2} - \arctan \frac{\omega}{(-1)} = -\pi \tag{4.58}$$

folgt

$$\omega = \omega_R = \sqrt{2} \quad \leadsto \quad F_o(j\sqrt{2}) = -1 \, , \quad \omega_D = \omega_R = \sqrt{2} \, . \tag{4.59}$$

Das System ist gerade labil. Für $k = 1$ ist die Ortskurve $F_o(j\omega)$ in Abb. 4.10 gezeigt. Als Zerlegung wird $F_o(s) = (1 + 2/s)[1/(s - 1)]$ gewählt. Für ω klein gilt $F_o(j\omega) \doteq (2/(j\omega)[1/(-1)]$. Wird die Polstelle im Ursprung mit einem kleinen Halbkreis umfahren, so ist $F_o(j\omega)$ durch einen unendlich großen Halbkreis in der linken Halbebene abzuschließen.

Für $k < 1$ (bzw. $k > 1$) und wegen $P = 1$ besitzt sie $U = 1$ (bzw. $U = -1$) Umfahrungen um den Nyquist-Punkt und bedeutet daher Instabilität (bzw. Stabilität).

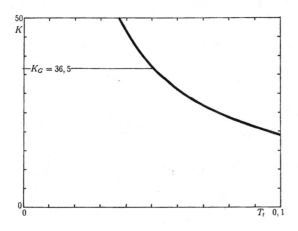

Abbildung 4.8: Parameterebene
K über T_t

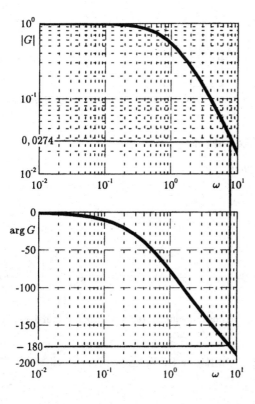

Abbildung 4.9: Bode-Diagramm unter
$K = 1$
Mit MATLAB:
```
omega=logspace(-2, 1);
for i=1:length(omega)
G(i)=exp(-0.05*j*omega(i))*...
inv((1+1.42*j*omega(i))*...
(1+0.36*j*omega(i)));
end
figure(1)
subplot(2,1,1),
plot(log10(abs(G)))
grid minor
xlabel('i-tes Element des
Vektors omega')
subplot(2,1,2),
plot((180/pi)*phase(G))
grid
```

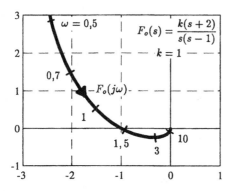

Abbildung 4.10: Frequenzgangs-Ortskurve
$F_o(j\omega)$ im labilen Fall $k = 1$

4.14 Routh-Schema zu einer IT$_3$-Schleife

Angabe: *Die Schleifenübertragungsfunktion eines Regelkreises lautet*

$$F_o(s) = \frac{V}{s(s+2)(s^2+2s+4)} \ . \tag{4.60}$$

Bei welcher Verstärkung V wird der Regelkreis instabil?
Lösung: Das Nennerpolynom von $T(s)$ ergibt sich aus $1 + F_o(s)$ zu

$$n(s) = s^4 + 4s^3 + 8s^2 + 8s + V \ . \tag{4.61}$$

Das Routh-Schema lautet

$$
\begin{array}{|c|c|c|}
\hline
1 & 8 & V \\
4 & 8 & 0 \\
\hline
6 & V & 0 \\
\frac{24-2V}{3} & 0 & \\
\hline
\end{array}
\tag{4.62}
$$

Als Stabilitätsbedingungen sind $V > 0$ und $\frac{24-2V}{3} > 0 \ \rightsquigarrow \ V < 12$ zu beachten. Der stabile Bereich von V umfasst daher $0 < V < 12$.

4.15 Stabilität eines dreischleifigen Regelkreises

Angabe: *Gegeben ist das Blockschaltbild nach Abb. 4.11 mit*

$$A = \frac{1}{s} \qquad B = \frac{1}{1+s} \qquad C = \frac{8}{1+2s} \ . \tag{4.63}$$

Wie lautet die Stabilität nach Routh?
Lösung:

$$T(s) = \frac{Y(s)}{Y_{ref}(s)} = \frac{\dfrac{8}{8s + s(s+2)(1+2s)}}{1 + \dfrac{8(1+2s)}{8[8s + s(s+2)(1+2s)]}} = \frac{8}{2s^3 + 5s^2 + 12s + 1} \quad \rightsquigarrow \quad
\begin{array}{|c|c|}
\hline
2 & 12 \\
5 & 1 \\
\hline
58/5 & 0 \\
1 & \\
\hline
\end{array}
\tag{4.64}$$

Alle Koeffizienten des charakteristischen Polynoms sind positiv, kein Vorzeichenwechsel tritt in der ersten Spalte auf, daher ist das System stabil.

4.16 Stabilität nach Nyquist bei allpasshaltiger Strecke

Angabe: *Die Regelschleife eines Regelkreises lautet*

$$F_o(s) = \frac{V(s-1)}{(s+5)(s+3)} \ . \tag{4.65}$$

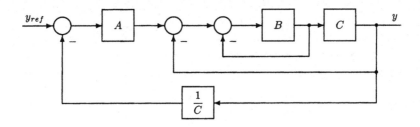

Abbildung 4.11: Dreischleifiger Regelkreis

Ist der Regelkreis nach Nyquist stabil? Welches ist der stabile Bereich der Verstärkung V?
Lösung: Den prinzipiellen Verlauf der $F_o(j\omega)$-Ortskurve zeigt die Abb. 4.12 für $V = 20$. Sie ist durch $U = 1$ ausgezeichnet. Diese Anzahl der Umfahrungen ist nicht gleich der Anzahl $P = 0$ der instabilen Schleifenpole, daher ist der Regelkreis instabil. Weiters ist zu ermitteln, dass für $V < 15$ Stabilität vorliegt.

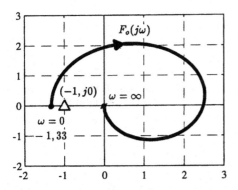

Abbildung 4.12: Ortskurve der Regelschleife bei allpasshaltiger Strecke.
Gemäß Potenzreihenentwicklung von $F_o(s)$ für kleine s folgt $-\frac{V}{15} + \frac{23}{15}V$. Für $s = j\omega$ verlässt die Ortskurve den Punkt $-V/15$ in Richtung der positiven imaginären Achse.

4.17 Stabilitätsbereich mit Wurzelortskurve

Angabe: *Der Regelkreis mit $F_o(s) = V(s-2)/(s+12)$ ist mittels der Wurzelortskurve zu diskutieren. Man beschreibe das dynamische Verhalten in Abhängigkeit von V. Welche Reaktion zeigen negative V?*
Lösung: Der Stabilitätsbereich liegt bei positiven V bei $0 < V < 6$, bei negativen V bei $-1 < V < 0$, siehe Abb. 4.13a bzw. b.

4.18 Instabiler Regelkreis bei instabiler Schleife

Angabe: *Für die Schleifenübertragungsfunktion*

$$F_o(s) = \frac{1}{(s-0,3)(s+1)(s+0,8)} \tag{4.66}$$

untersuche man die Stabilität des Regelkreises mit Hilfe des allgemeinen Nyquist-Kriteriums.
Lösung: Es gilt

$$F_o(j\omega) = -\frac{0,24 + 1,5\omega^2}{(0,24 + 1,5\omega^2)^2 + \omega^2(0,26 - \omega^2)^2} + j\frac{\omega(\omega^2 - 0,26)}{(0,24 + 1,5\omega^2)^2 + \omega^2(0,26 - \omega^2)^2} \tag{4.67}$$

und die Schleifenortskurve gemäß Abb. 4.14. Aus der analytischen Formulierung von $F_o(s)$ entnimmt man $P = 1$, aus der Schleifenortskurve $U = 1$. Die Stabilitätsbedingung $U = -P$ ist daher nicht erfüllt.

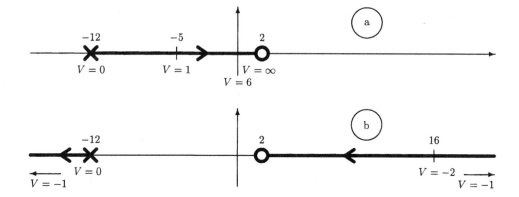

Abbildung 4.13: Wurzelortskurven

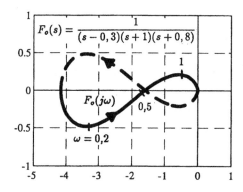

Abbildung 4.14: Schleifenortskurve $F_o(j\omega)$ der instabilen Schleife

4.19   Bode-Diagramm und eigeninstabiles System

Angabe: *Man zeichne das Bode-Diagramm nach Betrag und Phase von $F_o(j\omega)$ und diskutiere die Stabilität bzw. Stabilisierungsmöglichkeit*

$$F_o(s) = \frac{V}{s(1 - 0,2s + s^2)} \,, \tag{4.68}$$

obwohl Bode-Stabilität und das vereinfachte Nyquist-Kriterium primär nur für eigenstabile Systeme gilt.
Lösung: Da laut Abb. 4.16 $|F_o(j\omega)|$ und $\arg F_o(j\omega)$ als Ortskurve $F_o(j\omega)$ im 4. und 1. Quadranten liegt (siehe auch Ortskurve in Abb. 4.15 in der Gauß-Ebene) und weiter der Pol von $F_o(s)$ im Ursprung einen Halbkreis in der rechten $F_o(j\omega)$-Ebene bedeutet, ist $U = 0$. Dies ist auch aus dem Bode-Diagramm in der Abb. 4.16 zu entnehmen. Da zwei Pole von $F_o(s)$ in der rechten s-Halbebene liegen, ist $P = 2$ und der Regelkreis instabil, und zwar unabhängig von V. Die Stabilität von $F_o(s) = \frac{1}{s(1-0,2s+s^2)}$ nach Nyquist kann wie folgt abgehandelt werden

$$F_o(j\omega) = \frac{V}{0,2\omega^2 + j\omega(1-\omega^2)} = \frac{V[0,2\omega^2 - j\omega(1-\omega^2)]}{0,04\omega^4 + \omega^2(1-\omega^2)^2} = \frac{0,2V}{1-1,96\omega^2 + \omega^4} - j\frac{V(1-\omega^2)}{\omega(1-1,96\omega^2+\omega^4)}\,. \tag{4.69}$$

Die Asymptote für $\omega \to 0$ verläuft bei $\Re e\, F_o(j\omega) = 0,2\,V$. Ferner folgt

$$\Im m\, F_o(j\omega) = 0 \quad \rightsquigarrow \quad 1-\omega^2 = 0 \quad \rightsquigarrow \quad \omega = 1 \qquad \Re e\, F_o(j\omega)|_{\omega=1} = 5\,V\,. \tag{4.70}$$

$F_o(s)$ hat zwei Pole in der rechten Halbebene, $P = 2$. Wegen $U = 0$ ist $N = 2 \neq 0$ und das System instabil.

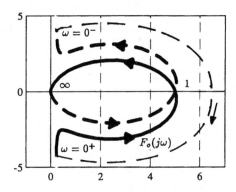

Abbildung 4.15: Vollständige Ortskurve
von $F_o(s) = \frac{V}{s(1-0,2s+s^2)}$ für $s = j\omega$

4.20 Nyquist-Kriterium und Stabilitätsbereich

Angabe: *Mit dem Nyquist-Kriterium werde untersucht, für welches K der Regelkreis mit*

$$F_o(s) = K\frac{(s+2)}{s(s-1)} \qquad K > 0 \tag{4.71}$$

stabil ist.
Lösung: Aus

$$F_o(j\omega) = \frac{-3K}{\omega^2+1} + j\frac{K(2-\omega^2)}{\omega(1+\omega^2)} \quad \text{folgt} \quad \Im m\, F_o(j\omega) = 0 \;\rightsquigarrow\; \omega = \sqrt{2} \;\rightsquigarrow\; F_o(j\sqrt{2}) = -K\;. \tag{4.72}$$

Damit $F_o(j\sqrt{2}) \leq -1$, muss $K \geq 1$ sein. Dann zeigt die Ortskurve aus Abb. 4.17 die Umlaufanzahl $U = -1$ und ergibt wegen $P = 1$ ein $N = U + P = 0$ und bedeutet Stabilität im Regelkreis.

4.21 Instabile IT$_1$-Schleife und Nyquist-Kriterium

Angabe: *Aus der Ortskurve von $F_o(j\omega)$ soll auf die Stabilität von $T(s)$ geschlossen werden und der Stabilitätsbereich für positive K angegeben werden, und zwar für*

$$F_o(s) = K\frac{1}{s(s-1)}, \qquad F_o(j\omega) = -\frac{K}{\omega^2+1} + j\frac{K}{\omega^3+\omega}\;. \tag{4.73}$$

Lösung: Die Anzahl U der Umfahrungen um den Nyquist-Punkt beträgt nach Abb. 4.18 $U = +1$ für alle K. Wegen $N = P + U = 1 + 1 = 2 \neq 0$ ist der Regelkreis instabil, und zwar für alle K.

4.22 Routh-Kriterium und PI-Regler-Bemessung

Angabe: *Gegeben ist eine PT$_2$-Strecke und ein PI-Regler*

$$G(s) = \frac{50}{(1+8s)(1+2s)} \qquad K(s) = 0,02(1+\frac{1}{sT_N})\;. \tag{4.74}$$

In welchem Bereich von T_N liegt Stabilität vor?
Lösung: Wegen der analytisch vollständigen Angabe empfiehlt sich die Anwendung des Routh-Kriteriums mit dem charakteristischen Polynom des Regelkreises $p_{cl}(s)$

$$1 + G(s)K(s) = 0 \;\rightsquigarrow\; p_{cl}(s) = 16\,T_N s^3 + 10\,T_N s^2 + 2\,T_N s + 1 = 0\;. \tag{4.75}$$

Das Routh-Schema lautet

$$
\begin{array}{|cc|}
\hline
16\,T_N & 2\,T_N \\
10\,T_N & 1 \\
\hline
-1,6 + 2\,T_N & 0 \\
1 & 0 \\
0 & \\
\hline
\end{array}
\tag{4.76}
$$

Die Stabilitätsbedingung ergibt $-1,6 + 2\,T_N > 0$ oder $T_N > 0,8$.

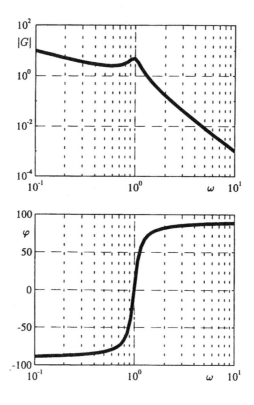

Abbildung 4.16: Bode-Diagramm von $F_o(s) = \frac{V}{s(1-0,2s+s^2)}$ für $s = j\omega$

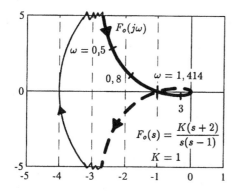

Abbildung 4.17: Ortskurve $F_o(j\omega)$ für $K = 1$

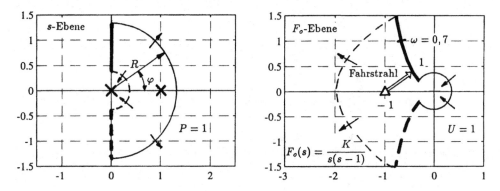

Abbildung 4.18: Zur Ermittlung der vollständigen Ortskurve $F_o(j\omega)$

4.23 Regelschleife mit Vierfachpolstelle

Angabe: *Ist die Regelschleife*

$$F_o(s) = \frac{V}{(1+2s)^4} \tag{4.77}$$

bei einer Verstärkung $V = 10$ stabil? Welche Phasenreserve α_R liegt vor, wenn der Regelkreis stabil sein sollte?
Lösung: Die Phasenreserve ist als

$$\alpha_R = 180^\circ + \arg F_o(j\omega_D) \quad \text{bei} \quad |F_o(j\omega_D)| = 1 \tag{4.78}$$

definiert. Aus $|F_o(j\omega_D)| = \frac{V}{(1+4\omega_D^2)^2} = 1$ findet man

$$V = 1 + 8\omega_D^2 + 16\omega_D^4 \quad \rightsquigarrow \quad \omega_D = \frac{\sqrt{-1+\sqrt{V}}}{2} \tag{4.79}$$

und daraus

$$\alpha_R = 180 + \arg F_o(j\omega_D) = 180 - 4\arctan\sqrt{-1+\sqrt{V}} \ . \tag{4.80}$$

Für $V = 10$ ist $\alpha_R = -43$ und somit dies nicht als Phasenreserve anzusprechen, weil der Regelkreis instabil ist.

4.24 Wurzelortskurve für imaginäres Streckenpolpaar

Angabe: *Zu $F_o(s) = \frac{V(s+1)}{(s+j)(s-j)}$ ist die Wurzelortskurve zu ermitteln.*
Lösung: Die Pole s_{Pi} und Nullstellen s_{Ni} liegen bei $\pm j$ und -1. Daraus folgen sofort die Verzweigungspunkte als Doppelwurzel von $1 + F_o(s) = 0$ bei $V = 4,83$ oder nach

$$\sum \frac{1}{s - s_{Ni}} = \sum \frac{1}{s - s_{Pi}} \quad \rightsquigarrow \quad s^2 + 2s - 1 = 0 \quad \rightsquigarrow \quad s_{1,2} = 0,414; \ -2,414 \ . \tag{4.81}$$

Der Austrittswinkel aus dem Pol $+j$ beträgt -225°. Die Wurzelortskurve mit dem Verzweigungspunkt bei $V = 4,83$ ist in Abb. 4.19 zu ersehen.

4.25 Regelschleife mit zwei instabilen Polen

Angabe: *Gegeben ist die Übertragungsfunktion der Regelschleife*

$$F_o(s) = \frac{Vs}{(s-1)(s-0,5)} \ . \tag{4.82}$$

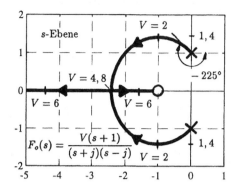

Abbildung 4.19: Wurzelortskurve zu
$$F_o(s) = \frac{V(s+1)}{(s+j)(s-j)}$$

Gesucht ist die Verstärkung V für Stabilität und die Stabilitätsgrenze mittels Wurzelortskurve.

Lösung: Die Verzweigungspunkte liegen bei $\pm 0{,}707$ (siehe Abb. 4.20). Die Grenzverstärkung V_G für Stabilität liegt an der Stelle $s = 0 \pm j0{,}707$. Einsetzen in $1 + F_o(s) = 0$ liefert $V_G = 1{,}5$. Die Beziehung $V > 1{,}5$ für Stabilität ergibt sich auch aus der Bedingung, dass alle Koeffizienten der charakteristischen Gleichung aus $1 + F_o(s) = 0$ positiv sein müssen.

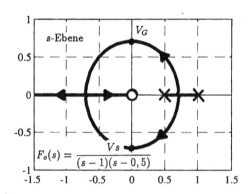

Abbildung 4.20: Wurzelortskurve zu
$$F_o(s) = \frac{Vs}{(s-1)(s-0{,}5)}$$

4.26 Wurzelortskurve für eine Regelschleife mit Doppelpol

Angabe: Die Wurzelortskurve zu $F_o(s) = \frac{V(s+4)}{(s+2)^2}$ ist zur Stabilitätsuntersuchung auszuwerten.

Lösung: Die Wurzelortskurve in Abb. 4.21 enthält einen Verzweigungspunkt aus

$$\sum \frac{1}{s - s_{Ni}} = \sum \frac{1}{s - s_{Pi}} \quad \rightsquigarrow \quad \frac{1}{s+4} = 2\left(\frac{1}{s+2}\right) \quad \text{bei} \quad s = -6 . \tag{4.83}$$

Das System ist daher für alle positiven V stabil.

Die Diskussion für verschiedene V aus $1 + F_o(s) = 0$ ergibt

$$V = 1 : \quad s_{12} = -\frac{V+4}{2} \pm \sqrt{\frac{(V+4)^2}{4} - 4(V+1)} = -2{,}5 \pm j1{,}32 \tag{4.84}$$

$$V = 4 : \quad s_{12} = -4 \pm \sqrt{16 - 20} = -4 \pm j2 . \tag{4.85}$$

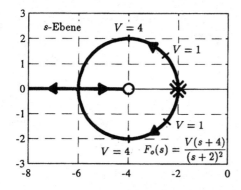

Abbildung 4.21: Wurzelortskurve zu
$$\frac{V(s+4)}{(s+2)^2}$$

4.27   Nyquist-Kriterium für Allpass-Inverse

Angabe: *Untersuchung auf Stabilität mit dem Nyquist-Kriterium für die Schleife $F_o(s) = K\frac{s+1}{s-1}$ $K > 0$.*
Für welchen Bereich von K ist der Regelkreis stabil?
Lösung: $F_o(s)$ besitzt eine Polstelle in der rechten Halbebene, also ist $P = 1$. Für die Darstellung der Nyquist-Ortskurve wird die Zerlegung auf $[1/(s-1)]2K + K$ empfohlen. Der Halbkreis $1/(s-1)$ im dritten Quadranten folgt aus der Inversion von $s-1$. Vergrößerung um den Faktor $2K$ und Verschiebung um K nach rechts liefert die Ortskurve. Die vollständige Ortskurve ist ein Kreis mit dem Mittelpunkt im Ursprung der komplexen Ebene. Der Kreis wird im Gegenuhrzeigersinn durchlaufen, $\arctan F_o(j\omega) = -\pi + 2\arctan\omega$.
Für $K < 1$ ist $U = 0$ und $N = P + U = 1 \neq 0$, der Regelkreis also instabil.
   Für $K > 1$ ist $U = -1$ und $N = P + U = -1 + 1 = 0$, der Regelkreis daher stabil.

4.28   Interne Stabilität bei Pol-Nullstellen-Kürzung

Angabe: *Die Anordnung des Reglers $K(s) = \frac{s-1}{s+1}$ und der Regelstrecke $G(s) = \frac{1}{s^2+s-2}$ zeigt eine Pol-Nullstellen-Kürzung bei $s = 1$. Liegt interne Stabilität vor?*
Lösung: Interne Stabilität ist nicht gegeben. Das Führungsverhalten könnte aufgrund der Kürzung stabil empfunden werden

$$T(s) = \frac{K(s)G(s)}{1 + K(s)G(s)} = \frac{1}{3 + 3s + s^2} \overset{\triangle}{=} \frac{1}{\omega_N^2 + 2D\omega_N s + s^2}, \quad \text{wobei } \omega_N = \sqrt{3}, D = \frac{\sqrt{3}}{2} = 0,86. \quad (4.86)$$

Das Störungsverhalten für Störungen $W_d(s)$ am Eingang von $G(s)$ jedoch ist instabil

$$F_{St}(s) = \frac{Y(s)}{W_d(s)} = \frac{\frac{1}{s^2+s-2}}{1 + \frac{1}{(s+1)(s+2)}} = \frac{s+1}{(s-1)(3 + 3s + s^2)}. \quad (4.87)$$

Die vollständige charakteristische Gleichung lautet auch (ohne Kürzung) $(s^2 + 3s + 2)(s - 1) = 0$.

4.29   Kontinuierliche Regelung mit Halteglied

Angabe: *Vom Regelkreis nach Abb. 4.22 ist die Stabilitätsgrenze in Abhängigkeit der Systemparameter T und V gesucht, ferner der Stabilitätsbereich durch Stabilitätsnachweis für einen Punkt im Parameterraum (V, T). (Hinweis: Für „kleine" T ist eine Reihenentwicklung für die Totzeit möglich.)*
Lösung: Die charakteristische Gleichung lautet unter $s = j\omega$ an der Stabilitätsgrenze

$$V(1 - e^{-j\omega T}) - \omega^2(1 + j\omega) = 0 \quad \leadsto \quad V(1 - \cos\omega T) - \omega^2 + j(V\sin\omega T - \omega^3) = 0. \quad (4.88)$$

Daraus folgen

$$V\sin\omega T = \omega^3 \qquad V\cos\omega T = V - \omega^2. \quad (4.89)$$

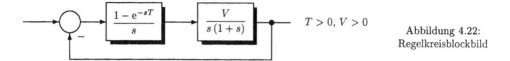

$T > 0, V > 0$

Abbildung 4.22:
Regelkreisblockbild

Elimination der Kreisfunktionen liefert den ersten Systemparameter V als $V(\omega)$ an der Stabilitätsgrenze

$$V^2 = \omega^6 + V^2 - 2V\omega^2 + \omega^4 \quad \leadsto \quad V = \frac{1}{2}\omega^2(1+\omega^2) \qquad (4.90)$$

und weiters für den zweiten Parameter an der Stabilitätsgrenze

$$\cos\omega T = 1 - \frac{\omega^2}{V} = \frac{\omega^2-1}{\omega^2+1} \quad \leadsto \quad T = \frac{1}{\omega}\arccos\left(\frac{\omega^2-1}{\omega^2+1}\right) \quad \forall\, \omega \in [0,\infty]\,. \qquad (4.91)$$

Aus der Reihenentwicklung resultiert

$$e^{-sT} = 1 - sT + \frac{1}{2}s^2T^2 + \ldots \doteq 1 - sT \quad \text{für}\quad T \doteq 0 \quad \leadsto \quad F_o(s) \doteq \frac{1-1+sT}{s}\,\frac{V}{s(1+s)} = \frac{VT}{s(1+s)}\,. \qquad (4.92)$$

Das charakteristische Polynom $s^2 + s + VT$ ist stabil für $VT > 0$ bei T klein, was den stabilen Bereich in Ursprungsnähe in Abb. 4.23 bestimmt.

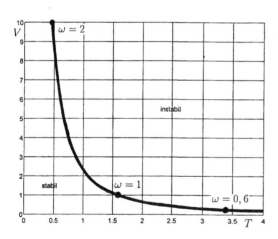

Abbildung 4.23: Stabilitätsbereich in der V-T-Ebene

4.30 ∗ Stabilität und verschwindender Schleppfehler

Angabe: *Der Standardregelkreis mit einem Blockschaltbild der Regelstrecke $G(s)$ nach Abb. 4.24 liegt vor. Die Übertragungsfunktion des Reglers lautet*

$$K(s) = \frac{(as+b)(s^2+4s+3)}{(s^2+d)(s+c)}\,. \qquad (4.93)$$

Gesucht sind die Übertragungsfunktion $G(s) = \frac{Y(s)}{U(s)}$ und die Bedingungen für a, b, c und d, damit der Regelkreis stabil ist und eine Rampenfunktion als Sollwert ohne bleibenden Schleppfehler ausgeregelt werden kann.

Lösung: Umwandlungen der Regelstrecke ergeben

$$G(s) = \frac{Y}{U} = \frac{1}{s^2+4s+3} \qquad F_o(s) = K(s)G(s) = \frac{as+b}{(s^2+d)(s+c)} = \frac{as+b}{s^3+cs^2+ds+cd}\,. \qquad (4.94)$$

Das charakteristisches Polynom des Regelkreises lautet $p_{cl}(s) = s^3 + cs^2 + (a + d)s + (b + cd)$. Der Schleppfehler beträgt

$$\lim_{t \to \infty} e(t) = \lim_{s \to 0} s\,E(s) = \lim_{s \to 0} s\frac{1}{s^2}\frac{1}{1 + F_o(s)} = \lim_{s \to 0} \frac{1}{s}\,\frac{s^3 + cs^2 + ds + cd}{s^3 + cs^2 + (a + d)s + (b + cd)} \; . \tag{4.95}$$

Aus $\lim_{t \to \infty} e(t) = 0$ folgt $d = 0$. ($c = 0$ verletzt die Gültigkeit des Endwerttheorems aus Gründen der Instabilität.) Damit vereinfacht sich das charakteristisches Polynom zu

$$p_{cl}(s) = s^3 + cs^2 + as + b \tag{4.96}$$

Die Stabilität nach Routh verlangt $a, b, c > 0$ und

$$-\frac{\det\begin{pmatrix} 1 & a \\ c & b \end{pmatrix}}{c} = \frac{ac - b}{c} > 0 \quad \leadsto \quad ac > b \; . \tag{4.97}$$

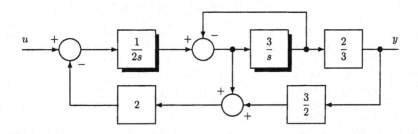

Abbildung 4.24: Regelstreckenblockbild

4.31 Regelkreis fast an der Stabilitätsgrenze

Angabe: *Welche Dynamik ist für einen Regelkreis zu prognostizieren, der den Regler $K(s) = \frac{12}{1+2s}$ und die Strecke $G(s) = \frac{1}{(1+5s)(1+10s)}$ besitzt, wenn er mit Frequenzgangsortskurven studiert wird?*
Lösung: Es ergibt sich

$$F_o(j\omega) = K(j\omega)G(j\omega) = \frac{12}{1 - 80\omega^2 + j(17\omega - 100\omega^3)} \quad \leadsto \quad |F_o(j\omega)| = \frac{12}{\sqrt{(1 - 80\omega^2)^2 + (17\omega - 100\omega^3)^2}} \; .$$
$$\tag{4.98}$$

Aus tabellarischer Funktionsbetrachtung folgt die Durchtrittsfrequenz $\omega_D \doteq 0,4$ und

$$\arg F_o(s)\Big|_{s=j\omega_D=j0,4} = -\arctan 2\omega - \arctan 5\omega - \arctan 10\omega|_{\omega_D=0,4} = -178,0 \tag{4.99}$$

Der Phasenrand $\varphi_R = 2^o$ bedeutet äußerst wenig Stabilitätsreserve (siehe auch Abb. 4.25).

4.32 Nyquist-Stabilitätskriterium für mehrere Schleifen

Das Nyquist-Stabilitätskriterium für Regelschleifen mit integrierendem Anteil verlangt die genaue Festlegung der Kontour C_s in der s-Ebene in der Umgebung des Ursprungs. Wird C_s so gewählt, dass der Pol im Ursprung links liegen gelassen wird, so kann der Verlauf entlang eines kleinen Halbkreises $s = re^{j\varphi}$ von $\varphi = -\frac{\pi}{2}$ bis $+\frac{\pi}{2}$ genommen werden. Dann wird die Abbildung $F_o(s)\Big|_{s=r\,e^{j\varphi}}$ bei $r \to 0$ bei allen Termen vom Typ $(s + a_i)$ zu a_i, nur beim Term des Integrators $\frac{1}{s}$ folgt $\frac{1}{r}e^{-j\varphi}$ und mit $r \to 0$ ein unendlich großer Halbkreis. Sind alle a_i positiv, dann verläuft der große Halbkreis in der $F_o(j\omega)$-Ebene in der rechten Halbebene im unendlich Fernen. Unter diesen Annahmen folgen die Auswertungen der folgenden Beispiele in Abb. 4.26.
   Subbeispiel 1: $F_o(s) = \frac{2+4s+5s^2}{s(s+1)}$, $U = 0$, Regelkreis stabil.

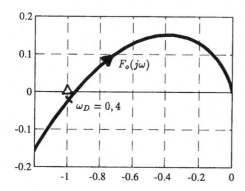

Abbildung 4.25:
Regelschleifenfrequenzgangsortskurve
für das nahezu instabile System

Subbeispiel 2: $F_o(s) = \frac{s+0,1}{s(s-0,7)(s+1)}$ Der unendlich große Halbkreis in der $F_o(j\omega)$-Ebene liegt in der linken Halbebene, weil ein $a_i = -0,7$ lautet. Es ergibt sich $U = 1$. Aus $U = N - P$ folgt wegen $P = 1$ der Wert $N = 2$. Mit Hilfe der Wurzelortskurve kann man leicht bestätigen, dass ein Ast auf der reellen Achse zwischen -1 und $-0,1$ liegt und dass stets zwei Pole in der rechten s-Halbebene liegen. Regelkreis instabil.

Subbeispiel 3: F_o eigenstabil. $P = 0$, $U = 1$, Regelkreis instabil.

Subbeispiel 4: $F_o(s) = -1,2\frac{s^2+0,25s+8,3}{s^2+0,25s+16}$. Der Punkt $(-1, j0)$ liegt *zwischen* den Punkten $F_o(s)|_{s=0}$ und $F_o(s)|_{s\to\infty}$, daher wird er eingeschlossen und es gilt $U = 1$. Das charakteristische Polynom aus $1+F_o(s)$ hat einen negativen Koeffizienten. Regelkreis instabil.

Subbeispiel 5: $F_o(s) = \frac{2-1,5s-0,5s^2}{s(s+1)}$. $U = 2$ aus $U = N - P$, $P = 0$, $N = 2$, instabiler Regelkreis mit zwei instabilen Polstellen.

Subbeispiel 6: $F_o(s) = \frac{s+0,02}{s(s-0,5)(s+1)}$. Großer $F_o(j\omega)$-Halbkreis in der linken Halbebene (wegen des Terms $-0,5$), daher $U = -1$. Wegen $P = 1$ ist das System stabil.

Subbeispiel 7: $F_o(s) = \frac{0,1(s-90)}{s^2+0,3s+7}$. $U = 1$, $P = 0$, $N = 1$, instabiler Regelkreis.

4.33 ∗ Stabilitätsbereich für Allpass-Regelkreis

Angabe: *Mit dem Nyquist-Kriterium ermittle man zu $F_o(s) = V\frac{(s-2)(s-3)}{s(s+2)}$ jenen Bereich von V, in dem der geschlossene Regelkreis stabil ist.*

Lösung: Die Ortskurve von $F_o(j\omega)$ ist als Produkt des Allpasses und der Kurve $1 - \frac{3}{j\omega}$ leicht zu zeichnen, siehe Abb. 4.27. Aus $\Im m\, F_o(j\omega_1) = 0$ folgt $\omega_1 = \sqrt{12/7}$. Der Schnittpunkt mit der reellen Achse wird also bei γ_1 angenommen, d.h. $F_o(j\omega)\Big|_{\omega_1} \overset{\triangle}{=} \gamma_1 \rightsquigarrow \gamma_1 = -2,5\,V$ und $\omega_1 = \sqrt{\frac{6\,V}{V-\gamma_1}} = \sqrt{\frac{6}{3,5}}$. Damit $\gamma_1 > -1$ liegt, hat $V < 0,4$ zu gelten.

4.34 Nyquist-Ortskurve und -Stabilität bei IT_1T_t-Schleife

Angabe: *Welche Asymptoten besitzt die Frequenzgangsortskurve von $F_o(s)$ und wie groß ist der Phasenrand für*

$$F_o(s) = \frac{V e^{-sT_t}}{s(1+sT_1)} \quad \text{bei} \quad V = 0,5;\ T_t = 1;\ T_1 = 5\ ? \tag{4.100}$$

Lösung:

$$F_o(j\omega) = \frac{0,5}{\omega^2(1+25\omega^2)}\Big[-\omega(5\omega\cos\ \omega + \sin\ \omega) + j\omega(5\omega\sin\ \omega - \cos\ \omega)\Big] . \tag{4.101}$$

Die Asymptote bei $\omega \to 0$ hat die Abszisse $\Re e\{F_o(j\omega)\}\Big|_{\omega\to 0} = \frac{0,5}{\omega^2}\Big[-\omega(5\omega + \omega)\Big]\Big|_{\omega\to 0} = -3$. Der Phasenrand beträgt $\alpha_R \doteq 18^o$. Die Durchtrittsfrequenz beträgt $\omega_D \doteq 0,29$, siehe Abb. 4.28.

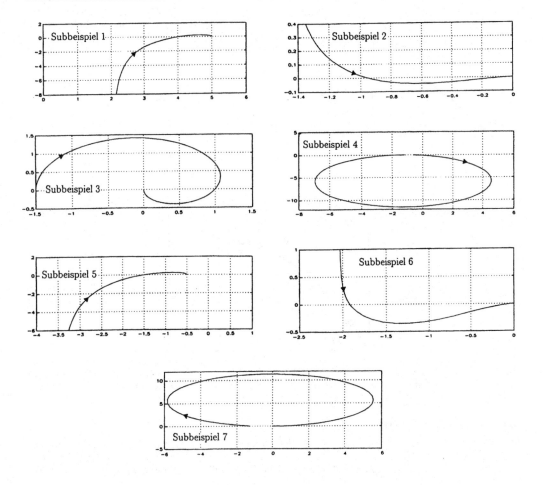

Abbildung 4.26: Nyquist-Ortskurven für die sieben Subbeispiele

4.35 ∗ Stabilitätsbereich bei Allpass-Strecke

Angabe: *Zu einem Allpass* $G(s) = \frac{1-sT}{1+sT}$ *mit* $T = 2$ *ist ein PI-Regler zu entwerfen, der in Mindestforderung einen stabilen Regelkreis liefert. Für welchen Parameterbereich* k_R *und* T_N *des Reglers ist der Regelkreis stabil? Welche Phase* φ_R *weist die Regelschleife bei* $|F_o(j\omega)| = 1$ *für die Reglereinstellung* $k_R = \frac{1}{3}$ *und* $T_N = 0,5$ *auf?*

Lösung: Aus der Schleife

$$F_o(s) = \frac{k_R(1+sT_N)}{sT_N} \frac{1-2s}{1+2s} = \frac{k_R + k_R(T_N-2)s - 2k_RT_Ns^2}{T_Ns + 2T_Ns^2} \tag{4.102}$$

folgt das charakteristische Polynom des Regelkreises $p_{cl}(s) = k_R + [k_R(T_N-2)+T_N]s + 2T_N(1-k_R)s^2$.

Routh 1: Alle Koeffizienten positiv:

$$1)\ \ 2T_N(1-k_R) > 0 \tag{4.103}$$

$$1a)\ \ T_N > 0\ \&\ k_R < 1;\ \ 1b)T_N < 0\ \&\ k_R > 1\ \ \text{(ausgeschlossen durch Bedingung 2)} \tag{4.104}$$

$$2)\ \ T_N(1+k_R) > 2k_R\ \ \rightsquigarrow\ \ T_N > 2\frac{k_R}{1+k_R} \tag{4.105}$$

$$3)\ \ k_R > 0 \tag{4.106}$$

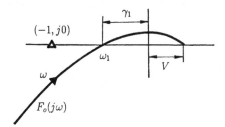

Abbildung 4.27: Frequenzgangsortskurve der
Allpass-Schleife

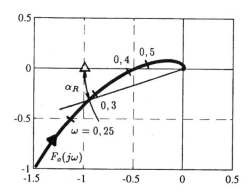

Abbildung 4.28: Schleifenfrequenzgang bei IT_1T_t-Schleife laut Gl.(4.100)

Routh 2: Alle Koeffizienten negativ:

$$4)\ \ 2T(1 - k_R) < 0 \tag{4.107}$$

$$4a)\ \ T_N > 0\ \&\ k_R > 1\ \ \text{(ausgeschlossen durch Bedingung 6)}\ \ 4b)T_N < 0\ \&\ k_R < 1 \tag{4.108}$$

$$5)\ \ T_N(1 + k_R) < 2k_R\ \ \rightsquigarrow\ \ T_N < 2\frac{k_R}{1 + k_R} \tag{4.109}$$

$$6)\ \ k_R < 0 \tag{4.110}$$

Bei $k_R = \frac{1}{3}$, $T_N = 0,5$ ist das System grenzstabil. Dies folgt aus der Bedingung 2: $T_N(1 + k_R) = \frac{1}{2}(1 + \frac{1}{3}) = \frac{4}{2 \cdot 3} = \frac{2}{3} = 2k_R = 2 \cdot \frac{1}{3}$. Daher $\varphi_R = -180^\circ$.

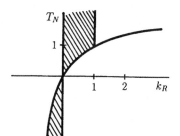

Abbildung 4.29: Stabilitätsbereich
(schraffiert)

4.36 Stabilität bei Allpass-Strecke nahe einem Nennpunkt

Angabe: *Ein Allpass $G(s) = \frac{1}{k}\frac{1-sT}{1+sT}$ mit den Nenndaten $k = 2$ und $T = 1$ soll mittels PI-Reglers geregelt werden, der die Daten $T_N = 0,5$ und $k_R = 1$ aufweist. Ist der Regelkreis mit dieser Nennstrecke stabil? In welchem Bereich dürfen die Parameter k und T streuen, damit der Regelkreis stabil ist?*
Lösung: Aus der Regelschleife

$$F_o(s) = \frac{k_R(1 + sT_N)}{sT_N}\frac{1}{k}\frac{1-sT}{1+sT} = \frac{1+0,5s}{0,5s}\frac{1-sT}{k(1+sT)} = \frac{(2+s)(1-sT)}{ks(1+sT)} \tag{4.111}$$

folgt das charakteristische Polynom

$$p_{cl}(s) = (2+s)(1-sT) + ks(1+sT) = s^2(kT - T) + s(k + 1 - 2T) + 2 , \tag{4.112}$$

die Bedingungen nach Routh

$$T(k-1) > 0 \quad \rightsquigarrow \quad (T > 0 \text{ und } k > 1) \quad \text{oder} \quad (T < 0 \text{ und } k < 1) \tag{4.113}$$

$$k + 1 - 2T > 0 \quad \rightsquigarrow \quad T < \frac{1}{2}(k+1) . \tag{4.114}$$

Die Stabilitätsbereiche sind in Abb. 4.30 gezeigt.

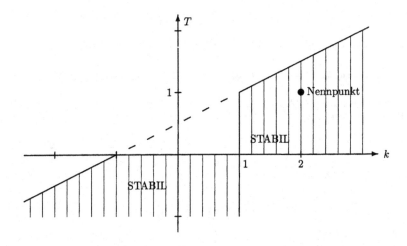

Abbildung 4.30: Stabilitätsbereiche in der Umgebung eines Nennpunkts

4.37 Stabilitätsbereich eines PDT$_1$-Reglers mit instabiler PT$_2$-Strecke

Angabe: *In welchem V-a-Bereich ist der Regelkreis mit $G(s) = \frac{1}{(s+1)(s-1)}$ und $K(s) = V\frac{s+1}{s+a}$ stabil?*
Lösung: Aus diesen Angaben folgt

$$F_o(s) = \frac{V}{(s-1)(s+a)} \quad \rightsquigarrow \quad F_o + 1 = 0 \quad \rightsquigarrow \quad s^2 + (a-1)s + (V - a) = 0 . \tag{4.115}$$

Notwendig und hinreichend ist, dass alle Koeffizienten positiv sind, also ergibt sich $a > 1$, $V > a$. Den Stabilitätsbereich zeigt die Abb. 4.31.

4.38 Stabilität nach den Beiwertbedingungen in zwei Varianten

Angabe: *Für den Regelkreis 4. Ordnung mit der charakteristischen Gleichung*

$$a_4 s^4 + a_3 s^3 + a_2 s^2 + a_1 s + a_o = 0 \qquad s^4 + 8s^3 + 19s^2 + 14s + 8 = 0 . \tag{4.116}$$

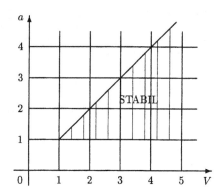

Abbildung 4.31: Stabilitätsbereich
eines PDT$_1$-Reglers in der
Parameterebene

sind die Stabilitätsgrenzen in den Parameterkombinationen a_2, a_3 und a_1, a_2 darzustellen.
Lösung 1: Für $s = j\omega_s$ an der Stabilitätsgrenze folgt

$$a_4\omega_s^4 - a_2\omega_s^2 + a_o = 0 \quad \text{und} \quad a_3\omega_s^2 - a_1 = 0 . \qquad (4.117)$$

Zwei Koeffizienten a_i werden verändert. Bei $a_\mu = a_2$, $a_\nu = a_3$

$$\omega_s^4 - a_\mu\omega_s^2 + 8 = 0 \qquad a_\nu\omega_s^2 - 14 = 0 \quad \rightsquigarrow \quad a_\mu = 14\frac{1}{a_\nu} + \frac{4}{7}a_\nu , \qquad (4.118)$$

ergibt sich die Kurve 1 in Abb. 4.32.
Lösung 2: Bei $a_\mu = a_2$, $a_\nu = a_1$

$$\omega_s^4 - a_\mu\omega_s^2 + 8 = 0 \qquad a_3\omega_s^2 - a_\nu = 0 \quad \rightsquigarrow \quad a_\mu = \omega_s^2 + \frac{8}{\omega_s^2} = \frac{a_\nu}{8} + \frac{64}{a_\nu} , \qquad (4.119)$$

siehe Kurve 2 aus Abb. 4.32.

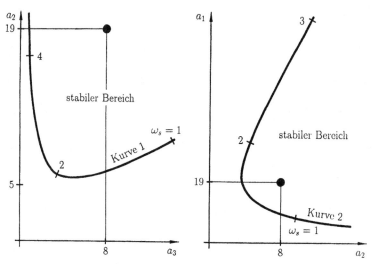

Abbildung 4.32: Kurve 1 und Kurve 2 des Stabilitätsbereichs

4.39 PIT$_t$-Schleife und Nyquist-Stabilität

Angabe: *Gegeben ist $F_o(s) = \frac{1+s}{s}e^{-sT_t}$ und $T_t = 0,7$. Wann liegt nach Nyquist Stabilität vor?*
Lösung: Aus

$$F_o(j\omega) = \frac{1+j\omega}{j\omega}e^{-j\omega 0,7} = \cos 0,7\omega - \frac{\sin 0,7\omega}{\omega} - j\left(\frac{\cos 0,7\omega}{\omega} + \sin 0,7\omega\right) \tag{4.120}$$

$$\Re e\, F_o(j\omega) = \cos 0,7\omega - \frac{\sin 0,7\omega}{\omega} = \cos 0,7\omega - 0,7\frac{\sin 0,7\omega}{0,7\omega}\,. \tag{4.121}$$

Die Schleifenortskurve kommt aus dem negativ imaginär Unendlichen bei $\lim_{\omega \to 0} \Re e\, F_o(j\omega) = 1 - 0,7 = 0,3$. Die Schnittpunkte mit der reellen Achse (siehe Abb. 4.33) folgen aus $\Im m\, F_o(j\omega_a) = 0$ oder $\tan 0,7\omega_a = -\frac{1}{\omega_a}$ zu

$$\Re e\, F_o(j\omega_a) = \cos 0,7\omega_a\left(1 - \frac{\tan 0,7\omega_a}{\omega_a}\right) = -\sqrt{1 + \frac{1}{\omega_a^2}} \leq -1 \quad \forall \omega_a\,. \tag{4.122}$$

Das System ist immer instabil, auch für kleine Werte von T_t (bei Umfahrung des Ursprungs der s-Ebene rechts gilt $P = 0$, $U > 0$, $N > 0$). Nur für $T_t = 0$ ist das System stabil ($P = 0$, $U = 0$, $N = 0$).

Die Schleifenortskurve schneidet die negativ imaginäre Achse im Spezialfall großer Werte von ω_a bei $\omega_a = k\frac{\pi}{0,7} \quad \forall\, k = 1,\, 3,\, 5\dots$.

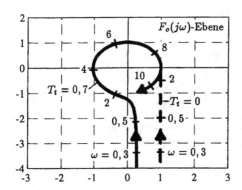

Abbildung 4.33: Ortskurve von $F_o(j\omega)$

4.40 Stabilität bei IT$_2$-Schleife nach Cremer, Leonhard, Michailow

Angabe: *Die Stabilität des Regelkreises mit nachstehender Regelschleife ist nach dem Cremer-Leonhard-Michailow-Stabilitätskriterium zu beurteilen*

$$F_o(s) = \frac{10}{s(1 + 3s)(1 + 10s)}\,. \tag{4.123}$$

Lösung:

$$1 + F_o(s) \quad\rightsquigarrow\quad p_{cl}(s) = 10 + s + 13s^2 + 30s^3 \quad\rightsquigarrow\quad p_{cl}(j\omega) = (10 - 13\omega^2) + j\omega(-30\omega^2 + 1) \tag{4.124}$$

$$\text{Imaginärteil} \geq 0 \text{ null bei} \quad 0 \leq \omega \leq \frac{1}{\sqrt{30}} = 0,18 \tag{4.125}$$

$$\text{Imaginärteil} \leq 0 \text{ null bei} \quad 0,18 \leq \omega \leq \infty\,. \tag{4.126}$$

$$\text{Realteil} \leq \text{null bei} \quad \omega \geq \sqrt{\frac{10}{13}} = 0,88. \tag{4.127}$$

Laut Diagramm in Abb. 4.34 werden die Quadranten nicht in monotoner Folge durchlaufen, daher liegt instabiles Verhalten vor.

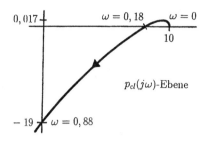

Abbildung 4.34: Ortskurve nach
Cremer, Leonhard, Michailow (Zur
Verdeutlichung ist die Zeichnung nicht
maßstäblich.)

4.41 Bode-Stabilitätskriterium

Angabe: *Die Regelschleife lautet*

$$F_o(s) = \frac{10}{s(1+3s)(1+10s)} \ . \tag{4.128}$$

Lösung: Gemäß Diagramm in Abb. 4.35 liegt Instabilität vor.

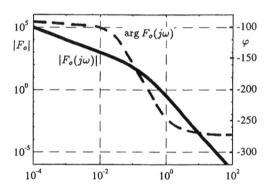

Abbildung 4.35: Bode-Diagramm

4.42 Routh-Stabilitätskriterium

Angabe: *Die Regelschleife lautet*

$$F_o(s) = \frac{10}{s(1+3s)(1+10s)} \ . \tag{4.129}$$

Lösung: Werden die beiden Zeitkonstanten T_1 und T_2 eingeführt, und zwar anstelle der besonderen Werte 3 und 10, so findet man

$$1 + F_o(s) = 0 \ \rightsquigarrow \ p_{cl}(s) = s^3 T_1 T_2 + s^2 (T_1 + T_2) + s + 10 = 0 \ . \tag{4.130}$$

Das Routh-Schema lautet

$T_1 T_2$	1	0
$T_1 + T_2$	10	0
$-\frac{10T_1T_2 - T_1 - T_2}{T_1+T_2}$		

$$\tag{4.131}$$

Als Bedingungen für Stabilität sind $T_1 T_2 > 0$, $T_1 + T_2 > 0$ und

$$\frac{-10T_1T_2 - T_1 - T_2}{T_1 + T_2} > 0 \ \rightsquigarrow \ T_1 < \frac{T_2}{10T_2 - 1} \ \text{zu erfüllen.} \tag{4.132}$$

Im Zahlenbeispiel ist $T_1 = 3 < \frac{10}{10 \cdot 10 - 1}$ nicht erfüllt, daher ist der Regelkreis instabil.

4.43 Bestimmung der Stabilität

Angabe: *Für die Schaltung nach Abb. 4.36 ist die Stabilität zu überprüfen.*
Lösung: Es resultiert

$$F_o = \frac{40}{s(s+2)(s+4)} \tag{4.133}$$

Die charakteristische Gleichung und das Routh-Schema lauten somit

$$s^3 + 6s^2 + 8s + 40 = 0 \quad \begin{array}{|cc|} \hline 1 & 8 \\ 6 & 40 \\ \hline -\frac{40-48}{6} > 0 & \\ \hline \end{array} \tag{4.134}$$

Daher ist das System stabil.

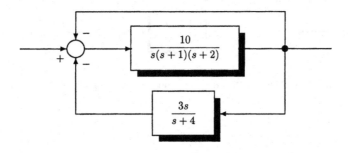

Abbildung 4.36: Regelkreis mit zwei Rückführungen

4.44 Stabilität einer zweischleifigen Regelung

Angabe: *Für welche Parameter $T_I \geq 0$ und T_o ist das Regelsystem nach Abb. 4.37a stabil? Wie lautet der Stabilitätsbereich in der Parameterebene (T_I, T_o) ?*
Lösung:

$$\text{Innerer Kreis:} \quad T_1(s) = \frac{1-4s}{(1-4s)+(1+sT_o)(1+3s)} = \frac{1-4s}{2+(T_o-1)s+3T_os^2} \tag{4.135}$$

$$\text{Äußerer Kreis:} \quad T(s) = \frac{\frac{1}{sT_I}T_1(s)}{1 + \frac{1+3s}{sT_I(1-4s)} \cdot \frac{(1-4s)}{2+(T_o-1)s+3T_os^2}} \tag{4.136}$$

$$\text{Charakteristisches Polynom:} \quad p_{cl}(s) = 3T_oT_Is^3 + (T_o-1)T_Is^2 + (2T_I+3)s + 1 \tag{4.137}$$

Routh-Schema:

$$3T_oT_I > 0 \quad \rightsquigarrow \quad T_o > 0 \tag{4.138}$$

$$(T_o-1)T_I > 0 \quad \rightsquigarrow \quad T_o > 1 \tag{4.139}$$

$$3 + 2T_I > 0 \quad \rightsquigarrow \quad T_I > -1,5 \tag{4.140}$$

$$-\frac{\det\begin{pmatrix} 3T_oT_I & 2T_I+3 \\ T_I(T_o-1) & 1 \end{pmatrix}}{T_I(T_o-1)} > 0 \quad \rightsquigarrow \quad T_I > \frac{1,5}{T_o-1} \ . \tag{4.141}$$

Danach sind die Gln.(4.139) und (4.141) letztlich stabilitätsbestimmend.

4.45 Stabilitätsbereich einer IT$_3$-Schleife nach Routh

Angabe: *Welches ist der Stabilitätsbereich von*

$$K(s)G(s) = \frac{V}{s(s+3)(s^2+6s+64)} = F_o(s) \ ; \quad T(s) = \frac{F_o(s)}{1+F_o(s)} = \frac{V}{s^4+9s^3+82s^2+192s+V} \ ? \tag{4.142}$$

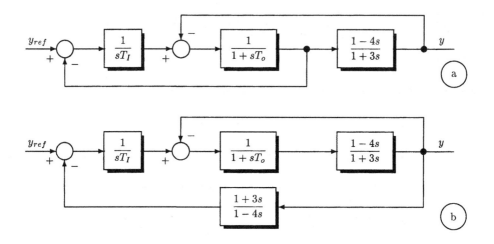

Abbildung 4.37: Zweischleifige Regelung mit Umwandlung des inneren Kreises

Lösung: Somit lautet das Routh-Schema

		1	82	V
		9	192	
		$60,\dot{6}$	V	
$-\dfrac{\det\begin{pmatrix} 9 & 192 \\ 60,\dot{6} & V \end{pmatrix}}{60,\dot{6}} = c_1$			0	
		$V = d_1$	0	

Aus $d_1 > 0$ ergibt sich $V > 0$. Aus $c_1 > 0$ folgt $9V - 192 \cdot 60,\dot{6} < 0$ oder letztlich $V < 1294,2$.

4.46   Stabilitätsbereich mittels Routh-Schema

Angabe: *Für welchen Bereich von a ist das charakteristische Polynom eines Regelkreises*

$$p_{cl}(s) = s^4 + 8s^3 + (19 + a)s^2 + 14s + 8 \tag{4.143}$$

ein stabiles?
Lösung: Das Routh-Schema lautet

1	19+a	8
8	14	
17,25 + a	8	
$\dfrac{177,5+14a}{17,25+a}$	0	
8		

Aus $177,5 + 14a > 0$ folgt der Stabilitätsbereich $a > -12,68$.

4.47   * Stabilität nach den Beiwertbedingungen für PT_t-System

Angabe: *Zur Angabe*

$$F_o(s) = \frac{e^{-sT_t}}{a + 3s} \quad \text{für} \quad -1 < a < 1 \tag{4.144}$$

ist die Stabilität nach den Beiwertbedingungen zu untersuchen.

Lösung: Die charakteristische Gleichung $e^{-sT_t} + a + 3s = 0$ lautet für $s = j\omega$

$$\cos\omega T_t + a = 0 \quad \leadsto \quad \omega = \frac{\text{arc } \cos(-a)}{T_t} \quad \leadsto \quad \omega_s(a, T_t) \tag{4.145}$$

$$-\sin\omega T_t + 3\omega = 0 \quad \leadsto \quad T_t = \frac{3\text{arc } \cos(-a)}{\sqrt{1 - a^2}} \quad \leadsto \quad \omega_s(a) \quad (\text{ siehe Abb. 4.38}). \tag{4.146}$$

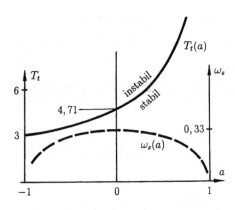

Abbildung 4.38: Stabilitätsgrenze T_t und Schwingungskreisfrequenz ω_s über a

4.48　Beiwertbedingungen für Stabilitätsbereich eines $I_2 T_2$-Systems

Angabe: *Wie lautet der Stabilitätsbereich von*

$$F_o(s) = \frac{10V(s + b)}{s^2(s + a)(1 + 0,05s)} \tag{4.147}$$

in V, a und b?

Lösung: Aus $1 + F_o(s) = 0$ folgt $10\,Vs + 10\,Vb + s^3 + as^2 + 0,05\,s^4 + 0,05\,as^3 = 0$ und für $s = j\omega$

$$\Re : \qquad 10\,Vb - a\omega^2 + 0,05\,\omega^4 = 0 \tag{4.148}$$

$$\Im m : \qquad 10\,V\omega - \omega^3 - 0,05\,a\omega^3 = 0 \quad \leadsto \quad \omega^2 = \frac{10V}{1 + 0,05\,a}. \tag{4.149}$$

Einsetzen in die Gleichung aus dem Realteil gleich null ergibt für Stabilität

$$10\,Vb - \frac{10\,Va}{1 + 0,05\,a} + \frac{0,05 \cdot 100\,V^2}{(1 + 0,05\,a)^2} = 0 \quad \leadsto \quad V < 2(a - b) - 0,2\,ab + a^2(0,1 - 0,005\,b). \tag{4.150}$$

4.49　Schließbedingung für komplexe s

Angabe: *Für welches $s = \sigma + j\omega$ ist an $F_o(s) = \frac{5}{s(s+1)}$ die Schließbedingung erfüllt?*

Lösung: Aus

$$1 + F_o(s)\Big|_{s=\sigma+j\omega} = 0 \tag{4.151}$$

$$5 + s(s + 1) = 5 + \sigma + j\omega + \sigma^2 + 2j\omega\sigma - \omega^2 = 5 + \sigma + \sigma^2 - \omega^2 + j\omega(1 + 2\sigma) = 0 \tag{4.152}$$

folgt $\sigma = -0,5$ und $\omega = \sqrt{4,75} = 2,18$.

4.50 Schließbedingung für imaginäre s an PT$_3$-System

Angabe: *Bei welchem $s = j\omega$ und welchem k ist die Schließbedingung an $F_o(s) = \frac{k}{(s+1)^2(s+2)}$ erfüllt?*
Lösung: Zunächst gilt

$$\arg F_o(j\omega) = -\arg(1 + j2\omega - \omega^2) - \arg(j\omega + 2) = -\text{arc} \tan \frac{2\omega}{1 - \omega^2} - \text{arc} \tan \frac{\omega}{2} = -180^\circ . \quad (4.153)$$

Mit dem Hilfssatz arc tan $u+$ arc tan $v =$ arc tan $\frac{u+v}{1-uv}$ folgt

$$-\text{arc} \tan \frac{\frac{2\omega}{1-\omega^2} + \frac{\omega}{2}}{1 - \frac{2\omega}{1-\omega^2} \frac{\omega}{2}} = -180^\circ \quad \rightsquigarrow \quad \frac{5\omega - \omega^3}{2 - 2\omega^2 - 2\omega^2} = \text{arc} \tan (-180^\circ) = 0 \quad \rightsquigarrow \quad \omega = \sqrt{5} . \quad (4.154)$$

Aus $|F_o(j\omega)|\big|_{\omega=\sqrt{5}}| = 1$ resultiert $k = 18$.

4.51 Phasenrand und Amplitudenrand aus der Frequenzgangsortskurve

Angabe: *Wie lautet zur Regelschleife*

$$F_o(s) = \frac{0{,}5(1 + s)}{s} \cdot \frac{1 - 2s}{1 + 2s} \quad \rightsquigarrow \quad F_o(j\omega) = \frac{(1 + j\omega)(1 - 2j\omega)}{2j\omega(1 + 2j\omega)} = -\frac{(3 + 4\omega^2)}{2(1 + 4\omega^2)} - j\frac{1}{2\omega(1 + 4\omega^2)} \quad (4.155)$$

der Phasenrand α_R und wie der Amplitudenrand A_R ?
Lösung: Der Phasenrand resultiert aus

$$|F_o(j\omega_D)| = \left|\frac{1 + j\omega_D}{2j\omega_D}\right| = \frac{\sqrt{1 + \omega_D^2}}{2\omega_D} = 1 \quad \rightsquigarrow \quad \omega_D^2 = \frac{1}{3} \quad (4.156)$$

$$\arg\{F_o(j\omega_D)\} = \arctan \frac{1}{\omega_D(3 + 4\omega_D^2)} = \arctan \frac{3\sqrt{3}}{13} = -158{,}2^o \quad \rightsquigarrow \quad \alpha_R = \pi + \arg\{F_o(j\omega_D)\} = 21{,}79^\circ .$$
$$(4.157)$$

Für den Amplitudenrand erhält man $A_R = 2$ (Abb. 4.39).

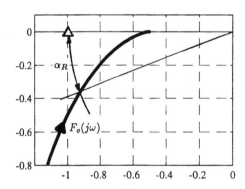

Abbildung 4.39: Ortskurve zu
$$F_o(j\omega) = \frac{1+s}{2s} \cdot \frac{1-2s}{1+2s} \Big|_{j\omega}$$

4.52 $*$ Interne Stabilität

Angabe: *Die Strecke $\frac{1}{(s+1)(s-1)}$ wird durch einen Regler $V\frac{s-a}{s+1}$ geregelt, wobei $0{,}9 \leq a \leq 1{,}1$ und $V = 25$ gelte. Zu beurteilen wäre: a) Ist der Regelkreis stabil? Wie sieht die Stell- und wie die Störübertragungsfunktion aus? b) Wie lautet die Stellgröße $u(t)$ für einen Sollwertsprung $\sigma(t)$ bei $a = 1$? c) Wie verhält sich die Regelgröße $y(t)$ für eine sprungförmige Störung am Streckeneingang bei $a = 1$.*
Lösung: Man erhält im einzelnen: a) Stabilität nach Routh: Aus $1 + F_o(s) = 0$ folgt

$$s^3 + s^2 + s(V - 1) - 1 - Va = 0 . \quad (4.158)$$

Da nicht alle Koeffizienten größer null sind, ist der Regelkreis instabil. Aus einer Wurzelortskurve wäre dies auch sofort zu erkennen.

Bei $a = 1$ folgt für die Sensitivität $S(s)$

$$S(s) = \frac{1}{1 + GK} = \frac{(s+1)^2(s-1)}{(s-1)[(s+1)^2 + V]} \, , \tag{4.159}$$

bei $a \doteq 1$

$$S(s) = \frac{(s+1)^2(s-1)}{(s+1)^2(s-1) + V(s-a)} \, . \tag{4.160}$$

Die Nullstelle bei $+1$ schwächt die Wirkung der instabilen Polstelle bei etwa $+1$ (resultierend aus $a \doteq 1$) ab, gleiches gilt für $\frac{K}{1+GK}$. Als Folge der Kürzung der instabilen Polstelle gegen die gleicherorts befindliche Nullstelle verbleibt nur ein „pseudostabiles" System. Darunter ist gemäß

$$\mathcal{L}^{-1}\left\{\frac{1}{s}\frac{s-a}{s-1}\Big|_{a \doteq 1}\right\} = \mathcal{L}^{-1}\left\{\frac{c}{s} + \frac{b}{s-1}\right\} = \mathcal{L}^{-1}\left\{\frac{a}{s} + \frac{1-a}{s-1}\right\} \tag{4.161}$$

zu verstehen, dass die instabile Polstelle bei $+1$ wirksam bleibt, allerdings nur mit einem Residuum $1-a$, das bei $a \to 1$ verschwindend klein wird. Siehe auch Abschnitte 15.5 bis 15.13.

Die Stellübertragungsfunktion folgt als

$$\frac{K}{1+GK} = \frac{V(s-a)}{s+1}\frac{(s+1)^2(s-1)}{(s-1)[(s+1)^2+V]} = \frac{V(s-1)^2(s+1)}{(s-1)[(s+1)^2+V]} = \frac{V(s^2-1)}{(s+1)^2+V} \quad \text{„pseudostabil"} \, . \tag{4.162}$$

Die instabile Polstelle bei $+1$ schlägt jedoch bei Störübertragung voll durch

$$\frac{G}{1+GK} = \frac{s+1}{(s-1)[(s+1)^2+V]} \quad \text{„instabil"} \, . \tag{4.163}$$

b) Stellgröße bei Sollwertsprung unter exakt $a = 1$

$$U(s) = \frac{K(s)}{1+K(s)G(s)}\frac{1}{s} = \frac{25(s^2-1)}{s(s^2+2s+26)} = -\frac{25}{26}\frac{1}{s} + \frac{\frac{675}{26}s + \frac{50}{26}}{s^2+2s+26} \tag{4.164}$$

$$u(t) = -\frac{25}{26}\sigma(t) + \frac{25}{26}e^{-t}(27\cos 5t - 5\sin 5t)\sigma(t) \quad \text{usw.} \tag{4.165}$$

Die kriechende Instabilität laut Gl.(4.162) wurde nicht angeschrieben.

c) Regelgröße bei sprungförmiger Störung am Streckeneingang

$$Y(s) = \frac{G(s)}{1+K(s)G(s)}\frac{1}{s} = \frac{s+1}{s(s^2+2s+26)(s-1)} = -\frac{1}{26}\frac{1}{s} + \frac{2}{29}\frac{1}{s-1} - \frac{1}{754}\frac{23s-102}{s^2+2s+26}$$

$$y(t) = -\frac{1}{26} + \frac{2}{29}e^t - \frac{23}{754}e^{-t}\cos 5t + \frac{25}{754}e^{-t}\sin 5t \, . \tag{4.166}$$

4.53 Instabiler Regler, stabiler Regelkreis unter Polvorgabe

Angabe: *Gegeben ist die Regelstrecke* $G(s) = \frac{s-0,5}{s-1}$. *Man entwerfe einen Regler mit minimaler Zähler- und Nennerordnung derart, dass sich für den geschlossenen Regelkreis ein konjugiert komplexes Polpaar bei* $s_{1,2} = -0,5 \pm j0,5$ *ergibt, und zeichne die Wurzelortskurve des resultierenden Systems.*
Lösung: Die Wahl des Reglers erfolgt zu $K(s) = \frac{Vc}{s-b}$, und zwar gemäß einer Grundsatzüberlegung aus der Wurzelortskurve Abb. 4.40. Die Polvorgabe mit charakteristischem Polynom liefert für $V = 1$

$$(s-b)(s-1) + cs - 0,5c \stackrel{\triangle}{=} (s+0,5+j0,5)(s+0,5-j0,5) \, . \tag{4.167}$$

Daraus resultiert $c = 5$ und $b = 3$. Die Verzweigungspunkte liegen bei $s_1 = 1,618$ unter $V = 0,153$ und bei $s_2 = -0,618$ unter $V = 1,047$. Aus dem Routh-Kriterium folgt der Stabilitätsbereich von V zu $0,8 \le V \le 1,2$. Bei $V = 0,8$ ist die Schwingungsfrequenz $\omega = 1$.

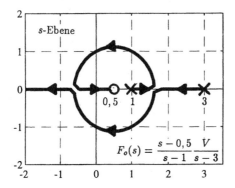

Abbildung 4.40: Wurzelortskurve für den Regelkreis unter Polvorgabe

4.54 Nyquist-Stabilitätsbereich für einen P-Regler

Angabe: *Das lineare Differentialgleichungssystem der Regelstrecke lautet*

$$\ddot{x}_1 + 2\dot{x}_1 + x_2 = \dot{u} \tag{4.168}$$

$$0,5\ddot{x}_1 + \dot{x}_1 - 0,5\ddot{x}_2 - \dot{x}_2 + x_2 = 0 \tag{4.169}$$

$$2\dot{x}_2 + 4x_2 = 4\dot{y} - 4y \ . \tag{4.170}$$

Welches ist die Übertragungsfunktion $G(s) = \frac{Y(s)}{U(s)}$ *des Systems? Wie sieht die Ortskurve von* $G(s)$ *aus? Das System wird mit einem P-Regler* k_R *geregelt. Für welche Reglerparameter* k_R *ist der geschlossene Regelkreis nach Nyquist stabil?*

Lösung: Die Reduktion des Differentialgleichungssystems liefert $\frac{Y(s)}{U(s)} = G(s) = \frac{0,5}{s-1}$. Die Ortskurve $G(j\omega)$ ist ein Halbkreis, der seinen Ausgangspunkt bei $(-0,5; j0)$ nimmt und im 3. Quadranten über den Tiefstpunkt bei $\omega = 1$ in den Ursprung läuft.

Für $k_R = 1$ gilt $P = 1$, $U = 0$, somit $U \neq -P$ und die Regelung ist instabil. Für $k_R = 3$ folgt wiederum $P = 1$, aber $U = -1$, daher ist die Regelung in diesem Fall stabil. Der Stabilitätsbereich lautet $k_R > 2$.

4.55 Stabilitätsbereich für PDT$_1$-Regler an IT$_2$-Strecke

Angabe: *Der Regelkreis mit*

$$G(s) = \frac{1}{s(s+2)(s+3)} \quad K(s) = \frac{k(s+a)}{s+1} \tag{4.171}$$

ist nur für $a > 0$ *stabil. Für* $a = 0,5$ *gilt welcher Stabilitätsbereich in* k *?*

Lösung: Nach dem Routh-Kriterium folgt $0 < k < 44,2$.

4.56 Nyquist-Stabilität

Angabe: *Welche Anzahl* P *der Pole in der rechten Halbebene und Umlaufanzahl* U *besitzen die* $F_o(j\omega)$*-Ortskurven zu nachstehendem* $F_o(s)$*? Ist Stabilität gegeben? Die Umläufe in der s-Ebene sollen mit Einzahnungen in die rechte Halbebene erfolgen.*

Lösung: 1)

$$F_o(s) = \frac{s+2}{(s^2+1)(s+1)} \quad \rightsquigarrow \quad P = 0 \quad U = 2 \quad \rightarrow \text{ instabil} \tag{4.172}$$

(bei Einzahnungen in die rechte Halbebene bei $\pm j$).

2)

$$F_o(s) = \frac{(s+1)^3}{s^3+2} \quad \rightsquigarrow \quad P = 2 \quad U = -2 \quad \rightsquigarrow \text{ stabil} \ . \tag{4.173}$$

3)

$$F_o(s) = -\frac{1}{s^2} \quad \rightsquigarrow \quad P = 0 \quad U = -1 \quad \text{instabil} \tag{4.174}$$

(bei Einzahnungen in die rechte Halbebene bei 0). Der Wert $U = -1$ ist aus einem Grenzübergang aus $-\frac{1}{(s+a)^2}$ für $a \to 0$ leicht zu erkennen.

4.57 ∗ Familie der stabilisierenden Eingrößenregler. Polynommethode

Angabe: *Die Regelstrecke ist mit $G(z^{-1}) = \frac{b(z^{-1})}{a(z^{-1})}$ gegeben. Der Regler $K(z^{-1})$ wird derart angesetzt, dass 1) die Bezout-Identität in willkürlichen Polynomen $d(z^{-1})$ und $n(z^{-1})$, nämlich*

$$a(z^{-1})d(z^{-1}) + b(z^{-1})n(z^{-1}) = 1 , \qquad (4.175)$$

erfüllt ist, und 2) die beliebig stabile Übertragungsfunktion $Q(z^{-1})$ verwendet wird

$$K(z^{-1}) = \frac{n(z^{-1}) - a(z^{-1})Q(z^{-1})}{d(z^{-1}) + b(z^{-1})Q(z^{-1})} . \qquad (4.176)$$

Die Wahl der Größen hat so zu erfolgen, dass der Nenner in $K(z^{-1})$ ungleich null bleibt (Štecha, J., 1994).

Man zeige, dass mit den genannten Ansätzen ein stets stabiler Regelkreis resultiert und man ermittle $K(z^{-1})$ für den Spezialfall $G(s) = \frac{k}{s^2}$ zuzüglich Halteglied $G_{ho}(s)$.

Lösung: Das charakteristische Polynom des Regelkreises lautet aus $1 + K(z^{-1})G(z^{-1})$ zu

$$1 + \frac{n - aQ}{d + bQ} \frac{b}{a} \quad \rightsquigarrow \quad ad + abQ + bn - abQ . \qquad (4.177)$$

Die Bedingung für $Q(z^{-1})$ stabil lautet, dass bei $Q \triangleq \frac{g}{h}$ das Nennerpolynom $h(z^{-1})$ stabil ist. Damit folgt aus Gl.(4.177) das charakteristische Polynom des Regelkreises

$$p_{cl}(z) = (ad + bn)h + (ab - ab)g \qquad (4.178)$$

$$\text{Gl.(4.175)} \quad \rightsquigarrow \quad p_{cl}(z) = 1 \cdot h(z^{-1}) + 0 = h(z^{-1}). \qquad (4.179)$$

Das charakteristische Polynom des Regelkreises ist somit dem charakteristischen Polynom der stabil gegebenen Übertragungsfunktion gleich.

Für $G(s) = \frac{k}{s^2}$ und $G_{ho}(s) = \frac{1-e^{-sT}}{s}$ folgt

$$G(z) = \mathcal{Z}\{\frac{1 - e^{-sT}}{s} \frac{k}{s^2}\} = \frac{kT^2}{2} \frac{z+1}{(z-1)^2} = \frac{kT^2}{2} \frac{z^{-1} + z^{-2}}{(1 - z^{-1})^2} \triangleq \frac{b}{a} \qquad (4.180)$$

$$\text{Gl.(4.175)} \quad \rightsquigarrow \quad \underbrace{(1 - z^{-1})^2}_{a(z^{-1})} d(z^{-1}) + \underbrace{\frac{kT^2}{2}(z^{-1} + z^{-2})}_{b(z^{-1})} n(z^{-1}) = 1 . \qquad (4.181)$$

Ein Minimalansatz für die Polynome $d(z^{-1})$ und $n(z^{-1})$ liefert

$$(1 - 2z^{-1} + z^{-2})(1 + d_1 z^{-1}) + \frac{kT^2}{2}(z^{-1} + z^{-2})(n_o + n_1 z^{-1}) = 1 . \qquad (4.182)$$

Aus dem Koeffizientenvergleich der Potenzen z^{-i} findet man

$$d_1 = 0,75 ; \quad n_o = \frac{2,5}{kT^2} ; \quad n_1 = -\frac{1,5}{kT^2} \qquad (4.183)$$

und den parametrisierten Regler

$$K(z^{-1}) = \frac{n_o + n_1 z^{-1} - a(z^{-1})Q(z^{-1})}{1 + d_1 z^{-1} + b(z^{-1})Q(z^{-1})} = \frac{\frac{2,5}{kT^2} - \frac{1,5}{kT^2}z^{-1} - (1 - z^{-1})^2 Q(z^{-1})}{1 + 0,75z^{-1} + \frac{kT^2}{2}(z^{-1} + z^{-2})Q(z^{-1})} . \qquad (4.184)$$

4.58 Koordinatentransformation

Angabe: *Ein Standardregelkreis besitzt das charakteristische Polynom $p_{cl}(s) = s^3 + 5s^2 + 11s + 15$. In welcher verschobenen $\bar{s}$-Ebene ($\bar{s} = s + \alpha$, $\alpha > 0$) tritt in $\bar{s}$ eine konjugiert imaginäre Nullstelle auf?*

Lösung: Man wählt eine Ersatz-Schleifenübertragungsfunktion $F_o(s) = \frac{V}{s(s^2+5s+11)}$ und sucht die Punkte der Wurzelortskurve für $V = 15$. Diese finden sich bei -3 und $-1 \pm j2$. Eine Verschiebung des Achsenkreuzes der s- auf eine $\bar{s}$-Ebene müsste also um $\alpha = 1$ nach links erfolgen, damit ein grenzstabiles Polynom $p_{cl}(\bar{s})$ eintritt.

4.59 Entwurf auf Stabilitätsreserve

Angabe: *Ein Regelkreis besitzt die Strecke $G(s) = \frac{k}{1+sT}$ und den Regler $K(s) = V(1+\frac{1}{sT_I})$. Die Strecken-parameter schwanken. In welchem Bereich von V und T_I liegen die Regelkreispole links von -1?*
Lösung: Man findet

$$F_o(s) = \frac{Vk}{T_I} \frac{1+sT_I}{s(1+sT)} \tag{4.185}$$

$$s \stackrel{\triangle}{=} \bar{s} - 1 \quad \rightsquigarrow \quad F_o(\bar{s}) = \frac{Vk}{T} \frac{(\frac{1}{T_I}-1)+\bar{s}}{\bar{s}^2 + \bar{s}(\frac{1}{T}-2) + (1-\frac{1}{T})} \ . \tag{4.186}$$

Die charakteristische Gleichung in $\bar{s}$ lautet

$$\bar{s}^2 + \left(\frac{1}{T} - 2 + \frac{Vk}{T}\right)\bar{s} + 1 - \frac{1}{T} + \frac{Vk}{T}\left(\frac{1}{T_I}-1\right) = 0 \ . \tag{4.187}$$

Stabilität verlangt positive Koeffizienten, daher hat $V > \frac{2T-1}{k}$ und $T_I < \frac{Vk}{T-1+Vk}$ zu gelten.

4.60 Cremer-Leonhard-Michailow-Stabilitätskriterium

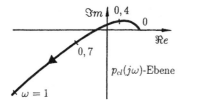

Abbildung 4.41: Ortskurve nach
Cremer, Leonhard, Michailow für
IT$_2$-Schleife

Angabe: *Liegt für die Regelschleife $F_o(s) = \frac{1}{(1+3s)s(1+s)}$ nach Cremer, Leonhard, Michailow Stabilität vor?*
Lösung: Aus dem charakteristischen Polynom

$$p_{cl}(s) = 1 + (1+3s)s(1+s) = 1 + s + 4s^2 + 3s^3 \quad \rightsquigarrow \quad p_{cl}(j\omega) = (1-4\omega^2) + j\omega(1-3\omega^2) \ , \tag{4.188}$$

folgt, wenn es für $s = j\omega$ betrachtet wird, Stabilität, da $p_{cl}(j\omega)$ eine monotone Zunahme des Arguments zeigt.
Ab dem ω aus $3\omega^2 > 1$ ist auch $4\omega^2 > 1$ gegeben und monotones Wachsen des Winkels φ aus

$$\varphi \stackrel{\triangle}{=} \arctan \frac{\omega(1-3\omega^2)}{1-4\omega^2} \tag{4.189}$$

für $\omega \to \infty$ gesichert. Für ω entsprechend $3\omega^2 < 1$ siehe Abb. 4.41.

4.61 Stabilität nach Cremer, Leonhard, Michailow für verschiedene Verstärkungen

Angabe: *Gegeben ist die Regelschleife*

$$F_o(s) = \frac{K}{(s+1)^2(s+2)} \stackrel{\triangle}{=} \frac{p(s)}{q(s)} \ . \tag{4.190}$$

Wie lauten die Ortskurve nach Cremer, Leonhard, Michailow für mehrere K?
Lösung: Das charakteristische Polynom des Regelkreises folgt zu

$$p_{cl}(s) = p(s) + q(s) = K + (s+1)^2(s+2) = s^3 + 4s^2 + 5s + K + 2 \tag{4.191}$$

$$p_{cl}(j\omega) = -4\omega^2 + 2 + K + j(-\omega^3 + 5\omega) \ . \tag{4.192}$$

Das Parallelverschieben der Ortskurven von $p_{cl}(j\omega)$ in der komplexen Ebene um K ist nur bei PT$_n$-Elementen zutreffend, weil dabei K nur als konstanter Summand im Realteil vorkommt. Der Wert K wird vom Punkt 2, dem konstanten Glied des Nenners, aus gezählt.

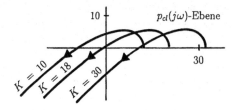

Abbildung 4.42: Ortskurven nach Cremer, Leonhard, Michailow für verschiedene K

4.62 Stabilitätsgrenze aus der Wurzelortskurve

Angabe: *Bis zu welcher Verstärkung K ist der Regelkreis mit*

$$F_o(s) = \frac{K(s^2 + 15s + 56)}{(s^2 + 2s + 2)(s^2 + 8s + 15)} \tag{4.193}$$

stabil? Man verwende zur Feststellung die Wurzelortskurve.

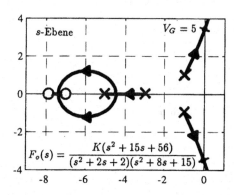

Abbildung 4.43: Wurzelortskurve zu
$F_o(s) = \frac{K(s^2+15s+56)}{(s^2+2s+2)(s^2+8s+15)}$

Lösung: Der Wurzelschwerpunkt resultiert zu

$$\frac{1}{4-2}(-1 - j - 1 + j - 5 - 3 + 7 + 8) = 2,5 . \tag{4.194}$$

Der Anstiegswinkel der Asymptoten beträgt 90° und 270°. Aus der Wurzelortskurve lässt sich $V_G \doteq 5,2$ ablesen.

4.63 Nyquist-Kriterium für PDT$_1$-Schleife

Angabe: *Für welche Werte a ist der Regelkreis stabil, dessen $F_o(s) = \frac{2as+5}{s+a}$ lautet?*
Lösung: Eine Zerlegung liefert $F_o(s) = 2a[1 + (2,5/a - a)/(s + a)]$. Daraus ist zu ersehen, dass $F_o(j\omega)$ ein Kreis ist, der auf der reellen Achse die Extrempunkte $\frac{5}{a}$ (bei $\omega = 0$) und $2a$ (bei $\omega = \infty$) besitzt. Für $a > 0$ ist er mit einem Pfeil rechtswendig, für $a < 0$ linkswendig zu versehen. Nach direkter Rechnung erhält man für den Regelkreis einen Pol bei $-\frac{5+a}{1+2a}$, dieser liegt dann links, wenn $a > -0,5$ oder $a < -5$.

Die Ergebnisse bei Anwendung des Nyquist-Kriteriums sind in Tabelle 4.1 dargestellt. Die Anzahl der Pole von $F_o(s)$ in der rechten Halbebene ist P, die Anzahl der Nyquist-Umfahrungen von $F_o(j\omega)$ im Uhrzeigersinn lautet U.

4.64 * Ortskurven für entartetes $F_o(s)$

Angabe: *Für welche Schleifenübertragungsfunktion $F_o(s)$ strebt die Wurzelortskurve für endliche Verstärkung nach unendlich?*

Tabelle 4.1: Ergebnisse nach dem Nyquist-Kriterium

a-Bereich	P	U	Regelkreis ist
$\infty > a > 0$	0	0	stabil
$0 > a > -0.5$	1	-1	stabil
$-0.5 > a > -5$	1	0	instabil
$-5 > a > -\infty$	1	-1	stabil

Lösung: Ein Beispiel dafür ist $F_o(s) = V\frac{1-s}{s}$. Die Untersuchung der Stabilität direkt mit $s = \frac{v}{v-1} < 0$ verlangt $0 < V < 1$. Für die Nyquist-Ortskurve wird der Pol im Ursprung der s-Ebene rechts umfahren. Dann gilt $P = 0$. Die in der Abb. 4.44a und b dargestellten Nyquist-Ortskurven gelten für $0 < V < 1$ (Bildteil a) und für $V < 0$ (Bildteil b). Beide Bilder bestätigen obstehendes Stabilitätsergebnis.

In Abb. 4.44c ist die Wurzelortskurve für positive V gezeichnet, nach einer Umformung auf $-V\frac{s-1}{s}$. Wegen $1 - s$ im Zähler der Angabe von $F_o(s)$ gelten aber für die Abschnitte auf der reellen Achse andere Regeln. So einfach die Wurzelortskurve auch ist, für $V = 1$ besitzt sie einen unendlich fernen Punkt.

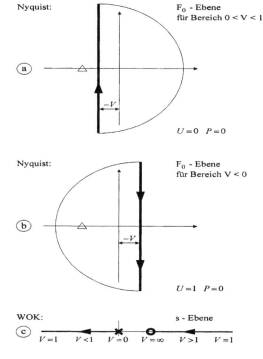

Abbildung 4.44: Nyquist- und Wurzelortskurve für $V\frac{1-s}{s}$

Kapitel 5

Zustandsregelungen

5.1 ∗ Elemente der Transitionsmatrix einer Regelstrecke

Angabe: *Die Zustandsraumdarstellung eines dynamischen Systems lautet*

$$\mathbf{A} = \begin{pmatrix} -1 & 1 \\ 0 & -1 \end{pmatrix} \qquad \mathbf{B} = \mathbf{b} = \begin{pmatrix} 1 \\ 1 \end{pmatrix} \qquad \mathbf{C} = (1 \quad 1). \tag{5.1}$$

Welche Dynamik charakterisiert das Verhalten zwischen Stellgröße und den beiden Zustandsgrößen? Welche Reaktion zeigen sie auf Einheitssprung in $u(t)$? Wie sieht der Koppelplan aus? Wie lautet die Übertragungsfunktion $G(s)$? Welcher alternativer Koppelplan lässt sich direkt aus der Übertragungsfunktion ableiten? Welche Veränderungen zeigt die resultierende Ausgangsgröße $y(t)$ im Zeitursprung, knapp davor und danach? Welche Änderungsgeschwindigkeit der Zustandsgrößen liegt im Zeitursprung vor?

Lösung: Die Laplace-Transformation auf die Zustandsraumgleichungen angewendet zeigt, dass PDT$_2$- bzw. PT$_1$-Verhalten vorliegt

$$\frac{X_1}{U} = \frac{s+2}{(s+1)^2} \qquad \frac{X_2}{U} = \frac{1}{s+1}. \tag{5.2}$$

Auf Einheitssprung von $u(t)$ reagiert das System aus einem Anfangsruhezustand gemäß

$$x_1(t) = \mathcal{L}^{-1}\left\{\frac{2}{s} - \frac{1}{(s+1)^2} - \frac{2}{s+1}\right\} = 2 - te^{-t} - 2e^{-t} \quad (t \geq 0) \tag{5.3}$$

$$x_2(t) = 1 - e^{-t} \quad (t \geq 0). \tag{5.4}$$

Den Koppelplan, wie er aus der Zustandsraumdarstellung abgeleitet werden kann, zeigt die Abb. 5.1a. Dabei wurde die Vorzeichenumkehr im Integrator und Summierer wie bei passiv beschalteten Operationsverstärkern angenommen.

Aus den Gleichungen im Laplace-Bereich

$$X_2 = U/(s+1) \qquad \text{und} \qquad X_1 = (U + X_2)/(s+1) \tag{5.5}$$

ist ein alternativer Koppelplan als Abb. 5.1b direkt zu zeichnen.

Die Transitionsmatrix $\mathbf{\Phi}(t)$ berechnet sich zu

$$\mathbf{\Phi}(s) = (s\mathbf{I} - \mathbf{A})^{-1} = \frac{1}{(s+1)^2}\begin{pmatrix} s+1 & 1 \\ 0 & s+1 \end{pmatrix} = \begin{pmatrix} \frac{1}{1+s} & \frac{1}{(1+s)^2} \\ 0 & \frac{1}{1+s} \end{pmatrix} \quad \rightsquigarrow \quad \mathbf{\Phi}(t) = \begin{pmatrix} e^{-t} & te^{-t} \\ 0 & e^{-t} \end{pmatrix}. \tag{5.6}$$

Die Elemente der Transitionsmatrix $\mathbf{\Phi}(t)$ können direkt berechnet werden, und zwar gemäß $x_i(t) = \Phi_{ik}(t)$, wobei nur eine Anfangsbedingung $x_k(0^+)$ von null verschieden und gleich 1 angenommen wird. Der Koppelplan lässt eine Bestätigung der Elemente von $\mathbf{\Phi}(t)$ nach obigen Gesichtspunkten zu.

Die Übertragungsfunktion lautet

$$G(s) = \frac{2s+3}{(s+1)^2} \tag{5.7}$$

Stetiger Übergang herrscht in x_i, jedoch nicht in $\dot{x}_i$

$$\dot{x}_1(0^+) = 1 \qquad \dot{x}_1(0^-) = 0 \tag{5.8}$$

$$\dot{x}_2(0^+) = 1 \qquad \dot{x}_2(0^-) = 0. \tag{5.9}$$

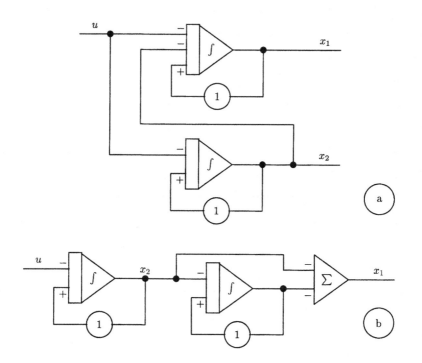

Abbildung 5.1: Koppelplan aus der Zustandsraum-Angabe (Bildteil a) und aus der Übertragungsfunktion (Bildteil b)

Nach *Weinmann, 1994, Gl. 1.15 bis 1.17* gilt für die Matrizen

$$\mathbf{A}_D = \begin{pmatrix} 2 & 1 \\ 1 & 0 \end{pmatrix}, \quad \mathbf{B}_D = \begin{pmatrix} 2 & 0 \\ 0 & 0 \end{pmatrix}, \quad \mathbf{L}_{ae} = \mathbf{A}_D^{-1}\mathbf{B}_D = \begin{pmatrix} 0 & 0 \\ 2 & 0 \end{pmatrix}. \tag{5.10}$$

Wegen $u(0^+) = 1$ und $\dot{u}(0^+) = 0$ folgt

$$\begin{pmatrix} y(0^+) \\ \dot{y}(0^+) \end{pmatrix} = \begin{pmatrix} 0 & 0 \\ 2 & 0 \end{pmatrix}\begin{pmatrix} 1 \\ 0 \end{pmatrix} + \begin{pmatrix} y(0^-) \\ \dot{y}(0^-) \end{pmatrix} = \begin{pmatrix} y(0^-) \\ 2 + \dot{y}(0^-) \end{pmatrix}. \tag{5.11}$$

Dies lässt sich auch aus der Differentialgleichung bei 0^+

$$\dot{y}(0^+) = \dot{x}_1(0^+) + \dot{x}_2(0^+) = -x_1(0^+) + 2u(0^+) = -0 + 2 \cdot 1 = 2 \tag{5.12}$$

bestätigen.

5.2   Eigenwerte der Transitionsmatrix einer Regelstrecke

Angabe: *Zu der Matrix* $\mathbf{A} = \begin{pmatrix} 0 & 1 \\ -2 & -3 \end{pmatrix}$ *rechne man über* $\mathbf{\Phi}(s) = (s\mathbf{I} - \mathbf{A})^{-1}$ *die Matrix* $\mathbf{\Phi}(t)$ *und davon die Eigenwerte* $\lambda_i[\mathbf{\Phi}(t)]$*. Weiters bestimme man* $\lambda_i[-\mathbf{\Phi}(t)]$.
Lösung:

$$(s\mathbf{I} - \mathbf{A})^{-1} = \begin{pmatrix} s & -1 \\ 2 & s+3 \end{pmatrix}^{-1} = \frac{1}{(s+1)(s+2)}\begin{pmatrix} s+3 & 1 \\ -2 & s \end{pmatrix} \tag{5.13}$$

$$= \begin{pmatrix} \frac{2}{s+1} - \frac{1}{s+2} & \frac{1}{s+1} - \frac{1}{s+2} \\ \frac{-2}{s+1} + \frac{2}{s+2} & \frac{-1}{s+1} + \frac{2}{s+2} \end{pmatrix} = \mathcal{L}\begin{pmatrix} 2e^{-t} - e^{-2t} & e^{-t} - e^{-2t} \\ -2e^{-t} + 2e^{-2t} & -e^{-t} + 2e^{-2t} \end{pmatrix}. \tag{5.14}$$

Daraus folgt $\lambda_i[\mathbf{\Phi}(t)] = e^{-t}; \ e^{-2t}$. Man findet bestätigt, dass $\lambda_i[e^{\mathbf{A}t}] = e^{\lambda_i[\mathbf{A}]t}$, wobei $\mathbf{\Phi}(t) = e^{\mathbf{A}t}$. Schließlich ist $\lambda_i[-\mathbf{\Phi}(t)] = -\lambda_i[\mathbf{\Phi}(t)]$.

5.3 Transitionsmatrix für PT_{2s}-Regelstrecke

Angabe: *Welche Transitionsmatrix gehört zu nachstehendem* **A**?
Lösung:

$$\mathbf{A} = \begin{pmatrix} 0 & 1 \\ -5 & -2 \end{pmatrix} \quad \rightsquigarrow \quad (s\mathbf{I} - \mathbf{A})^{-1} = \frac{1}{s^2 + 2s + 5} \begin{pmatrix} s+2 & 1 \\ -5 & s \end{pmatrix} \tag{5.15}$$

$$\mathbf{\Phi}(t) = \mathcal{L}^{-1}\{(s\mathbf{I} - \mathbf{A})^{-1}\} = e^{-t} \begin{pmatrix} \cos 2t + \frac{1}{2}\sin 2t & \frac{1}{2}\sin 2t \\ -\frac{5}{2}\sin 2t & \cos 2t - \frac{1}{2}\sin 2t \end{pmatrix}. \tag{5.16}$$

5.4 Regelstrecke in Regelungsnormalform

Angabe: *Die Differentialgleichung* $x^{(3)} + 3\ddot{x} + 2\dot{x} = u$ *ist mit* $x_1 \overset{\triangle}{=} x$ *auf Regelungsnormalform umzuschreiben und die Spur von* $\mathbf{\Phi}(t)$ *aus den Eigenwerten von* **A** *auszudrücken.*
Lösung:

$$\mathbf{A} = \begin{pmatrix} 0 & 1 & 0 \\ 0 & 0 & 1 \\ 0 & -2 & -3 \end{pmatrix} \quad \mathbf{b} = \begin{pmatrix} 0 \\ 0 \\ 1 \end{pmatrix} \quad \rightsquigarrow \quad \mathbf{\Phi}(s) = [s\mathbf{I} - \mathbf{A}]^{-1} = \begin{pmatrix} \frac{1}{s} & \frac{s+3}{s(s+1)(s+2)} & \frac{1}{s(s+1)(s+2)} \\ 0 & \frac{s+3}{(s+1)(s+2)} & \frac{1}{(s+1)(s+2)} \\ 0 & -\frac{2}{(s+1)(s+2)} & \frac{s}{(s+1)(s+2)} \end{pmatrix} \tag{5.17}$$

$$\frac{1}{s(s+1)(s+2)} = \frac{1}{2}\frac{1}{s} - \frac{1}{s+1} + \frac{1}{2}\frac{1}{s+2} = \mathcal{L}\{\frac{1}{2} - e^{-t} + \frac{1}{2}e^{-2t}\} \tag{5.18}$$

$$\frac{1}{(s+1)(s+2)} = \frac{1}{s+1} - \frac{1}{s+2} \tag{5.19}$$

$$\frac{s}{(s+1)(s+2)} = -\frac{1}{s+1} + 2\frac{1}{s+2} \tag{5.20}$$

$$\begin{matrix} \lambda_1 = 0 \\ \lambda_2 = -1 \\ \lambda_3 = -2 \end{matrix} \quad \mathbf{\Phi}(t) = \mathcal{L}^{-1}\{\mathbf{\Phi}(s)\} = \begin{pmatrix} 1 & \frac{3}{2} - 2e^{-t} + \frac{1}{2}e^{-2t} & \frac{1}{2} - e^{-t} + \frac{1}{2}e^{-2t} \\ 0 & 2e^{-t} - e^{-2t} & e^{-t} - e^{-2t} \\ 0 & -2e^{-t} + 2e^{-2t} & -e^{-t} + 2e^{-2t} \end{pmatrix} \tag{5.21}$$

$$\text{tr } \mathbf{\Phi}(t) = \sum_i \lambda_i[\mathbf{\Phi}(t)] = \sum_i \lambda_i[e^{\mathbf{A}t}] = \sum_i e^{\lambda_i[\mathbf{A}]t} = e^{0\,t} + e^{-t} + e^{-2t}. \tag{5.22}$$

5.5 Koeffizientenmatrix aus der Übertragungsmatrix

Angabe: *Man gebe jene Zustandsraumdarstellung, insbesondere die Matrix* **B** *und* **C** *an, die dem Blockbild Abb. 5.2 im Frequenzbereich gleich ist.*
Lösung: Die Ausgänge der beiden Dynamik-Elemente werden mit x_1 und x_2 bezeichnet. Dann gilt sofort

$$\mathbf{A} = \begin{pmatrix} -2 & 0 \\ 0 & 1 \end{pmatrix}, \quad \mathbf{B} = \mathbf{I}, \quad \mathbf{T}^{mo} = \mathbf{I}, \quad \mathbf{C} = \begin{pmatrix} 1 & 0 \\ 3 & 0 \end{pmatrix} \quad \mathbf{D} = \mathbf{0}. \tag{5.23}$$

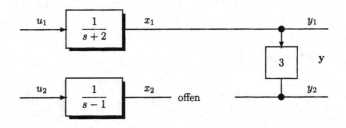

Abbildung 5.2: Mehrgrößenstrecke

5.6 Übertragungsfunktion aus der Transitionsmatrix

Angabe: *Gegeben ist ein System vierter Ordnung in Regelungsnormalform, und zwar mit der Matrix* **A** *von der letzten Zeile aus lauter Nullen,* **B** *mit 1 in der letzten Zeile sonst lauter Nullen und einer Ausgangsmatrix* **C** = (4 3 8 7). *Wie lautet die Transitionsmatrix* **Φ**(t) *und die Übertragungsfunktion?*

Lösung: Die Transitionsmatrix **Φ**(s) findet man als eine Matrix mit $1/s$ in der Hauptdiagonale, mit $1/s^2$ bis $1/s^4$ in Diagonalparallelen oberhalb und Nullen unterhalb. Dem entsprechen in der Matrix **Φ**(t) Elemente 1, t, $t^2/2$ und $t^3/6$ für $t \geq 0$. Die Übertragungsfunktion lautet dann

$$G(s) = \mathbf{C}\mathbf{\Phi}(s)\mathbf{B} = \frac{4 + 3s + 8s^2 + 7s^3}{s^4} . \tag{5.24}$$

5.7 Transitionsmatrix und Übertragungsfunktion aus der Koeffizientenmatrix

Angabe: *Wie lautet* **Φ**(t) *zu* $\mathbf{A} = \begin{pmatrix} -4 & -1 \\ 3 & 0 \end{pmatrix}$ *und* $G(s)$ *bei* $\mathbf{b} = (0 \ \ 1)^T$ *und* $\mathbf{c} = (3 \ \ 0)$ *?*

Lösung: Man findet

$$(s\mathbf{I} - \mathbf{A})^{-1} = \begin{pmatrix} s & -1 \\ 3 & s+4 \end{pmatrix} \frac{1}{s^2 + 4s + 3} \quad \text{und} \quad \Phi_{22}(s) = \frac{s+4}{(s+3)(s+1)} = \frac{A}{s+3} + \frac{B}{s+1} , \tag{5.25}$$

wobei unter $s \to -3 \leadsto A = \frac{1}{-2} = -0,5$, unter $s \to -1 \leadsto B = \frac{3}{2} = 1,5$. Analog gilt

$$\Phi_{12}(s) = -\frac{1}{(s+3)(s+1)} = \frac{0,5}{s+3} - \frac{0,5}{s+1} \tag{5.26}$$

$$\Phi_{21}(s) = \frac{3}{(s+3)(s+1)} = -\frac{1,5}{s+3} + \frac{1,5}{s+1} \tag{5.27}$$

$$\Phi_{11}(s) = \frac{s}{(s+3)(s+1)} = \frac{1,5}{s+3} - \frac{0,5}{s+1} \tag{5.28}$$

und

$$\mathbf{\Phi}(t) = \begin{pmatrix} 1,5e^{-3t} - 0,5e^{-t} & 0,5e^{-3t} - 0,5e^{-t} \\ -1,5e^{-3t} + 1,5e^{-t} & -0,5e^{-3t} + 1,5e^{-t} \end{pmatrix} = e^{-t}\begin{pmatrix} 1,5 & 0,5 \\ -1,5 & -0,5 \end{pmatrix} + e^{-3t}\begin{pmatrix} -0,5 & -0,5 \\ 1,5 & 1,5 \end{pmatrix} \tag{5.29}$$

$$G(s) = \mathbf{c}^T(s\mathbf{I} - \mathbf{A})^{-1}\mathbf{b} = (3 \ \ 0)(s\mathbf{I} - \mathbf{A})^{-1}\begin{pmatrix} 0 \\ 1 \end{pmatrix} = -\frac{3}{(s+1)(s+3)} . \tag{5.30}$$

5.8 Stoßantwort zu einem System mit Angabe im Zustandsraum

Angabe: *Gegeben ist*

$$\mathbf{A} = \begin{pmatrix} -1 & 0 & 0 \\ 0 & 0 & 2 \\ 0 & -2 & 0 \end{pmatrix} \quad \mathbf{B} = \begin{pmatrix} 2 \\ 2 \\ -1 \end{pmatrix} \quad \mathbf{C} = (1 \ \ -1 \ \ 0) , \tag{5.31}$$

gesucht ist die Stoßantwort $g(t)$.

Lösung: Durch Einsetzen findet man

$$\det(s\mathbf{I} - \mathbf{A}) = (s+1)(s^2 + 4) \qquad (s\mathbf{I} - \mathbf{A})^{-1} = \begin{pmatrix} \frac{1}{s+1} & 0 & 0 \\ 0 & \frac{s}{s^2+4} & \frac{2}{s^2+4} \\ 0 & -\frac{2}{s^2+4} & \frac{s}{s^2+4} \end{pmatrix} \tag{5.32}$$

$$g(t) = \mathcal{L}^{-1}\{\mathbf{C}(s\mathbf{I} - \mathbf{A})^{-1}\mathbf{B}\} = \mathcal{L}^{-1}\{\frac{10}{(s+1)(s^2+4)}\} = \mathcal{L}^{-1}\{\frac{2}{s+1} + \frac{-2s+2}{s^2+4}\} = 2e^{-t} - 2\cos 2t + \sin 2t . \tag{5.33}$$

5.9 Modalmatrix

Angabe: *Ein PT_2-Element hat die Stationärverstärkung $V = 1$ und die Zeitkonstanten $T_1 = 1$, $T_2 = \frac{1}{3}$. Wie sieht die Zustandsraumdarstellung in Regelungsnormalform aus, wie lauten die Eigenwerte und eine mögliche Modalmatrix?*
Lösung:

$$G(s) = \frac{3}{s^2 + 4s + 3}, \quad \mathbf{A} = \begin{pmatrix} 0 & 1 \\ -3 & -4 \end{pmatrix}, \quad \mathbf{b} = \begin{pmatrix} 0 \\ 1 \end{pmatrix}, \quad \mathbf{c}^T = (3 \;\; 0) \tag{5.34}$$

$$\lambda_i[\mathbf{A}] = -1; -3, \quad \text{Modalmatrix } \mathbf{T}^{mo} = (\mathbf{a}_1 \;\; \mathbf{a}_2) = \begin{pmatrix} 1 & 1 \\ -1 & -3 \end{pmatrix}. \tag{5.35}$$

5.10 Transitionsmatrix

Angabe: *Welche Transitionsmatrix $\mathbf{\Phi}(t)$ gehört zu der Übertragungsfunktion $1/(s^2 + s)$?*
Lösung: Im Zustandsraum ist die zugehörige Matrix $\mathbf{A}$ und daraus die Transitionsmatrix $\mathbf{\Phi}$

$$\mathbf{A} = \begin{pmatrix} 0 & 1 \\ 0 & -1 \end{pmatrix} \quad \leadsto \quad \mathbf{\Phi}(s) = (s\mathbf{I} - \mathbf{A})^{-1} = \begin{pmatrix} \frac{1}{s} & \frac{1}{s(s+1)} \\ 0 & \frac{1}{s+1} \end{pmatrix} \quad \leadsto \quad \mathbf{\Phi}(t) = \begin{pmatrix} 1 & 1 - e^{-t} \\ 0 & e^{-t} \end{pmatrix}. \tag{5.36}$$

5.11 Modalmatrix-Bestätigung

Angabe: *Zu der gegebenen Koeffizientenmatrix $\mathbf{A} = \begin{pmatrix} 10 & -36 \\ 3 & -11 \end{pmatrix}$ sind die Eigenwerte $\lambda_i[\mathbf{A}] = 1, -2$, die auf eins normierten Eigenvektoren $\frac{1}{\sqrt{17}}\binom{4}{1}$ und $\frac{1}{\sqrt{10}}\binom{3}{1}$ und die Modalmatrix $\mathbf{T}^{mo} = \begin{pmatrix} 4 & 3 \\ 1 & 1 \end{pmatrix}$ zu bestätigen und daraus die Diagonalmatrix der Eigenwerte zu berechnen.*
Lösung:

$$\mathbf{T}^{mo,-1}\mathbf{A}\mathbf{T}^{mo} = \text{diag}\{\lambda_i\} = \begin{pmatrix} 1 & 0 \\ 0 & -2 \end{pmatrix}. \tag{5.37}$$

5.12 * Faddeev-Algorithmus

Angabe: *Für $\mathbf{A} \in \mathcal{R}^{n \times n}$ lautet die Transitionsmatrix zu (Faddeev, D.K., and Faddeeva, V.N., 1963)*

$$\mathbf{\Phi} = (s\mathbf{I} - \mathbf{A})^{-1} = \frac{\text{adj}(s\mathbf{I} - \mathbf{A})}{\det(s\mathbf{I} - \mathbf{A})} \triangleq \frac{\mathbf{E}(s)}{\det(s\mathbf{I} - \mathbf{A})}. \tag{5.38}$$

Darin wurde $\mathbf{E}(s)$ zur Abkürzung verwendet; weiters wird definiert

$$\det(s\mathbf{I} - \mathbf{A}) \triangleq s^n + d_1 s^{n-1} + d_2 s^{n-2} + \ldots + d_n s^0 \tag{5.39}$$

$$\mathbf{E}(s) \triangleq \mathbf{F}_o s^{n-1} + \mathbf{F}_1 s^{n-2} + \ldots + \mathbf{F}_{n-1} s^0. \tag{5.40}$$

Einsetzen in Gl.(5.38) mit anschließendem Koeffizientenvergleich der Potenzen von s liefert

$$\mathbf{I}(s^n + d_1 s^{n-1} + \ldots + d_n) = (s\mathbf{I} - \mathbf{A})(\mathbf{F}_o s^{n-1} + \mathbf{F}_1 s^{n-2} + \ldots \mathbf{F}_{n-1}), \tag{5.41}$$

$$\mathbf{F}_o = \mathbf{I} \tag{5.42}$$
$$\mathbf{F}_1 = \mathbf{A} + d_1\mathbf{I} \quad \text{wobei} \quad d_1 = -\text{tr } \mathbf{A} \tag{5.43}$$
$$\mathbf{F}_2 = \mathbf{A}\mathbf{F}_1 + d_2\mathbf{I} \quad \text{wobei} \quad d_2 = -0,5 \text{ tr}\{\mathbf{A}\mathbf{F}_1\}. \tag{5.44}$$

Die d_i folgen aus einem Koeffizientenvergleich des Ansatzes $\det(s\mathbf{I} - A)$ in Gl.(5.39).

Man wende dieses Verfahren bei $n = 2$ auf $\mathbf{A} = \begin{pmatrix} 0 & -5 \\ 1 & -2 \end{pmatrix}$ an. Wie lautet $\mathbf{\Phi}(s)$ und $\Phi_{12}(t)$?
Lösung: Man erhält

$$\mathbf{F}_0 = \begin{pmatrix} 1 & 0 \\ 0 & 1 \end{pmatrix}, \mathbf{F}_1 = \begin{pmatrix} 2 & -5 \\ 1 & 0 \end{pmatrix}, \mathbf{E} = \begin{pmatrix} s+2 & -5 \\ 1 & s \end{pmatrix}, \mathbf{\Phi}(s) = \begin{pmatrix} \frac{s+2}{s^2+2s+5} & \frac{-5}{s^2+2s+5} \\ \frac{1}{s^2+2s+5} & \frac{s}{s^2+2s+5} \end{pmatrix}. \tag{5.45}$$

Mit

$$\boldsymbol{\Phi}(t) = \sum_{i=0}^{n} \frac{\mathbf{E}(s_i)}{\mathrm{tr}\{\mathbf{E}(s_i)\}}\, e^{s_i t} \quad \mathrm{bei} \quad \det(s_i \mathbf{I} - \mathbf{A}) = 0 \tag{5.46}$$

ergibt sich $s_{1,2} = -1 \pm j2$ und $\Phi_{12}(t) = -2,5e^{-t}\sin 2t$ *(Morgan, B.S., Jr., 1965)*.

5.13 Zustandsraumdarstellung einer zeitdiskreten Regelstrecke

Angabe: *Zu der z-Übertragungsfunktion*

$$G(z) = \frac{d_o + d_1 z^{-1} + \dots + d_n z^{-n}}{1 + q_1 z^{-1} + \dots + q_n z^{-n}} = \frac{y(z)}{u(z)} = \frac{\mathcal{Z}\{y(k)\}}{\mathcal{Z}\{u(k)\}} \tag{5.47}$$

gehört die Zustandsraumdarstellung

$$\begin{aligned} \mathbf{x}(k+1) &= \boldsymbol{\Phi}(T)\mathbf{x}(k) + \boldsymbol{\Psi}u(k) \\ y(k) &= \mathbf{c}^T\mathbf{x}(k) + d\,u(k) \end{aligned} \quad mit \quad \boldsymbol{\Phi}(T) = \begin{pmatrix} 0 & 1 & 0 & \dots & 0 \\ 0 & 0 & 1 & \dots & 0 \\ \vdots & \vdots & & \ddots & \\ 0 & 0 & 0 & & 1 \\ -q_n & -q_{n-1} & \dots & & -q_1 \end{pmatrix}, \quad \boldsymbol{\Psi} = \begin{pmatrix} 0 \\ 0 \\ \vdots \\ 1 \end{pmatrix}.$$

$$\tag{5.48}$$

Wie lauten **c** *und* d?
Lösung: Aus der Angabe gilt zunächst

$$y(z) = -q_1 \frac{1}{z}y(z) - q_2 \frac{1}{z^2}y(z) - \dots - q_n \frac{1}{z^n}y(z) + d_o u(z) + d_1 \frac{1}{z}u(z) + \dots + d_n \frac{1}{z^n}u(z) \tag{5.49}$$

$$\frac{y(z)}{u(z)} = \frac{y(z)}{v(z)}\frac{v(z)}{u(z)} = \frac{d_o + d_1 \frac{1}{z} + d_2 \frac{1}{z^2} + \dots d_n \frac{1}{z^n}}{1} \frac{1}{1 + q_1 \frac{1}{z} + \dots + q_n \frac{1}{z^n}}. \tag{5.50}$$

Aus dem zweiten obstehenden Bruch resultiert

$$v(z) = \underbrace{-q_1 \frac{1}{z}v(z)}_{\triangleq x_n(z)} \underbrace{-q_2 \frac{1}{z^2}v(z)}_{\triangleq x_{n-1}(z)} - \dots - \underbrace{q_n \frac{1}{z^n}v(z)}_{\triangleq x_1(z)} + u(z). \tag{5.51}$$

Aus dem ersten Teil des Bruches folgt

$$y(z) = d_o v(z) + d_1 \frac{1}{z}v(z) + d_2 \frac{1}{z^2}v(z) + \dots + d_n \frac{1}{z^n}v(z). \tag{5.52}$$

Einsetzen von $v(z)$ aus Gl.(5.51) im ersten Term der rechten Seite liefert

$$y(z) = d_o[-q_1 \frac{1}{z}v(z) - \dots - q_n \frac{1}{z^n}v(z) + u(z)] + d_1 \frac{1}{z}v(z) + \dots + d_n \frac{1}{z^n}v(z). \tag{5.53}$$

Werden auf der rechten Seite die Terme mit den entsprechenden $\frac{1}{z^i}$ zusammengezogen, so resultiert

$$\mathbf{c} = (d_n - d_o q_n, \ d_{n-1} - d_o q_{n-1}, \ \dots, \ d_1 - d_o q_1)^T \qquad d = d_o. \tag{5.54}$$

Das Ergebnis lässt sich noch auf andere und schnellere Art ermitteln, indem $G(z)$ durch Separation von d_o umgeschrieben wird

$$G(z) = d_o + \frac{(d_n - d_o q_n) + \dots + z^{n-1}(d_1 - d_o q_1)}{q_n + \dots + 1 \cdot z^n}. \tag{5.55}$$

Sodann können die bekannten Beziehungen zwischen Übertragungsfunktion und Zustandsraum verwendet werden, wie sie für Graddifferenz größer eins zwischen Zähler und Nenner in $G(z)$ gelten.

5.14 Transitionsmatrix einer zeitdiskreten Regelstrecke

Angabe: *Gegeben ist die Regelstrecke* $G(s) = \frac{3}{(1+s)(1+0,5s)}$. *Die zugehörige Zustandsraumdarstellung lautet in Regelungsnormalform*

$$\mathbf{A} = \begin{pmatrix} 0 & 1 \\ -2 & -3 \end{pmatrix}, \quad \mathbf{B} = \begin{pmatrix} 0 \\ 1 \end{pmatrix}, \quad \mathbf{C} = (6 \ \ 0), \quad \mathbf{D} = 0 . \tag{5.56}$$

Man ermittle die daraus folgenden Matrizen $\mathbf{\Phi}(T)$ *und* $\mathbf{\Psi}(T)$ *der diskreten Zustandsraumdarstellung, wenn ein Halteglied nullter Ordnung eingesetzt ist, sowie die z-Übertragungsfunktion.*
Lösung:

$$\mathbf{\Phi}(T) = \begin{pmatrix} 2e^{-T} - e^{-2T} & e^{-T} - e^{-2T} \\ -2e^{-T} + 2e^{-2T} & -e^{-T} + 2e^{-2T} \end{pmatrix}, \quad \mathbf{\Psi}(T) = \begin{pmatrix} 0,5 - e^{-T} + 0,5e^{-2T} \\ e^{-T} - e^{-2T} \end{pmatrix} \tag{5.57}$$

$$G(z) = 3\frac{(z + e^{-T})(1 - 2e^{-T} + e^{-2T})}{(z - e^{-T})(z - e^{-2T})} . \tag{5.58}$$

5.15 Eigenwertrelationen gemäß Cayley–Hamilton

Angabe: *Gegeben ist* $\mathbf{A} = \begin{pmatrix} 0 & -1 \\ 2 & -2 \end{pmatrix}$. *Man rechne die Eigenwerte* $\lambda[\mathbf{F}]$, *wobei*

$$\mathbf{F} = \mathbf{A} + 4\mathbf{A}^2 - \mathbf{A}^3 , \tag{5.59}$$

und untersuche die Relation von $\lambda[\mathbf{F}]$ *zu* $\lambda[\mathbf{A}]$.
Lösung: Einsetzen liefert

$$\mathbf{F} = \begin{pmatrix} -12 & 9 \\ -18 & 6 \end{pmatrix} \quad \lambda[\mathbf{F}] = -3 \pm j9 \quad \text{sowie} \quad \lambda[\mathbf{A}] = -1 \pm j1 . \tag{5.60}$$

Nach Cayley–Hamilton gilt auch $\lambda[\mathbf{A}] + 4(\lambda[\mathbf{A}])^2 - (\lambda[\mathbf{A}])^3 = \lambda[\mathbf{F}]$.

5.16 Änderung der Eigenwerte bei Änderung in der Koeffizientenmatrix

Angabe: *Wie ändern sich die Eigenwerte der Matrix* $\mathbf{F} = \begin{pmatrix} 0 & -1 \\ 2 & \beta \end{pmatrix}$ *im Betriebspunkt* $\beta = -2$ *mit dem Parameter* β?
Lösung: Aus $\det(s\mathbf{I} - \mathbf{F}) = s(s - \beta) + 2 = 0$ resultiert

$$s_{1,2} = \frac{\beta}{2} \pm \sqrt{\frac{\beta^2}{4} - 2} \quad \leadsto \quad \frac{ds_{1,2}}{d\beta} = \frac{1}{2} \mp \frac{\beta}{4\sqrt{\frac{\beta^2}{4} - 2}} \quad \leadsto \quad \frac{ds_{1,2}}{d\beta}\bigg|_{\beta=-2} = \frac{1}{2} \pm \frac{2}{4j} = 0,5(1 \mp j) . \tag{5.61}$$

Das Inkrement ist wie folgt anzuwenden

$$\beta = -2 : \quad s_{1,2} = -1 \pm j \tag{5.62}$$

$$\beta = -2,1 : \quad s_{1,2} = -1 \pm j + \frac{ds_{1,2}}{d\beta}\bigg|_{\beta=-2} \Delta\beta = -1 \pm j + 0,5(1 \mp j)(-0,1) . \tag{5.63}$$

5.17 Regelkreis mit Zustandsregler und I-Element

Angabe: *Der Ausgang* y *der Regelstrecke nach* $y = \mathbf{C}x$ *wird mit dem Sollwert* y_{ref} *verglichen und zur Zustandsgröße* x_3 *aufintegriert. Zwischen* x_1, x_2 *bestehe die Vektordifferentialgleichung*

$$\begin{pmatrix} \dot{x}_1 \\ \dot{x}_2 \end{pmatrix} = \begin{pmatrix} 0 & 1 \\ -100 & -2 \end{pmatrix} \mathbf{x} + \begin{pmatrix} 0 \\ 1 \end{pmatrix} u + \begin{pmatrix} 0 \\ 0 \end{pmatrix} y_{ref} , \tag{5.64}$$

also PT_{2s}-*Verhalten mit den Eigenwerten* $-1 \pm j\sqrt{99}$. *Wie wirkt ein Zustandsregler* $\mathbf{K} = (81,1 \quad -7 \quad 2,7)$ *bei* $\mathbf{C} = (10 \quad 3)$?

Lösung: Aus $\dot{x}_3 = y_{ref} - y = y_{ref} - (10x_1 + 3x_2)$ folgt für die Regelstrecke

$$\dot{\mathbf{x}} = \begin{pmatrix} 0 & 1 & 0 \\ -100 & -2 & 0 \\ -10 & -3 & 0 \end{pmatrix} \mathbf{x} + \begin{pmatrix} 0 \\ 1 \\ 0 \end{pmatrix} u + \begin{pmatrix} 0 \\ 0 \\ 1 \end{pmatrix} y_{ref} , \quad \text{wobei} \quad \mathbf{b} = \begin{pmatrix} 0 \\ 1 \\ 0 \end{pmatrix} . \tag{5.65}$$

Mit $u = \mathbf{Kx}$ ergibt sich für den Regelkreis

$$\dot{\mathbf{x}} = (\mathbf{A} + \mathbf{bK})\mathbf{x} + \begin{pmatrix} 0 \\ 0 \\ 1 \end{pmatrix} y_{ref} = \begin{pmatrix} 0 & 1 & 0 \\ -18,9 & -9 & 2,7 \\ -10 & -3 & 0 \end{pmatrix} \mathbf{x} + \begin{pmatrix} 0 \\ 0 \\ 1 \end{pmatrix} y_{ref} \tag{5.66}$$

und für seine Eigenwerte ein Dreifachwert bei -3.

5.18 Zustandsregler und Vorfilter

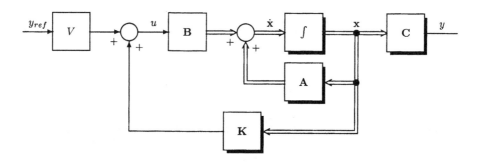

Abbildung 5.3: Zustandsregelung

Angabe: *Für die PT$_2$-Strecke in Beobachtungsnormalform gemäß Abb. 5.3*

$$\mathbf{A} = \begin{pmatrix} 0 & -4 \\ 1 & -2 \end{pmatrix} , \quad \mathbf{B} = \begin{pmatrix} 8 \\ 0 \end{pmatrix} , \quad \mathbf{C} = (0 \ 1) , \quad \mathbf{D} = 0 \tag{5.67}$$

werde ein Zustandsregler entworfen, der die Pole des geschlossenen Kreises auf $s_{cl\,1,2} = -2$ verschiebt. Wie lautet der Zustandsregler $\mathbf{K}$ und das Vorfilter V?
Lösung:

$$\dot{\mathbf{x}} = (\mathbf{A} + \mathbf{BK})\mathbf{x} + \mathbf{B}u \quad y = \mathbf{Cx} \quad \mathbf{K} \stackrel{\triangle}{=} -(r_1 \ \ r_2) . \tag{5.68}$$

Aus $\det(s\mathbf{I} - \mathbf{A} - \mathbf{BK}) \stackrel{\triangle}{=} (s+2)^2$ folgt

$$\det \begin{pmatrix} s + 8r_1 & 4 + 8r_2 \\ -1 & s + 2 \end{pmatrix} = s^2 + s(2 + 8r_1) + 16r_1 + 4 + 8r_2 \stackrel{\triangle}{=} s^2 + 4s + 4 \tag{5.69}$$

und mit Koeffizientenvergleich $2 + 8r_1 = 4 \ \leadsto \ r_1 = 0,25$ sowie $16r_1 + 4 + 8r_2 = 4 \ \leadsto \ r_2 = -0,5$ oder $\mathbf{K} = (-0,25 \ \ 0,5)$. Das Vorfilter der vorliegenden Eingrößenregelung erhält man aus

$$-\frac{1}{V} = \mathbf{C}(\mathbf{A} + \mathbf{BK})^{-1}\mathbf{B} = (0 \ 1) \begin{pmatrix} -2 & 0 \\ 1 & -2 \end{pmatrix}^{-1} \begin{pmatrix} 8 \\ 0 \end{pmatrix} \ \leadsto \ V = 0,5 . \tag{5.70}$$

5.19 Zustandsregler unter Polvorgabe

Angabe: *Wie ist der Zustandsregler zu bemessen, der mit der Strecke*

$$\mathbf{A} = \begin{pmatrix} 0 & 1 & 0 \\ 0 & 0 & 1 \\ -1 & -3 & -3 \end{pmatrix} \quad \mathbf{B} = \begin{pmatrix} 0 \\ 0 \\ 1 \end{pmatrix} \quad \mathbf{C} = (1 \ 0 \ 0) \quad \mathbf{D} = 0 \tag{5.71}$$

zu eine Regelkreis bildet, dessen Polstellen bei $-1,5 \pm j0,5$ und -3 liegen?
Lösung:

$$\mathbf{A} + \mathbf{BK} = \begin{pmatrix} 0 & 1 & 0 \\ 0 & 0 & 1 \\ -1 & -3 & -3 \end{pmatrix} + \begin{pmatrix} 0 \\ 0 \\ 1 \end{pmatrix} (k_1 \ \ k_2 \ \ k_3) \tag{5.72}$$

$$\det(s\mathbf{I} - \mathbf{A} - \mathbf{BK}) = \det \begin{pmatrix} s & -1 & 0 \\ 0 & s & -1 \\ 1-k_1 & 3-k_2 & s+3-k_3 \end{pmatrix} = n(s) . \tag{5.73}$$

Das charakteristische Polynom $n(s)$ des Regelkreises muss

$$(s+1,5-j0,5)(s+1,5+j0,5)(s+3) \overset{\triangle}{=} s^3 + 6s^2 + 11,5s + 7,5 \tag{5.74}$$

lauten; der Koeffizientenvergleich ergibt $k_1 = -6,5$; $k_2 = -8,5$; $k_3 = -3$. Das Vorfilter V findet sich aus $-\mathbf{C}(\mathbf{A} + \mathbf{BK})^{-1}\mathbf{B} V = 1$ zu $V = 7,5$. Der Koppelplan des Reglers $K(s)$ ist der Abb. 5.4 zu entnehmen.

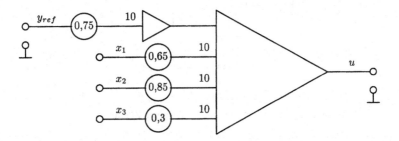

Abbildung 5.4: Koppelplan des Reglers

5.20 Zustandsregler und sein Koppelplan

Angabe: *Gegeben ist eine Regelstrecke nach Abb. 5.5. Die Zustandsraumdarstellung ist zu entwickeln, $\Phi(t)$ und $y(t)$ bei $u(t) = \sigma(t)$ zu berechnen und ein Zustandsregler mit Polvorgabe auf -2, -2 zu entwerfen.*
Lösung: Die in dieser Struktur aufgenommenen Zustandsgrößen bedingen eine Zustandsraumdarstellung

$$\mathbf{A} = \begin{pmatrix} -1 & 2 \\ 1 & -1 \end{pmatrix} , \quad \mathbf{B} = \begin{pmatrix} 2 \\ 0 \end{pmatrix} , \quad \mathbf{C} = (0 \ \ 1) , \quad \mathbf{D} = (0) \tag{5.75}$$

und die zugehörige Transitionsmatrix

$$\Phi(s) = \frac{1}{s^2 + 2s - 1} \begin{pmatrix} s+1 & 2 \\ 1 & s+1 \end{pmatrix} \tag{5.76}$$

$$\Phi(t) = \begin{pmatrix} \frac{1}{2} & \frac{1}{\sqrt{2}} \\ \frac{1}{2\sqrt{2}} & \frac{1}{2} \end{pmatrix} e^{(\sqrt{2}-1)t} + \begin{pmatrix} \frac{1}{2} & -\frac{1}{\sqrt{2}} \\ -\frac{1}{2\sqrt{2}} & \frac{1}{2} \end{pmatrix} e^{(-\sqrt{2}-1)t} = \begin{pmatrix} \cosh\sqrt{2}t & \sqrt{2}\sinh\sqrt{2}t \\ \frac{1}{\sqrt{2}}\sinh\sqrt{2}t & \cosh\sqrt{2}t \end{pmatrix} e^{-t} . \tag{5.77}$$

Ein Zustandsregler, der diese Strecke derart regelt, dass die Pole der Regelung auf -2, -2 fallen, lautet

$$\mathbf{K} = (-1 \ \vdots \ -1,5) . \tag{5.78}$$

Das Vorfilter beträgt $V = 2$. Die Sprungantwort der Regelung ergibt sich zu

$$y(t) = 1 - (1 + 2t)e^{-2t} \qquad t \geq 0 ; \tag{5.79}$$

das Reglerschaltbild zeigt die Abb. 5.6.

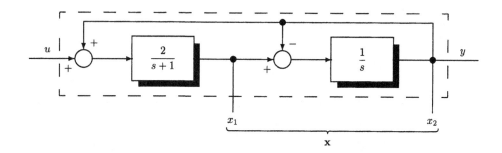

Abbildung 5.5: Blockschaltbild der Regelstrecke

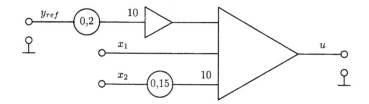

Abbildung 5.6: Analogrechenschaltung des Zustandsreglers

5.21   Zustandsregler auf vorgegebene Sollwertsprungantwort

Angabe: *Welcher Zustandsregler und welches Vorfilter bewirkt zur Strecke*

$$\mathbf{A} = \begin{pmatrix} -1 & 2 \\ 0 & -1 \end{pmatrix} \qquad \mathbf{B} = \begin{pmatrix} 0 \\ 2 \end{pmatrix} \qquad \mathbf{C} = (1 \ \ 0) \tag{5.80}$$

eine Sollwertsprungantwort $1 - (1 + 2t)e^{-2t}$?
Lösung: Aus

$$y(s) = \mathcal{L}\{1 - (1 + 2t)e^{-2t}\} = \frac{4}{s(s+2)^2} \quad \rightsquigarrow \quad T(s) = \frac{4}{(s+2)^2} \tag{5.81}$$

folgt die Führungsübertragungsfunktion $T(s)$. Mit

$$y(s) = \mathbf{C}(s\mathbf{I} - \mathbf{A} - \mathbf{BK})^{-1}\mathbf{B}Vy_{ref}(s) \tag{5.82}$$

und dem Ansatz $\mathbf{K} = (k_1 \ \ k_2)$ für den unbekannten Zustandsregler ergibt sich

$$\det(s\mathbf{I} - \mathbf{A} - \mathbf{BK}) = (s+2)^2 \quad \rightsquigarrow \quad \mathbf{K} = (-0,25 \ \ -1) \ . \tag{5.83}$$

Aus $T(s)\big|_{s=0} = -\mathbf{C}(\mathbf{A} + \mathbf{BK})^{-1}\mathbf{B}V = 1$ resultiert schließlich $V = 1$.

5.22   ∗ Symmetrische Mehrgrößenregelung im Zustandsraum

Angabe: *Wie lautet die Zustandsraumdarstellung des geschlossenen Mehrgrößenregelkreises nach dem Blockbild der Abb. 5.7 und bei*

$$K(s) = \frac{2}{s} \quad \text{und} \quad G(s) = \frac{1}{1 + 0,25s} \ ? \tag{5.84}$$

Bis zu welcher Verkopplung a ist das Mehrgrößensystem stabil?

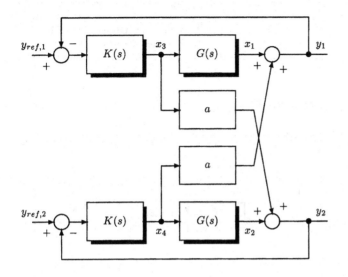

Abbildung 5.7: Symmetrische
Mehrgrößenregelung

Lösung: Für die beiden Teilstrecken mit je $G(s)$ folgt zunächst

$$\dot{x}_1 = 4x_3 - 4x_1 \tag{5.85}$$
$$\dot{x}_2 = 4x_4 - 4x_2 . \tag{5.86}$$

Schließt man $K(s)$ und die Eingangsmischglieder ein, dann gelten die beiden Zustandsgleichungen

$$\dot{x}_3 = -2x_1 - 2ax_4 + 2y_{ref1} \tag{5.87}$$
$$\dot{x}_4 = -2x_2 - 2ax_3 + 2y_{ref2} . \tag{5.88}$$

Zusammengestellt ergibt dies

$$\mathbf{u} \triangleq \begin{pmatrix} x_3 \\ x_4 \end{pmatrix} \qquad \mathbf{x} \triangleq \begin{pmatrix} x_1 \\ x_2 \end{pmatrix} \qquad \mathbf{y} \triangleq \begin{pmatrix} y_1 \\ y_2 \end{pmatrix} \qquad \mathbf{y}_{ref} \triangleq \begin{pmatrix} y_{ref,1} \\ y_{ref,2} \end{pmatrix} \tag{5.89}$$

$$\dot{\mathbf{x}} = \mathbf{Ax} + \mathbf{Bu} = \begin{pmatrix} -4 & 0 \\ 0 & -4 \end{pmatrix} \mathbf{x} + \begin{pmatrix} 4 & 0 \\ 0 & 4 \end{pmatrix} \mathbf{u} \text{ (Regelstrecke: } G(s)\text{-Elemente und } a\text{-Elemente) (5.90)}$$

$$\mathbf{y} = \mathbf{Cx} + \mathbf{Du} = \mathbf{Ix} + \begin{pmatrix} 0 & a \\ a & 0 \end{pmatrix} \mathbf{u} \qquad \mathbf{D} = \begin{pmatrix} 0 & a \\ a & 0 \end{pmatrix} \tag{5.91}$$

$$\dot{\mathbf{u}} = -2\mathbf{y} + 2\mathbf{y}_{ref} = -2(\mathbf{x} + \mathbf{Du}) + 2\mathbf{y}_{ref} \quad \text{(Regler)} \tag{5.92}$$

$$\begin{pmatrix} \dot{\mathbf{x}} \\ \dot{\mathbf{u}} \end{pmatrix} = \begin{pmatrix} \dot{x}_1 \\ \dot{x}_2 \\ \dot{x}_3 \\ \dot{x}_4 \end{pmatrix} = \begin{pmatrix} \mathbf{A} & \mathbf{B} \\ \mathbf{0} & \mathbf{0} \end{pmatrix} \begin{pmatrix} \mathbf{x} \\ \mathbf{u} \end{pmatrix} + \begin{pmatrix} \mathbf{0} & \mathbf{0} \\ -2\mathbf{I} & -2\mathbf{D} \end{pmatrix} \begin{pmatrix} \mathbf{x} \\ \mathbf{u} \end{pmatrix} + \begin{pmatrix} \mathbf{I} & \mathbf{0} \\ \mathbf{0} & 2\mathbf{I} \end{pmatrix} \begin{pmatrix} \mathbf{0} \\ \mathbf{y}_{ref} \end{pmatrix} =$$

$$\begin{pmatrix} \dot{\mathbf{x}} \\ \dot{\mathbf{u}} \end{pmatrix} = \begin{pmatrix} \mathbf{A} & \mathbf{B} \\ -2\mathbf{I} & -2\mathbf{D} \end{pmatrix} \begin{pmatrix} \mathbf{x} \\ \mathbf{u} \end{pmatrix} + \begin{pmatrix} \mathbf{I} & \mathbf{0} \\ \mathbf{0} & 2\mathbf{I} \end{pmatrix} \begin{pmatrix} \mathbf{0} \\ \mathbf{y}_{ref} \end{pmatrix} \qquad \mathbf{A}_{cl} = \begin{pmatrix} -4 & 0 & 4 & 0 \\ 0 & -4 & 0 & 4 \\ -2 & 0 & 0 & -2a \\ 0 & -2 & -2a & 0 \end{pmatrix}$$

und das charakteristische Polynom

$$s^4 + 8s^3 + (32 - 4a^2)s^2 + (64 - 32a^2)s + 64(1 - a^2) = 0 . \tag{5.93}$$

Dafür gilt nach dem Routh-Kriterium die Stabilitätsbedingung positiver Polynomkoeffizienten nur bei $|a| < 1$.

Die Ordnung des Mehrgrößensystems ist zwar nicht höher als die Summe der Ordnungen der Elemente, doch ist der „Vermischungsgrad" der Parameter, z.B. a, in der charakteristischen Gleichung größer, was neben dem Auftreten vermehrter Nullstellen die differentielle Sensitivität erhöht oder die Robustheit verschlechtert.

5.23 Nichtsteuerbarkeit und Nichtbeobachtbarkeit

Angabe: *Die in den Abb. 5.8 bzw. 5.9 gezeigten Systeme sind auf Steuerbarkeit bzw. Beobachtbarkeit zu untersuchen.*

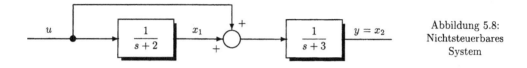

Abbildung 5.8:
Nichtsteuerbares
System

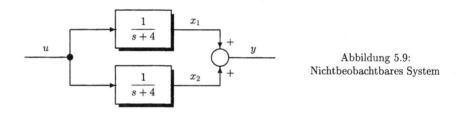

Abbildung 5.9:
Nichtbeobachtbares System

Lösung: Zur Abb. 5.8 findet man sofort

$$X_1(s) = \frac{1}{s+2}U(s) \tag{5.94}$$

$$X_2(s) = (1 + \frac{1}{s+2})\frac{1}{s+3}U(s) = \frac{s+3}{s+2}\frac{1}{s+3}U(s) = \frac{1}{s+2}U(s) \ . \tag{5.95}$$

Beide Zustandsvariablen lassen sich in einem bestimmten Zeitintervall durch $u(t)$ nur dann nach 0 steuern, wenn $x_1(0)$ gleich $x_2(0)$ sein sollte, sonst aber nicht. Das System ist daher nicht vollständig zustandssteuerbar. Zu derselben Erkenntnis kommt man im Zustandsraum für das System der Abb. 5.8 mit

$$\mathbf{A} = \begin{pmatrix} -2 & 0 \\ 1 & -3 \end{pmatrix} \qquad \mathbf{b} = \begin{pmatrix} 1 \\ 1 \end{pmatrix} \qquad \mathbf{Ab} = \begin{pmatrix} -2 \\ -2 \end{pmatrix} \ ; \tag{5.96}$$

durch die lineare Abhängigkeit von $\mathbf{b}$ und $\mathbf{Ab}$ ist nach Kalman die Steuerbarkeit ebenso zu verneinen.

Aus $y(t)$ in Abb. 5.9 hingegen kann auf die Anfangswerte $x_1(0)$ und $x_2(0)$ nicht einzeln rückgeschlossen werden, gehen sie doch mit Rücksicht auf die identische Zeitkonstante $-1/4$ ihrer Systeme nur als Summe ein. Die Zustandsraumdarstellung liefert für die Abb. 5.9

$$\mathbf{A} = \begin{pmatrix} -4 & 0 \\ 0 & -4 \end{pmatrix} \qquad \mathbf{c}^T = (1 \quad 1) \qquad \mathbf{c}^T\mathbf{A} = (-4 \quad -4) \ , \tag{5.97}$$

also lineare Abhängigkeit und somit Nichtbeobachtbarkeit.

5.24 Polverschiebung und Polkompensation durch Zustandsregelung

Angabe: *Ein System in Zustandsraumdarstellung lautet*

$$\mathbf{A} = \begin{pmatrix} 0 & 4 \\ 1 & 0 \end{pmatrix} \qquad \mathbf{B} = \begin{pmatrix} -16 \\ -\frac{16}{3} \end{pmatrix} \qquad \mathbf{C} = (0 \quad 1) \qquad \mathbf{D} = 0 \; . \tag{5.98}$$

Wo liegen die Polstellen dieses Systems? Wo liegt die Nullstelle dieses Systems? Gesucht ist jene Einzelmodusregelung, bei der der eine instabile Pol an den Ort der Nullstelle verschoben wird, sodass sich das Führungsverhalten eines PT_1-Elements ergibt. Wie lautet ein Zustandsregler und das Vorfilter?
Lösung: Es folgt

$$G(s) = \mathbf{C}(s\mathbf{I} - \mathbf{A})^{-1}\mathbf{B} = -\frac{16}{3}\frac{s+3}{s^2-4} \; . \tag{5.99}$$

Die Verschiebung des instabilen Pols bei $+2$ auf -3 bewirkt ein Kürzen der Nullstelle. Der Ansatz hiefür lautet

$$\det(\lambda\mathbf{I} - \mathbf{A} - \mathbf{BK}) \stackrel{\triangle}{=} (\lambda + 2)(\lambda + 3) \quad \rightsquigarrow \quad \mathbf{K} = \begin{pmatrix} \frac{3}{16} & \frac{3}{8} \end{pmatrix} \; ; \tag{5.100}$$

letzteres durch Koeffizientenvergleich. Die zugehörige Führungsübertragungsfunktion $T_1(s)$ findet man aus

$$T_1(s) = \mathbf{C}(s\mathbf{I} - \mathbf{A} - \mathbf{BK})^{-1}\mathbf{B} = -\frac{16}{3}\frac{1}{s+2} \; . \tag{5.101}$$

Mit einem Vorfilter $V = -\frac{3}{8}$ resultiert schließlich

$$T(s) = VT_1(s) = \frac{1}{1 + 0,5s} \; . \tag{5.102}$$

5.25 Regelkreis in Zustandsraumdarstellung

Angabe: *Eine Regelstrecke in Zustandsraumdarstellung besitze die Koeffizientenmatrix $\mathbf{A}$. Welche Parameter a_1 und a_2 bewirken Eigenwerte von $\mathbf{A}$ bei -1 und -2 ? Welche Eigenwerte besitzt der geschlossene Regelkreis bei Vorgabe von $\mathbf{B}$ und $\mathbf{K}$*

$$\mathbf{A} = \begin{pmatrix} 0 & -1 \\ a_1 & a_2 \end{pmatrix} \qquad \mathbf{B} = \begin{pmatrix} 1 & 0 \\ 0 & 2 \end{pmatrix}, \qquad \mathbf{K} = \begin{pmatrix} -1 & -2 \\ -3 & -4 \end{pmatrix} ? \tag{5.103}$$

Lösung: Aus

$$\lambda^2 - a_2\lambda + a_1 = 0 \stackrel{\triangle}{=} (\lambda + 1)(\lambda + 2) = \lambda^2 + 3\lambda + 2 = 0 \tag{5.104}$$

folgt

$$\mathbf{A} = \begin{pmatrix} 0 & -1 \\ 2 & -3 \end{pmatrix} \qquad \text{und} \qquad \mathbf{A}_{cl} = \mathbf{A} + \mathbf{BK} = \begin{pmatrix} -1 & -3 \\ -4 & -11 \end{pmatrix} \; . \tag{5.105}$$

Wegen $\lambda_{12}[\mathbf{A}_{cl}] = -6 \pm \sqrt{37} = 0,0828; \; -12,0828$ ist der geschlossene Kreis instabil.

5.26 * Regelkreisentwurf bei Vorgabe von Polen und Nullstellen

Angabe: *Wie sind für das System nach Abb. 5.10 und nach*

$$\mathbf{A} = \begin{pmatrix} 0 & 1 \\ 5 & 4 \end{pmatrix}, \qquad \mathbf{b}_1 = \begin{pmatrix} 0 \\ 1 \end{pmatrix}, \qquad \mathbf{b}_2 = \begin{pmatrix} 1 \\ 0 \end{pmatrix}, \qquad \mathbf{c}^T = (1 \quad 2) \tag{5.106}$$

die Vektoren des Zustandsreglers $\mathbf{k}_1^T = (r_1 \quad r_2)$ und $\mathbf{k}_2^T = (0 \quad r_3)$ zu wählen, damit die Pole [und Nullstellen] des Regelkreises bei -3; -5 [und -4] liegen?
Lösung: Man erhält

$$\mathbf{A}_{cl} = \mathbf{A} - \mathbf{b}_1\mathbf{k}_1^T - \mathbf{b}_2\mathbf{k}_2^T = \begin{pmatrix} 0 & 1 - r_3 \\ 5 - r_1 & 4 - r_2 \end{pmatrix} \tag{5.107}$$

und

$$T(s) = \mathbf{c}^T(s\mathbf{I} - \mathbf{A}_{cl})^{-1}\mathbf{b}_1 = \frac{1}{\det(s\mathbf{I} - \mathbf{A}_{cl})}[1 - r_3 + 2s] \; . \tag{5.108}$$

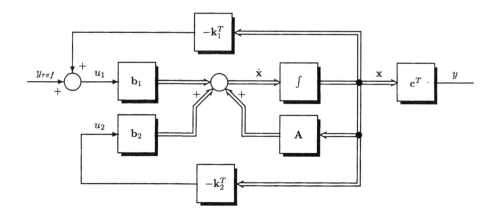

Abbildung 5.10: Zustandsregelung mit Pol- und Nullstellenvorgabe

Die Nullstelle von $T(s)$ aus $[\ ] = 0$ bei $s = -4$ führt auf $r_3 = -7$. Die Polstellen von $T(s)$ folgen aus

$$\det(s\mathbf{I} - \mathbf{A}_{cl}) = (s + r_2 - 4)s - (1 - r_3)(5 - r_1)\Big|_{r_3 = -7} \overset{\triangle}{=} s^2 + 8s + 15 \ . \tag{5.109}$$

Die Gleichsetzung liefert

$$r_2 = 12 \qquad r_1 = \frac{55}{8} \qquad \mathbf{k}_1^T = (\frac{55}{8} \quad 12) \qquad \mathbf{k}_2^T = (0 \quad -7) \ . \tag{5.110}$$

Der Regelkreis besitzt somit die resultierende Übertragungsfunktion

$$T(s) = \frac{2s + 8}{(s + 5)(s + 3)} \ . \tag{5.111}$$

Ein passendes Vorfilter wäre noch einzufügen.

5.27 Zustandsregler und Sensitivität

Angabe: *Gegeben ist eine Regelstrecke mit Polen bei -3 und -1. Für die Strecke in Regelungsnormalform ist ein linearer Zustandsregler $u = \mathbf{k}^T \mathbf{x}$ mit $\mathbf{k}^T \overset{\triangle}{=} -(r_1 \quad r_2)$ gesucht; und zwar derart, dass beide Pole des Regelkreises bei -5 liegen. Weiters ist die inverse Rückführdifferenz (Sensitivität) $1/[1 + F_o(s)] = S(s) = a(s)/f(s)$ als Ortskurve für $s = j\omega$ darzustellen, wobei $a(s)$ bzw. $f(s)$ die charakteristischen Polynome des offenen bzw. geschlossenen Kreises sind.*
Lösung: Aus der Angabe folgt die Zustandsraumdarstellung mit

$$\mathbf{A} = \begin{pmatrix} 0 & 1 \\ -3 & -4 \end{pmatrix} \qquad \mathbf{b} = \begin{pmatrix} 0 \\ 1 \end{pmatrix} \qquad a(s) = \det(s\mathbf{I} - \mathbf{A}) = s^2 + 4s + 3 \tag{5.112}$$

$$\mathbf{A}_{cl} = \mathbf{A} + \mathbf{b}\mathbf{k}^T = \begin{pmatrix} 0 & 1 \\ -3 - r_1 & -4 - r_2 \end{pmatrix} \rightsquigarrow \det(s\mathbf{I} - \mathbf{A}_{cl}) = s[s + (4 + r_2)] + 3 + r_1 \overset{\triangle}{=} (s + 5)(s + 5) \ . \tag{5.113}$$

Das Ergebnis aus dem Koeffizientenvergleich lautet

$$\mathbf{k}^T = (-22 \quad -6) \qquad \mathbf{A}_{cl} = \begin{pmatrix} 0 & 1 \\ -25 & -10 \end{pmatrix} \tag{5.114}$$

$$f(s) = \det(s\mathbf{I} - \mathbf{A}_{cl}) = s^2 + 10s + 25 \rightsquigarrow S(j\omega) = \frac{(\omega^2 + 6)^2 + 39}{(25 + \omega^2)^2} + j\frac{\omega(70 + 6\omega^2)}{(25 + \omega^2)^2} \quad \text{(siehe Abb. 5.11)}. \tag{5.115}$$

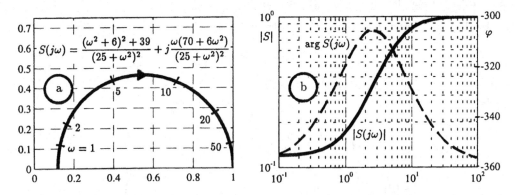

Abbildung 5.11: $S(j\omega)$-Ortskurve (a) und $S(j\omega)$ nach Betrag und Phase (b)

5.28 Matrixfunktion

Angabe: *Zu der Systemmatrix und ihren Eigenwerten*

$$\mathbf{A} = \begin{pmatrix} 0 & 1 \\ -2 & -3 \end{pmatrix} \quad \lambda[\mathbf{A}] = -1; \ -2 \tag{5.116}$$

sind die Transitionsmatrix und deren Eigenwerte gesucht.
Lösung:

$$\mathbf{\Phi}(s) = \begin{pmatrix} \frac{s+3}{(s+2)(s+1)} & \frac{1}{(s+2)(s+1)} \\ -\frac{2}{(s+2)(s+1)} & \frac{s}{(s+2)(s+1)} \end{pmatrix} ; e^{-t} \triangleq a ; \quad e^{-2t} \triangleq b ; \quad \mathbf{\Phi}(t) = \begin{pmatrix} 2a - b & a - b \\ -2a + 2b & -a + 2b \end{pmatrix} . \tag{5.117}$$

Die Eigenwerte der Transitionsmatrix lauten

$$\lambda[\mathbf{\Phi}(t)] = \lambda[e^{\mathbf{A}t}] = a; \ b , \tag{5.118}$$

weil wegen $\mathbf{B} = f(\mathbf{A})$ auch $\lambda[\mathbf{B}] = f(\lambda[\mathbf{A}])$ für Funktionen f, die sich als Potenzreihe darstellen lassen.

5.29 Zustandsregler, Berechnung von Stellgröße und Vorfilter

Angabe: *Die Regelstrecke lautet in Zustandsraumdarstellung*

$$\mathbf{A} = \begin{pmatrix} 0 & 1 \\ -2 & -1 \end{pmatrix} \quad \mathbf{b} = \begin{pmatrix} 0 \\ 1 \end{pmatrix} \quad \mathbf{c} = \begin{pmatrix} 1 \\ 0 \end{pmatrix} \quad d = 0 , \tag{5.119}$$

der lineare Zustandsregler $\mathbf{k}^T = (-2 \ -1)$ *. Welches Vorfilter V wird für Stationärgenauigkeit bezüglich Führungsverhaltens benötigt und wie lautet die Stellgröße* $u(t)$ *für Sollwert* $y_{ref}(t) = 0,4\,t$ *für* $t \geq 0$?
Lösung:

$$y(s) = \mathbf{c}^T(s\mathbf{I} - \mathbf{A} - \mathbf{B}\mathbf{K})^{-1}\mathbf{B}V y_{ref}(s) \tag{5.120}$$

$$\mathbf{c}^T(\mathbf{A} + \mathbf{B}\mathbf{k}^T)^{-1}\mathbf{B} = -\frac{1}{V} \quad \rightsquigarrow \quad (1 \ 0) \begin{pmatrix} 0 & 1 \\ -4 & -2 \end{pmatrix}^{-1} \begin{pmatrix} 0 \\ 1 \end{pmatrix} = -\frac{1}{V} \quad \rightsquigarrow \quad V = 4 . \tag{5.121}$$

Gemäß $u = \mathbf{k}^T\mathbf{x} + V y_{ref}$ folgt

$$u(s) = \mathbf{k}^T(s\mathbf{I} - \mathbf{A} - \mathbf{B}\mathbf{k}^T)^{-1}\mathbf{B}V y_{ref}(s) + V y_{ref}(s) \tag{5.122}$$

$$u(s) = \frac{4(s^2 + s + 2)}{s^2 + 2s + 4} \frac{0,4}{s^2} = \frac{4}{5}\left[\frac{1}{s^2} + \frac{1}{s^2 + 2s + 4}\right] \quad \rightsquigarrow \quad u(t) = 0,8[t + \frac{1}{\sqrt{3}}e^{-t}\sin\sqrt{3}t] . \tag{5.123}$$

5.30 Zustandsregler zur Polverschiebung

Angabe: *Welcher Zustandsregler verlegt die Regelkreispole nach -2, -2, -8 , wenn die Strecke*

$$G(s) = \frac{1}{(1+0,5s)(1+s)(1+5s)} = \frac{0,4}{s^3 + 3,2s^2 + 2,6s + 0,4} \tag{5.124}$$

lautet und in die Regelungsnormalform gebracht wird?
Lösung: Im Zustandsraum folgt

$$\mathbf{A} = \begin{pmatrix} 0 & 1 & 0 \\ 0 & 0 & 1 \\ -0,4 & -2,6 & -3,2 \end{pmatrix} \quad \mathbf{B} = \begin{pmatrix} 0 \\ 0 \\ 0,4 \end{pmatrix} \quad \mathbf{C} = (0,4 \ \ 0 \ \ 0) \quad \mathbf{K} \overset{\triangle}{=} -(k_1 \ \ k_2 \ \ k_3) \tag{5.125}$$

$$(\mathbf{A} + \mathbf{BK}) = \begin{pmatrix} 0 & 1 & 0 \\ 0 & 0 & 1 \\ -0,4 - 0,4k_1 & -2,6 - 0,4k_2 & -3,2 - 0,4k_3 \end{pmatrix} . \tag{5.126}$$

Der Vergleich in den entsprechenden Koeffizienten der letzten Matrixzeile mit den Koeffizienten des gewünschten charakteristischen Polynoms $(s+2)^2(s+8) = s^3 + 12s^2 + 36s + 32$ liefert

$$-0,4 - 0,4k_1 = -32 \ \rightsquigarrow \ k_1 = 79 \tag{5.127}$$

$$-2,6 - 0,4k_2 = -36 \ \rightsquigarrow \ k_2 = 83,5 \tag{5.128}$$

$$-3,2 - 0,4k_3 = -12 \ \rightsquigarrow \ k_3 = 22 \ . \tag{5.129}$$

5.31 * Eingeschränkter Zustandsregler und Polverschiebung

Angabe: *Die Strecke ist durch*

$$\mathbf{A} = \begin{pmatrix} 0 & 1 & 0 \\ 0 & 0 & 1 \\ -0,1 & -1,8 & -80 \end{pmatrix} \quad \mathbf{B} = \begin{pmatrix} 0 \\ 0 \\ 1 \end{pmatrix} \tag{5.130}$$

gegeben. Welcher Zustandsregler $u = (k_1 \ \ k_2 \ \ 0) \, \mathbf{x} = \mathbf{Kx}$ kann die Pole des Regelkreises nach $-a$, $-b$ und $-c$ verlegen?
Lösung:

$$(\mathbf{A} + \mathbf{BK}) = \begin{pmatrix} 0 & 1 & 0 \\ 0 & 0 & 1 \\ -0,1 - k_1 & -1,8 - k_2 & -80 \end{pmatrix} \tag{5.131}$$

$$\begin{aligned} \det(s\mathbf{I} - \mathbf{A} - \mathbf{BK}) &= s^3 + 80s^2 + (1,8 + k_2)s + (0,1 + k_1) \overset{\triangle}{=} (s+a)(s+b)(s+c) = \tag{5.132} \\ &= s^3 + (a+b+c)s^2 + (ab + ac + bc)s + abc \ . \tag{5.133} \end{aligned}$$

Aus dem Koeffizientenvergleich folgt

$$a + b + c = 80 \tag{5.134}$$

$$ab + ac + bc = 1,8 + k_2 \tag{5.135}$$

$$abc = 0,1 + k_1 \ . \tag{5.136}$$

Es resultieren drei Gleichungen in k_1 und k_2. Vorgaben in a, b, c sind nur eingeschränkt möglich.

5.32 Analyse einer Zustandsregelung

Angabe: *Wie verhält sich ein Zustandsregler $\mathbf{K} = -(2 \ \ 2)$ für die Regelungsnormalform der Strecke mit der Übertragungsfunktion $G(s) = \frac{2}{s^2}$, ausgehend von einer bestimmten Anfangsbedingung $\mathbf{x}_o^+ = \begin{pmatrix} 2 \\ 2 \end{pmatrix}$ und bei Sollwerteinheitssprung?*

Lösung:

$$\mathbf{A} = \begin{pmatrix} 0 & 1 \\ 0 & 0 \end{pmatrix} \quad \mathbf{B} = \begin{pmatrix} 0 \\ 1 \end{pmatrix} \quad \mathbf{C} = (2 \ \ 0) \tag{5.137}$$

$$\mathbf{A}_{cl} = \mathbf{A} + \mathbf{BK} = \begin{pmatrix} 0 & 1 \\ -2 & -2 \end{pmatrix} \quad T(s) = \frac{2}{2 + 2s + s^2} \quad s_{1,2} = -1 \pm j \tag{5.138}$$

$$y(s) = \mathbf{C}\boldsymbol{\Phi}_{cl}(s)\mathbf{x}_o^+ + \mathbf{C}\boldsymbol{\Phi}_{cl}(s)\mathbf{B}u(s) \quad u(s) = \frac{1}{s} \tag{5.139}$$

$$\boldsymbol{\Phi}_{cl} = (s\mathbf{I} - \mathbf{A}_{cl})^{-1} = \begin{pmatrix} s & -1 \\ 2 & s+2 \end{pmatrix}^{-1} = \frac{1}{s^2 + 2s + 2}\begin{pmatrix} s+2 & 1 \\ -2 & s \end{pmatrix} \tag{5.140}$$

$$\mathbf{C}\boldsymbol{\Phi}_{cl} = \frac{2}{s^2 + 2s + 2}(s+2 \vdots 1) \quad \mathbf{x}_o^+ + \mathbf{B}u(s) = \begin{pmatrix} 2 \\ 2 \end{pmatrix} + \begin{pmatrix} 0 \\ 1 \end{pmatrix}\frac{1}{s} = \begin{pmatrix} 2 \\ 2 + \frac{1}{s} \end{pmatrix} \tag{5.141}$$

$$y(s) = \frac{4s + 8 + 4 + \frac{2}{s}}{s^2 + 2s + 2} = \frac{1}{s} + \frac{3s + 10}{s^2 + 2s + 2} = \frac{1}{s} + \frac{3(s+1)}{(s+1)^2 + 1} + \frac{7 \cdot 1}{(s+1)^2 + 1} \tag{5.142}$$

$$y(t) = 1 + 3e^{-t}\cos t + 7e^{-t}\sin t . \tag{5.143}$$

5.33 Entwurf einer Abtastregelung mit Polvorgabe

Angabe: *Man analysiere die Regelung nach Abb. 5.12 mit der Abtastzeit $T = 0,5$ und bei einer Schleife $F_o(s) = V/[s(1 + sT_1)]$. Wie ist V und T_1 zu wählen, damit die Regelkreispole in der z-Ebene a) bei 0,5 ; 0,5, b) bei 0,5 ; 1 oder c) bei 0,1 ; 0,9. liegen? Sind alle Angaben betrieblich zweckmäßig?*

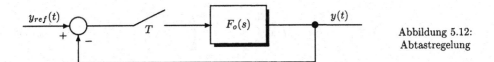

$y_{ref}(t)$ T $F_o(s)$ $y(t)$

Abbildung 5.12: Abtastregelung

Lösung: Durch Anwendung der z-Transformation findet man

$$F_o(z) = \frac{V(1 - e^{-\frac{T}{T_1}})z}{(z-1)(z - e^{-\frac{T}{T_1}})} \quad \rightsquigarrow \quad T(z) = \frac{F_o(z)}{1 + F_o(z)} = \frac{V(1 - e^{-\frac{T}{T_1}})z}{V(1 - e^{-\frac{T}{T_1}})z + (z-1)(z - e^{-\frac{T}{T_1}})} \tag{5.144}$$

mit dem charakteristischen Polynom

$$z^2 - z(1 + e^{-\frac{T}{T_1}} - V + Ve^{-\frac{T}{T_1}}) + e^{-\frac{T}{T_1}} \triangleq (z - z_1)(z - z_2) . \tag{5.145}$$

a)

$$z_1 = z_2 = 0,5 : e^{-\frac{T}{T_1}} = z_1 z_2 = 0,5^2 \quad \rightsquigarrow \quad \frac{T}{T_1} = 1,39 \quad \rightsquigarrow \quad T_1 = \frac{0,5}{1,39} = 0,36 \tag{5.146}$$

$$1 + e^{-\frac{T}{T_1}} - V + Ve^{-\frac{T}{T_1}} = z_1 + z_2 = 1 \quad \rightsquigarrow \quad 1 + 0,25 - (1 - 0,25)V = 1 \quad \rightsquigarrow \quad V = 0,33 . \tag{5.147}$$

b)

$$z_1 + z_2 = 1; z_1 z_2 = 0,5 : \frac{T}{T_1} = -\ln(z_1 z_2) = 0,69 \quad \rightsquigarrow \quad T_1 = \frac{0,5}{0,69} = 0,72 \tag{5.148}$$

$$1 + e^{-\frac{T}{T_1}} - (1 - e^{-\frac{T}{T_1}})V = 1,5 \quad \rightsquigarrow \quad V = 0 . \tag{5.149}$$

Zufolge $V = 0$ lässt diese Angabe b) keinen zweckmäßigen Betrieb einer Regelung erwarten.

c)

$$z_1 + z_2 = 1; z_1 z_2 = 0,09 : \frac{T}{T_1} = -\ln 0,09 = 2,41 \quad \rightsquigarrow \quad T_1 = \frac{0,5}{2,41} = 0,208 \tag{5.150}$$

$$V = \frac{1 - 1 - 0,09}{0,09 - 1} = 0,099 . \tag{5.151}$$

5.34 * Entwurf eines Zustandsreglers durch Polvorgabe bei verschiedenen Streckendarstellungen

Angabe: *Gegeben ist die Strecke einmal in Regelungsnormalform mit der letzten Zeile der **A**-Matrix von der Form $(-a_o \quad -a_1 \quad -a_2)$ und in einer anderen Angabe nach Abb. 5.13. Die Polstellen des Regelkreises sollen bei $\lambda_1, \lambda_2, \lambda_3$ liegen, wobei das charakteristische Polynom und der Zustandsregler mit*

$$(s - \lambda_1)(s - \lambda_2)(s - \lambda_3) \overset{\triangle}{=} s^3 + p_2 s^2 + p_1 s + p_o \quad u = \mathbf{k}^T \mathbf{x} \quad \mathbf{k}^T = (k_1 \quad k_2 \quad k_3) \tag{5.152}$$

benannt werden.

Lösung: Für Regelungsnormalform folgt

$$\det[s\mathbf{I} - (\mathbf{A} + \mathbf{b}\mathbf{k}^T)] = s^3 + p_2 s^2 + p_1 s + p_o , \tag{5.153}$$

der Zustandsregler zu

$$k_1 = -p_o + a_o , \quad k_2 = -p_1 + a_1 , \quad k_3 = -p_2 + a_2 . \tag{5.154}$$

Für Kettenschaltungs-Normalform erhält man entsprechend Abb. 5.13 die Zustandsraumdarstellung

$$\dot{x}_2 = -\frac{x_2}{T_2} x_2 + \frac{V_2}{T_2} x_1 . \tag{5.155}$$

Nach entsprechender Wiederholung aller drei in Kette liegenden Elemente resultiert

$$\mathbf{A} = \begin{pmatrix} -1/T_1 & 0 & 0 \\ V_2/T_2 & -1/T_2 & 0 \\ 0 & V_3 & 0 \end{pmatrix} \quad \mathbf{b} = \begin{pmatrix} V_1/T_1 \\ 0 \\ 0 \end{pmatrix} . \tag{5.156}$$

Die Vorgabe der Regelkreispole entsprechend Gl.(5.152) führt auf

$$k_1 = -\frac{p_2 T_1 T_2 - T_1 - T_2}{V_1 T_2} \quad k_2 = -\frac{p_1 T_1 T_2^2 - p_2 T_1 T_2 + T_1}{V_1 V_2 T_2} \quad k_3 = -\frac{p_o T_1 T_2}{V_1 V_2 V_3} . \tag{5.157}$$

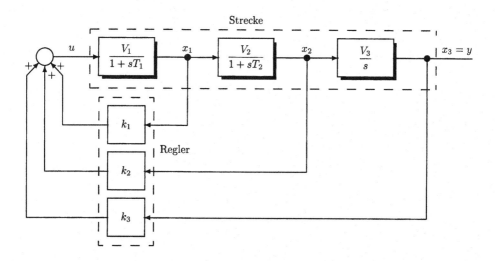

Abbildung 5.13: Regelkreis mit Zustandsregler

5.35 Zustandsraumdarstellung zu gegebener Streckenübertragungsfunktion

Angabe: Wie sieht die Zustandsraumdarstellung zu $G(s)$ aus, die den Zustandsreglerentwurf vorbereitet? Die Streckenübertragungsfunktion lautet

$$G(s) = \frac{Y(s)}{U(s)} = \frac{1}{(1+0,5s)(1+s)(1+5s)} \,. \tag{5.158}$$

Lösung: Die Variante in Regelungsnormalform folgt den Definitionen $\mathbf{x} \triangleq (x_1 \; x_2 \; x_3)^T$, $x_2 \triangleq \dot{x}_1$, $x_3 \triangleq \dot{x}_2$, $C_1 \triangleq 0,4$ (damit der Nenner von G ein monisches Polynom wird). Daraus resultiert

$$\mathbf{A} = \begin{pmatrix} 0 & 1 & 0 \\ 0 & 0 & 1 \\ -0,4 & -2,6 & -3,2 \end{pmatrix} \qquad \mathbf{b} = \begin{pmatrix} 0 \\ 0 \\ 1 \end{pmatrix} \qquad \mathbf{C} = (0,4 \;\; 0 \;\; 0) \,. \tag{5.159}$$

Die Variante mit Kettenstruktur verwendet andere Zustandsvariablen und mit ihnen die Darstellung

$$U = X_1(1+0,5s) \qquad \rightsquigarrow \qquad \dot{x}_1 = 2u - 2x_1 \tag{5.160}$$
$$X_1 = X_2(1+s) \qquad \rightsquigarrow \qquad \dot{x}_2 = x_1 - x_2 \tag{5.161}$$
$$X_2 = X_3(1+5s) \qquad \rightsquigarrow \qquad \dot{x}_3 = 0,2x_2 - 0,2x_3 \,. \tag{5.162}$$

Daraus folgt unmittelbar die Zustandsraumdarstellung

$$\mathbf{A} = \begin{pmatrix} -2 & 0 & 0 \\ 1 & -1 & 0 \\ 0 & 0,2 & -0,2 \end{pmatrix} \qquad \mathbf{b} = \begin{pmatrix} 2 \\ 0 \\ 0 \end{pmatrix} \qquad \mathbf{C} = (0 \;\; 0 \;\; 1) \,. \tag{5.163}$$

5.36 $*$ Dimensionierung einer Positions-Zustandsregelung

Angabe: Man dimensioniere einen Zustandsregler mit K_1, K_2 und V in Abb. 5.14 für ein Führungsverhalten von y_{ref} nach φ_n mit $D = \frac{1}{\sqrt{2}}$ und $\omega_N = 10$ rad/sek, wobei $K_o = 5$ und $T_{mech} = 0,2$ gegeben sind. Die Größe ω_n ist die der Drehzahl als Signal entsprechende Kreisfrequenz, hingegen ist ω_N ein Parameter, der die Schwingungskreisfrequenz des ungedämpft angenommenen PT_{2s}-Elements bedeutet.

Lösung: Aus der Abb. 5.14 folgt mit $\mathbf{x} = \binom{x_1}{x_2} \triangleq \binom{\omega_n}{\varphi_n}$ und $\dot{\varphi}_n = \omega_n$

$$(uK_o - \omega_n)\frac{1}{sT_{mech}} = \omega_n \quad \rightsquigarrow \quad \dot{\omega}_n = \frac{1}{T_{mech}}(uK_o - \omega_n) \tag{5.164}$$

und weiters

$$\mathbf{A} = \begin{pmatrix} -\frac{1}{T_{mech}} & 0 \\ 1 & 0 \end{pmatrix} = \begin{pmatrix} -5 & 0 \\ 1 & 0 \end{pmatrix}, \quad \mathbf{B} = \binom{K_o/T_{mech}}{0} = \binom{25}{0}, \quad \mathbf{C} = (0 \;\; 1) \,. \tag{5.165}$$

Mit $\mathbf{K} \triangleq (K_1 \; K_2)$ und $\dot{\mathbf{x}} = (\mathbf{A} + \mathbf{BK})\mathbf{x} + \mathbf{B}V y_{ref}$ erhält man

$$(s\mathbf{I} - \mathbf{A} - \mathbf{BK})\mathbf{x}(s) = \mathbf{B}V Y_{ref}(s) \quad \rightsquigarrow \quad \frac{Y(s)}{Y_{ref}(s)} = \mathbf{C}(s\mathbf{I} - \mathbf{A} - \mathbf{BK})^{-1}\mathbf{B}V \triangleq T(s) \,. \tag{5.166}$$

Nach Zwischenrechnungen ergibt sich $T(s)$ und aus dem Vergleich des Nennerpolynoms

$$T(s) = \frac{25V}{s^2 + s(5 - 25K_1) - 25K_2} \qquad s^2 + 2D\omega_N s + \omega_N^2 \triangleq s^2 + s(5 - 25K_1) - 25K_2 \tag{5.167}$$

$$\omega_N^2 = 10^2 = -25K_2 \quad \rightsquigarrow \quad K_2 = -4 \;; \qquad 2D\omega_N = 2\frac{1}{\sqrt{2}}10 = 5 - 25K_1 \quad \rightsquigarrow \quad K_1 = -0,37 \,. \tag{5.168}$$

Aus der Abb. 5.14 kann direkt auf den Stationärzustand geschlossen werden, indem $\omega_n = 0$ gelten muss; aus der Gleichsetzung $y_{ref}V + K_2\varphi_n = 0$ folgt bei $\varphi_n = y_{ref}$ der Ausdruck $V = -K_2 = 4$.

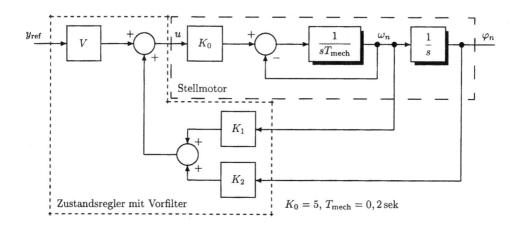

Abbildung 5.14: Positions-Zustandsregelung

5.37 ∗ Kontrolle der Transitionsmatrix

Angabe: *Man kontrolliere die Transitionsmatrix $\mathbf{\Phi}(t)$ mit der Spur von $\mathbf{A}$.*
Lösung: Einerseits gilt $\lambda_i[e^{\mathbf{A}}] = e^{\lambda_i[\mathbf{A}]}$, andererseits

$$\det \mathbf{\Phi} = \prod_i \lambda_i[\mathbf{\Phi}] \ \text{ und } \ \text{tr } \mathbf{A} = \sum_i \lambda_i[\mathbf{A}] \ . \tag{5.169}$$

Daher ergibt sich

$$\det \mathbf{\Phi}(t) = \det e^{\mathbf{A}t} = \prod_i \lambda_i[e^{\mathbf{A}t}] = \prod_i e^{t\,\lambda_i[\mathbf{A}]} = e^{\sum_i t\,\lambda_i[\mathbf{A}]} = e^{t\sum \lambda_i[\mathbf{A}]} = e^{t\,\text{tr}\mathbf{A}} \ . \tag{5.170}$$

Die Gleichung $\det \mathbf{\Phi}(t) = e^{t\,\text{tr}\mathbf{A}}$ ist eine Kontrollmöglichkeit für die abgeschlossene Berechnung der Transitionsmatrix $\mathbf{\Phi}(t)$; obwohl $\det \mathbf{\Phi}(t)$ oft kompliziert zu berechnen ist, besitzt doch tr $\mathbf{A}$ zumeist einen sehr einfachen Wert. Die Formel Gl.(5.170) bleibt analytisch wie numerisch für einzelne t-Werte nur eine notwendige Bedingung.

5.38 Zustandsraumdarstellung aus der Übertragungsfunktion

Angabe: *Für die Strecke*

$$G(s) = \frac{4s^2 + s + 1}{2s^3 + s + 2} = \frac{Y(s)}{U(s)} \tag{5.171}$$

ist die Zustandsraumdarstellung in Regelungs- und Beobachternormalform anzugeben.
Lösung:

$$\text{RNF} \quad \mathbf{A} = \begin{pmatrix} 0 & 1 & 0 \\ 0 & 0 & 1 \\ -1 & -0,5 & 0 \end{pmatrix}, \ \mathbf{B} = \begin{pmatrix} 0 \\ 0 \\ 1 \end{pmatrix}, \ \mathbf{C} = (0,5 \ \ 0,5 \ \ 2), \ \mathbf{D} = (0) \tag{5.172}$$

$$\text{BNF} \quad \mathbf{A} = \begin{pmatrix} 0 & 0 & -1 \\ 1 & 0 & -0,5 \\ 0 & 1 & 0 \end{pmatrix}, \ \mathbf{B} = \begin{pmatrix} 0,5 \\ 0,5 \\ 2 \end{pmatrix}, \ \mathbf{C} = (0 \ \ 0 \ \ 1), \ \mathbf{D} = (0) \ . \tag{5.173}$$

Man beachte die zueinander transponierten Matrizen $\mathbf{A}$ bzw. vertauschten Rollen von $\mathbf{B}^T$ und $\mathbf{C}$.

5.39 Übertragungsfunktion aus der Zustandsraumdarstellung

Angabe: *Welche Übertragungsfunktion gehört zu der Zustandsraumangabe*

$$\mathbf{A} = \begin{pmatrix} 3 & -3 & 2 \\ 1 & 1 & 1 \\ -4 & 2 & 1 \end{pmatrix}, \quad \mathbf{B} = \begin{pmatrix} 0 \\ 1 \\ 1 \end{pmatrix}, \quad \mathbf{C} = (0 \ 1 \ 0), \quad \mathbf{D} = 2 \quad ? \tag{5.174}$$

Lösung: Die Übertragungsfunktion lautet

$$G(s) = \frac{2s^3 - 9s^2 + 29s - 38}{s^3 - 5s^2 + 16s - 24} = \frac{Y(s)}{U(s)} . \tag{5.175}$$

Das System ist instabil, weil die Nennerkoeffizienten verschiedene Vorzeichen aufweisen.

5.40 Übertragungsfunktion und Zustandsraumdarstellung aus dem gegebenen Koppelplan

Angabe: *Der Koppelplan ist in Abb. 5.15 gegeben. Wie lauten Übertragungsfunktion und Zustandsraumdarstellung?*
Lösung: Die Übertragungsfunktion findet man zu

$$G(s) = -2 + \frac{30}{s^2 + 0,3s + 10} = \frac{-2s^2 - 0,6s + 10}{s^2 + 0,3s + 10} . \tag{5.176}$$

Das System ist stabil. Regelungs- und Beobachtungsnormalform lauten

$$\text{RNF} \quad \mathbf{A} = \begin{pmatrix} 0 & 1 \\ -10 & -0,3 \end{pmatrix}, \quad \mathbf{B} = \begin{pmatrix} 0 \\ 1 \end{pmatrix}, \quad \mathbf{C} = (30 \ 0), \quad \mathbf{D} = (-2) \tag{5.177}$$

$$\text{BNF} \quad \mathbf{A} = \begin{pmatrix} 0 & -10 \\ 1 & -0,3 \end{pmatrix}, \quad \mathbf{B} = \begin{pmatrix} 30 \\ 0 \end{pmatrix}, \quad \mathbf{C} = (0 \ 1), \quad \mathbf{D} = (-2) . \tag{5.178}$$

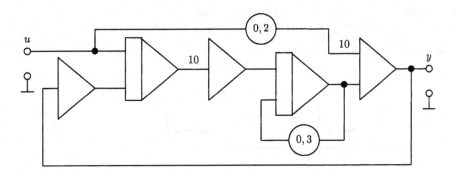

Abbildung 5.15: Koppelplan zu Gl.(5.176)

5.41 * Zustandsregler mit Integrator, Stabilitätsbereich

Angabe: *Gegeben ist der Regelkreis nach Abb. 5.16 und darin der Regler* $\mathbf{K}' = (80 \ \vdots \ -7 \ \vdots \ -k_3')$ *für die Streckendarstellung in Regelungsnormalform. In welchem Bereich von* k_3' *ist die Regelung stabil? Wie lautet die Führungsübertragungsfunktion* $T(s)$?
Lösung: Man erhält zunächst aus Abb. 5.16 für die Strecke $G(s)$ allein

$$\mathbf{A} = \begin{pmatrix} 0 & 1 \\ -100 & -2 \end{pmatrix}, \quad \mathbf{B} = \begin{pmatrix} 0 \\ 1 \end{pmatrix}, \quad \mathbf{C} = (10 \ 3), \quad \mathbf{D} = 0 \tag{5.179}$$

und mit Erweiterung $x_3 \triangleq \int_0^t e(t)dt$ oder $\dot{x}_3 = y_{ref} - \mathbf{C}\mathbf{x}$

$$\text{erweitertes } \mathbf{A} \triangleq \mathbf{A}' = \begin{pmatrix} 0 & 1 & 0 \\ -100 & -2 & 0 \\ -10 & -3 & 0 \end{pmatrix}, \quad \mathbf{B}' = \begin{pmatrix} 0 \\ 1 \\ 0 \end{pmatrix}, \quad \mathbf{C}' = (10 \ \ 3 \ \ 0) \, . \tag{5.180}$$

Das charakteristische Polynom des Regelkreises

$$\det(s\mathbf{I} - \mathbf{A}' - \mathbf{B}'\mathbf{K}') = s^3 + 9s^2 + s(20 - 3k_3') - 10k_3' \tag{5.181}$$

ist nach dem Routh-Kriterium für $k_3' < 0$ stabil. Weiters gilt

$$T(s) = \frac{-k_3'(3s + 10)}{s^3 + 9s^2 + (20 - 3k_3')s - 10k_3'} \, . \tag{5.182}$$

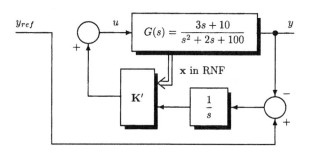

Abbildung 5.16: Regelkreis mit Zustandsregler und Integrator

5.42 ∗ Zustandsregler mit Integrator

Angabe: *Die Regelstrecke liege in Abb. 5.17 vor. Ein Zustandsregler mit Integrator und ein Vorfilter sind zu analysieren. Für den gegebenen Koppelplan eines Beobachters aus Abb. 5.19 sind die Matrizendaten zu ermitteln. In welcher Normalform liefert er die Zustandsgrößen? Die Anordnung des Zustandsreglers erfolgt nach der Abb. 5.18 und zwar nach der Angabe* $\mathbf{K}' = (-3 \quad 7{,}5 \quad -8)$.

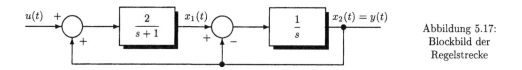

Abbildung 5.17: Blockbild der Regelstrecke

Lösung: Für die Regelstrecke ohne Integrator ergibt sich aus $x_1(s) = \frac{2}{s+1}[u(s) + x_2(s)]$ und ferner im Bildbereich $x_2(s) = \frac{1}{s}[x_1(s) - x_2(s)]$

$$\mathbf{A} = \begin{pmatrix} -1 & 2 \\ 1 & -1 \end{pmatrix}, \quad \mathbf{B} = \begin{pmatrix} 2 \\ 0 \end{pmatrix}, \quad \mathbf{C} = (0 \ \ 1) \, . \tag{5.183}$$

Mit Integrator resultiert

$$\mathbf{A}' = \begin{pmatrix} -1 & 2 & 0 \\ 1 & -1 & 0 \\ 0 & -1 & 0 \end{pmatrix}, \quad \mathbf{B}' \triangleq \begin{pmatrix} \mathbf{B} \\ 0 \end{pmatrix} = \begin{pmatrix} 2 \\ 0 \\ 0 \end{pmatrix}, \quad \mathbf{B}'' \triangleq \begin{pmatrix} \mathbf{B}V \\ 1 \end{pmatrix} \tag{5.184}$$

$$\begin{pmatrix} \dot{\mathbf{x}} \\ \dot{x}_3 \end{pmatrix} \triangleq \dot{\mathbf{x}}' = \mathbf{A}'\mathbf{x}' + \mathbf{B}''y_{ref} + \mathbf{B}'\mathbf{K}'\mathbf{x}' \, . \tag{5.185}$$

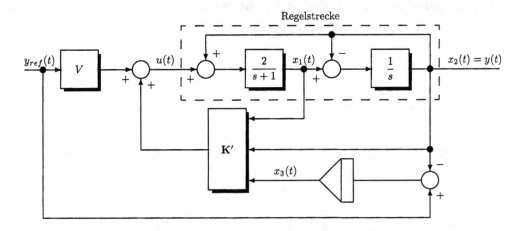

Abbildung 5.18: Regelung und Zustandsregler

Die Gleichung enthält bereits die Beziehungen aus Abb. 5.18 eingearbeitet, nämlich $\dot{x}_3 = -x_2 + y_{ref}$ und $u = V y_{ref} + \mathbf{K}'\mathbf{x}'$. Das neue $\mathbf{C}'$ beträgt $\mathbf{C}' = (0 \quad 1 \quad 0)$. Die charakteristische Gleichung des Regelkreises lautet

$$\det(s\mathbf{I} - \mathbf{A}' - \mathbf{B}'\mathbf{K}') = \det \begin{pmatrix} s+7 & 13 & -16 \\ -1 & s+1 & 0 \\ 0 & 1 & s \end{pmatrix} = s^3 + 8s + 20s + 16 = (s+2)^2(s+4) \ . \quad (5.186)$$

Die Führungsübertragungsfunktion $T(s)$ folgt zu

$$T(s) = \mathbf{C}'(s\mathbf{I} - \mathbf{A}' - \mathbf{B}'\mathbf{K}')^{-1}\mathbf{B}'' = \frac{2Vs + 16}{(s+2)(s+4)} \ . \quad (5.187)$$

Die Vorfilterverstärkung V muss zu $V = 4$ gewählt werden, wenn die Nullstelle eine Polstelle bei -2 kompensieren soll. Der Zustandsregler $\mathbf{K}'$ braucht nicht verändert zu werden.

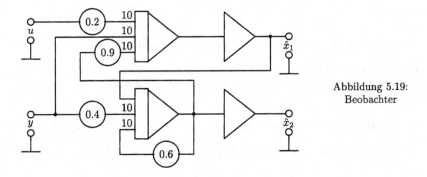

Abbildung 5.19: Beobachter

Für den Beobachter folgt

$$\mathbf{F} = \begin{pmatrix} 0 & -9 \\ 1 & -6 \end{pmatrix} \ , \quad \mathbf{N} = \begin{pmatrix} 10 \\ 4 \end{pmatrix} \ , \quad \mathbf{G}_u = \begin{pmatrix} 2 \\ 0 \end{pmatrix} \ . \quad (5.188)$$

Die Beobachterpole befinden sich als Doppelpol bei -3. Der Beobachter liegt in Beobachtungsnormalform vor.

5.43   Zustandsregelung in Potenzreihenentwicklung

Angabe: *Eine Regelstrecke gehorcht der Zustandsraum-Differentialgleichung*

$$\dot{\mathbf{x}}(t) = \begin{pmatrix} -1 & 1 \\ 0 & -3 \end{pmatrix} \mathbf{x}(t) + \begin{pmatrix} 0 \\ 1 \end{pmatrix} u(t) , \qquad y(t) = (\,3 \quad 0\,)\,\mathbf{x}(t) . \tag{5.189}$$

Ein linearer Zustandsregler $u(t) = (\,1 \quad 2\,)\,\mathbf{x}(t)$ *kommt zum Einsatz. Man ermittle* $\mathbf{\Phi}_{cl}(t)$ *des geschlossenen Regelkreises durch Reihenentwicklung von* $\mathbf{A}_{cl}$. *Wie lautet* $y(t)$, *wenn* $\mathbf{x}(0^+) = \binom{1}{0}$?
Lösung:

$$\mathbf{K} = (\,1 \quad 2\,) , \; \mathbf{A}_{cl} = \mathbf{A} + \mathbf{BK} = \begin{pmatrix} -1 & 1 \\ 1 & -1 \end{pmatrix} , \; \mathbf{A}_{cl}^2 = \begin{pmatrix} 2 & -2 \\ -2 & 2 \end{pmatrix} , \; \mathbf{A}_{cl}^3 = \begin{pmatrix} -4 & 4 \\ 4 & -4 \end{pmatrix} \; \text{usw.} \tag{5.190}$$

$$\mathbf{\Phi}_{cl} = e^{\mathbf{A}_{cl}t} = \mathbf{I} + \mathbf{A}_{cl}t + \frac{\mathbf{A}_{cl}^2}{2!}t^2 + \dots \tag{5.191}$$

$$y(t) = \mathbf{C}\mathbf{\Phi}_{cl}(t)\mathbf{x}(0^+) = (\,3 \quad 0\,)\mathbf{\Phi}_{cl}(t)\mathbf{x}(0^+) = 3\Phi_{cl,11}(t) = 1 - t + t^2 - \frac{2}{3}t^4 + \frac{1}{3}t^5 - + \dots . \tag{5.192}$$

5.44   Stabilität einer Zustandsregelung

Angabe: *Eine Zweigrößen-Regelstrecke mit der Zustandsraumdarstellung*

$$\mathbf{A} = \begin{pmatrix} -1 & 0 & 0 \\ 0 & -3 & 0 \\ 0 & 0 & -10 \end{pmatrix} , \quad \mathbf{B} = \begin{pmatrix} 0 & 0 \\ 0 & 1 \\ 1 & 1 \end{pmatrix} , \quad \mathbf{C} = \begin{pmatrix} 1 & 1 & 0 \\ 1 & 0 & 1 \end{pmatrix} , \quad \mathbf{D} = \begin{pmatrix} 0 & 0 \\ 0 & 0 \end{pmatrix}$$

wird mit dem Regler $\mathbf{u} = \mathbf{y}_{ref} + \mathbf{K}_y\,\mathbf{y}$ *geregelt, wobei die Reglermatrix mit* $\mathbf{K}_y = \begin{pmatrix} -1 & 0 \\ 0 & -2 \end{pmatrix}$ *gegeben ist. Wie lauten die Eigenwerte des Regelkreises? Ist das geschlossene System stabil?*
Lösung: Man wendet $\mathbf{A}_{cl} = \mathbf{A} + \mathbf{BK}_y\mathbf{C}$ an. Damit folgt

$$s\mathbf{I} - \mathbf{A}_{cl} = \begin{pmatrix} s+1 & 0 & 0 \\ 2 & s+3 & 2 \\ 3 & 1 & s+12 \end{pmatrix} \quad \leadsto \quad \det(s\mathbf{I} - \mathbf{A}_{cl}) = (s+1)(s^2 + 15s + 34) . \tag{5.193}$$

Die drei Eigenwerte lauten -1; $-7,5 \pm 0,5\sqrt{89}$. Der Regelkreis ist stabil.

5.45 $*$ Differenzierung als Schaltungskombination im Zustandsraum

Angabe: *Der Ausgang eines Systems mit der Übertragungsmatrix* $\mathbf{G}(s)$ *wird nach* t *differenziert. Wie lautet die Zustandsraumdarstellung von* $s\mathbf{G}(s)$ *unter Verwendung jener von* $\mathbf{G}(s)$ *bei* $\mathbf{D} = \mathbf{0}$?
Lösung: Man erhält

$$s\mathbf{G}(s) = s\mathbf{C}\mathbf{\Phi}(s)\mathbf{B} = \mathbf{C}s\mathbf{\Phi}(s)\mathbf{B} = \mathbf{C}[\mathbf{\Phi}(t=0) + \mathcal{L}\{\tfrac{\partial}{\partial t}\mathbf{\Phi}(t)\}]\mathbf{B} = \mathbf{C}[e^{\mathbf{A}0} + \mathcal{L}\{\tfrac{\partial}{\partial t}e^{\mathbf{A}t}\}]\mathbf{B} \tag{5.194}$$

$$= \mathbf{C}[\mathbf{I} + \mathcal{L}\{\mathbf{A}e^{\mathbf{A}t}\}]\mathbf{B} = \mathbf{CB} + \mathbf{CA}\mathbf{\Phi}(s)\mathbf{B} = \mathbf{C}_d\mathbf{\Phi}_d(s)\mathbf{B}_d + \mathbf{D}_d . \tag{5.195}$$

Dann ist

$$\mathbf{A}_d = \mathbf{A}; \; \mathbf{B}_d = \mathbf{B} \; ; \; \mathbf{C}_d = \mathbf{CA} \; ; \mathbf{D}_d = \mathbf{CB} \tag{5.196}$$

oder unter Verwendung reeller Matrizenquadrupel

$$s\mathbf{G}(s) = s\left[\begin{array}{c|c} \mathbf{A} & \mathbf{B} \\ \hline \mathbf{C} & \mathbf{0} \end{array}\right] = \left[\begin{array}{c|c} \mathbf{A} & \mathbf{B} \\ \hline \mathbf{CA} & \mathbf{CB} \end{array}\right] = \left[\begin{array}{c|c} \mathbf{A} & \mathbf{AB} \\ \hline \mathbf{C} & \mathbf{CB} \end{array}\right] ; \tag{5.197}$$

letzteres weil $\mathbf{A}\mathbf{\Phi}(t) = \mathbf{\Phi}(t)\mathbf{A}$, d.h. der Sonderfall vorliegt, dass $\mathbf{A}$ und $\mathbf{\Phi}(t)$ kommutativ sind.

5.46 Einfache Rückführung als Schaltungskombination

Angabe: *Welche Zustandsraumformulierung für $G_1(s)$ folgt nach Abb. 5.20 bei $D = 0$?*
Lösung: Da $G_1(s) = [I - G(s)]^{-1}$ und die Identität

$$[I - C(sI - A)^{-1}B] \equiv C[sI - (A + BC)]^{-1}B + I \qquad (5.198)$$

gilt, folgt

$$A_1 = A + BC; \quad B_1 = B; \quad C_1 = C; \quad D_1 = I . \qquad (5.199)$$

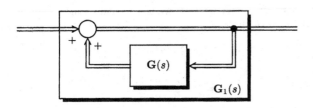

Abbildung 5.20: Einheitsvorwärtszweig mit $G(s)$ in der Rückführung

5.47 * Unbestimmte Form $s \to 0$ gegen Inverse der entarteten Systemmatrix

Angabe: *Auf der Basis $G(s) = c^T(sI - A)^{-1}b + d$ ist die Sprung- und Impulsantwort in zeitlichen Grenzlagen zu berechnen.*
Die Sprungantwort für $t \to 0$ lautet nach dem Anfangswerttheorem

$$\lim_{t \to 0} h(t) = \lim_{s \to \infty} s \frac{1}{s} G(s) = d ; \qquad (5.200)$$

die Sprungantwort $t \to \infty$, bei A^{-1} existent, nach dem Endwerttheorem

$$\lim_{t \to \infty} h(t) = \lim_{s \to 0} s \frac{1}{s} G(s) = c^T A^{-1} b + d ; \qquad (5.201)$$

die Impulsantwort

$$\text{für } t \to 0 \quad \lim_{t \to 0} g(t) = \lim_{s \to \infty} sG(s) = c^T b + \lim_{s \to \infty} sd = c^T b + d \lim_{s \to \infty} s ; \qquad (5.202)$$

$$\text{für } t \to \infty \text{ schließlich} \quad \lim_{s \to \infty} g(t) = \lim_{s \to 0} sc^T(sI - A)^{-1}b + ds = 0 \quad \text{bei } A^{-1} \text{ existent (endlich)} . \qquad (5.203)$$

Die Impulsantwort ist aber auch für $t \to \infty$ bei singulärem A sinnvoll. Enthält nämlich $G(s)$ einen Integrator, so strebt die Impulsantwort $g(t)$ für $t \to \infty$ gegen einen endlichen Wert. Jedoch ist in diesem Fall A^{-1} nicht existent, da die letzte Zeile in A eine Nullzeile ist.
Lösungsweg 1: Wird A und x partitioniert, und zwar auf A_r und x_r reduziert, nämlich

$$\dot{x}_r = A_r x_r + a x_n + b_r u \qquad (5.204)$$

$$\dot{x}_n = b_n u \qquad (5.205)$$

$$y = c_r^T x_r + c_n x_n + d u , \qquad (5.206)$$

so ist für endliche Impulsantwort der Wert $d = 0$ Voraussetzung. Mit $u(t) = \delta(t)$ resultiert $x_n = b_n \sigma(t)$ und $\mathcal{L}\{x_n(t)\} = X_n = \frac{b_n}{s}$. Aus der ersten Gleichungszeile folgt bei $x_r(0) = 0$

$$sX_r = A_r X_r + a \frac{b_n}{s} + b_r u \qquad (5.207)$$

$$(sI - A_r)X_r = b_n a \frac{1}{s} + b_r u \qquad (5.208)$$

$$sX_r = b_n(sI - A_r)^{-1}a + s(sI - A_r)^{-1}b_r u \qquad (5.209)$$

$$\lim_{s \to 0} sX_r = -b_n A_r^{-1}a = \lim_{t \to \infty} x_r(t) . \qquad (5.210)$$

Aus Gl.(5.206) findet man schließlich

$$\lim_{t \to \infty} y(t) = \mathbf{c}_r^T(-b_n \mathbf{A}_r^{-1}\mathbf{a}) + c_n b_n \sigma(t)\Big|_{t \to \infty} = -b_n \mathbf{c}_r^T \mathbf{A}_r^{-1}\mathbf{a} + c_n b_n \ . \tag{5.211}$$

Die partitionierte Zustandsraumdarstellung ist auch

$$G(s) = \left[\begin{array}{c|c} \mathbf{A} & \mathbf{b} \\ \hline \mathbf{c}^T & 0 \end{array}\right] = \left[\begin{array}{cc|c} \mathbf{A}_r & \mathbf{a}_r & \mathbf{b}_r \\ \mathbf{0}^T & 0 & b_n \\ \hline \mathbf{c}^T & c_n & 0 \end{array}\right] \tag{5.212}$$

zu entnehmen.

Lösungsweg 2: Eine Alternativlösung mit vorgeschaltetem Integratorsystem $\mathbf{h}_i$ und nachgeschaltetem Zweigrößensystem $\mathbf{g}_r^T$ folgt bei $u(t) = \delta(t)$ nach Abb.5.21

$$Y(s) = \mathbf{g}_r^T \mathbf{h}_i\, U(s) \quad \text{und} \quad g(t) = \mathcal{L}^{-1}\{\mathbf{g}_r^T \mathbf{h}_i\} \ , \tag{5.213}$$

wobei

$$\mathbf{u}_r = \begin{pmatrix} u \\ x_n \end{pmatrix} \qquad \mathbf{h}_i = \begin{pmatrix} 1 \\ \frac{b_n}{s} \end{pmatrix} \qquad \mathbf{g}_r^T = \left[\begin{array}{c|cc} \mathbf{A}_r & \mathbf{b}_r & \mathbf{a} \\ \hline \mathbf{c}_r^T & 0 & c_n \end{array}\right] \ . \tag{5.214}$$

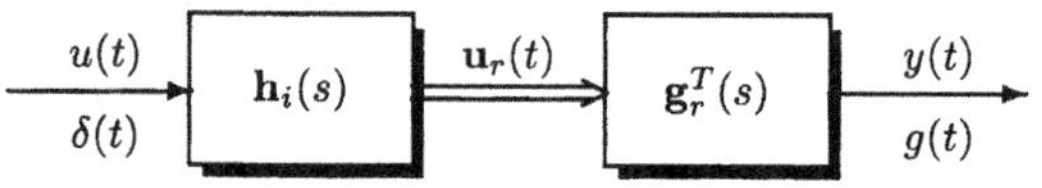

Abbildung 5.21: Zerlegung zum Lösungsweg 2 mittels vorgeschalteten Integrators

$$G(s) = \mathbf{g}_r^T(s)\mathbf{h}_i(s) = \left[\mathbf{c}_r^T(s\mathbf{I} - \mathbf{A}_r)^{-1}(\mathbf{b}_r \quad \mathbf{a}) + (0 \quad c_n)\right]\begin{pmatrix} 1 \\ \frac{b_n}{s} \end{pmatrix} \tag{5.215}$$

$$\lim_{t \to \infty} g(t) = \lim_{s \to 0} sG(s) = \lim_{s \to 0}\left[\mathbf{c}_r^T(s\mathbf{I} - \mathbf{A}_r)^{-1}(\mathbf{b}_r \quad \mathbf{a})\begin{pmatrix} s \\ b_n \end{pmatrix} + (0 \quad c_n)\begin{pmatrix} s \\ b_n \end{pmatrix}\right] = \tag{5.216}$$

$$= -\mathbf{c}_r^T \mathbf{A}_r^{-1}\mathbf{a}\, b_n + c_n b_n \ . \tag{5.217}$$

Die Anwendung auf ein Zahlenbeispiel zeigt

$$G(s) = \frac{50(s + 0,2)}{s(s + 5)} = \left[\begin{array}{cc|c} -5 & 1 & 50 \\ 0 & 0 & 10 \\ \hline 1 & 0 & 0 \end{array}\right] \ \leadsto \ \lim_{t \to \infty} g(t) = -10 \cdot 1 \cdot \frac{1}{(-5)} \cdot 1 + 0 \cdot 10 = 2 \ . \tag{5.218}$$

5.48   Spezielle Zustandsraumdarstellungen

Angabe: *Gegeben ist die Strecke $G(s) = \frac{30}{6+5s+s^2}$. Wie lauten Regelungs- und Beobachtungsnormalform (RNF und BNF) sowie jene spezielle modale Zustandsraumdarstellung, bei der sich bei Sprung in der Stellgröße eine modale Komponente $x^{mo}(t)|_{t=1}$ zu eins ergibt?*

Lösung: Man erhält stets $\mathbf{D} = 0$ und

$$\text{RNF} \qquad \mathbf{A} = \begin{pmatrix} 0 & 1 \\ -6 & -5 \end{pmatrix} \quad \mathbf{B} = \begin{pmatrix} 0 \\ 1 \end{pmatrix} \quad \mathbf{C} = (30 \quad 0) \tag{5.219}$$

$$\text{BNF} \qquad \mathbf{A} = \begin{pmatrix} 0 & -6 \\ 1 & -5 \end{pmatrix} \quad \mathbf{B} = \begin{pmatrix} 30 \\ 0 \end{pmatrix} \quad \mathbf{C} = (0 \quad 1) \tag{5.220}$$

und wegen

$$\mathcal{L}^{-1}\{\frac{1}{s}\frac{b_1}{s+2}\} = 0,5(1 - e^{-2t})b_1\Big|_{t=1} = 1 \ \leadsto \ b_1 = 2,313 \tag{5.221}$$

$$\mathbf{A} = \begin{pmatrix} -2 & 0 \\ 0 & -3 \end{pmatrix} \quad \mathbf{B} = \begin{pmatrix} 2,313 \\ 3,157 \end{pmatrix} \quad \mathbf{C} = (12,97 \quad -9,50) \ . \tag{5.222}$$

5.49 Zustandsraumdarstellung in Tabellenform

Angabe: *Gegeben ist das Mehrgrößensystem mit drei Ein- und drei Ausgängen und von der Ordnung eins*

$$\mathbf{y}(s) \triangleq \begin{pmatrix} y_1 \\ y_2 \\ y_3 \end{pmatrix} \qquad \mathbf{u}(s) \triangleq \begin{pmatrix} u_1 \\ u_2 \\ u_3 \end{pmatrix} \qquad \mathbf{G}(s) = \begin{pmatrix} \frac{1}{s+1} & 0 & 0 \\ 0 & 1 & 0 \\ 0 & 0 & a \end{pmatrix} \qquad \mathbf{y}(s) = \mathbf{G}(s)\mathbf{u}(s) . \quad (5.223)$$

Wie sieht die Zustandsraumdarstellung aus?
Lösung: Verwendet man

$$\frac{1}{s+1} = \left[\begin{array}{c|c} -1 & 1 \\ \hline 1 & 0 \end{array} \right] \qquad \text{und} \qquad a = \left[\begin{array}{c|c} 0 & 0 \\ \hline 0 & a \end{array} \right] , \quad (5.224)$$

dann sind die Zustandsraumgleichungen

$$\begin{aligned} \dot{x} = \dot{x} &= \mathbf{A}x + B_1 u_1 + B_2 u_2 + B_3 u_3 \\ y_1 &= C_1 x + D_{11} u_1 + D_{12} u_2 + D_{13} u_3 \\ y_2 &= C_2 x + D_{21} u_1 + D_{22} u_2 + D_{23} u_3 \\ y_3 &= C_3 x + D_{31} u_1 + D_{32} u_2 + D_{33} u_3 \end{aligned} \quad \text{oder} \quad \mathbf{G}(s) = \left[\begin{array}{c||c|ccc} & \mathbf{x} & u_1 & u_2 & u_3 \\ \hline\hline \dot{x} & -1 & 1 & 0 & 0 \\ \hline y_1 & 1 & 0 & 0 & 0 \\ y_2 & 0 & 0 & 1 & 0 \\ y_3 & 0 & 0 & 0 & a \end{array} \right] . \quad (5.225)$$

Für eine andere Angabe gilt

$$\frac{\beta}{s} = \left[\begin{array}{c|c} 0 & \beta \\ \hline 1 & 0 \end{array} \right] \quad \rightsquigarrow \quad \mathbf{G}(s) = \begin{pmatrix} \alpha & 0 & 0 \\ 0 & \frac{\beta}{s} & 0 \\ 0 & 0 & \gamma \end{pmatrix} = \left[\begin{array}{c||c|ccc} & \mathbf{x} & u_1 & u_2 & u_3 \\ \hline\hline \dot{x} & 0 & 0 & \beta & 0 \\ \hline y_1 & 0 & \alpha & 0 & 0 \\ y_2 & 1 & 0 & 0 & 0 \\ y_3 & 0 & 0 & 0 & \gamma \end{array} \right] . \quad (5.226)$$

5.50 ∗ Zustandsraumdarstellung der Kettenschaltung zweier Mehrgrößensysteme

Angabe: *Wie sieht die Zustandsraumdarstellung zweier in Kette liegender Systeme $\mathbf{G}_1$ and $\mathbf{G}_2$ aus?*
Lösung: Durch Gleichsetzung erhält man

$$\mathbf{G}_1(s)\mathbf{G}_2(s) = [\mathbf{C}_1(s\mathbf{I} - \mathbf{A}_1)^{-1}\mathbf{B}_1 + \mathbf{D}_1] \times [\mathbf{C}_2(s\mathbf{I} - \mathbf{A}_2)^{-1}\mathbf{B}_2 + \mathbf{D}_2] \triangleq \quad (5.227)$$

$$\triangleq \mathbf{G}(s) = [\mathbf{C}(s\mathbf{I} - \mathbf{A})^{-1}\mathbf{B} + \mathbf{D}] , \quad (5.228)$$

durch Partitionierung von $\mathbf{A}$ und unter Anwendung des Inversionslemmas für partitionierte Matrizen (z.B. nach *Weinmann, A., 1991, C.4.2*)

$$\left[\begin{array}{c|c} \mathbf{A}_1 & \mathbf{B}_1 \\ \hline \mathbf{C}_1 & \mathbf{D}_1 \end{array} \right] \left[\begin{array}{c|c} \mathbf{A}_2 & \mathbf{B}_2 \\ \hline \mathbf{C}_2 & \mathbf{D}_2 \end{array} \right] = \left[\begin{array}{cc|c} \mathbf{A}_2 & \mathbf{0} & \mathbf{B}_2 \\ \mathbf{B}_1\mathbf{C}_2 & \mathbf{A}_1 & \mathbf{B}_1\mathbf{D}_2 \\ \hline \mathbf{D}_1\mathbf{C}_2 & \mathbf{C}_1 & \mathbf{D}_1\mathbf{D}_2 \end{array} \right] . \quad (5.229)$$

5.51 Transienten in der Phasenebene

Angabe: *Für die Matrix $\mathbf{A}$ der Zustandsraumdarstellung einer Regelstrecke $\mathbf{A} = \begin{pmatrix} 0 & -1 \\ a_1 & a_2 \end{pmatrix}$ sind die Parameter a_1 und a_2 so zu wählen, dass die Eigenwerte der Regelkreismatrix bei -1 und -2 liegen. Ferner gelte für die Ausgangs- und Reglermatrix*

$$\mathbf{B} = \begin{pmatrix} 1 & 0 \\ 0 & 2 \end{pmatrix} , \quad \mathbf{K} = -\begin{pmatrix} 1 & 2 \\ 3 & 4 \end{pmatrix} . \quad (5.230)$$

Welche Dynamik besitzt der Regelkreis? Wie reagiert die sich ergebende Regelstrecke allein auf eine Sprunganregung $u = \sigma(t)$ bei $\mathbf{x}(0^+) = \begin{pmatrix} -1 \\ 0 \end{pmatrix}$, wie sieht die Trajektorie in der Phasenebene aus?

Lösung: Es folgt

$$\det(s\mathbf{I} - \mathbf{A}) = s^2 - a_2 s + a_1 \stackrel{\triangle}{=} (s+1)(s+2) \quad \rightsquigarrow \quad a_2 = -3, \ a_1 = 2 \quad \rightsquigarrow \quad \mathbf{A} = \begin{pmatrix} 0 & -1 \\ 2 & -3 \end{pmatrix}. \quad (5.231)$$

Der Regelkreis verhält sich nach

$$(s\mathbf{I} - \mathbf{A} - \mathbf{BK}) = \begin{pmatrix} s+1 & 3 \\ 4 & s+11 \end{pmatrix} \quad (5.232)$$

mit den Eigenwerten $s_{1,2} = 0,0827; \ -12,083$. Für die Trajektorie findet man

$$\mathbf{x}(s) = (s\mathbf{I} - \mathbf{A})^{-1}[\mathbf{x}(0^+) + \mathbf{B}u] \quad \rightsquigarrow \quad (s\mathbf{I} - \mathbf{A})^{-1} = \frac{1}{s^2 + 3s + 2} \begin{pmatrix} s+3 & -1 \\ 2 & s \end{pmatrix} \quad (5.233)$$

$$\mathbf{x}(s) = \frac{1}{s^2 + 3s + 2} \begin{pmatrix} -s+1-3+\frac{3}{s} \\ -2+\frac{2}{s} \end{pmatrix} \stackrel{\triangle}{=} \begin{pmatrix} x_1(s) \\ x_2(s) \end{pmatrix} \quad \rightsquigarrow \quad \begin{cases} x_1(t) = \frac{3}{2} - 4e^{-t} + \frac{3}{2}e^{-2t} & t \geq 0 \\ x_2(t) = 1 - 4e^{-t} + 3e^{-2t} & t \geq 0. \end{cases}$$
$$(5.234)$$

Diese zeitlichen Verläufe sind in Abb. 5.22 gezeigt, die Trajektorie in Abb. 5.23.

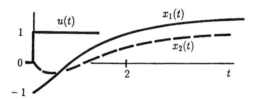

Abbildung 5.22: Zustandsvariable $x_1(t)$ und $x_2(t)$

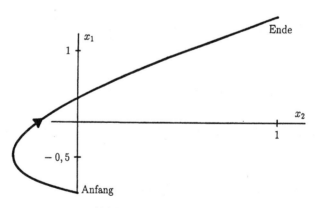

Abbildung 5.23: Trajektorie x_1 über x_2

5.52   Bewegungen in der Phasenebene

Angabe: *Wie sieht bei* $\Phi(t) = e^{-t} \begin{pmatrix} \cos t & \sin t \\ -\sin t & \cos t \end{pmatrix}$ *die Trajektorie in der Phasenebene aus, die von einem Punkt „ohne Auslenkung, aber endlicher Auslenkungsgeschwindigkeit a_o" ausgeht? Wie sieht die Koeffizientenmatrix* $\mathbf{A}$ *aus?*

Lösung: Nach

$$\Phi(s) = \begin{pmatrix} \dfrac{s+1}{(s+1)^2+1} & \dfrac{1}{(s+1)^2+1} \\ \dfrac{-1}{(s+1)^2+1} & \dfrac{s+1}{(s+1)^2+1} \end{pmatrix} \quad \rightsquigarrow \quad \Phi^{-1}(s) = \begin{pmatrix} s+1 & -1 \\ 1 & s+1 \end{pmatrix} = s\mathbf{I} - \mathbf{A} \qquad (5.235)$$

erhält man $\mathbf{A} = \begin{pmatrix} -1 & 1 \\ -1 & -1 \end{pmatrix}$. Daraus folgt der Zustandsvektor $\mathbf{x}(t) = \Phi(t) \begin{pmatrix} 0 \\ a_o \end{pmatrix} = a_o e^{-t} \begin{pmatrix} \sin t \\ \cos t \end{pmatrix}$
und als Trajektorie eine Spirale vom Anfangspunkt a_o auf der Ordinatenachse x_2.

5.53   * Ausgangs-Zustandsregler-Vektor mit Leverrier-Algorithmus

Angabe: *Im Regelkreis soll sich für die Stellgröße $u(s) = \frac{q(s)}{p(s)} y_{ref}$ ergeben, wobei $p(s)$ und $q(s)$ vorgegebene Polynome sind. Wie erhält man den Zustandsvektor des Ausgangsreglers, wenn dabei die Inverse von $s\mathbf{I}_n - \mathbf{A}$ umgangen wird. Man verwende dazu den Leverrier-Algorithmus (Ackermann, J., Band 1, Gl.2.6.15) mit einem Ansatz der Inversen und einem detaillierten Koeffizientenvergleich. Demnach*

$$(s\mathbf{I}_n - \mathbf{A})^{-1} \triangleq \frac{\mathbf{D}_{n-1}s^{n-1} + \dots \mathbf{D}_0}{q_0 + \dots q_{n-1}s^{n-1} + s^n} \triangleq \frac{\mathbf{D}(s)}{q(s)} \qquad (5.236)$$

$$
\begin{aligned}
\mathbf{D}_{n-1} &= \mathbf{I}_n \quad \text{mit} \quad q_{n-1} = -tr[\mathbf{A}\mathbf{D}_{n-1}] & (5.237) \\
\mathbf{D}_{n-2} &= \mathbf{A}\mathbf{D}_{n-1} + q_{n-1}\mathbf{I}_n = \mathbf{A} + q_{n-1}\mathbf{I}_n \quad \text{mit} \quad q_{n-2} = -tr[\mathbf{A}\mathbf{D}_{n-2}]/2 & (5.238) \\
\mathbf{D}_{n-3} &= \mathbf{A}\mathbf{D}_{n-2} + q_{n-2}\mathbf{I}_n = \mathbf{A}^2 + q_{n-1}\mathbf{A} + q_{n-2}\mathbf{I}_n & (5.239) \\
\vdots \quad &= \quad \vdots \\
\mathbf{D}_0 &= \mathbf{A}\mathbf{D}_1 + q_1\mathbf{I}_n = \mathbf{A}^{n-1} + q_{n-1}\mathbf{A}^{n-2} + \dots + q_1\mathbf{I}_n \quad \text{mit} \quad q_0 = -tr[\mathbf{A}\mathbf{D}_0]/n \,. & (5.240)
\end{aligned}
$$

Zur Kontrolle dient nach Cayley-Hamilton

$$\mathbf{D}_{-1} \triangleq \mathbf{A}\mathbf{D}_0 + q_0\mathbf{I}_n = \mathbf{A}^n + q_{n-1}\mathbf{A}^{n-1} + \dots + q_0\mathbf{I}_n = 0 \,. \qquad (5.241)$$

Aus Gl.(5.236) folgt

$$\mathbf{D}(s)\mathbf{b} = \mathbf{D}_{n-1}\mathbf{b}s^{n-1} + \dots \mathbf{D}_0\mathbf{b} \triangleq \mathbf{W}_L \mathbf{s}_{n-1} \,. \qquad (5.242)$$

Die Übertragungsfunktion der (nicht sprungfähigen) Regelstrecke lautet dann

$$G(s) = \mathbf{C}(s\mathbf{I} - \mathbf{A})^{-1}\mathbf{b} = \frac{\mathbf{C}\mathbf{D}(s)\mathbf{b}}{q(s)} \,. \qquad (5.243)$$

$\mathbf{W}_L$ *ist regulär, wenn $(\mathbf{A}, \mathbf{b})$ steuerbar ist (Kalman-Bedingung)*

$$\mathbf{W}_L = \underbrace{(\mathbf{A}^{n-1}\mathbf{b} \vdots \mathbf{A}^{n-2}\mathbf{b} \vdots \dots \vdots \mathbf{b})}_{\triangleq \mathbf{M}} \underbrace{\begin{pmatrix} 1 & 0 & 0 & \dots & 0 \\ q_{n-1} & 1 & & & \\ \vdots & & & & \\ q_1 & q_2 & \dots & q_{n-1} & 1 \end{pmatrix}}_{\triangleq \mathbf{Q}} \qquad (5.244)$$

$$\text{oder} \quad \mathbf{W}_L = (\mathbf{D}_0\mathbf{b} \vdots \mathbf{D}_1\mathbf{b} \vdots \dots \vdots \mathbf{D}_{n-1}\mathbf{b}) \,. \qquad (5.245)$$

Lösung: Mit den Definitionen $\mathbf{s}_n \triangleq (1 \; s \dots s^n)^T$, $\mathbf{x}(s) = (s\mathbf{I} - \mathbf{A})^{-1}\mathbf{b}u(s)$, $\mathbf{y} = \mathbf{C}\mathbf{x}$ findet man

$$
\begin{aligned}
q(s) &= q_0 + \dots + s^n = (\mathbf{q}^T \; 1)\mathbf{s}_n = \det(s\mathbf{I} - \mathbf{A}) & \text{(Regelstrecke)} & \quad (5.246) \\
p(s) &= p_0 + \dots + s^n = (\mathbf{p}^T \; 1)\mathbf{s}_n = \det(s\mathbf{I} - \mathbf{A} - \mathbf{b}\mathbf{k}^T\mathbf{C}) & \text{(Regelkreis)} & \quad (5.247)
\end{aligned}
$$

$$
\begin{aligned}
u(s) &= u = \mathbf{k}^T\mathbf{y} + y_{ref} = \mathbf{k}^T\mathbf{C}\mathbf{x}(s) + y_{ref}(s) = \mathbf{k}^T\mathbf{C}(s\mathbf{I} - \mathbf{A})^{-1}\mathbf{b}u(s) + y_{ref}(s) & (5.248) \\
u(s) &= [1 - \mathbf{k}^T\mathbf{C}(s\mathbf{I} - \mathbf{A})^{-1}\mathbf{b}]^{-1}y_{ref}(s) \,. & (5.249)
\end{aligned}
$$

Unter Verwendung des Leverrier-Algorithmus, Gl.(5.236) bis Gl.(5.240), folgt

$$[1 - \mathbf{k}^T \mathbf{C} \frac{\mathbf{D}(s)}{q(s)} \mathbf{b}] u(s) = y_{ref}(s) \tag{5.250}$$

$$u(s) = \frac{q(s)}{q(s) - \mathbf{k}^T \mathbf{C} \mathbf{D}(s) \mathbf{b}} y_{ref}(s) \tag{5.251}$$

$$p(s) = q(s) - \mathbf{k}^T \mathbf{C} \mathbf{D}(s) \mathbf{b} = q(s) - \mathbf{k}^T \mathbf{C} \mathbf{W}_L \mathbf{s}_{n-1} \tag{5.252}$$

$$(\mathbf{p}^T \vdots 1) \mathbf{s}_n = (\mathbf{q}^T \vdots 1) \mathbf{s}_n - \mathbf{k}^T \mathbf{C} \mathbf{W}_L \mathbf{s}_{n-1} \tag{5.253}$$

$$\mathbf{p}^T = \mathbf{q}^T - \mathbf{k}^T \mathbf{C} \mathbf{W}_L \quad \rightsquigarrow \quad \mathbf{k} = (\mathbf{C} \mathbf{W}_L)^{-T} (\mathbf{q} - \mathbf{p}) . \tag{5.254}$$

Um Verwechslungen zu vermeiden: poly(A) berechnet einen Vektor der Koeffizienten des charakteristischen Polynoms $\det(s\mathbf{I} - \mathbf{A})$ nach fallenden Potenzen. Jedoch: $\mathbf{p}$ und $\mathbf{q}$ sind Vektoren von Koeffizienten des charakteristischen Polynoms (nach steigenden Potenzen in Gl.(5.246) und (5.247) definiert, ohne den Koeffizienten 1 bei s^n).

Der MATLB-Code für die Berechnung des Reglervektors (für $\mathbf{C} = \mathbf{I}$) lautet

```
A=rand(4,4); b=[2.4, 5.2, 3.1, 4]'; % Angaben, Vorgabepole bei-1,-2,-3,-4
n=4; D=eye(n); WL=b; % Startwert
q=-trace(A*D)
for uu=2:n      % uu bedeutet n-uu als Index von D
   D=A*D+q(uu-1)*eye(n); q(uu)=-trace(A*D)/uu; WL=[D*b  WL]; end
D_1=A*D+q(n)*eye(n) % D mit Index -1 als Kontrolle

qu=poly(A);
J=zeros(n+1,n+1); for ii=1:n+1;  J(ii,n+2-ii)=1;    end
qo=J*qu';
row0=[1   zeros(1,n-1)]; row=row0; Q=row0; % Startwerte
for uu=1:n-1; row=[qu(uu+1) row]; row=row([1],1:n); Q=[Q; row]; end

M=b; for kk=1:n-1;   M=[A^kk *b,  M];   end
WL= M*Q

p=poly(diag([-1, -2,  -3,  -4]))*J; % gespiegelter Koeffzientenvektor
po=p([1],1:n)';   % Ausscheiden des Koeffizienten 1
k=(qo(1:4,[1])'-po')*inv(WL)   % Ergebnis
K=-place(A,b,[-1,  -2,  -3,   -4])  % Kontrolle mit MATLAB "place"
```

5.54 Vermeidung einer Inversen

Angabe: *Für ein Eingrößensystem soll eine spezielle Determinantenbeziehung dazu ausgenützt werden, die Berechnung einer Inversen zu vermeiden*

$$\det \begin{pmatrix} \mathbf{A} & \mathbf{B} \\ \mathbf{C} & \mathbf{D} \end{pmatrix} = \det \mathbf{A} \cdot \det(\mathbf{D} - \mathbf{C} \mathbf{A}^{-1} \mathbf{B}). \tag{5.255}$$

Lösung: Unter Spezialisierung auf eine Eingrößenstrecke gilt

$$\det \begin{pmatrix} s\mathbf{I} - \mathbf{A} & \mathbf{b} \\ -\mathbf{c}^T & d \end{pmatrix} = \det(s\mathbf{I} - \mathbf{A}) \cdot \det[d + \mathbf{c}^T(s\mathbf{I} - \mathbf{A})^{-1} \mathbf{b}] = \det(s\mathbf{I} - \mathbf{A}) \cdot G(s) \tag{5.256}$$

$$G(s) = \mathbf{c}^T(s\mathbf{I} - \mathbf{A})^{-1} \mathbf{b} + d = \frac{\det \begin{pmatrix} s\mathbf{I} - \mathbf{A} & \mathbf{b} \\ -\mathbf{c}^T & d \end{pmatrix}}{\det(s\mathbf{I} - \mathbf{A})} , \quad G(0) = -\frac{\det \begin{pmatrix} -\mathbf{A} & \mathbf{b} \\ -\mathbf{c}^T & d \end{pmatrix}}{\det(\mathbf{A})} . \tag{5.257}$$

Die Matrix (Determinante) im Zähler ist in Anzahl an Spalten und Zeilen nur um eins höher als die des Nenners. (Zur eventuellen Vereinfachung: Wenn n Zeilen oder Spalten einer Matrix $\mathbf{A}$ mit -1 multipliziert werden, dann resultiert $(-1)^n \det \mathbf{A}$ anstatt $\det \mathbf{A}$.)

Kapitel 6

Beobachter

6.1 Beobachter an einer Eingrößenstrecke

Angabe: *Die Zustandsraumdarstellung einer Eingrößen-Regelstrecke laute in Beobachternormalform*

$$A = \begin{pmatrix} 0 & -1 \\ 1 & -1 \end{pmatrix} \qquad B = \begin{pmatrix} 1 \\ 0 \end{pmatrix} \qquad D = 0 \, . \tag{6.1}$$

Nur die Zustandsgröße $x_2(t)$ sei messbar. Durch Annahme der Beobachtersteuermatrix N ist ein Beobachter zu bestimmen, der schneller als die Strecke ist.
Lösung: Wegen der beschränkten Messbarkeit gilt $M = (0 \quad 1)$. Die Eigenwerte der Strecke liegen bei $-0,5 \pm j\sqrt{3}/2$. Die Beobachtermatrix F findet sich (nach *Weinmann, A., 1995, Gl.(3.7)*) mit der Annahme $N = \binom{0}{1}$ zu

$$F = A - NM = \begin{pmatrix} 0 & -1 \\ 1 & -2 \end{pmatrix} \, . \tag{6.2}$$

Die Pole des Beobachters liegen beide bei -1. Die Annahme von N ist daher zweckmäßig. Der Koppelplan des analog realisierten Beobachters kann einfach aus $\dot{\hat{x}} = F\hat{x} + Bu + Ny_m$ mit $y_m = x_2$ abgeleitet werden.

6.2 Beobachterentwurf bei Strecke in Beobachtungsnormalform

Angabe: *Nach Abb. 6.1 ist ein Beobachter $\dot{\hat{x}} = F\hat{x} + Bu + Ny$ zu nachstehender Strecke $G(s)$ zu entwerfen, wobei diese zunächst auf Beobachtungsnormalform zu bringen ist. Nur $x_3 \triangleq y$ ist messbar. Die Beobachterpole sollen alle bei -1 liegen.*

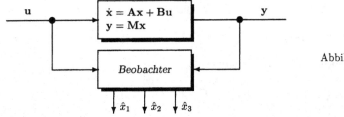

Abbildung 6.1: Strecke und Beobachter

Lösung: Aus der gegebenen Strecke

$$\frac{Y(s)}{U(s)} = \frac{1}{s^3 + 1,9s^2 + 1,18s + 0,24} = G(s) \tag{6.3}$$

erhält man

$$y^{(3)} + 1,9\ddot{y} + 1,18\dot{y} + 0,24y = u \quad \rightsquigarrow \quad \begin{cases} \dot{x}_1 = -0,24x_3 + u \\ \dot{x}_2 = x_1 - 1,18x_3 \\ \dot{x}_3 = x_2 - 1,9x_3 \end{cases} \tag{6.4}$$

$$\begin{pmatrix} \dot{x}_1 \\ \dot{x}_2 \\ \dot{x}_3 \end{pmatrix} = \begin{pmatrix} 0 & 0 & -0,24 \\ 1 & 0 & -1,18 \\ 0 & 1 & -1,9 \end{pmatrix} \begin{pmatrix} x_1 \\ x_2 \\ x_3 \end{pmatrix} + \begin{pmatrix} 1 \\ 0 \\ 0 \end{pmatrix} u = \mathbf{A}\mathbf{x} + \mathbf{b}u \ . \tag{6.5}$$

Die Eigenwerte des Beobachtersystems $\mathbf{F}$ folgen aus der Zeilenmatrix $\mathbf{M} = \mathbf{c}^T = (0 \ 0 \ 1)$

$$\mathbf{F} = \mathbf{A} - \mathbf{N}\mathbf{M} = \mathbf{A} - \mathbf{N}\mathbf{c}^T = \begin{pmatrix} 0 & 0 & -0,24 \\ 1 & 0 & -1,18 \\ 0 & 1 & -1,9 \end{pmatrix} - \begin{pmatrix} N_1 \\ N_2 \\ N_3 \end{pmatrix} (0 \ 0 \ 1) \tag{6.6}$$

$$\det[s\mathbf{I} - \mathbf{F}] = s^3 + s^2(N_3 + 1,9) + s(N_2 + 1,18) + N_1 + 0,24 \ . \tag{6.7}$$

Der Vergleich der Koeffizienten mit denen des charakteristischen Polynoms aus der Angabe der Beobachterpole $\lambda_1 = \lambda_2 = \lambda_3 = -1$, nämlich $(s - \lambda_1)(s - \lambda_2)(s - \lambda_3) = s^3 + 3s^2 + 3s + 1$ ergibt

$$\mathbf{N} = \begin{pmatrix} N_1 \\ N_2 \\ N_3 \end{pmatrix} = \begin{pmatrix} 0,76 \\ 1,82 \\ 1,1 \end{pmatrix} \qquad \mathbf{F} = \begin{pmatrix} 0 & 0 & -1 \\ 1 & 0 & -3 \\ 0 & 1 & -3 \end{pmatrix} \ . \tag{6.8}$$

6.3 Beobachter bei Strecke in Regelungsnormalform

Angabe: Unter $x_1 \overset{\triangle}{=} y$ sei der Beobachter für die Regelstrecke aus Gl.(6.3) in Regelungsnormalform entworfen. Alle Beobachterpole sollen bei -1 liegen.
Lösung: Die Darstellung der Strecke in Regelungsnormalform führt auf

$$\begin{pmatrix} \dot{x}_1 \\ \dot{x}_2 \\ \dot{x}_3 \end{pmatrix} = \begin{pmatrix} 0 & 1 & 0 \\ 0 & 0 & 1 \\ -0,24 & -1,18 & -1,9 \end{pmatrix} \begin{pmatrix} x_1 \\ x_2 \\ x_3 \end{pmatrix} + \begin{pmatrix} 0 \\ 0 \\ 1 \end{pmatrix} u = \mathbf{A}\mathbf{x} + \mathbf{b}u \ . \tag{6.9}$$

Die Eigenwerte der Matrix $\mathbf{F}$ resultieren mit $\mathbf{c}^T = (1 \ 0 \ 0)$ aus

$$\mathbf{F} = \mathbf{A} - \mathbf{N}\mathbf{c}^T = \begin{pmatrix} 0 & 1 & 0 \\ 0 & 0 & 1 \\ -0,24 & -1,18 & -1,9 \end{pmatrix} - \begin{pmatrix} N_1 \\ N_2 \\ N_3 \end{pmatrix} (1 \ 0 \ 0) \tag{6.10}$$

$$\det[s\mathbf{I} - \mathbf{F}] = s^3 + s^2(N_1 + 1,9) + s(1,9N_1 + 1,18 + N_2) + N_3 + 0,24 + 1,18N_1 + 1,9N_2 \ . \tag{6.11}$$

Ein Koeffizientenvergleich mit $(s + 1)^3$ liefert

$$\mathbf{N} = \begin{pmatrix} N_1 \\ N_2 \\ N_3 \end{pmatrix} = \begin{pmatrix} 1,1 \\ -0,27 \\ -0,025 \end{pmatrix} \qquad \mathbf{F} = \begin{pmatrix} -1,1 & 1 & 0 \\ 0,27 & 0 & 1 \\ -0,215 & -1,18 & -1,9 \end{pmatrix} \ . \tag{6.12}$$

6.4 Regelstrecke samt Beobachter

Angabe: Eine PT_2-Strecke in Beobachtungsnormalform lautet

$$\mathbf{A} = \begin{pmatrix} 0 & -4 \\ 1 & -2 \end{pmatrix} \ , \qquad \mathbf{B} = \mathbf{b} = \begin{pmatrix} 8 \\ 0 \end{pmatrix} \ , \qquad \mathbf{C} = \mathbf{c}^T = (0 \ 1) \ , \qquad \mathbf{D} = \mathbf{0} \ . \tag{6.13}$$

Man entwerfe einen Beobachter unter der Annahme, dass u und y der Strecke zur Verfügung stehen. Die Pole des Beobachters sind mit -2 festzulegen. Der Schätzzustandsvektor $\hat{\mathbf{x}}$ soll in Beobachternormalform zur Verfügung stehen. Wie lautet das Gesamtsystem aus Stecke und Beobachter?
Lösung: Aus der Angabe der Beobachterpole folgt

$$\det(s\mathbf{I} - \mathbf{F}) = (s + 2)^2 \qquad \text{wobei} \qquad \mathbf{F} \overset{\triangle}{=} \begin{pmatrix} 0 & F_1 \\ 1 & F_2 \end{pmatrix} \tag{6.14}$$

$$\det \begin{pmatrix} s & -F_1 \\ -1 & s - F_2 \end{pmatrix} = s(s - F_2) - F_1 = s^2 - F_2 s - F_1 = s^2 + 4s + 4 \ \rightsquigarrow \ F_1 = -4, F_2 = -4, \ \mathbf{F} = \begin{pmatrix} 0 & -4 \\ 1 & -4 \end{pmatrix} \ . \tag{6.15}$$

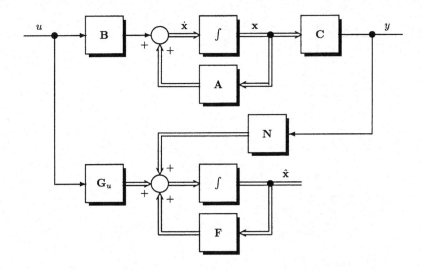

Abbildung 6.2: Regelstrecke mit Beobachter

Mit $\mathbf{M} = \mathbf{C}$ folgt aus $\mathbf{A} - \mathbf{F} = \mathbf{NC}$

$$\begin{pmatrix} 0 & -4 \\ 1 & -2 \end{pmatrix} - \mathbf{F} = \begin{pmatrix} N_1 \\ N_2 \end{pmatrix}(0 \;\; 1) = \begin{pmatrix} 0 & N_1 \\ 0 & N_2 \end{pmatrix} \quad \leadsto \quad \mathbf{N} = \begin{pmatrix} 0 \\ 2 \end{pmatrix} \quad \mathbf{NC} = \begin{pmatrix} 0 \\ 2 \end{pmatrix}(0 \;\; 1) = \begin{pmatrix} 0 & 0 \\ 0 & 2 \end{pmatrix}.$$
(6.16)

Die Gesamtzustandsraumdarstellung (Abb. 6.2) lautet wegen $\mathbf{G}_u = \mathbf{B}$ aus $\dot{\hat{\mathbf{x}}} = \mathbf{F}\hat{\mathbf{x}} + \mathbf{G}_u u + \mathbf{NCx}$

$$\begin{pmatrix} \dot{x}_1 \\ \dot{x}_2 \\ \dot{\hat{x}}_1 \\ \dot{\hat{x}}_2 \end{pmatrix} = \begin{pmatrix} \mathbf{A} & \mathbf{0} \\ \mathbf{NC} & \mathbf{F} \end{pmatrix} \begin{pmatrix} x_1 \\ x_2 \\ \hat{x}_1 \\ \hat{x}_2 \end{pmatrix} + \begin{pmatrix} \mathbf{b} \\ \mathbf{b} \end{pmatrix} u = \begin{pmatrix} 0 & -4 & 0 & 0 \\ 1 & -2 & 0 & 0 \\ 0 & 0 & 0 & -4 \\ 0 & 2 & 1 & -4 \end{pmatrix} \begin{pmatrix} x_1 \\ x_2 \\ \hat{x}_1 \\ \hat{x}_2 \end{pmatrix} + \begin{pmatrix} 8 \\ 0 \\ 8 \\ 0 \end{pmatrix} u$$
(6.17)

$$y = (0 \;\; 1 \;\; 0 \;\; 0) \begin{pmatrix} x_1 \\ x_2 \\ \hat{x}_1 \\ \hat{x}_2 \end{pmatrix}, \quad u = (\mathbf{0}^T \;\; \mathbf{k}^T) \begin{pmatrix} \mathbf{x} \\ \hat{\mathbf{x}} \end{pmatrix} + v \, y_{ref}.$$
(6.18)

6.5 Beobachterentwurf und Beobachterkoppelplan

Angabe: *Die Regelstrecke sei im Zustandsraum durch*

$$\mathbf{A} = \begin{pmatrix} 0 & -1 \\ 1 & -1 \end{pmatrix} \quad \mathbf{B} = \begin{pmatrix} 1 \\ 0 \end{pmatrix} \quad \mathbf{C} = (0 \;\; 1).$$
(6.19)

beschrieben. Welcher Beobachter besitzt Pole bei -1 und -2 ?

Lösung: Der Beobachter $\mathbf{F}$, $\mathbf{N}$ resultiert mit $\mathbf{M} = \mathbf{C}$ aus $\mathbf{A} - \mathbf{F} = \mathbf{NC}$ und $\mathbf{N} \stackrel{\triangle}{=} \begin{pmatrix} N_1 \\ N_2 \end{pmatrix}$. Daher folgt

$$\det(s\mathbf{I} - \mathbf{F}) = s^2 + s(1 + N_2) + 1 + N_1 = (s+1)(s+2) = s^2 + 3s + 2 \quad \leadsto \quad \mathbf{N} = \begin{pmatrix} 1 \\ 2 \end{pmatrix} \quad \mathbf{F} = \begin{pmatrix} 0 & -2 \\ 1 & -3 \end{pmatrix}$$
(6.20)

$$\dot{\hat{\mathbf{x}}} = \mathbf{F}\hat{\mathbf{x}} + \mathbf{G}_u u + \mathbf{NCx} \quad \text{oder} \quad \begin{cases} \dot{\hat{x}}_1 = -2\hat{x}_2 + u + x_2 \\ \dot{\hat{x}}_2 = \hat{x}_1 - 3\hat{x}_2 + 2x_2 . \end{cases}$$
(6.21)

Den Koppelplan zeigt die Abb. 6.3.

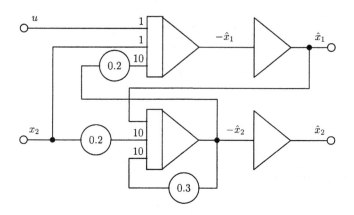

Abbildung 6.3: Koppelplan
des Beobachters

6.6   Strecke zum Beobachter

Angabe: *Ein linearer Zustandsbeobachter lautet*

$$\mathbf{F} = \begin{pmatrix} -1 & 1 \\ -3 & -2 \end{pmatrix}, \qquad \mathbf{N} = \begin{pmatrix} -1 \\ -2 \end{pmatrix}, \qquad \mathbf{G}_u = \begin{pmatrix} 0 \\ 1 \end{pmatrix}. \tag{6.22}$$

Die Ausgangsmatrix der Strecke beträgt $\mathbf{C} = (0\ \ 1) = \mathbf{M}$. *Wie lauten die Matrizen* $\mathbf{A}$ *und* $\mathbf{B}$ *der beobachteten Strecke? Welches ist die Übertragungsfunktion* $G(s)$ *der beobachteten Strecke?*
Lösung:

$$\mathbf{A} - \mathbf{F} = \mathbf{NC} \ \rightsquigarrow \ \mathbf{A} = \begin{pmatrix} -1 & 0 \\ -3 & -4 \end{pmatrix} \qquad \mathbf{B} = \mathbf{G}_u = \begin{pmatrix} 0 \\ 1 \end{pmatrix} \tag{6.23}$$

$$\mathbf{\Phi}(s) = (s\mathbf{I} - \mathbf{A})^{-1} = \begin{pmatrix} s+1 & 0 \\ 3 & s+4 \end{pmatrix}^{-1} = \frac{1}{(s+1)(s+4)} \begin{pmatrix} s+4 & 0 \\ -3 & s+1 \end{pmatrix} \ \rightsquigarrow \ G(s) = \mathbf{C}\mathbf{\Phi}(s)\mathbf{B} = \frac{1}{s+4}. \tag{6.24}$$

6.7   ∗ Beobachter für Modalgrößen

Angabe: *Das Blockbild der Regelstrecke zeigt die Abb. 6.4. Man entwerfe einen Beobachter, der die Signale* $u(t)$ *und* $y(t)$ *verwendet und die Zustandsgrößen* x_1 *und* x_2 *in Modaldarstellung zur Verfügung stellt,* x_1 *soll dabei dem stabilen Eigenwert zugeordnet sein. Die Beobachterpole sollen bei* $-4 \pm j$ *liegen. Weiters sollen* $x_1(t)$ *und* $x_2(t)$ *für Sprungantwort* $u(t) = \sigma(t)$ *bei* $t = 1$ *Sekunde jeweils den Betrag 1 haben. Wie sieht der Koppelplan des Beobachters aus?*
Lösung: Die Reduktion des Blockbildes bringt zunächst

$$\left[\frac{2}{s+1}(U+Y) - Y\right]\frac{1}{s} = Y \ \rightsquigarrow \ \frac{Y(s)}{U(s)} = \frac{2}{s^2 + 2s - 1} = \frac{2}{(s+2,41)(s-0,41)} = G(s). \tag{6.25}$$

Die **A**-Matrix lautet daher

$$\mathbf{A} = \begin{pmatrix} -2,41 & 0 \\ 0 & 0,41 \end{pmatrix}. \tag{6.26}$$

Nach der Beziehung

$$G(s) = \mathbf{C}(s\mathbf{I} - \mathbf{A})^{-1}\mathbf{B} \ \ \text{mit} \ \ \mathbf{B} = \mathbf{b} = \begin{pmatrix} b_1 \\ b_2 \end{pmatrix} \ \ \text{und} \ \ \mathbf{C} = \mathbf{c}^T = (c_1\ \ c_2) \tag{6.27}$$

folgt durch Koeffizientenvergleich $c_1 b_1 = -\frac{\sqrt{2}}{2}$ und $c_2 b_2 = \frac{\sqrt{2}}{2}$. Die Matrizen $\mathbf{B}$ und $\mathbf{C}$ sind aus der Übertragungsfunktion nur bis auf einen konstanten Faktor bestimmt. Für diese (modalen) Zustandskomponenten $\mathbf{x}$ folgt bei $u(s) = \frac{1}{s}$

$$\mathbf{x}(s) = (s\mathbf{I} - \mathbf{A})^{-1}\mathbf{B}u(s) \quad \leadsto \quad \mathbf{x}(s) = \begin{pmatrix} x_1(s) \\ x_2(s) \end{pmatrix} = \frac{1}{s^2 + 2s - 1}\begin{pmatrix} s - 0,41 & 0 \\ 0 & s + 2,41 \end{pmatrix}\begin{pmatrix} b_1 \\ b_2 \end{pmatrix}\frac{1}{s} \tag{6.28}$$

$$\mathbf{x}(t) = \begin{pmatrix} x_1(t) \\ x_2(t) \end{pmatrix} = \mathcal{L}^{-1}\left\{ \frac{1}{s(s^2 + 2s - 1)}\begin{pmatrix} b_1(s - 0,41) \\ b_2(s + 2,41) \end{pmatrix}\right\} = \mathcal{L}^{-1}\left\{ \begin{pmatrix} \frac{b_1}{s(s+2,41)} \\ \frac{b_2}{s(s-0,41)} \end{pmatrix}\right\} \tag{6.29}$$

$$\mathbf{x}(t)\Big|_{t=1} = \begin{pmatrix} \frac{b_1}{2,41}(1 - e^{-2,41\,t}) \\ \frac{b_2}{(-0,41)}(1 - e^{0,41\,t}) \end{pmatrix}\Big|_{t=1} \overset{\triangle}{=} \begin{pmatrix} 1 \\ 1 \end{pmatrix} \quad \leadsto \quad \begin{matrix} b_1 = 2,65 & b_2 = 0,807 \\ c_1 = -\frac{\sqrt{2}}{2}\frac{1}{2,65} = -0,267 & c_2 = 0,876 \end{matrix} \tag{6.30}$$

$$\mathbf{B} = \mathbf{G}_u = \begin{pmatrix} 2,65 \\ 0,807 \end{pmatrix} \qquad \mathbf{C} = (-0,267 \quad 0,876) = \mathbf{M}\,. \tag{6.31}$$

Mit einem allgemeinen Ansatz für $\mathbf{N}$ erhält man

$$\mathbf{F} = \mathbf{A} - \mathbf{NM} = \begin{pmatrix} -2,41 & 0 \\ 0 & 0,41 \end{pmatrix} - \begin{pmatrix} N_1 \\ N_2 \end{pmatrix}(-0,267\ 0,876) = \begin{pmatrix} -2,41 + 0,265\,N_1 & -0,876\,N_1 \\ 0,265\,N_2 & 0,414 - 0,876\,N_2 \end{pmatrix}. \tag{6.32}$$

Aus der Angabe der Beobachterpole

$$\det \mathbf{F} \overset{\triangle}{=} (s + 4 - j)(s + 4 + j) = s^2 + 8s + 17 \tag{6.33}$$

folgt schließlich

$$\mathbf{N} \overset{\triangle}{=} \begin{pmatrix} N_1 \\ N_2 \end{pmatrix} = \begin{pmatrix} 4,66 \\ 8,27 \end{pmatrix} \quad \text{und} \quad \mathbf{F} = \begin{pmatrix} -1,17 & -4,08 \\ 2,20 & -6,83 \end{pmatrix}. \tag{6.34}$$

Den Koppelplan zeigt die Abb. 6.5. Am Eingang der Integratoren wirken $\dot{x}_1$ und $\dot{x}_2$ unter entsprechendem Vorzeichen; daraus sind mit $\dot{\hat{\mathbf{x}}} = \mathbf{F}\hat{\mathbf{x}} + \mathbf{G}_u u + \mathbf{N}y$ die Multiplikationsfaktoren leicht zu übernehmen.

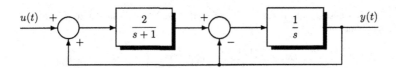

Abbildung 6.4: Blockbild der Strecke

Die Rechnung wird unter Zuhilfenahme von einem Reduktionsprogramm, etwa DERIVE, wesentlich erleichtert. Der Koeffizientenvergleich in s kann dabei durch Einsetzen konkreter Werte von s und anschließendes Lösen eines linearen Gleichungssystems bewerkstelligt werden.

6.8 Beobachter unter Polvorgabe

Angabe: *Regelstrecke und Regelkreis liegen in Form von*

$$\mathbf{A} = \begin{pmatrix} 0 & 1 \\ -1 & -1,5 \end{pmatrix}, \quad \mathbf{B} = \begin{pmatrix} 0 \\ 0,5 \end{pmatrix}, \quad \mathbf{A}_{cl} = \begin{pmatrix} 0 & 1 \\ -a & -3 \end{pmatrix}, \quad \mathbf{C} = (1,5 \quad 1) \tag{6.35}$$

vor. Welcher Zustandsregler $\mathbf{K}$ samt Vorfilter V liefert obiges $\mathbf{A}_{cl}$ und die Stationärverstärkung der Regelung eins vom Sollwert zum Istwert? Welcher Zustandsbeobachter $\mathbf{G}_u$, $\mathbf{F}$, $\mathbf{N}$ besitzt Pole identisch zu den Führungspolen?

Lösung: Aus $\mathbf{A}_{cl} = \mathbf{A} + \mathbf{BK}$ resultiert $\mathbf{K} = (2 - 2a \ \vdots \ -3)$. Aus $\lim_{s \to 0} T(s) = 1$ folgt

$$\lim_{s \to 0} \mathbf{C}(s\mathbf{I} - \mathbf{A}_{cl})^{-1}\mathbf{B}\,V = -\mathbf{C}\mathbf{A}_{cl}^{-1}\mathbf{B}V = 1 \quad \leadsto \quad V = \frac{4a}{3}\,. \tag{6.36}$$

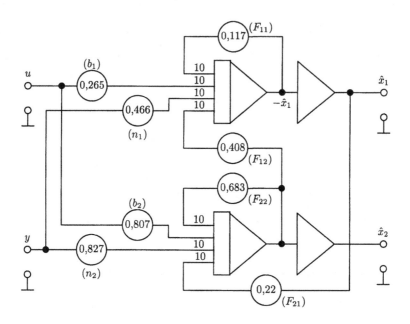

Abbildung 6.5: Koppelplan des Beobachters

Mit $\mathbf{M} = \mathbf{C}$, dem Ansatz $\mathbf{N} = \binom{N_1}{N_2}$ und nach *Weinmann, A., 1995, Gln.(3.7) und (3.8)*, resultiert $\mathbf{G}_u = \mathbf{B}$ und

$$\mathbf{F} = \mathbf{A} - \mathbf{NM} = \begin{pmatrix} -1,5N_1 & 1 - N_1 \\ -1 - 1,5N_2 & -1,5 - N_2 \end{pmatrix} . \tag{6.37}$$

Damit $\mathbf{F}$ Pole wie $\mathbf{A}_{cl}$ besitzt, hat $\det(s\mathbf{I} - \mathbf{F}) = \det(s\mathbf{I} - \mathbf{A}_{cl}) = s^2 + 3s + a$ zu gelten.
Dies führt schließlich auf

$$N_1 = \frac{13 - 4a}{4} , \quad N_2 = \frac{3(4a - 9)}{8} \quad \text{und} \quad \mathbf{F} = \begin{pmatrix} \frac{3(4a-13)}{8} & \frac{4a-9}{4} \\ \frac{65-36a}{16} & \frac{3(5-4a)}{8} \end{pmatrix} . \tag{6.38}$$

6.9   Beobachterentwurf

Angabe: *Wie ist $\mathbf{N}$ zu wählen, damit sich eine Beobachtermatrix $\mathbf{F}$ mit den Eigenwerten bei $-3; -3$ und -4 ergibt, und zwar für die Regelstrecke mit*

$$\mathbf{A} = \begin{pmatrix} -2 & 0 & 0 \\ 1 & -1 & 0 \\ 0 & 0,2 & -0,2 \end{pmatrix} \qquad \mathbf{M} = \begin{pmatrix} 0 & 1 & 1 \end{pmatrix} . \tag{6.39}$$

Lösung: Der Ansatz von $\mathbf{N} = (N_1 \quad N_2 \quad N_3)^T$ liefert

$$\mathbf{F} = \mathbf{A} - \mathbf{NM} = \begin{pmatrix} -2 & -N_1 & -N_1 \\ 1 & -N_2 + 1 & -N_2 \\ 0 & 0,2 - N_3 & -0,2 - N_3 \end{pmatrix} \qquad \det \mathbf{F} \stackrel{\triangle}{=} (s+3)^2(s+4) . \tag{6.40}$$

Damit liegen drei Gleichungen in den drei Unbekannten N_1 bis N_3 vor. Man findet daraus

$$\mathbf{N} = (-1,25 \quad -18,75 \quad 25,55)^T \quad \text{und} \quad \mathbf{F} = \begin{pmatrix} -2 & 1,25 & 1,25 \\ 1 & 17,75 & 18,75 \\ 0 & -25,35 & -25,75 \end{pmatrix} . \tag{6.41}$$

Kapitel 7

Totzeitregelungen

7.1 Ortskurve eines Totzeitelements

Angabe: *Die Ortskurve des Frequenzgangs*

$$F_o(j\omega) = \frac{(1 + j\omega)e^{-j\omega T_t}}{1 + 5j\omega} \tag{7.1}$$

ist für $T_t = 1,05$ zu zeichnen und daraus die Qualität eines sich damit ergebenden Regelkreises abzuschätzen.
Lösung: Die Ortskurve ist in Abb. 7.1 gezeigt. Es handelt sich um einen stabilen, aber sehr ungenauen Regelkreis.

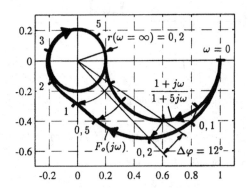

Abbildung 7.1:
Frequenzgangsortskurve

7.2 Totzeitregelung

Angabe: *Wie sieht im Regelkreis nach Abb. 7.2 der graphische Verlauf von $e(t)$, $u(t)$ und $y(t)$ bei Sollwertänderung $y_{ref} = 2\,\sigma(t)$ aus, wenn die Reglerverstärkung $V = 2$ oder $V = 0,8$ beträgt? Bis zu welcher Verstärkung V zeigt die Regelung stabiles Verhalten?*
Lösung: Die Stabilität folgt aus $|Ve^{-sT_t}| < 1$ für $s = j\omega$ zu $V < 1$. Die Schwingungsfrequenz ist gemäß $\arg Ve^{-sT_t} = -180°$ stets π/T_t. Die transienten Verläufe sind in Abb. 7.3 gezeigt.

7.3 Abtastregelkreis mit Totzeit

Angabe: *Man erörtere in Abb. 7.4 den Einfluss von V und K auf den Ausgang $y(t)$, und zwar bei Sprungeingang $\sigma(t)$. Wo liegt die Stabilitätsgrenze?*
Lösung:

$$\frac{Y(z)}{\mathcal{Z}\{\sigma(t)\}} = \frac{\mathcal{Z}\{G_{ho}(s)e^{-3Ts}\}}{1 + \mathcal{Z}\{G_{ho}(s)e^{-3Ts}(V + \frac{K}{s})\}} = \frac{(1 - z^{-1})z^{-3}\mathcal{Z}\{\frac{1}{s}\}}{1 + (1 - z^{-1})z^{-3}\mathcal{Z}\{\frac{V}{s} + \frac{K}{s^2}\}} \tag{7.2}$$

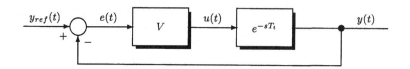

Abbildung 7.2:
Blockschaltbild des
Regelkreises

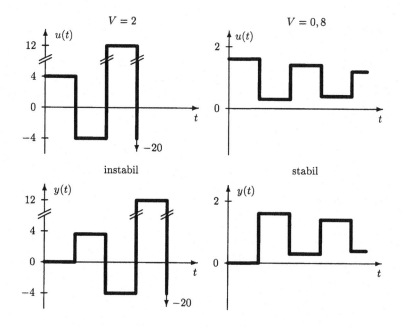

Abbildung 7.3: Verlauf von $u(t)$ und $y(t)$

$$Y(z) = \frac{z^{-3}}{1 - z^{-1} + V z^{-3} + (KT - V)z^{-4}} = z^{-3} + z^{-4} + z^{-5} + (1-V)z^{-6} + (1-V-KT)z^{-7} + \ldots \quad . \quad (7.3)$$

Die Stabilitätsgrenze mit Beiwertbedingungen ergibt sich mit $z = re^{j\varphi}$, $r = 1$ zu

$$e^{j4\varphi} - e^{j3\varphi} + V e^{j\varphi} - V + KT = 0 \quad \rightsquigarrow \quad \begin{cases} \cos 4\varphi - \cos 3\varphi + V \cos \varphi - V + KT = 0 \\ \sin 4\varphi - \sin 3\varphi + V \sin \varphi = 0 \ . \end{cases} \quad (7.4)$$

$$V(\varphi) = \frac{\sin 3\varphi - \sin 4\varphi}{\sin \varphi} \quad (7.5)$$

$$K(\varphi) = \frac{1}{T} \left[-\cos 4\varphi + \cos 3\varphi - (\cos \varphi - 1)\frac{\sin 3\varphi - \sin 4\varphi}{\sin \varphi} \right] \ . \quad (7.6)$$

Mit $V(\varphi)$ und $K(\varphi)$ könnte die Kurve K über V in der Parameterebene mit φ als Kurvenparameter dargestellt werden.

7.4 Identifikation eines Totzeitgliedes

Angabe: *Gemessen wird die Autospektraldichte des Eingangs $u(t)$ zu $S_{uu}(\omega) = \frac{1}{1+\omega^2}$ und die Kreuz-spektraldichte $S_{uy}(j\omega) = \frac{e^{-j3\omega}}{1+\omega^2}$. Wie lautet die Übertragungsfunktion und die Autoleistungsdichte des Ausgangs $y(t)$?*

Lösung: Als Übertragungsfunktion resultiert $G(s) = e^{-3s}$ und als Autospektraldichte des Ausgangs $S_{yy}(\omega) = \frac{1}{1+\omega^2}$.

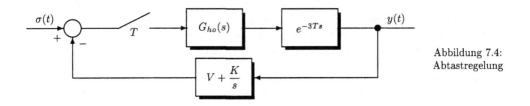

7.5 * Betragsnäherung einer Totzeitregelstrecke

Angabe: *Gegeben ist eine Totzeitregelstrecke* $G(s) = e^{-sT_t} - 1$ *für* $T_t = 2$. *Das Bode-Diagramm ist zu ermitteln und daraus die Ableitung eines rationalen Übertragungselements, das eine obere Schranke der Betragsfrequenzkennlinie darstellt. Welcher Fehler liegt bei* $\omega = 1$ *vor?*

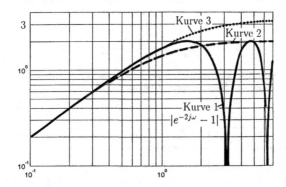

Abbildung 7.5: Bode-Diagramm zu $e^{-sT_t} - 1$ für $s = j\omega$

Lösung:

$$G(j\omega) = e^{-j\omega T_t} - 1 = (\cos \omega T_t - 1) + j \sin \omega T_t \tag{7.7}$$

$$|G(j\omega)| = \sqrt{(\cos \omega T_t - 1)^2 + \sin^2 \omega T_t} = 2\left|\sin \frac{\omega T_t}{2}\right|. \tag{7.8}$$

Extrema (siehe Abb. 7.5)

$$\text{Maxima}: \quad \tfrac{\omega T}{2} = \left\{\tfrac{\pi}{2}, \tfrac{3\pi}{2}, \tfrac{5\pi}{2} \ldots\right\}, \quad \omega_{\max} = (2k+1)\tfrac{\pi}{2}, \quad k = 0, 1, 2 \ldots, \quad |G(j\omega)|_{\max} = 2 \tag{7.9}$$

$$\text{Minima}: \quad \tfrac{\omega T}{2} = \{0, \pi, 2\pi \ldots\} \quad \omega_{\min} = k\pi \quad k = 0, 1, 2 \ldots \quad |G(j\omega)| = 0. \tag{7.10}$$

Die Ortskurve von $G(j\omega)$ ist ein Kreis mit dem Radius eins und dem Mittelpunkt bei minus eins auf der negativ reellen Achse; er wird mit steigender Frequenz unendlich oft durchlaufen. Die Näherung $G_N(j\omega)$ ist ein Element, das einer Ortskurve eines Halbkreises in der unteren Hälfte der Ortskurve von $G(j\omega)$ entspricht, aber nur einmal durchlaufen wird.

Approximation:

$$\frac{d|G(j\omega)|}{d\omega}\bigg|_{\omega=0} = 2\frac{T_t}{2} \cos\left(\frac{\omega T}{2}\right)\bigg|_{\omega=0} = T_t = 2 \tag{7.11}$$

Näherung für niedrige Frequenzen: ωT_t, $|G| = \omega T_t$, $\omega \ll 1$

Näherung für hohe Frequenzen (im Sinne einer oberen Schranke): 2, $|G| = 2$, $\omega \gg 1$

Schnitt- (Knick)punkt zwischen den Näherungen beider Frequenzen: $\omega_k T_t = 2 \rightsquigarrow \omega_k = \frac{2}{T_t}$

Näherung daher $G_N(s) = \frac{-sT_t}{1+s\frac{T_t}{2}} = \frac{-2s}{s+1} \ldots DT_1$

Relativer Fehler:

$$f_{REL} = \frac{|G(\omega = 1)| - |G_N(\omega = 1)|}{|G(\omega = 1)|} \cdot 100\% \tag{7.12}$$

$$|G_N| = \frac{2\omega}{\sqrt{1 + \omega^2}} \rightsquigarrow |G_N(\omega = 1)| = \frac{2}{\sqrt{2}} = \sqrt{2} \ , \ |G(\omega = 1)| = 1,68 \tag{7.13}$$

$$f_{REL} = \frac{1,68 - 1,41}{1,68} \cdot (100\%) = 15,8\% \tag{7.14}$$

Kurve 1: $|e^{-2j\omega} - 1| = |G(j\omega)|$
Kurve 2: $|\frac{2j\omega}{1+j\omega}| = |G_N(j\omega)|$ aus Knickzugnäherung
Kurve 3: $|\frac{2j\omega}{1+0,6j\omega}|$ als alternative Näherung, die bei kleinen und hinreichend auch bei großen ω übereinstimmt.

7.6 Totzeitregelung mit P-Element

Angabe: *Ein Regelkreis besteht nach Abb. 7.6 aus Totzeit und P-Element mit der Totzeit $T_t = 1$ und Verstärkung $V = 0,5$. Wie sieht die Sollwertsprung-Reaktion im Zeitbereich und in der Zustandsebene aus?*
Lösung:

$$\lim_{t \to \infty} y(t) = \lim_{s \to 0} = s \frac{1}{s} \frac{e^{-s}}{1 + 0,5\,e^{-s}} = \frac{2}{3} \ . \tag{7.15}$$

Die Regelkreisreaktion ist eine Rechtecksignal nach Abb. 7.7a. In der Phasenebene ist die Trajektorie durch Punkte bestimmt, zwischen denen das System springt (Abb. 7.7b).

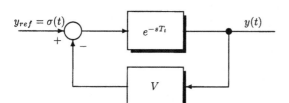

Abbildung 7.6: Totzeitregelung

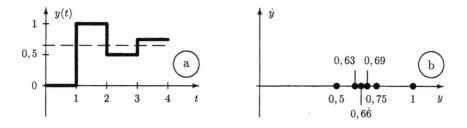

Abbildung 7.7: Zeitlicher Verlauf des Ausgangs der Totzeitregelung (a) sowie Phasenebene (b)

7.7 Totzeitregelung mit I-Element

Angabe: *Wo liegt die Grenze für Stabilität bei der Regelung nach Abb. 7.8, wenn als $K(s)$ ein P-Regler verwendet wird? Wie lautet die analytische Formulierung des Ausgangssignals?*

Lösung: Die Stabilitätsgrenze liegt bei $T_t = \frac{\pi}{2K}$. Bei $y_{ref}(t) = \sigma(t)$ folgt

$$0 \leq t \leq T_t \quad : \quad Y(s) = \frac{K}{s^2}e^{-sT_t} \quad \rightsquigarrow \quad y(t) = K \cdot (t - T_t)\sigma(t - T_t) \tag{7.16}$$

$$T_t \leq t \leq 2T_t \quad : \quad Y(s) = (\frac{1}{s} - \frac{K}{s^2}e^{-sT_t})\frac{Ke^{-sT_t}}{s} = \frac{K}{s^2}e^{-sT_t} - \frac{K^2}{s^3}e^{-2sT_t} \tag{7.17}$$

$$y(t) = K \cdot (t - T_t) \cdot \sigma(t - T_t) - \frac{K^2}{2}(t - 2T_t)^2\sigma(t - 2T_t) \tag{7.18}$$

usw. Allgemein gilt $y(t) = \sum_{i=1}^{\infty} \frac{K^i}{i!}(-1)^{i+1}(t - iT_t)^i \sigma(t - iT_t)$. Die Funktion $\sigma(t - iT_t)$ ist notwendig, damit die Reihe für das jeweilige Intervall an der richtigen Stelle abgebrochen wird!

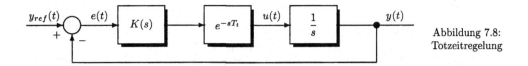

Abbildung 7.8: Totzeitregelung

7.8 Untersuchung einer Totzeitregelung für verschiedene T_t

Angabe: *Die Schaltung nach Abb. 7.8 werde zunächst bei $K(s) = 1$ für verschieden große T_t auf Stabilität untersucht. Welche Verstärkung V eines P-Reglers $K(s) = V$ ist für Phasenrand 60° zulässig?*
Lösung: Nach $F_o(s) = \frac{e^{-sT_t}}{s}$ verlangt die Stabilitätsgrenze

$$|F_o(j\omega)| = |\frac{1}{j\omega}| = 1 \quad \text{bei} \quad \omega_D = 1 . \tag{7.19}$$

Aus $\arg F_o(j\omega)\big|_{\omega_D=1} = -\pi$ folgt sie für $T_t = \frac{\pi}{2}$. In der Abb. 7.9 sind $e(t)$ und $y(t)$ für mehrere T_t gezeigt. In die Abb. 7.10 ist die Ortskurve von $F_o(j\omega)$ für $T_t = 1$ und $T_t = 1,57$ (Stabilitätsgrenze) aufgenommen.

Nunmehr wird die Verstärkung in $F_o(s)$ von 1 auf V verändert. Die Wahl von V für Phasenrand $\alpha_R = 60°$ liefert ein numerisch sehr ähnliches Ergebnis

$$|F_o(j\omega)| = 1 \quad \rightsquigarrow \quad \frac{V}{\omega} = 1 \quad \rightsquigarrow \quad \omega_D = V \tag{7.20}$$

$$\arg F_o(j\omega_D) = -\frac{2\pi}{3} \quad \rightsquigarrow \quad (-\omega T_t - \frac{\pi}{2})\big|_{\omega=\omega_D} = -\frac{2\pi}{3} \quad \rightsquigarrow \quad \omega_D = \frac{\pi}{6T_t} = V . \tag{7.21}$$

7.9 Regelkreisbemessung nach dem Betragsoptimum

Angabe: *Welche Regelabweichung in Abhängigkeit der Zeit ist für den Regelkreis nach der Schaltung der Abb. 7.8 mit dem Regler $K(s) = V$ unter dem nach Gl.(7.21) dimensionierten V zu erwarten, wenn ein Sollwertsprung eintritt? Wie sieht die Dimensionierung des Regelkreises nach dem Betragsoptimum aus?*
Lösung: Bei $T_t = 2$ folgt $\omega_D = V = 0,262$ und für $0 \leq t \leq T_t$ der Verlauf $e(t) = 1$ (Abb. 7.11). Für $T_t \leq t \leq 2T_t$ erhält man

$$E(s) = Y_{ref}(s) - \mathcal{L}\{V \cdot (t - T_t)\} = \frac{1}{s} - \frac{V}{s^2}e^{-sT_t} \quad \rightsquigarrow \quad e(t) = 1 - V \cdot (t - T_t) , \tag{7.22}$$

für $2T_t \leq t \leq 3T_t$ $\quad e(t) = 1 - V \cdot (t - T_t) + \frac{V^2}{2}(t - 2T_t)^2$ usw.

Die Bemessung der um V erweiterten Regelschleife $F_o(s) = V\frac{e^{-sT_t}}{s}$ auf der Basis des Betragsoptimums ergibt

$$T(s) = \frac{F_o}{1 + F_o} = \frac{Ve^{-sT_t}}{s + Ve^{-sT_t}} \quad \rightsquigarrow \quad |T(j\omega)| = \frac{V}{|j\omega + V\cos\omega T_t - jV\sin\omega T_t|} = 1 \tag{7.23}$$

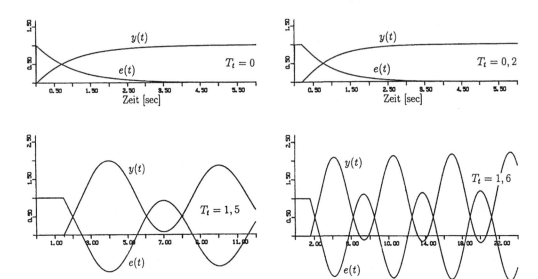

Abbildung 7.9: Oszillogramme für $e(t)$ und $y(t)$

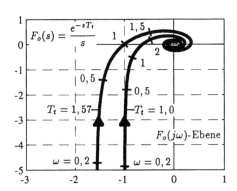

Abbildung 7.10:
Frequenzgangsortskurven

$$V^2 \cos^2 \omega T_t + (\omega - V \sin \omega T_t)^2 = V^2 \quad \leadsto \quad \omega = 2V \sin \omega T_t . \tag{7.24}$$

Umgeformt erhält man

$$\frac{1}{2V} = \frac{\sin \omega T_t}{\omega} = \frac{\omega T_t}{\omega} - \frac{1}{3!} \frac{\omega^3 T_t^3}{\omega} + \ldots = T_t - \frac{1}{3!} \omega^2 T_t^3 + \ldots \quad \leadsto \quad V \doteq \frac{1}{2T_t} . \tag{7.25}$$

Diese Ergebnis ist dem nach Gl. (7.21) für Phasenrand $60°$ praktisch gleich.

7.10 $*$ Stabilität einer Regelschleife mit Resonanz und Totzeit

Angabe: *Ist die Regelung mit der Regelschleife $F_o(s) = \frac{1}{1+s^2} e^{-2s}$ stabil?*
Lösung: Für $s = j\omega$ folgt $F_o(j\omega) = \frac{1}{1-\omega^2} e^{-2j\omega}$ und $|F_o(j\omega)| = |\frac{1}{1-\omega^2}|$. Bei ω nahe 1, aber $\omega < 1$, ist $\frac{1}{1-\omega^2} > 0$ und sehr groß sowie $\arg F_o(j\omega) = -2\omega\big|_{\omega=1} = -2 = -114°$ (Abb. 7.12). Bei ω nahe 1, aber $\omega > 1$ ist $\arg F_o(j\omega) = -\pi - 2\omega\big|_{\omega=1} = 66°$. Werden die Pole von $F_o(s)$ bei $s = \pm j1$ rechts umfahren, so hat man $P = 0$, die Ortskurve von $F_o(j\omega)$ zeigt bei $\omega \doteq 1$ eine Drehung um $-\pi$ im unendlichen. Dies entspricht für positive *und* negative ω einem $U = 2$. Somit liegt Instabilität vor.

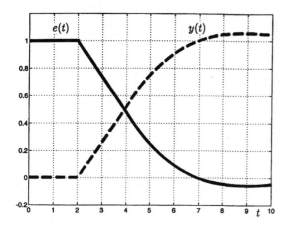

Abbildung 7.11: Zeitverlauf von $e(t)$ und $y(t)$ im Detail

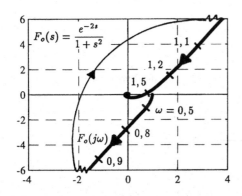

Abbildung 7.12: Ortskurve nur für positive ω von $F_o(j\omega)$ mit Polen bei ± 1 auf der imaginären Achse

7.11 I_2T_t-Element und Frequenzgangsortskurve

Angabe: Ist der Regelkreis mit der Schleife $F_o(s) = \frac{e^{-s}(1+s)}{s^2}$ stabil?
Lösung: In der Abb. 7.13 ist die Frequenzgangsortskurve skizziert und die Lage zum Nyquist-Punkt zu entnehmen. Der Regelkreis wäre instabil.

7.12 Stabilität einer IT_t-Schleife mit Beiwertbedingungen

Angabe: Mit Beiwertbedingungen ist die Stabilität eines Regelkreises mit der Regelschleife $F_o(s) = \frac{e^{-sT_1}}{sT_2}$ zu untersuchen. Wie sähe die Untersuchung mit dem Routh-Kriterium aus?
Lösung:

$$1 + F_o(j\omega) = 0 \quad \rightsquigarrow \quad \cos\omega T_1 - j\sin\omega T_1 + j\omega T_2 = 0 \tag{7.26}$$

$$\cos\omega T_1\Big|_{\omega=\omega_o} = 0 \rightsquigarrow \omega_o T_1 = \frac{\pi}{2};\ \frac{3\pi}{2}\ldots \rightsquigarrow \omega_o = \frac{\pi}{2T_1};\ \frac{3\pi}{2T_1};\ldots \tag{7.27}$$

$$-\sin\omega T_1 + \omega T_2\Big|_{\omega=\omega_o} = 0 \rightsquigarrow \frac{T_2}{T_1} = \frac{2}{\pi};\ -\frac{2}{3\pi};\ldots \tag{7.28}$$

Da nur positive T_1 und T_2 möglich, folgt als Ergebnis für Abb. 7.14

$$\omega_o = \frac{\pi}{2T_1} \quad \text{und} \quad T_2 = \frac{2}{\pi}T_1\ . \tag{7.29}$$

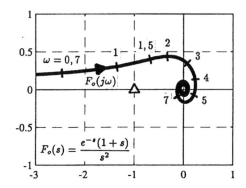

Abbildung 7.13: Frequenzgang von
$$F_o(s) = \frac{e^{-s}(1+s)}{s^2}$$

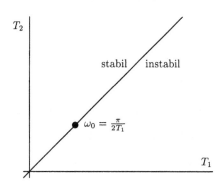

Abbildung 7.14: Stabilitätsbereich in
der Parameterebene

Mit den Routh-Bedingungen erhielte man folgende Aussagen. Die Approximation von e^{-sT_1} durch Potenzreihe scheidet aus, weil für die Totzeit nur Potenzen in s aufschienen, daher eine physikalisch nicht realisierbare Übertragungsfunktion verwendet würde. Daher wird $\frac{1}{e^{sT_1}}$ approximiert.

$$F_o(s) = \frac{1}{e^{sT_1}sT_2} \quad \leadsto \quad 1 + F_o(s) = 0 \quad \leadsto \quad 1 + (1 + sT_1 + \frac{(sT_1)^2}{2!} + \frac{(sT_1)^3}{3!} + \ldots)sT_2 = 0 \quad (7.30)$$

$$1 + sT_2 + s^2 T_1 T_2 + s^3 \frac{T_1^2 T_2}{2} + \ldots = 0 \ . \quad (7.31)$$

Die Feststellung, dass alle Koeffizienten > 0 sein müssen, führt nur auf $T_2 > 0$, $T_1 > 0$. Das reicht nicht aus. Die weiteren Routh-Bedingungen sind wegen der Unbeschränktheit der Polynomordnung nicht zugänglich.

7.13 $*$ Vergleich PT_t- und PT_n-Element

Angabe: *Das Übertragungsverhalten der dynamischen Systeme PT_n und PT_t ist mit Hilfe von Betrag und Phase der Übertragungsfunktionen zu vergleichen. Von Interesse sind dabei insbesondere große Werte von n. Welche Aussagen können über die Übertragungsfunktion, Gewichtsfunktion und Sprungantwort der Systeme gemacht werden?*
Lösung: Zu vergleichen ist also e^{-sT} und $\frac{1}{(1+s\frac{T}{n})^n}$ $\forall n = 0, 1, 2 \ldots$.

Für die Übertragungsfunktionen erhält man

$$e^{-sT} = \frac{1}{\sum_{k=0}^{\infty} \frac{(sT)^k}{k!}} \quad \text{bzw.} \quad \frac{1}{(1+s\frac{T}{n})^n} = \frac{1}{\sum_{k=0}^{n} \binom{n}{k}(\frac{sT}{n})^k} = \frac{1}{\sum_{k=0}^{n} \frac{n!}{k!(n-k)!}(\frac{sT}{n})^k} \ . \quad (7.32)$$

Obstehende Ausdrücke werden für $n \to \infty$ einander gleich, soferne $\lim_{n\to\infty} \frac{n!}{(n-k)!\,n^k} = 1$, was wegen $\frac{n!}{(n-k)!\,n^k} = \frac{1\cdot 2\ldots(n-k)(n-k+1)\ldots n}{1\cdot 2\ldots(n-k)\cdot \underbrace{n\ldots n}_{n^k}} \to 1$ für $n \to \infty$ und $k < \infty$ erfüllt ist.

Der Vergleich der Gewichtsfunktionen führt auf $\mathcal{L}^{-1}\left\{e^{-sT}\right\} = \delta(t-T)$ und

$$\mathcal{L}^{-1}\left\{\frac{1}{(1+\frac{sT}{n})^n}\right\} = \mathcal{L}^{-1}\left\{\frac{1}{(\frac{T}{n})^n(s+\frac{n}{T})^n}\right\} = (\frac{n}{T})^n \frac{t^{n-1}}{(n-1)!}e^{-\frac{n}{T}t} \ . \tag{7.33}$$

Die Untersuchung des zeitlichen Maximums letzterer Funktion liefert

$$\frac{\partial g(t)}{\partial t} = 0 = (\frac{n}{T})^n \cdot e^{-\frac{n}{T}t}\left[\frac{t^{n-2}}{(n-2)!} - \frac{t^{n-1}}{(n-1)!}\frac{n}{T}\right]t^{n-2}\left[\frac{1}{(n-2)!} - \frac{t}{(n-1)!}\frac{n}{T}\right] \rightsquigarrow t_{max} = \frac{n-1}{n}T \tag{7.34}$$

$$\max_t g(t) = g(t_{max}) = (\frac{n}{T})^n \frac{T^{n-1}}{(n-1)!}(\frac{n-1}{n})^{n-1}e^{-(n-1)} = \frac{n(n-1)^{n-1}}{T(n-1)!}e^{-(n-1)} \ . \tag{7.35}$$

Der Zeitpunkt des Maximums t_{max} geht für $n \to \infty$ gegen T.

Das Ergebnis bezüglich Sprungantwort lautet

$$\mathcal{L}^{-1}\left\{\frac{1}{s}e^{-sT}\right\} = \sigma(t-T) \tag{7.36}$$

$$\mathcal{L}^{-1}\left\{\frac{1}{s}\frac{1}{(1+s\frac{T}{n})^n}\right\} = \mathcal{L}^{-1}\left\{(\frac{n}{T})^n \frac{1}{s(s+\frac{n}{T})^n}\right\} = \tag{7.37}$$

$$= \mathcal{L}^{-1}\left\{\frac{1}{s} - \sum_{k=1}^{n}(\frac{n}{T})^{k-1}\frac{1}{(s+\frac{n}{T})^k}\right\} = 1 - \sum_{k=1}^{n}(\frac{n}{T})^{k-1}\frac{t^{k-1}}{(k-1)!}e^{-\frac{n}{T}t} = 1 - \sum_{k=0}^{n-1}(\frac{n}{T})^k\frac{t^k}{k!}e^{-\frac{n}{T}t} \quad t > 0 \ . \tag{7.38}$$

7.14 * Entwurf eines P-Reglers an einer Totzeitstrecke bei unbekannter Störgrößenfrequenz

Angabe: *Eine Regelstrecke nach Abb. 7.15 mit Totzeit $T_t = 0,06$ und Integralverhalten wird mit einem verzögerungsfreien P-Regler geregelt. Die Störgröße ω_d darf bei keiner Frequenz mit mehr als 5 % auf die Regelgröße durchschlagen. Welche Reglerverstärkung V ist erforderlich? Welche Veränderungen ergeben sich bei Näherung der Totzeit durch ein PT_1-Element? Ist die Angabe widerspruchsfrei?*
Lösung: Die Störungsübertragungsfunktion $F_{St}(s)$ lautet

$$F_{St}(s) = \frac{Y(s)}{W_d(s)} = \frac{e^{-sT_t}}{2s + 2Ve^{-sT_t}} \quad\rightsquigarrow\quad |F_{St}(j\omega)| = \frac{0,5}{\sqrt{V^2\cos^2\omega T_t + (\omega - V\sin\omega T_t)^2}} \le 0,05 \tag{7.39}$$

$$\frac{\partial}{\partial\omega}[V^2\cos^2\omega T_t + (\omega - V\sin\omega T_t)^2] = 2\omega - 2V(\sin\omega T_t + \omega T_t\cos\omega T_t) = 0 \ . \tag{7.40}$$

Die Gln.(7.39) und (7.40) sind nur numerisch lösbar. Das Ergebnis lautet $\omega_{max} = 28,44$ und $V \ge 37,41$. Die Kurve $|F_{St}(j\omega)|$ über ω zeigt die Abb. 7.16a.

Wird die Totzeit T_t durch ein PT_1-Element $\frac{1}{1+sT_t}$ genähert, so wird $F_{St}(s)$ von der Struktur eines üblichen PT_{2s}-Elements, dessen Extrem vorberechnet vorliegt. Es gilt

$$F'_{St}(s) = \frac{1}{2V}\frac{1}{1 + \frac{1}{V}s + \frac{T_t}{V}s^2} \quad\rightsquigarrow\quad D^2 = \frac{1}{4VT_t} \quad \omega_N = \sqrt{\frac{V}{T_t}} \quad\rightsquigarrow\quad \omega_{res} = \omega_N\sqrt{1 - D^2} \tag{7.41}$$

$$|F'_{St}|_{max} = \frac{1}{2V}\frac{1}{2D\sqrt{1-D^2}} = \frac{T_t}{\sqrt{4VT_t - 1}} < 0,05 \tag{7.42}$$

$$V \ge \frac{400T_t^2 + 1}{4T_t} = 10,167 \quad\rightsquigarrow\quad \omega_{res} = \sqrt{\frac{V}{T_t}}\sqrt{1 - \frac{1}{2VT_t}} = 5,528 \ . \tag{7.43}$$

Da das Totzeitelement bei $\omega = 0$ in eine Reihe entwickelt wurde, ist die große Abweichung zur exakten Lösung verständlich. Allerdings ist das Ergebnis in der exakten Störungsauswirkung nicht gravierend, denn

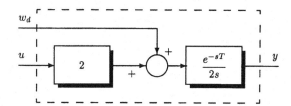

Abbildung 7.15: Streckenblockbild

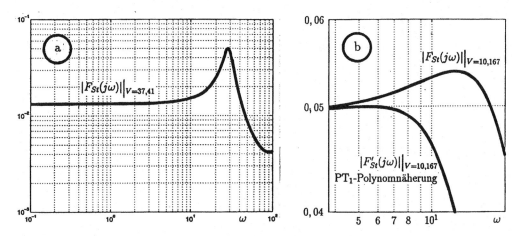

Abbildung 7.16: Exakte Lösung von $|F_{St}(j\omega)|$ (a) und Vergleich der exakten mit der Näherungslösung (b)

es ist $\max_\omega |F_{St}(j\omega)|\big|_{V=10,167} = 0,0538$ nur unwesentlich über 0,05. Einen Vergleich des exakten mit dem genäherten Frequenzgang zeigt die Abb. 7.16b.

Die Angabe ist in dieser Form nicht realisierbar. Bei obstehender Rechnung wurde nämlich die Stabilität des Regelkreises nicht überprüft. Die Schleifenübertragungsfunktion zu obiger Angabe, nämlich Ve^{-sT_t}/s, ist bei $T_t = 0,06$ nur bis zu einer Verstärkung V_{krit} zulässig, die sich aus $-\omega T_t = -0,06\omega = -\pi$ und $|\frac{V}{s}e^{-sT_t}| = 1$ für $s = j\omega$ zu $V < V_{krit} = 26,2$ ergibt. Die 5%-Grenze als Angabe muss also gelockert werden.

Die beträchtlichen Unterschiede in V mit und ohne Totzeitnäherung zeigen, dass die Totzeitnäherung nicht unproblematisch ist.

Kapitel 8

Abtastregelungen

8.1 Modifizierte z-Rücktransformation

Angabe: *Wie lautet zu $F(z, m) = \frac{z}{z-1} \frac{e^{-mT}}{z-e^{-T}}$ das Signal $f(kT, m)$ im Zeitbereich, und zwar nach der Residuenformel und mit synthetischer Division?*
Lösung:

$$f(kT, m) = \sum_i \text{Res}_{z_i}\{F(z, m)z^{k-1}\} = e^{-mT}\left(\frac{1}{1-e^{-T}} + \frac{e^{-kT}}{e^{-T}-1}\right) = \frac{e^{-mT}}{1-e^{-T}}(1 - e^{-kT}) . \qquad (8.1)$$

Nach Ausmultiplikation und mit synthetischer Division folgt

$$F(z, m) = e^{-mT} \frac{z}{z^2 - z - e^{-T}z + e^{-T}} = \qquad (8.2)$$

$$F(z, m) = e^{-mT}[z^{-1} + (1 + e^{-T})z^{-2} + (1 + e^{-T} + e^{-2T})z^{-3} + (1 + e^{-T} + e^{-2T} + e^{-3T})z^{-4} + \dots] \qquad (8.3)$$

und bei $T = 1$ für Abb. 8.1 $f(k, m) = e^{-m}(1;\ 1,368;\ 1,503;\ 1,553;\ \dots)$.

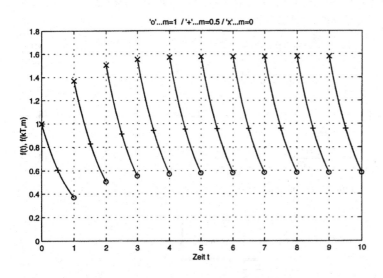

Abbildung 8.1: Verlauf im Zeitbereich

8.2 Näherung der Ortskurve eines getasteten Signals

Angabe: *Das Signal $x(t) = e^{-0,2t}$ wird mit $T = 2$ getastet. Die erste Näherung der Ortskurve von $X^\star(j\omega)$ ist mit der von $X(j\omega)$ zu vergleichen. Das zugehörige $X(s)$ lautet $X(s) = \frac{1}{s+0,2}$.*

Lösung: Nach der Formel

$$X^\star(j\omega) = \frac{1}{T} \sum_{i=-\infty}^{\infty} X[j(\omega - i\omega_T)] \quad \text{mit} \quad \omega_T = \frac{2\pi}{T} = \pi \quad \text{folgt} \tag{8.4}$$

$$X^\star(j\omega) = \frac{1}{T} \left(\frac{1}{j\omega + 0,2} + \frac{1}{j\omega + j\pi + 0,2} + \frac{1}{j\omega - j\pi + 0,2} + \dots \right). \tag{8.5}$$

Werden alle Terme bis auf den ersten vernachlässigt werden, so gilt

$$X^\star(j\omega) \doteq \frac{1}{T} X(j\omega) = \frac{1}{2(j\omega + 0,2)}. \tag{8.6}$$

Die Ortskurve ist also für kleine ω die des kontinuierlichen Signals, nur mit halber Ursprungsdistanz.
Die z-Transformierte lautet

$$\mathcal{Z}\{e^{-0,2t}\} = \frac{1}{1 - e^{-0,2T}z^{-1}}. \tag{8.7}$$

Für $z = e^{sT}$, $s = j\omega$ resultiert mit $\omega = 0$: $\frac{1}{1-e^{-0,4}} = 3,03$ $(e^{-0,4} = 0,6703)$

$$\omega \ll 1 \quad : \quad \frac{1}{1 - e^{-0,4}(1 - sT)} = \frac{\frac{1}{1-e^{-0,4}}}{1 + \frac{e^{-0,4}}{1-e^{-0,4}}2j\omega} = \frac{3,03}{1 + 4,02j\omega} \tag{8.8}$$

$$\omega = \frac{\pi}{2} \quad : \quad \frac{1}{1 + e^{-0,4}} = 0,60. \tag{8.9}$$

Da der Nenner der z-Transformierten ein Kreis ist, ist es auch der Kehrwert. Die Ortskurve ist daher ein Teil eines Kreises mit Mittelpunkt auf der reellen Achse und den Extremwerten auf der reellen Achse bei 3,03 und 0,60. Die oberwähnte Abschätzung ist also eine sehr rohe.

8.3 Abtastregelstrecke

Angabe: *Welches $G(z) = \frac{Y(z)}{U(z)}$ und welches Verhalten besitzt die Strecke nach Abb. 8.2?*
Lösung: Für die z-Übertragungsfunktionen erhält man

$$G_1(z) = \mathcal{Z}\left\{\frac{1 - e^{-sT}}{s}\right\} = (1 - z^{-1})\mathcal{Z}\left\{\frac{1}{s}\right\} = \frac{z-1}{z}\frac{z}{z-1} = 1 \tag{8.10}$$

$$G_1G_2(s) = \frac{0,9}{s(s + 0,8)}(1 - e^{-sT}) = \left(\frac{1,125}{s} - \frac{1,125}{s + 0,8}\right)(1 - e^{-sT}) \tag{8.11}$$

$$G_1G_2(z) = 1,125\left(\frac{z}{z-1} - \frac{z}{z - e^{-0,8T}}\right)(1 - z^{-1}) = 1,125\frac{0,55}{z - 0,45} = \frac{0,62}{z - 0,45}. \tag{8.12}$$

Die Lösung ist durch

$$\frac{Y(z)}{U(z)} = \frac{G_1(z)}{1 + G_1G_2(z)} = \frac{1}{1 + \frac{0,62}{z-0,45}} = \frac{z - 0,45}{z + 0,17} \tag{8.13}$$

gegeben. Auf Eingangssprung u nimmt y stationär $y_\infty = \frac{1-0,45}{1+0,17} = \frac{0,55}{1,17} = 0,47$ an.

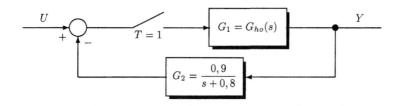

Abbildung 8.2: Abtastregelstrecke

8.4 Zulässige Abtastzeit in Totzeitabschätzung

Angabe: *Der Regelschleifen-Frequenzgang $F_o(j\omega)$ ist durch Punkte der Ortskurve in Abb. 8.3 charakterisiert. Bis zu welcher zusätzlichen Totzeit (bis zu welcher Abtastzeit) kann man „gerade noch" mit Stabilität rechnen?*

Lösung: Bei genauerer Betrachtung der Ortskurve erkennt man, dass bei $\omega = 3$ der Einheitskreis durchschnitten wird, dies bei arg $F_o(j\omega) = -90°$. Weitere 90° wären im Grenzfall zulässig

$$\text{arg } e^{-sT_t}\Big|_{s=j\omega=j3} = -90° \quad \leadsto \quad 3T_t = \pi/2 \quad \leadsto \quad T_t \doteq 0,5 \ . \tag{8.14}$$

Zulässig wäre eine Abtastzeit T von rund einer Sekunde.

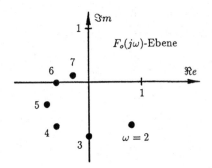

Abbildung 8.3:
Regelschleifen-Frequenzgangsortskurve

8.5 Zulässige Abtastzeit für Stabilität

Angabe: *Bei welcher Verstärkung V und bei welcher Abtastzeit T wird der Abtastregelkreis mit dem kontinuierlichen Systemteil*

$$F_o(s) = \frac{1 - e^{-sT}}{s} \ \frac{V}{1 + 2s} \tag{8.15}$$

instabil? Wie lautet die Antwort des Regelkreises auf Sollwertsprung bei $T = 1$ und $V = 2$?

Lösung: Es folgt

$$F_o(z) = \frac{z-1}{z}\mathcal{Z}\left\{\frac{V}{s(1+2s)}\right\} = \frac{z-1}{z}\frac{V}{2}\mathcal{Z}\left\{\frac{2}{s} - \frac{2}{s+0,5}\right\} = \tag{8.16}$$

$$= \frac{z-1}{z}V\left(\frac{z}{z-1} - \frac{z}{z-e^{-0,5T}}\right) = \frac{V(1-e^{-0,5T})}{z - e^{-0,5T}} \tag{8.17}$$

$$1 + F_o(z) = 0\Big|_{z=-1} \quad \leadsto \quad V(1 - e^{-0,5T}) = 1 + e^{-0,5T} \quad \leadsto \quad V_{krit} = \frac{1 + e^{-0,5T}}{1 - e^{-0,5T}} \ . \tag{8.18}$$

Bei Wahl von $V = 5$ beträgt die kritische Abtastzeit

$$e^{-0,5T} = \frac{V-1}{V+1}\Big|_{V=5} = \frac{2}{3} \quad \leadsto \quad T_{krit} = 0,81 \ . \tag{8.19}$$

Für $T = 1$ und $V = 2$ laute $Y(z)$ und $y(k)$ bei Sollwertsprung auf den Regelkreis

$$Y(z) = \frac{0,78694}{z + 0,18041}\frac{z}{z-1} \quad \text{und} \quad y(k) = 0,78694\, y_{ref}(k-1) - 0,18041\, y(k-1) \tag{8.20}$$

$$y(0) = 0; \quad y(1) = 0,78694; \quad y(2) = 0,6449; \quad y(3) = 0,6706; \quad y(4) = 0,666 \ . \tag{8.21}$$

8.6   Abtastereinfluss auf die Stabilität

Angabe: *Ein kontinuierlicher Regelkreis besitzt einen Phasenrand von 0,6 Radiant und eine Durchtritts-frequenz von 1,1 Radiant per Sekunde. Soferne nun eine zeitdiskontinuierliche digitale Messung eingesetzt wird, bis zu welcher Abtastzeit kann der Regelkreis gerade noch stabil betrieben werden?*
Lösung: Geht man von der Annahme aus, dass ein Totzeitglied mit der halben Abtastzeit als Totzeit $T_t = 0,5T$ dem Abtaster dynamisch äquivalent ist, so folgt

$$\omega_D T_t = 0,6 \rightsquigarrow T_t \doteq 0,5 \rightsquigarrow T \doteq 1 . \tag{8.22}$$

8.7   Dead-Beat-Regler

Angabe: *Die diskrete Regelstrecke ist durch*

$$G(z) = 3,6788 \frac{z^{-1}(1 + 0,71828 z^{-1})}{(1 - z^{-1})(1 - 0,3678 z^{-1})} \tag{8.23}$$

gegeben. Der Regler $K(z)$ mit Abtaster am Ein- und Ausgang soll die Null- bzw. Polstelle bei $-0,71828$ bzw. $+0,3678$ kompensieren, um dadurch $F_o(z)$ und $T(z)$ wie folgt zu erreichen

$$F_o(z) = \frac{z^{-1}}{1 - z^{-1}} \qquad T(z) = z^{-1} . \tag{8.24}$$

Lösung: Der Regler muss dann

$$K(z) = \frac{1 - 0,3678 z^{-1}}{3,6788(1 + 0,71828 z^{-1})} \tag{8.25}$$

lauten. Einem Sollsprung wird zu den Abtastzeitpunkten mit einem Sprung entsprochen, der um die Abtastperiode verschoben ist.

8.8   Stellgröße eines Abtastreglers

Angabe: *Die Regelstrecke $G(s) = \frac{1}{1+0,24\,s}$ liegt vor. Der digitale PID-Regler mit dem Regelalgorithmus*

$$u_k \stackrel{\triangle}{=} u(kT) = e_k + 6,67\,T \sum_{i=0}^{k} e_i + \frac{0,1}{T}(e_k - e_{k-1}) \tag{8.26}$$

habe die Abtastzeit $T = 0,018$. Wie lautet die Stellgröße während der ersten Abtastschritte bei einer sprungförmigen Führungsgröße $y_{ref}(t) = \sigma(t)$?
Lösung:
Berechnung der Sprungantwort $x_s(t)$ der Regelstrecke allein:

$$x_s(s) = \frac{1}{s(1 + 0,24s)} = \frac{A}{s} + \frac{B}{1 + 0,24s} = \frac{1}{s} - \frac{0,24}{1 + 0,24s} \tag{8.27}$$

$$1 = A + 0,24sA + sB \rightsquigarrow A = 1; \quad B = -0,24 \tag{8.28}$$

$$x_s(t) = [1 - e^{-\frac{t}{0.24}}] \cdot \sigma(t) \qquad x_s(T) = 0,07226 . \tag{8.29}$$

Berechnung der Stellgröße aus Gl.(8.26)

$$e_o = 1 \ldots u_o = 6,6756 \rightsquigarrow x_1 = 6,6756 \cdot 0,07226 = 0,482 \tag{8.30}$$

$$e_1 = 1 - 0,482 = 0,5176 \ldots u_1 = 0,5176 + 0,12(1 + 0,5176) + 5,55(-0,4824) = -1,98 \tag{8.31}$$

$$\rightsquigarrow x_2 = u_o(1 - e^{-\frac{2T}{0.24}}) + (u_1 - u_o) \cdot 0,072257 = 0,304 . \tag{8.32}$$

8.9 Abtastregelkreis mit integrierender Schleife

Angabe: *Ein einschleifiger Abtastregelkreis laut Abb. 8.19 mit je einem Abtaster vor und nach dem Regler* $K(z)$ *sei derart zu bemessen, dass aus Strecke* $G(s) = s/(s+1)$, *Halteglied* $G_{ho}(s)$ *und Regler zusammen eine integrierendes Schleife* $\frac{2k}{w}$ *im w-Bereich entsteht. Es gelte* $T = 1$.
Lösung:

$$G(s) = \frac{s}{s+1} \qquad G_{ho}(s) = \frac{1 - e^{-sT}}{s} \quad \rightsquigarrow \quad G(z) = (1 - z^{-1}) \cdot \mathcal{Z}\{\frac{1}{s+1}\} = \frac{z-1}{z-0,368} \tag{8.33}$$

$$z = \frac{1+w}{1-w} \qquad G(w) = \frac{2w}{0,632 + 1,368\,w} . \tag{8.34}$$

Wird $K(w)$ als

$$K(w) = \frac{k(0,632 + 1,368\,w)}{w^2} \tag{8.35}$$

gewählt, dann folgt für $F_o(w) = G(w)K(w) = \frac{2w}{0,632+1,368\,w}\,\frac{k(0,632+1,368\,w)}{w^2} = \frac{2\,k}{w}$.
Mit $w = \frac{z-1}{z+1}$ ergibt sich schließlich

$$K(z) = k\frac{2z^2 + 1,264z - 0,736}{z^2 - 2z + 1} = \frac{2\,k(z^2 + 0,632z - 0,368)}{(z-1)^2} . \tag{8.36}$$

8.10 Bode-Diagramm von $F_o(z)$ ohne w-Ebene

Angabe: *Für das aufgeschnittene System* $F_o(z)$ *wird — ohne in die w-Ebene überzugehen — das Bode-Diagramm* $|F_o(z)|$ *und* $\arg F_o(z)$ *für* $z = e^{sT}$ *und* $s = j\omega$ *gezeichnet. Es gelte nach Abb. 8.6*

$$F_o(s) = \frac{1 - e^{-sT}}{s}\,\frac{V}{1 + sT_1} \qquad V = 1 \quad T_1 = 1 \quad T = 0,693 \quad \omega_T = 9,01 . \tag{8.37}$$

Was bedeutet dieses Ergebnis?
Lösung: Die Periodizität längs der ω-Achse drückt sich in einem ungewohnten und unbrauchbaren Bode-Diagramm aus, wie Abb. 8.4 zeigt.

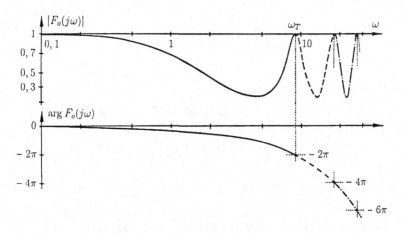

Abbildung 8.4: Bode-Diagramm, ohne in die w-Ebene transformiert zu haben

8.11 Stabilität einer Abtastregelung mit und ohne Regler-Halteglied

Angabe: *Wie unterscheidet sich gemäß Abb. 8.5 bei* $G(s) = \frac{a}{1+s}$, $K(s) = \frac{1}{s}$ *das Stabilitätsverhalten mit und ohne Halteglied im Regler?*

Lösung: Für $a = 4$; $T = 2$ folgt $G_h(z)$ mit MATLAB zu `c2d(tf([4],[1, 1]),2,'zoh')`. Allgemein gilt

$$G_h(s) \triangleq G(s)G_{ho}(s) \rightsquigarrow G_h(z) = \frac{z-1}{z}\mathcal{Z}\left\{\frac{1}{s}\frac{a}{s+1}\right\} = \frac{a(1-e^{-T})}{z-e^{-T}} \tag{8.38}$$

$$K(z) = \mathcal{Z}\left\{\frac{1}{s}\right\} = \frac{z}{z-1} \rightsquigarrow K_h(z) = \frac{z-1}{z}\mathcal{Z}\left\{\frac{1}{s^2}\right\} = \frac{T}{z-1} . \tag{8.39}$$

Die Stabilität ohne $G_{ho}(s)$ im Regler resultiert aus

$$F_o(z) = K(z)G_h(z) = \frac{a(1-e^{-T})}{z-e^{-T}}\frac{z}{z-1} \qquad \alpha \triangleq e^{-T} \tag{8.40}$$

$$1 + F_o(z) \rightsquigarrow z^2 + z[a(1-\alpha)-\alpha-1] + \alpha . \tag{8.41}$$

Das Schur-Cohn-Schema

1	$a(1-\alpha)-\alpha-1$	α bei $f = -\alpha$
$-\alpha^2$	$-\alpha[a(1-\alpha)-\alpha-1]$	$-\alpha$
	$1-\alpha^2$	$[a(1-\alpha)-\alpha-1](1-\alpha)$

führt auf die Schur-Cohn-Bedingung

$$1 - \alpha^2 > |[a(1-\alpha)-\alpha-1](1-\alpha)| = |\alpha^2(a+1) - 2a\alpha + a - 1| . \tag{8.42}$$

Für Stabilität mit $G_{ho}(s)$ im Regler findet man die charakteristische Gleichung

$$F_o(z) = K_h(z)G_h(z) = \frac{aT(1-\alpha)}{(z-1)(z-\alpha)} \rightsquigarrow z^2 - z(1+\alpha) + \alpha + aT - \alpha aT = 0 . \tag{8.43}$$

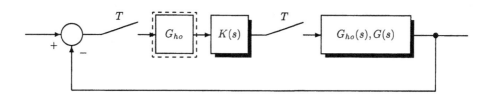

Abbildung 8.5: Abtastregelung

8.12 Abtastzeit an der Stabilitätsgrenze

Angabe: *Der Regelkreis in Abb. 8.6 ist auf Stabilität zu untersuchen, insbesondere für $V = 1$.*
Lösung: Der Regelkreis besitzt eine Schleife

$$F_o(z) = \mathcal{Z}\left\{G_{ho}(s)\frac{V}{s(s+1)}\right\} = V\frac{(T+e^{-T}-1)z+1-Te^{-T}-e^{-T}}{(z-1)(z-e^{-T})} \tag{8.44}$$

und die charakteristische Gleichung des Regelkreises $z^2 + z(T-2) + (1 - Te^{-T}) = 0$. Das Schur-Cohn-Schema

1	$(T-2)$	$(1-Te^{-T})$ bei $f = -(1-Te^{-T})$
$-(1-Te^{-T})^2$	$-(1-Te^{-T})(T-2)$	$-(1-Te^{-T})$
	$1-(1-Te^{-T})^2$	$(T-2)-(1-Te^{-T})(T-2)$

liefert die Stabilitätsbedingung

$$1 - [1 - 2Te^{-T} + (Te^{-T})^2] > \left|(T-2)(1-1+Te^{-T})\right| \rightsquigarrow e^{-T} < \frac{4}{T} - 1 \tag{8.45}$$

als Stabilitätsbedingung. Diese ist für $0 \le T \le 3,9224$ erfüllt.

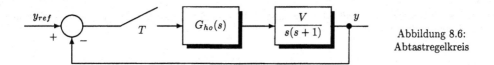

Abbildung 8.6:
Abtastregelkreis

8.13 Stabilitätsgrenze mittels Wurzelortskurve

Angabe: *Wo liegt für die Angabe* $K(s) = K_R\left(1 + \frac{1}{sT_I}\right)$, $G(s) = \frac{ae^{-sT_t}}{1+sT_1}$ *bei* $T_t = T$ *die Stabilitätsgrenze?*
Lösung: Mit $T_I = T_1$ vereinfacht sich die Schleife, wie die folgende Rechnung zeigt

$$F_o(s) = G_{ho}(s)K_R\left(1 + \frac{1}{sT_I}\right)\frac{ae^{-sT_t}}{1+sT_1} \tag{8.46}$$

$$
\begin{aligned}
F_o(z) &= K_R\mathcal{Z}\left\{\frac{1-e^{-sT}}{s}\frac{1+sT_I}{sT_I}\frac{ae^{-sT_t}}{1+sT_1}\right\} \tag{8.47}\\
&= \frac{aK_R}{T_1}(1-z^{-1})z^{-1}\mathcal{Z}\left\{\frac{1}{s^2}\right\} = \frac{aK_R}{T_1}\frac{z-1}{z^2}\frac{zT}{(1-z)^2} = \frac{aK_RT}{T_1}\frac{1}{z(z-1)}\, . \tag{8.48}
\end{aligned}
$$

Die Wurzelortskurve ist die Streckensymmetrale zwischen den Punkten $z = 0$ und $z = 1$. Sie schneidet den Einheitskreis bei $z_e = 0,5 \pm j\frac{\sqrt{3}}{2}$. Für dieses z_e liefert die charakteristische Gleichung

$$1 + F_o(z) = 0 \quad\leadsto\quad z^2 - z + \frac{aK_RT}{T_1} = 0 \quad\text{den Wert}\quad \frac{aK_RT}{T_1} = z_e - z_e^2 = 1\, . \tag{8.49}$$

Bei $T_t = T = 0,1$ und $T_1 = 1$ ist der Stabilitätsbereich $aK_R < 10$.

8.14 ∗ Abtastregelkreis mit PDT$_2$-Strecke

Angabe: *Welches Verhalten zeigt bei* $T = 1$ *der Regelkreis, der aus*

$$G(s) = \frac{0,3324s + 0,7734}{(s + 0,2232)(s + 0,6931)} \qquad K(z) = \frac{z - 0,8}{z - 1} \tag{8.50}$$

besteht?
Lösung:

$$G(z) = \mathcal{Z}\{G_{ho}(s)G(s)\} = \mathcal{Z}\left\{\frac{1-e^{-sT}}{s}G(s)\right\} = \frac{z-1}{z}\mathcal{Z}\left\{\frac{G(s)}{s}\right\} = G(z) = \frac{0,5z}{(z-0,8)(z-0,5)}\, , \tag{8.51}$$

$$\text{wobei}\qquad \frac{0,3324s + 0,7734}{s(s + 0,2232)(s + 0,6931)} = \frac{A}{s} + \frac{B}{s + 0,2232} + \frac{C}{s + 0,6931} \tag{8.52}$$

$$A = \frac{0,7734}{0,2232 \cdot 0,6931} = 5,0 \qquad B = \frac{0,3324(-0,2232) + 0,7734}{-0,2232(-0,2232 + 0,6931)} = -6,667 \qquad C = 1,667\, . \tag{8.53}$$

Mit dem gegebenen Regler erhält man eine Kompensation

$$F_o(z) = G(z)K(z) = \frac{0,5z}{(z-0,5)(z-1)} \quad\leadsto\quad T(z) = \frac{F_o(z)}{1+F_o(z)} = \frac{0,5z}{z^2 - z + 0,5}\, . \tag{8.54}$$

Die Regelkreis-Differenzengleichung lautet hiemit $y(k) = 0,5y_{ref}(k-1) + y(k-1) - 0,5y(k-2)$. Aus ihr folgt die Sprungantwort für Einheitssollwertsprung

$$y(0) = 0;\ y(1) = 0,5;\ y(2) = 1,0;\ y(3) = 1,25;\ y(4) = 1,25;\ y(5) = 1,125\quad\text{usw.} \tag{8.55}$$

8.15 Abtastregelkreis. Stabilitätsbereich des P-Reglers

Angabe: *Ein Abtastregelkreis mit $K(s) = K$ und $T = 0,1$ nach Abb. 8.7 liegt vor. Für welches K ist der Regelkreis an der Stabilitätsgrenze? Wie lautet $T(z)$?*
Lösung: Man findet zunächst

$$K(z) = (1 - z^{-1})\mathcal{Z}\{\frac{1}{s}K\} = K \qquad G(z) = (1 - z^{-1})\mathcal{Z}\{\frac{1}{s(1 + s \cdot 1,42)(1 + s \cdot 0,36)}\} . \qquad (8.56)$$

Partialbruchentwicklung von $\{\}$ liefert

$$\frac{1}{s} - \frac{1,340}{s + \frac{1}{1,42}} + \frac{0,340}{s + \frac{1}{0,36}} \qquad (8.57)$$

$$G(z) = \frac{0,0078 + 0,0087z}{0,7060 - 1,6895z + z^2} \qquad F_o(z) = G(z)K(z) \qquad (8.58)$$

$$T(z) = \frac{F_o(z)}{1 + F_o(z)} = \frac{K(0,0078 + 0,0087z)}{(0,7060 + K \cdot 0,0078) + z(K \cdot 0,0087 - 1,6895) + z^2} \qquad (8.59)$$

$$= \frac{K(0,0078 + 0,0087z)}{a + bz + z^2} ; \quad a \triangleq 0,7060 + 0,0078K ; \quad b \triangleq -1,6895 + 0,0087K .$$

Mit $a = 1$ folgt als Stabilitätsbedingung $K \leq 37,69$. Für $z^2 + bz + a = 0$ lässt sich nämlich leicht zeigen, dass für konjugiert komplexe Lösungspaare $|z| = \sqrt{a}$ gilt. Die Lage am Einheitskreis führt auf $a = 1$. Die untere Grenze für K, nämlich -1, ist für eine praktische Anwendung bedeutungslos, weil der Regelkreis auch vor dieser Grenze genauigkeitsmäßig untragbar ist.

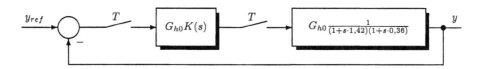

Abbildung 8.7: Abtastregelkreis mit Haltegliedern vor Regler und Strecke

8.16 Dead-Beat-Verhalten zu den Abtastzeitpunkten

Angabe: *Die Regelung in der Schaltung nach Abb. 8.8 ist zu analysieren, wobei*

$$G(z) = \frac{3,6788z^{-1} + 2,6424z^{-2}}{1 - 1,3678z^{-1} + 0,3678z^{-2}} \qquad K(z) = \frac{0,271828 - 0,1z^{-1}}{1 + 0,71828z^{-1}} \qquad y_{ref}(t) = \sigma(t) . \qquad (8.60)$$

Lösung: Man findet Dead-Beat-Verhalten (nur zu den Abtastzeitpunkten) wegen

$$F_o(z) = \frac{z^{-1}}{1 - z^{-1}} \qquad T(z) = z^{-1} \qquad Y(z) = T(z)Y_{ref}(z) = z^{-1}\frac{1}{1 - z^{-1}} = z^{-1} + z^{-2} + z^{-3} + \dots . \qquad (8.61)$$

Die Sprungantwort des Regelkreises für Abtastzeit gleich eins zeigt die Abb. 8.9.

8.17 ∗ Abtastregelung auf Sprung- und Exponentialeingang

Angabe: *Der Regelkreis mit Abtastung unter $T = 1$ und $F_o(s) = \frac{10}{1+3s}$ $\leadsto$ $f_o(t) = \frac{10}{3}e^{-\frac{1}{3}t}$ ist ohne Tabellenbenützung zu analysieren.*
Lösung: Aus der Formel für die z-Transformierte findet man unter $T(z) = \frac{F_o(z)}{1 + F_o(z)}$

$$F_o(z) = \sum_{k=0}^{\infty} \frac{10}{3}e^{-\frac{T}{3}k}z^{-k} = \sum_{0}^{\infty} \frac{10}{3}(e^{-\frac{T}{3}}z^{-1})^k = \frac{10}{3}\frac{z}{z - e^{-\frac{T}{3}}} \quad \leadsto \quad T(z) = \frac{10}{13}\frac{z}{(z - \frac{3}{13}e^{-\frac{T}{3}})} . \qquad (8.62)$$

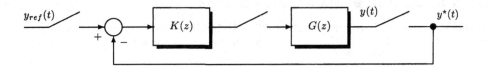

Abbildung 8.8: Abtastregelung mit drei Tastern

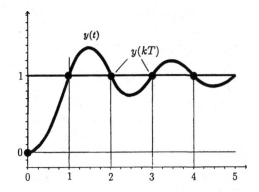

Abbildung 8.9: Sprungantwort

Bei $Y_{ref}(z) = \frac{z}{z-1}$ folgt

$$Y(z) = T(z)Y_{ref}(z) = \frac{10}{13}\frac{z^2}{z^2 - z(1 + \frac{3}{13}e^{-\frac{T}{3}}) + \frac{3}{13}e^{-\frac{T}{3}}} \tag{8.63}$$

und weiters durch synthetische Division mit $T = 1$

$$z^2 : (z^2 - 1,1654z + 0,1654) = 1 + 1,1654\frac{1}{z} + 1,193\frac{1}{z^2} + 1,197\frac{1}{z^3} + \ldots \tag{8.64}$$

$$y(0) = 0,7692; \quad y(1) = 0,8965; \quad y(2) = 0,9177; \quad y(3) = 0,9208\ldots \quad . \tag{8.65}$$

Anfangs- und Endwerttheorem liefern $y(0) = \frac{10}{13}$ und $y(\infty) = 0,9216$.

Die Umformung auf Differenzengleichung lautet

$$T(z) = \frac{10}{13}\frac{1}{1 - 0,1654\frac{1}{z}} = \frac{Y(z)}{Y_{ref}(z)} \quad \leadsto \quad y(k) = \frac{10}{13}y_{ref}(k) + 0,1654\,y(k-1) \tag{8.66}$$

und erbringt dieselben Zahlenwerte zu kT.

Bei exponentiellem Abfall der Sollgröße $y_{ref}(t) = e^{-t}$ erhält man

$$y_{ref}(z) = \sum_{k=0}^{\infty} e^{-kT}z^{-k} = \sum_{k=0}^{\infty}(e^{-T}z^{-1})^k = \frac{1}{1 - e^{-T}z^{-1}} = \frac{z}{z - e^{-T}} \tag{8.67}$$

und aus der synthetischen Division $y(1) = 0,4102; \quad y(2) = 0,1719; \quad y(3) = 0,06672$ usw.

8.18 Abtastregler-Differenzengleichung

Angabe: Im z-Bereich lautet der Regler $K(z) = \frac{3,57\,z - 3,43}{z-1}$. Gesucht ist $K(w)$ und die Differenzengleichung des Reglers.

Lösung: Durch Einsetzen von $z = \frac{1+w}{1-w}$ findet man, dass im w-Bereich die Struktur eines PI-Reglers vorliegt, nämlich

$$K(w) = \frac{0,07}{w} + 3,5 \quad \leadsto \quad \frac{U(z)}{E(z)} = \frac{3,57 - 3,43/z}{1 - 1/z} . \tag{8.68}$$

Daraus folgt unmittelbar $u(k) = u(k-1) + 3,57\,e(k) - 3,43\,e(k-1)$.

8.19   * Reaktion einer getasteten Regelstrecke

Angabe: *Eine kontinuierliche Strecke $G(s)$ von PDT_2-Verhalten werde mit vorgeschaltetem Halteglied in diskreter Darstellung in der Reaktion auf einen Einheitssprung einerseits und bezüglich der Fläche unter der Stoßantwort andererseits untersucht*

$$G(s) = \frac{k_1(1 + sT_v)}{(1 + sT_1)(1 + sT_2)} . \tag{8.69}$$

Lösung: Mit vorgeschaltetem Halteglied gilt

$$G(z) = \mathcal{Z}\{\frac{1 - e^{-sT}}{s}G(s)\} = (1 - \frac{1}{z})\mathcal{Z}\{\frac{k_1(1 + sT_v)}{s(1 + sT_1)(1 + sT_2)}\} \tag{8.70}$$

$$G(z) = k_1\left[1 + \frac{T_1 - T_v}{T_2 - T_1}\frac{z - 1}{z - e^{-\frac{T}{T_1}}} + \frac{T_2 - T_v}{(T_1 - T_2)}\frac{z - 1}{z - e^{-\frac{T}{T_2}}}\right] \tag{8.71}$$

$$a \triangleq \frac{T_1 - T_v}{T_2 - T_1} \quad b \triangleq \frac{T_2 - T_v}{(T_1 - T_2)} \quad p_1 \triangleq e^{-\frac{T}{T_1}} \quad p_2 \triangleq e^{-\frac{T}{T_2}} \tag{8.72}$$

$$G(z) = k_1\frac{z[1 - (p_1 + p_2) - ap_2 - bp_1] + (p_1p_2 + ap_2 + bp_1)}{(z - p_1)(z - p_2)} \triangleq k_1\frac{zA + B}{(z - p_1)(z - p_2)} . \tag{8.73}$$

Zur Kontrolle dient das Endwerttheorem mit

$$k_1\frac{A + B}{(1 - p_1)(1 - p_2)} = k_1 . \tag{8.74}$$

Bei Eingangssprung zur Regelstrecke $U(z) = \frac{z}{z-1}$ lautet der Ausgang

$$Y(z) = k_1\frac{Az^2 + Bz}{z^3 - Cz^2 + Dz - E} . \tag{8.75}$$

Mit den Zahlenwerten $T_1 = 1$; $T_2 = 0,5$; $T_v = 0,1$; $T = 1$ folgt $a = -1,8$; $b = 0,8$; $p_1 = \frac{1}{e}$; $p_2 = \frac{1}{e^2}$ und

$$A = \frac{e^2 - 1,8e + 0,8}{e^2} , \quad B = \frac{1 - 1,8e + 0,8e^2}{e^3} , \quad C = \frac{e^2 + e + 1}{e^2} , \quad D = \frac{1 + e + e^2}{e^3} , \quad E = p_1p_2 = \frac{1}{e^3} \tag{8.76}$$

$$Y(z) = k_1\frac{z^2(e^3 - 1,8e^2 + 0,8e) + z(1 - 1,8e + 0,8e^2)}{z^3e^3 - z^2(e^3 + e^2 + e) + z(1 + e + e^2) - 1} = k_1\frac{z^28,96 + z2,018}{z^320,086 - z^230,193 + z11,107 - 1} . \tag{8.77}$$

Mit synthetischer Division findet man beim Sonderfall $k_1 = 1$ für aneinandergereihte $k = 0, 1, 2\ldots$ die Wertefolge $y(kT) = 0$; $0,446$; $0,771$; $0,912\ldots$.
Unter Verwendung der Gl.(8.74) ergibt sich

$$\lim_{k\to\infty}T\sum_k g(kT) = \lim_{z\to1}(1 - z^{-1})\frac{T}{1 - z^{-1}}G(z) = TG(z)\Big|_{z=1} = Tk_1 . \tag{8.78}$$

Da schon ein Halteglied am Eingang eingebaut ist und $\lim_{s\to0}\frac{1-e^{-sT}}{s} = T$ ist, hat man für die Fläche allerdings nicht $T\sum_{k=0}^{\infty}g(kT)$ anzusetzen, sondern nur $\sum_{k=0}^{\infty}g(kT)$. Daher ist nicht $TG(z)\Big|_{z=1}$, sondern nur $G(z)\Big|_{z=1}$ zu verwenden und die Fläche unter dem getasteten Ausgang ist ebenfalls k_1.
    Zum Vergleich sei noch auf

$$\lim_{t\to\infty}\int_o^t g(t)dt = G(s)\Big|_{s=0} \tag{8.79}$$

verwiesen, sowie darauf, dass für

$$\omega_T \to \infty \quad G^*(s) = \frac{1}{T}\sum_{k=-\infty}^{\infty}G(s - jk\omega_T) = \frac{1}{T}G(s) \tag{8.80}$$

gilt. Im gegenständlichen Beispiel, bei dem Tasten und Halten des Sprungs $u(t)$ am Eingang kein anderes Ergebnis bringt als die Wirkung von $\sigma(t)$ allein, gilt also $\lim_{s\to0} s\frac{1}{s}G(s) = G(s)\Big|_{s=0} = k_1$.

8.20 * Abtastregelung mit Totzeit

Angabe: *Welchen Einfluss besitzt die Abtastzeit T auf die Stabilität der Regelung nach Abb. 8.10? Weitere Daten sind*

$$G(s) = \frac{10}{s} \qquad K(s) = \frac{e^{-ksT}}{1+s} \quad bei \quad T_t \triangleq kT \ . \tag{8.81}$$

Lösung:

$$KG(z) = z^{-k} \mathcal{Z}\left\{\frac{1}{s+1}\frac{10}{s}\right\} = 10z^{-k}\left[\frac{z}{z-1} - \frac{z}{z-e^{-T}}\right] = 10z^{-k}\left[\frac{z(1-e^{-T})}{(z-1)(z-e^{-T})}\right] \ . \tag{8.82}$$

Im Fall ohne Totzeit, $k = 0$, folgt

$$1 + KG(z) = 0 \ \rightsquigarrow \ 10(1-e^{-T})z + (z-1)(z-e^{-T}) = 0 \ \rightsquigarrow \ z^2 + z(9-11e^{-T}) + e^{-T} = 0 \ . \tag{8.83}$$

Einsetzen von $z = \frac{1+w}{1-w}$ liefert ein quadratisches Polynom in w. Für Stabilität müssen alle Koeffizienten > 0 sein, was auf die Beziehungen $1 - e^{-T} > 0$ und $e^{-T} > \frac{2}{3}$ führt. Dies bedeutet den Stabilitätsgrenzfall $e^{-T} = \frac{2}{3} \ \rightsquigarrow \ 0 \le T \le 0,405$.

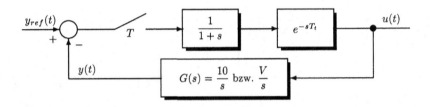

Abbildung 8.10: Abtastregelkreis mit Totzeit

Im Fall mit Totzeit, $k = 1$, resultiert

$$KG(z) = \frac{10(1-e^{-T})}{(z-1)(z-e^{-T})} \ \rightsquigarrow \ 1 + KG(z) = 0 \tag{8.84}$$

$$\rightsquigarrow \quad 10(1-e^{-T}) + (z-1)(z-e^{-T}) = 0 \ \rightsquigarrow \ z^2 - z(1+e^{-T}) + 10 - 9e^{-T} = 0 \ . \tag{8.85}$$

Die Behandlung mit dem Schur-Cohn-Schema führt auf

1	$-(1+e^{-T})$	$10 - 9e^{-T}$ bei $f = \frac{-(10-9e^{-T})}{1}$
$-(10-9e^{-T})^2$	$(10-9e^{-T})(1+e^{-T})$	$-(10-9e^{-T})$
	$1-(10-9e^{-T})^2$	$-(1+e^{-T}) + (10-9e^{-T})(1+e^{-T})$

und auf die Schur-Cohn-Bedingung

$$1-(10-9e^{-T})^2 > |-(1+e^{-T}) + (1+e^{-T})(10-9e^{-T})| \tag{8.86}$$

$$1 - 100 + 180e^{-T} - 81e^{-2T} > 9(1+e^{-T})(1-e^{-T}) \tag{8.87}$$

$$0 > 72\alpha^2 - 180\alpha + 108 \quad bei \quad e^{-T} \triangleq \alpha < 1 \ . \tag{8.88}$$

Diese Bedingung ist für $\alpha < 1$ nicht erfüllbar, daher ist das System immer instabil.

Bei dieser Aufgabe fällt auf, dass selbst bei kleinen Abtastzeiten bei oder ab $T_t = T$ bereits Instabilität vorliegt. Diese Verhältnisse können mittels Wurzelortskurven erhellt werden. Dabei wird die Verstärkung 10 durch V ersetzt. Für $T_t = 0$ sind sie in Abb. 8.11 für kleine (und große) T eingetragen, jeweils im Bildteil a (und b), und zwar für $T = 0,11$ (und $T = 2,3$), in Abb. 8.12 für $T_t = T$. Dabei ist $\alpha \triangleq e^{-T}$.

Ohne Totzeit, d.h. $T_t = 0$, ergibt sich Stabilität für $V \le 2\frac{1+e^{-T}}{1-e^{-T}}$, jedem T kann ein V für Stabilität zugeordnet werden.

Mit Totzeit, und zwar bei $T_t = T$, ist die Ursprungsnullstelle durch einen Pol kompensiert, die Wurzelortskurve als Streckensymmetrale ist für einen Schnitt mit dem Einheitskreis viel anfälliger, im einzelnen

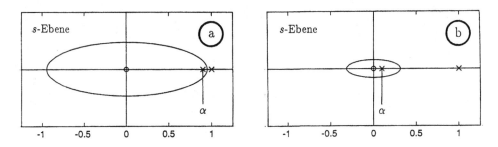

Abbildung 8.11: Wurzelortskurven für $T_t = 0$

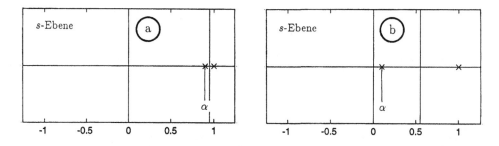

Abbildung 8.12: Wurzelortskurven für $T_t = T$

findet sich $V \leq 1$ für jedes T bei Stabilität. Die frühere Angabe $V = 10$ liegt also weit im instabilen Bereich.

Noch ungünstiger werden die Stabilitätsverhältnisse unabhängig von T bei $T_t = 2T$. Hier verlangt dies bereits $V \leq 0,55$, da die Wurzelortskurve nach rechts gekrümmt ist.

Die aus dem Kontinuierlichen gewohnte Ersatzvorstellung des „friedlichen" Verhaltens eines PT_1-Elements ist nicht angebracht, wenn es (ohne Halteglied) einem Dirac-Puls hoher (wachsender) Abtastfrequenz ausgesetzt wird. Jeder Dirac-Impuls wird im PT_1-Element in einen Stoßausgang umgesetzt (unabhängig von der Zeitkonstante des PT_1-Elements). Es trifft daher eher die Ersatzvorstellung zu, dass ein PT_1-Element unter hochfrequentem Dirac-Puls-Eingang gegen eine unendlich hohe Ersatzverstärkung strebt. (Nur *mit* Halteglied ist die Ersatzverstärkung endlich.)

Die Reaktion auf einen Sprung in $y_{ref}(t)$ zum Zeitpunkt 0^+ mit den Daten $T_i \stackrel{\triangle}{=} \frac{1}{V} = 5$, $T_t = 1$, $T = 1$, und zwar simuliert mit ANA gemäß Abb. 8.13, zeigt die Abb. 8.14.

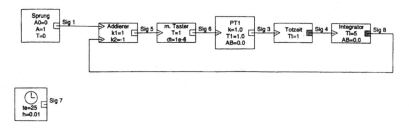

Abbildung 8.13: Blockbild unter Simulation mit ANA

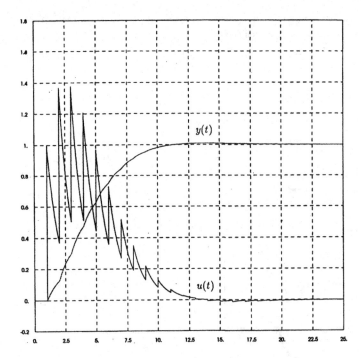

Abbildung 8.14: Oszillogramm
von Stellgröße und Regelgröße

8.21 Abtastregelkreis mit ein oder zwei Haltegliedern

Angabe: *Eine PT_1-Strecke $G(s) = \frac{1}{s+a}$ mit Halteglied nullter Ordnung $G_{ho}(s)$ besitzt ein*

$$G(z) = \frac{1}{a} \frac{1 - e^{-aT}}{z - e^{-aT}} \ . \tag{8.89}$$

Vor dem Regler liege fallweise ein Abtaster. Der Regler ohne Halteglied besitzt ein

$$K(z) = \frac{z}{z - e^{-aT}} \ . \tag{8.90}$$

Welches Verhalten zeigt F_o in der w-Ebene?
Lösung: Aus dem Produkt $F_o(z) = K(z)G(z)$ und nach Substitution $z = \frac{1+w}{1-w}$ folgt im Fall mit Halteglied
vor dem Regler

$$\left. F_o(w) \right|_{w=jv} = \frac{1}{a} \frac{(1 + v^2)(1 - e^{-aT})}{[1 - e^{-aT} + jv(1 + e^{-aT})]^2} \tag{8.91}$$

und ohne Halteglied

$$\left. F_o(w) \right|_{w=jv} = \frac{(1 + jv)^2}{[1 - e^{-aT} + jv(1 + e^{-aT})]^2} \ . \tag{8.92}$$

8.22 Wurzelortskurve zu einer Abtastregelung mit Schleifendoppelpol

Angabe: *Gesucht ist die Wurzelortskurve für den Abtastregelkreis mit $GH(z) = \frac{Vz}{(z-a)^2}$ (reelles $a < 1$,)
in Abb. 8.15. Bei welchem V befindet sich die Stabilitätsgrenze?*
Lösung: Der Verzweigungspunkt liegt bei einer Doppelwurzel von $1 + GH(z) = 0$ in z, also

$$z^2 - 2az + a^2 + Vz = 0 \quad \leadsto \quad z_{1,2} = -\frac{V - 2a}{2} \pm \sqrt{(\frac{V - 2a}{2})^2 - a^2} \tag{8.93}$$

$$V^2 - 4aV + 4a^2 = 4a^2 \quad \leadsto \quad V = 4a \qquad z_{1,2} = -\frac{4a - 2a}{2} \pm 0 = -a \ . \tag{8.94}$$

Daher ist der kreisförmige Anteil der Wurzelortskurve innerhalb des Einheitskreises gelegen (Abb. 8.16). Der Wert V_{krit} auf der reellen Achse bei $z = -1$ folgt aus $GH(z)$

$$(z - a)^2 + Vz = 0 \quad \leadsto \quad V_{krit} = (-1 - a)^2 . \tag{8.95}$$

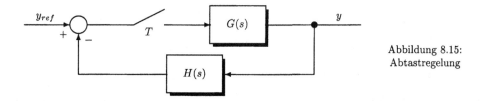

Abbildung 8.15:
Abtastregelung

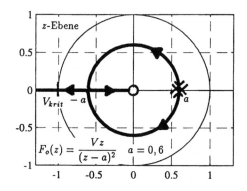

Abbildung 8.16:
Wurzelortskurve

8.23 Abtastregelkreis mit Einheitsvorwärtszweig

Angabe: *Ist die Schaltung laut Abb. 8.17 stabil?*
Lösung: Man findet

$$G(s) = \frac{5}{s + 1} \qquad g(t) = 5\,e^{-t} \quad \leadsto \quad G(z) = \sum_{k=0}^{\infty} g(kT)z^{-k} = 5\frac{z}{z - e^{-T}} . \tag{8.96}$$

Der Pol von $T(z) = \frac{1}{1+G(z)} = \frac{z-e^{-T}}{6z-e^{-T}}$ liegt bei $z = e^{-T}/6$ im Einheitskreis, daher ist der Regelkreis stabil.

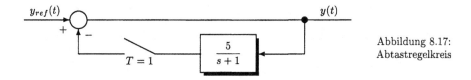

Abbildung 8.17:
Abtastregelkreis

8.24 Spektrum des Halteglieds nullter Ordnung

Angabe: *Welches Spektrum besitzt das Ausgangssignal eines Halteglieds $G_{ho}(s)$, wenn es von einem Dirac-Stoß angeregt wird?*

Lösung:

$$Y(s) = G_{ho}(s)E(s) \qquad E(s) = 1 \tag{8.97}$$

$$|Y(j\omega)| = \left|\frac{1 - e^{-j\omega T}}{j\omega}\right| = \frac{\sqrt{(1 - \cos\omega T)^2 + \sin^2\omega T}}{\omega} = T\frac{\sin\frac{\omega T}{2}}{\frac{\omega T}{2}} = T \text{ si}\left(\frac{\omega T}{2}\right). \tag{8.98}$$

8.25 Verstärkungseinstellung bei einem Abtastregelkreis

Angabe: *Welche Einstellung der Verstärkung K des Abtastregelkreises nach Abb. 8.18 ist günstig?*
Lösung: Für die Regelschleife folgt

$$F_o(s) = \frac{K}{s(1 + 180s)} = K\left(\frac{1}{s} - \frac{1}{s + \frac{1}{180}}\right) \quad \rightsquigarrow \quad f_o(t) = K\left(1 - e^{-\frac{1}{180}t}\right) \tag{8.99}$$

$$F_o(z) = K\left(\frac{z}{z - 1} - \frac{z}{z - e^{-\frac{60}{180}}}\right) = K\left(\frac{z}{z - 1} - \frac{z}{z - 0,72}\right) = K\frac{0,283z}{z^2 - 1,72z + 0,72}. \tag{8.100}$$

Sie besitzt Pole bei $0,86 \pm 0,14$, also bei 1 und 0,72. Der Regelkreis gehorcht

$$T(z) = \frac{F_o(z)}{1 + F_o(z)} = \frac{0,283\,Kz}{z^2 + z(0,283\,K - 1,72) + 0,72}. \tag{8.101}$$

Verzweigungspunkte liegen bei $K = 0,0811$ und $K = 12,07$ in der z-Ebene bei $z = 0,86 - 0,1415\,K$. Interessant ist nur $z = 0,86 - 0,1415 \cdot 0,0811 = 0,8485$.
Nach dem Aussehen der Wurzelortskurve ist für passenden Dämpfungsgrad $K_{opt} = 0,17$ zu empfehlen.

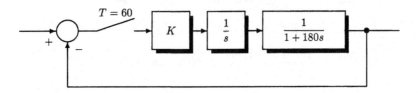

Abbildung 8.18: Abtastregelkreis mit P-Regler

8.26 ∗ Entwurf eines Abtastregelkreises

Angabe: *Ein Abtastelement gibt im Abstand T die Regelabweichung an ein I-Element (z.B. einen Stellmotor). Die Regelstrecke werde durch $PT_1 T_t$-Verhalten mit Stationärverstärkung K genähert, wobei $T_t = T$ sei. Welche Nachstellzeit T_N des Reglers ist angebracht? Aus Stabilitätsgründen wird verlangt, dass die Nullstellen des charakteristischen Polynoms des geschlossenen Regelkreises auf einem Kreis mit dem Radius $r = 0,5$ liegen.*
Lösung: Man stellt zunächst

$$G(s) = \frac{K}{1 + sT_1}e^{-sT} \qquad K(s) = \frac{1}{sT_N} \tag{8.102}$$

auf. Daraus erhält man mit $T_1 \triangleq \frac{1}{a}$

$$F_o(z) = \mathcal{Z}\{G(s)K(s)\} = \frac{K}{T_N}\frac{1 - e^{-aT}}{(z - 1)(z - e^{-aT})} \tag{8.103}$$

$$1 + F_o(z) = 0 \quad \rightsquigarrow \quad p_{cl}(z) = z^2 + z(-e^{-aT} - 1) + e^{-aT} + \frac{K}{T_N}(1 - e^{-aT}) = 0, \tag{8.104}$$

wobei $a_1 \triangleq -e^{-aT} - 1 < 0$ und $a_o \triangleq e^{-aT} + \frac{K}{T_N}(1 - e^{-aT}) > 0$.

Mit $z = r(\cos\varphi + j\sin\varphi)$ resultiert aus $p_{cl}(z) = 0$

$$\Im m : \quad 2r^2\sin\varphi\cos\varphi + a_1 r\sin\varphi = 0 \quad \rightsquigarrow \quad r = -\frac{a_1}{2\cos\varphi} . \tag{8.105}$$

Einsetzen in

$$\Re e : \quad 2r^2\cos^2\varphi + a_1 r\cos\varphi + a_o - r^2 = 0 \tag{8.106}$$

liefert

$$\cos\varphi = \pm\frac{a_1}{2\sqrt{a_o}} \quad \text{und} \quad r = \sqrt{a_o} . \tag{8.107}$$

Für $r = 0,5$ folgt $a_o = 0,25$ und aus der Definitionsgleichung für a_o schließlich $T_N = \frac{K(1-e^{-aT})}{0,25-e^{-aT}}$.

8.27   Entwurf in der w-Ebene als integrale Schleife

Angabe: *Zum Abtastregelkreis nach Abb. 8.19 mit $T = 1$ und $G(s) = \frac{s}{s+1}$ werde ein Regler $K(w)$ mittels Bodediagramm in der w-Ebene entworfen, sodass $F_o(w)$ reines Integralverhalten zeigt. Welche Form hat dann $K(s)$? [Hinweise: $\mathcal{Z}\{\frac{1}{s}\} = \frac{z}{z-1}$; $\mathcal{Z}\{\frac{1}{s^2}\} = \frac{Tz}{(z-1)^2}$; $\mathcal{Z}\{\frac{1}{s^3}\} = \frac{0,5T^2(z+1)}{(z-1)^3}$.]*
Lösung: Mit $G(z)$ aus Gl.(8.33) folgt mit alternativer Abbildung auf die w-Ebene

$$G(w) = \frac{1,4621\,w}{0,9242 + w} \quad \text{wobei} \quad z = \frac{1 + w\frac{T}{2}}{1 - w\frac{T}{2}} . \tag{8.108}$$

Der Regler $K(w)$ ist derart einzustellen, dass $F_o(w) = \frac{1}{w}$. Gleichsetzung mit $F_o(w) = G(w)K(w)$ führt auf

$$F_o(w) = \frac{1}{w} = \frac{1,4621\,w}{0,9242 + w}K(w) \quad \rightsquigarrow \quad K(w) = 0,63\frac{1 + 1,08\,w}{w^2} . \tag{8.109}$$

Rückermittlung von $K(z)$ aus $z = \frac{2+w}{2-w}$ oder $w = 2\frac{z-1}{z+1}$ liefert $A = 0,5$; $B = 1$; $C = 0,63$ aus

$$K(z) = \frac{0,158(3,16z^2 + 2z - 1,16)}{(z-1)^2} \qquad \mathcal{Z}\{G_{ho}(s)K(s)\} = \frac{z-1}{z}\mathcal{Z}\{\frac{1}{s}K(s)\} \tag{8.110}$$

$$\mathcal{Z}\{\frac{K(s)}{s}\} \triangleq \frac{z}{z-1}K(z) = A\cdot\mathcal{Z}\{\frac{1}{s}\} + B\cdot\mathcal{Z}\{\frac{1}{s^2}\} + C\cdot\mathcal{Z}\{\frac{1}{s^3}\} \quad \rightsquigarrow \quad K(s) = 0,5 + \frac{1}{s} + \frac{0,63}{s^2} . \tag{8.111}$$

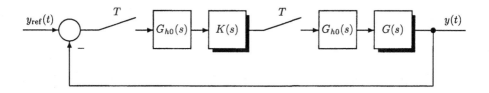

Abbildung 8.19: Abtastregelkreis

8.28 $*$ Näherungen für PT_{2s}-Element nach Euler und nach Tustin

Angabe: *Für rechnergestützte Ermittlung von z-Übertragungsfunktionen empfiehlt sich oft die Näherung, und zwar durch Substitution von s in der kontinuierlichen Übertragungsfunktion durch einen Formelausdruck in z anstatt von s.*

Naheliegend ist der Ersatz der Differentialquotienten durch Differenzenquotienten unter Verwendung der Differenz zum vorhergehenden Abtastpunkt, also

$$\frac{dg(t)}{dt}\Big|_{t=kT} \doteq \frac{g(kT) - g[(k-1)T]}{T} . \tag{8.112}$$

(Analog verfährt man mit höheren Differentialquotienten.)

Aus $\dot{y}(t) = u(t)$ oder $Y(s) = \frac{1}{s}U(s)$ wird daher die Rechteckintegration

$$y(k) \doteq y(k-1) + Tu(k) \tag{8.113}$$

$$(1 - z^{-1})Y(z) \doteq TU(z) . \tag{8.114}$$

Näherungsweise lässt sich also folgendes ersetzen

$$Y(z) = \frac{Tz}{z-1}U(z) \quad \text{statt} \quad Y(s) = \frac{1}{s}U(s) \quad \text{oder} \quad s \doteq \frac{z-1}{Tz} , \tag{8.115}$$

die sogenannte Euler-Näherung. Wird hingegen $z = e^{sT}$ oder $s = \frac{1}{T}\ln z$ nahe $z = 1$ in eine Potenzreihe entwickelt und nach dem ersten Glied abgebrochen, resultiert $s \doteq \frac{2}{T}\frac{z-1}{z+1}$, die Tustin-Formel. Da $\frac{1}{s}$ dem Ausdruck $\frac{T}{2}\frac{1+z^{-1}}{1-z^{-1}}$ entspricht, ist dies die Implementierung der Integration nach der Trapezregel. Für die Übertragungsfunktion des schwingungsfähigen PT_2-Elements

$$G(s) = \frac{k}{1 + \frac{2D}{\omega_N}s + \frac{1}{\omega_N^2}s^2} \tag{8.116}$$

sind der exakte Verlauf, die Euler- und die Tustin-Näherung gegenüberzustellen.

Lösung: Für $G(s)$ lautet die exakte z-Transformation einschließlich $G_{ho}(s)$

$$G(z) = k\frac{z(1 - \alpha - \beta) + \gamma - \alpha + \beta}{z^2 - 2\alpha z + \gamma} \quad \text{mit} \quad \begin{cases} \alpha = e^{-D\omega_N T}\cos(\sqrt{1 - D^2}\,\omega_N T) \\ \beta = \frac{D}{\sqrt{1-D^2}}e^{-D\omega_N T}\sin(\sqrt{1 - D^2}\,\omega_N T) \\ \gamma = e^{-2D\omega_N T} . \end{cases} \tag{8.117}$$

Die Diskretisierung der Übertragungsfunktion mit Hilfe der impliziten Euler-Näherung und mit der Trapez-Näherung führt auf

$$G_{Eu}(z) = k\frac{z^2}{z^2(1 + \frac{2D}{\omega_N T} + \frac{1}{\omega_N^2 T^2}) - z(\frac{2D}{\omega_N T} + \frac{2}{\omega_N^2 T^2}) + \frac{1}{\omega_N^2 T^2}} \quad \text{(Euler)} \tag{8.118}$$

$$G_{TT}(z) = k\frac{(z+1)^2}{z^2(1 + \frac{4D}{\omega_N T} + \frac{4}{\omega_N^2 T^2}) + 2z(1 - \frac{4}{\omega_N^2 T^2}) + (1 - \frac{4D}{\omega_N T} + \frac{4}{\omega_N^2 T^2})} \quad \text{(Trapez, Tustin) .} \tag{8.119}$$

Bei $\omega_N = 1$, $D = 0$ und $T = 1$ liegen die Systempole durchaus stark verschieden bei

$$z_{1,2} = -0,54 \pm j0,84 \quad \text{(exakt)} \tag{8.120}$$

$$z_{1,2} = -0,5 \pm j0,5 \quad \text{(Euler)} \tag{8.121}$$

$$z_{1,2} = -0,6 \pm j0,8 \quad \text{(Tustin) .} \tag{8.122}$$

8.29 Abtastregelung mit Einheitsregler

Angabe: Welche Pole besitzt der Regelkreis nach Abb. 8.20 mit der Strecke $G(s) = \frac{1}{s(s+1)}$, Rückführung $H(s) = 1$ und Abtastzeit $T = 1$?

Lösung: Man findet

$$G(s) = \frac{1}{s(s+1)} \quad \text{und} \quad G(z) = \frac{(1 - e^{-T})z}{(z-1)(z - e^{-T})} \quad \text{sowie} \tag{8.123}$$

$$T(z) = \frac{G(z)}{1 + GH(z)} = \frac{(1 - e^{-T})z}{(1 - e^{-T})z + (z-1)(z - e^{-T})} = \frac{0,63z}{(z - z_1)(z - z_2)} . \tag{8.124}$$

Die Pole von $T(z)$ liegen bei $z_{1,2} = 0,37 \pm j0,48$.

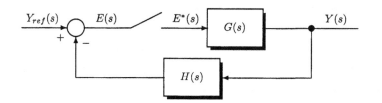

Abbildung 8.20:
Abtastregelung mit
Rückwärtsregler H

8.30   Differenzengleichung und z-Transformation

Angabe: *Welche Lösung besitzt die Differenzengleichung $p(k) = -r\,p(k-1)$ mit der Anfangsbedingung $p(0) = p_o$?*
Lösung: Aus dem Einsetzen mehrerer k-Werte ist zu erkennen, dass die Lösung

$$p(0) = p_o; \quad p(1) = -rp(0) = -rp_o; \quad p(2) = -rp(1) = r^2 p_o \rightsquigarrow p(k) = p_o(-1)^k r^k = -rp(k-1) \quad (8.125)$$

lauten muss. Mit z-Transformation und dem Verschiebungssatz $\mathcal{Z}\{g(kT+T)\} = z[G(z) - g(0)]$ erhält man

$$zP(z) - z\,p(0) = -r\,P(z) \quad \rightsquigarrow \quad P(z) = p_o\frac{z}{z+r} \; . \tag{8.126}$$

Durch synthetische Division findet man dasselbe Ergebnis $p(k) = p_o(-1)^k r^k$.

8.31   Verstärkung an der Stabilitätsgrenze

Angabe: *Im Vorwärtszweig einer Abtastregelung liegt $G_{ho}(s)$ und ein IT_1-Element mit Verstärkung V und Zeitkonstante gleich 1. Wo liegt für die Abtastzeit $T = 1$ die Stabilitätsgrenze?*
Lösung: Die Angabe führt unmittelbar auf ein $F_o(z) =$

$$= \mathcal{Z}\left\{\frac{1 - e^{-sT}}{s}\,\frac{V}{s(s+1)}\right\} = \frac{z-1}{z}\mathcal{Z}\left\{\frac{V}{s^2(s+1)}\right\} = \frac{z-1}{z}\,\frac{(T - 1 + e^{-T})z^2 + (1 - Te^{-T} - e^{-T})z}{(z-1)^2(z - e^{-T})} \; .$$
$$\tag{8.127}$$

Die charakteristische Gleichung folgt aus $1 + F_o(z) = 0$ zu

$$z^2 + z(0,368V - 1 - 0,368) + 0,368 + 0,264V = 0 \; . \tag{8.128}$$

Damit und mit $|z| = 1 \rightsquigarrow V = 2,392$ lässt sich die zugehörige Wurzelortskurve gut bestimmen. Die Verzweigungspunkte liegen bei $-2,084$ und $+0,648$, und zwar unter den Verstärkungen $V = 15,05$ und $V = 0,1962$.

8.32   Abtaster vor dem Vergleichsglied

Angabe: *Welche Stellgröße und welche Ausgangsgröße zeigt der Regelkreis nach Abb. 8.21 bei Eingangssprung?*
Lösung:

$$y_{ref}(t) = \sigma(t) \qquad G(s) = \frac{5}{s} \qquad \mathcal{Z}\{\frac{5}{s}\} = G(z) \tag{8.129}$$

$$U(z) = \frac{GY_{ref}(z)}{1 + G(z)} = \frac{5}{6}T\frac{z}{(z-1)(z - \frac{1}{6})} \rightsquigarrow u(kT) = T\frac{6^k - 1}{6^k} = T(1 - 6^{-k}) \tag{8.130}$$

$$y(t) = \sigma(t) - T(1 - 6^{-k})\delta(t - kT) \; . \tag{8.131}$$

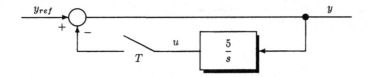

Abbildung 8.21: Regelkreis mit Abtaster vor dem Vergleichselement

8.33 Ortskurve des Abtastsystems

Angabe: *Für $T = 0,5$ ist die Ortskurve $G^\star(j\omega)$ aus $G(j\omega)$ bei $G(s) = \frac{1}{1+s+s^2}$ zu ermitteln.*
Lösung: Nach

$$G^\star(j\omega) = \frac{1}{T}\sum_{-\infty}^{\infty} G[j(\omega - i\omega_T)] \qquad \text{und} \quad \omega_T = \frac{2\pi}{T} = 12,56 \tag{8.132}$$

gilt für $-1 < \omega < 1$ gilt praktisch $G^\star(j\omega) = 2G(j\omega)$, da $G(j\omega) \doteq 0$ für $\omega > 6$ (siehe Abb. 8.22).

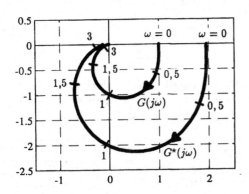

Abbildung 8.22: Ortskurven des
kontinuierlichen und des
Abtastsystems

8.34 Abschnittweise stabile Abtastregelung

Angabe: *Die Abtastregelung mit $F_o(z) = \frac{V}{z(z-\beta)(z+0,5)}$ ist für $\beta = 1,2$ mit der Wurzelortskurvenmethode auf Stabilität zu untersuchen. Bei welchem (größeren) β ist die Stabilitätsgrenze gefährdet?*
Lösung:

Wurzelschwerpunkt $\qquad \dfrac{1}{3}(0 + \beta - 0,5) = 0,23$ $\hfill$ (8.133)

Verzweigung aus $\qquad \dfrac{1}{z} + \dfrac{1}{z-\beta} + \dfrac{1}{z+0,5} = 0 \quad 3z^2 + (1-2\beta)z - 0,5\beta = 0 \quad \leadsto \quad z = 0,738$.

Stabilitätsbereich gemäß

$$V_{\min} \quad \text{aus} \quad F_o(z; V_{\min})\Big|_{z=1} = -1 \quad \leadsto \quad V_{\min} = 0,3 \tag{8.134}$$

$$V_{\max} \quad \text{aus der} \quad \text{Wurzelortskurve der Abb. 8.23} \leadsto V_{\max} \doteq 0,95 \ . \tag{8.135}$$

Sobald der Verzweigungspunkt bei $z = 1$ liegt, kann Stabilität nicht mehr eingehalten werden. Eingesetzt in die Verzweigungsgleichung liefert dies $\beta = 1,6$.

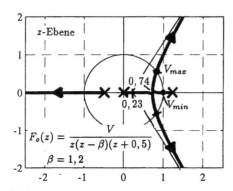

Abbildung 8.23: Wurzelortskurve mit
einem Verzweigungspunkt innerhalb
des Einheitskreises

8.35 Stabilitätsdiskussion mit Wurzelortskurve

Angabe: *Welche Stabilitätseigenschaften besitzt die Schleifenübertragungsfunktion*

$$F_o(z) = \frac{V(z+0,5)}{(z-1)(z-0,5)} = \frac{V(z+0,5)}{z^2 - 1,5z + 0,5} \ ? \tag{8.136}$$

Lösung: Man erhält den Verzweigungspunkt $z_{1,2}$ der Wurzelortskurve (Abb. 8.24) aus $\frac{dF_o(z)}{dz} = 0$ zu

$$V\frac{(z-1)(z-0,5) - (z+0,5)(2z-1,5)}{(z-1)^2(z-0,5)^2} = 0 \quad \leadsto \quad z_{1,2} = \frac{-1 \pm \sqrt{1+5}}{2} = 0,72; \ -1,72 \ , \tag{8.137}$$

und zwar bei den Verstärkungen $V_1 = 0,05; \ 4,95$. Der Wurzelortskurvenmittelteil ist ein Kreis mit dem Mittelpunkt $(-0,5; \ 0)$ und Radius $1,22$. Spezielle Wurzelortspunkte findet man aus $1 + F_o(z) = 0$ zu

$$z_{1,2} = \frac{-(V - 1,5) \pm \sqrt{V^2 - 5V + 0,25}}{2} \ . \tag{8.138}$$

Die Stabilitätsgrenze liegt bei $|z_{1,2}| = 1$ mit imaginärem z_1 und z_2 aus

$$\frac{(V-1,5)^2}{4} - \frac{1}{4}(V^2 - 5V + 0,25) = 1 \quad \leadsto \quad V = V_{krit} = 1 \ . \tag{8.139}$$

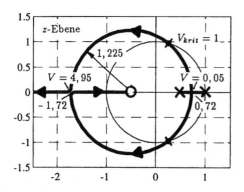

Abbildung 8.24: Wurzelortskurve mit
zwei Verzweigungspunkten

8.36 Abtastregelung, Stabilität über T und V

Angabe: *Im Vorwärtszweig einer Regelung liegt ein Abtaster, ferner $G_{ho}(s)$ und $G(s) = \frac{V}{s(1+s)}$. Wie hängt für festes V die Stabilitätsgrenze von der Abtastzeit T ab?*

Lösung: Es folgt

$$G_{ho}(s)G(s) = V\frac{(e^{-T} + T - 1)z + 1 - e^{-T}(T + 1)}{(z - 1)(z - e^{-T})} \qquad (8.140)$$

$$1 + F_o(z) = 1 + \mathcal{Z}\{G_{ho}(s)G(s)\} = z^2 + [e^{-T}(V - 1) + (T - 1)V - 1]z + V - (TV + V - 1)e^{-T} = 0. \quad (8.141)$$

Für $V = 50$ findet man $T = T_G = 0,04$ für Lösung in z am Einheitskreis, daher ist der stabile Bereich $0 \le T \le 0,04$.

Alternativ ist für $T = 1$ die charakteristische Gleichung

$$z^2 + [0,368(V - 1) - 1]z + V - 0,368(2V - 1) = 0 \qquad (8.142)$$

und der Schnittpunkt mit dem Einheitskreis bei $V - 0,368(2V - 1) = 1 \rightsquigarrow V = 2,39$ erreicht; das zugehörige z lautet $0,244 \pm 0,97$. Die Wurzelortskurve zum Auslegungsfall $T = 1$ findet man aus

$$F_o(z) = V\frac{0,368z + 0,264}{z^2 - 1,368z + 0,368} = 0,368V\frac{z + 0,718}{z^2 - 1,368z + 0,368}, \qquad (8.143)$$

mit Polen bei 1 und 0,37 (gerundet); die Verzweigungspunkte resultieren aus $F_o(z) \triangleq Z(z)/N(z)$

$$\frac{dF_o(z)}{dz} = \frac{(z^2 - 1,37z + 0,37) \cdot 1 - (z + 0,7)(2z - 1,37)}{N^2} = 0 \rightsquigarrow z_{1,2} = 0,65; \; -2,05. \qquad (8.144)$$

Aus $\arg F_o(z) = -\pi$ folgt mit $z \triangleq x + jy$

$$\arctan\frac{0,37y}{0,37x + 0,26} - \arctan\frac{y}{x - 1} - \arctan\frac{y}{x - 0,37} = -\pi \qquad (8.145)$$

und nach Umformungen schließlich $(x + 0,71)^2 + y^2 = 1,85$; also ein Kreis mit Mittelpunkt bei $(-0,70; j0)$ und Radius 1,35. Die Gestalt der Wurzelortskurve ist jener in Abb. 8.24 sehr ähnlich.

8.37 * Schrittregler-Regelkreis

Angabe: *Gegeben ist ein Schrittregler-Abtastregelkreis nach Abb. 8.25. Man analysiere die Stabilität nach Nyquist unter Beachtung der Schleifenpolstelle bei $s = 0$ ($z = 1$) für $V = 1$. Wie lautet der Stabilitätsbereich für verschiedene V? Wie die Stationärgenauigkeit? Wie die Sprungantwort für $V = 1$?*
Lösung: Für die Schleife gilt

$$F_o(s) = \frac{V}{s} \rightsquigarrow F_o(z) = V\frac{z}{z - 1} \rightsquigarrow F_o(z)\Big|_{z=e^{j\omega T}} = 0,5V(1 - j\frac{\sin\omega T}{1 - \cos\omega T}). \qquad (8.146)$$

Die Ortskurve $F_o(z)$ für $z = e^{sT}$ und $s = j\omega$ zeigt die Abb. 8.26. Für Stabilität ist $N = 1$ erforderlich, aus der Zeichnung mit $P = 1$ und $U = 0$ ist dies gemäß $U = N - P$ erfüllt. Für negative V verliefe der unendlich große Halbkreis über die linke F_o-Halbebene.

Das Führungsverhalten zeigt

$$T(z) = \frac{F_o(z)}{1 + F_o(z)} = \frac{Vz}{Vz + z - 1} \rightsquigarrow \text{Pol bei } z = \frac{1}{1 + V}. \qquad (8.147)$$

Wann liegt dieser reelle Pol zwischen -1 und $+1$? Aus

$$-1 < \frac{1}{1 + V} < 1 \quad \Big| \times (1 + V) \qquad (8.148)$$

folgt: Für $-1 - V > 1$ bei $(1 + V)$ negativ $\rightsquigarrow V < -2$, oder für $1 < 1 + V$ bei $(1 + V)$ positiv $\rightsquigarrow V > 0$.

Die Stationärgenauigkeit erhält man aus $S(z) = 1 - T(z)$ für $Y_{ref}(z) = \frac{z}{z-1}$ und mit dem Endwerttheorem zu $e_\infty = 0$. Die Sprungantwort $y(kT)$ für $y_{ref}(kT) = \sigma(kT)$ lautet schließlich für $k = 0; 1; 2; \ldots$ zu $y(kT) = 0,5; \; 0,75; \; \frac{7}{8}; \ldots$, da

$$Y(z) = T(z)Y_{ref}(z) = \frac{z}{2z - 1}\frac{z}{z - 1} = \frac{z^2}{2z^2 - 3z + 1} = 0,5 + 0,75z^{-1} + \frac{7}{8}z^{-2} + \ldots. \qquad (8.149)$$

Eine Kurzerklärung kann wie folgt gegeben werden: Durch den vorgeschalteten Taster wird der Integrator sprungfähig. Mit jedem Abtastvorgang wird die neue Regelabweichung zum alten Integratorstand addiert $y(k) = y(k - 1) + e(k)$. Setzt man $e(k) = y_{ref} - y(k)$ ein, so ergibt sich wegen der Verstärkung $V = 1$ die Rekursionsformel $y(k) = [y_{ref}(k) - y(k)]/2$, woraus sich die gleiche Wertefolge ergibt wie nach der z-Transformation.

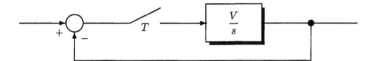

Abbildung 8.25: Schrittregler-Abtastregelkreis

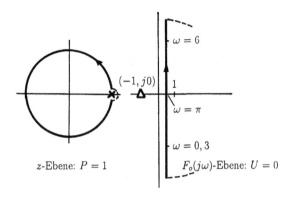

Abbildung 8.26: Nyquist-Ortskurve von $F_o(z)$ für $V = 1$ und $T = 1$

8.38   P-Regler mit verschiedener Abtastzeit

Angabe: *Der Abtastregelkreis nach Abb. 8.27 ist zu analysieren. Wie lautet $F_o(z)$? Wo liegen die Pole des geschlossenen Systems in Abhängigkeit von der Abtastzeit? Man gebe die Lage dieser Pole in der z-Ebene an, und zwar in Bezifferung nach der Abtastzeit. Wie ist die Stabilität des Systems zu beurteilen?*

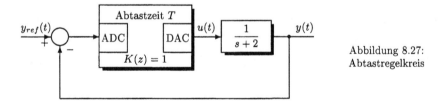

Abbildung 8.27:
Abtastregelkreis

Lösung:

$$G(z) = \mathcal{Z}\left\{G_{ho}(s)\frac{1}{s+2}\right\} = \frac{z-1}{z}\mathcal{Z}\left\{\frac{1}{2s} - \frac{1}{2(s+2)}\right\} = \frac{1-e^{-2T}}{2(z-e^{-2T})} \qquad (8.150)$$

$$F_o(z) = K(z)G(z) \quad \leadsto \quad 1 + F_o(z) = 0 \quad \leadsto \quad z = \frac{3e^{-2T} - 1}{2}. \qquad (8.151)$$

Die Wurzelortskurve nach dem Parameter T ist eine Strecke zwischen den Punkten $z\big|_{T=0} = 1$ und $z\big|_{T\to\infty} = -\frac{1}{2}$. Der Regelkreis ist für alle Abtastzeiten $T\ (>0)$ stabil.

8.39   I-Regler mit verschiedener Abtastzeit

Angabe: *Gegeben ist ein Abtastregelkreis nach Abb. 8.28. Es wird angenommen, dass sowohl der ADC als auch der DAC eine Totzeit von jeweils einem Abtastschritt bewirken. Wie lautet die Übertragungsfunktion*

der Regelschleife $F_o(z)$, die Wurzelortskurve des Systems nach der Abtastzeit T (mit Verzweigungspunkten und Asymptoten) und wie der Stabilitätsbereich?
Lösung: Die Schleifenübertragungsfunktion findet man zu

$$F_o(z) = \mathcal{Z}\left\{G_{ho}(s)\frac{1}{s}e^{-2sT}\right\} = \frac{z-1}{z}z^{-2}\mathcal{Z}\left\{\frac{1}{s^2}\right\} = \frac{T}{z^2(z-1)} \ . \tag{8.152}$$

Der Verzweigungspunkt der Wurzelortskurve (Abb. 8.29) liegt bei einem Wert $z = \frac{2}{3}$. Der Punkt P als Schnittpunkt der Wurzelortskurve mit dem Einheitskreis besitzt die Phasenbeziehung $-2\alpha - \beta = -\pi$. Die Winkelsumme des gleichschenkligen Dreiecks (bestehend aus Pol, Doppelpol und Punkt P) liefert $\alpha + (\pi - \beta) + (\pi - \beta) = \pi$. Daraus folgt $\alpha = \pi/5$ und $\beta = 3\pi/5$. Aus der Betragsbedingung im Punkt P erhält man wegen der Beziehung $z_P = \cos\alpha + j\sin\alpha$

$$|F_o(z)| = \frac{T}{|1| \cdot |1| \cdot |\cos\alpha + j\sin\alpha - 1|} = 1 \quad \leadsto \quad T_{krit} = 0,618 \ . \tag{8.153}$$

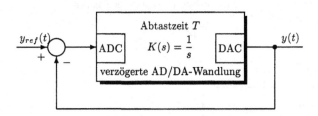

Abbildung 8.28: Abtastregelung

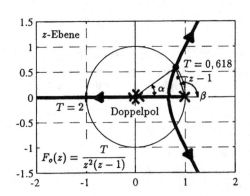

Abbildung 8.29: Wurzelortskurve nach der Abtastzeit T

8.40 Schleppfehler bei einem Abtastregelkreis

Angabe: Die Führungs-Übertragungsfunktion eines Abtastregelkreises sei mit

$$T(z) = 1 - S(z) = \frac{0,1967}{z^2 - 1,6065z + 0,8032} \tag{8.154}$$

gegeben. Als Sollwertsignal liegt eine Rampe der Form t an. Es wird mit einem ADC-Element diskretisiert. Welcher Schleppfehler ergibt sich?
Lösung: Aus $Y_{ref}(t) = t$ und $Y_{ref}(z) = \frac{Tz}{(z-1)^2}$ folgt

$$E(z) = Y_{ref}(z)S(z) = \frac{(z^2 - 1,6065z + 0,8032 - 0,1967)}{z^2 - 1,6065z + 0,8032}\frac{Tz}{(z-1)^2} \ . \tag{8.155}$$

Der Schleppfehler e_∞ lautet somit

$$\lim_{t \to \infty} e(t) = \lim_{z \to 1} \frac{z-1}{z} e(z) = \lim_{z \to 1} \frac{T(z-0,6065)}{z^2 - 1,6065\,z + 0,8032} = \frac{0,3935}{0,1967} T = 2\,T \ . \tag{8.156}$$

8.41 ∗ Abtastregler in Tustin-Näherung

Angabe: *Gegeben ist nach Abb. 8.30 die PT_1-Strecke $G(s) = \frac{1,5}{s+2}$ und der PI-Regler $K(s) = 4\left(1 + \frac{2}{s}\right)$.*

Der Regler soll mit Hilfe der Trapez-Näherung (Tustin-Näherung $s \stackrel{\triangle}{=} \frac{2}{T}\frac{z-1}{z+1}$), die Strecke mit Hilfe der z-Transformation realisiert werden. Man berechne aus $G(z)$ und $K(z)$ die Führungsübertragungsfunktion $T(z)$ des zeitdiskreten Regelkreises und überprüfe die Stabilität des Regelkreises für die Abtastzeiten $T = 1$ und $T = 0,2$. Wie lautet die Sprungantwort für $T = 0,2$?

Lösung: Aus den Angaben folgt

$$K(z) = 4\frac{z(T+1) + T - 1}{z - 1} \ . \tag{8.157}$$

Für die Strecke gilt unter Bezug auf das Halteglied am Streckeneingang

$$G(z) = (1 - e^{-sT})\mathcal{Z}\left\{\frac{1,5}{s(s+2)}\right\} = 0,75\frac{1 - e^{-2T}}{z - e^{-2T}} \tag{8.158}$$

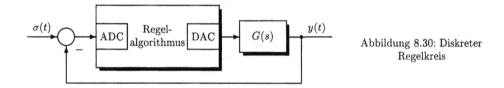

Abbildung 8.30: Diskreter Regelkreis

$$T(z) = 3(1 - e^{-2T})\frac{z(T+1) + T - 1}{z^2 + z(2 + 3T - e^{-2T}(4 + 3T)) + 3T - 3 + e^{-2T}(4 - 3T)} \ . \tag{8.159}$$

Für $T = 1$ ist die Dynamik instabil, und zwar wegen ($z_1 = -4,0190$, $z_2 = -0,0337$); für $T = 0,2$ stabil ($z_1 = 0,6652$, $z_2 = -0,1818$) . Die diskrete Sprungantwort des Systems für $k = 0 \ldots 4$ bei $T = 0,2$ lautet nach synthetischer Division von

$$\frac{Y(z)}{Y_{ref}(z)} = \frac{1,1868\,z - 0,7912}{z^2 - 0,4835\,z - 0,1209} \qquad Y_{ref} = \frac{z}{z-1} \tag{8.160}$$

zu $y(0) = 0$; $y(1) = 1,1868$; $y(2) = 0,9694$; $y(3) = 1,0078$; $y(4) = 1,0001$.

8.42 Abtastregelung. Dead-Beat-Überprüfung

Angabe: *Ein Regelkreis besteht aus Strecke $G(s)$, Halteglied $G_{ho}(s)$ und diskretem P-Regler $K(z) = K$, wobei*

$$G(s) = \frac{3}{(1+s)(1+0,5s)} \ . \tag{8.161}$$

Die Abtastzeit ist $T = 0,5$. Für den P-Regler überprüfe man die Stabilität und ermittle die Wurzelortskurve.

Danach überprüfe man den Dead-Beat-Regler mit kürzester Ausregelzeit

$$K(z) = \frac{1}{3}\frac{z^2 - 0,9744z + 0,2231}{0,2487z^2 - 0,1548z - 0,0939} \ . \tag{8.162}$$

Lösung: Die dazugehörende z-Übertragungsfunktion lautet

$$G(z) = 3\frac{(z + e^{-T})(1 - 2e^{-T} + e^{-2T})}{(z - e^{-T})(z - e^{-2T})} \ . \tag{8.163}$$

Die Pole liegen bei $z_1 = 0,6065$, $z_2 = 0,3679$, eine Nullstelle bei $z = -0,6065$; die Verzweigungspunkte der Wurzelortskurve bei $z_1 = 0,4811$, $z_2 = -1,6936$. Die Wurzelortskurve besteht nur aus Geraden und Kreisen. Die Stabilitätsgrenze ermittelt man entweder graphisch oder mit den Wurzelsätzen von Vieta ($|z_{1,2}|^2 = 1$) oder aus dem Schur-Cohn-Kriterium für $-\frac{1}{3} < K < 2,7577$. Mit dem Dead-Beat-Regler folgt die Führungsübertragungsfunktion $T(z)$, die Ausgangs- und die Stellgröße $y(kT)$ bzw. $u(kT)$ zu

$$T(z) = 0,6225z^{-1} + 0,3775z^{-2} \tag{8.164}$$

$$y(0) = 0; \ y(T) = 0,6225; \ y(kT) = 1 \ \text{für} \ k \geq 2 \tag{8.165}$$

$$u(0) = 1,3402; \ u(T) = 0,0343; \ u(kT) = 0,333 \ \text{für} \ k \geq 2. \tag{8.166}$$

8.43 * Rechner-Regler

Angabe: *Der Regler nach Abb. 8.31 führt in Abständen von 50 Millisekunden folgenden Algorithmus aus: y, y_{ref} einlesen; $u := 25(y - y_{ref}) + v_I$; u ausgeben; $v_I := v_I + 2,5(y - y_{ref})$. (Der Anfangswert von v_I sei null.)*
Welchen Typ stellt dieser Regler dar? Wie lauten die entsprechenden Reglerparameter? Man skizziere die Sprungantwort des Reglers. Nach welcher Zeit ist die Regelung ausgeregelt, und zwar unter relativer Abweichung $< 2\%$? Wie groß ist die Überschwingweite?

Lösung: Zufolge repetierender Addition bei Berechnung von v_I handelt es sich um einen PI-Regler. Der Faktor 25 entspricht unmittelbar dem Parameter K_P. Da im Laufe von 50 Millisekunden die Integralkomponente um 2,5 wächst, ist der Faktor der Integration

$$\frac{K_P}{T_N} = \frac{2,5}{0,05} \ \leadsto \ T_N = \frac{0,05 \, K_P}{2,5} = 0,5. \tag{8.167}$$

Wird das Halteglied nullter Ordnung durch ein PT_1-Element mit der Zeitkonstante $T_1 = 25$ Millisekunden approximiert, so erhält man

$$F_o(s) = 25\left(1 + \frac{1}{0,5s}\right)\frac{1}{1 + 0,025s}\frac{2}{(s+2)(s+10)} = \frac{5}{s(1 + 0,025s)(1 + 0,1s)}. \tag{8.168}$$

Summiert man die kleinen Zeitkonstanten, folgt

$$F_o(s) = \frac{5}{s(1 + 0,125s)}. \tag{8.169}$$

Daraus ergibt sich

$$T(s) = \frac{F_o(s)}{1 + F_o(s)} = \frac{1}{1 + 0,2s + \frac{1}{40}s^2} \tag{8.170}$$

$$\omega_N = \sqrt{40} = 6,32 \quad D = 0,632 \quad \Delta h = e^{-\frac{\pi D}{\sqrt{1-D^2}}} = 0,077 \quad e^{-D\omega_N t_{2\%}} \doteq 0,02 \ \leadsto \ t_{2\%} = 0,98. \tag{8.171}$$

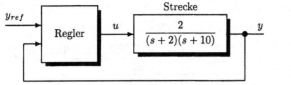

Abbildung 8.31: Digitaler Regler in analoger Nachbildung

8.44 Stabilität in der w-Ebene

Angabe: *Die Schleifenübertragungsfunktion eines Standardregelkreises laute*

$$F_o(z) = \frac{1}{z^2 + 0,5(V-3)z - 0,5}. \tag{8.172}$$

Für welchen Bereich von V ist Stabilität zu erwarten?
Lösung: Mit w-Transformation $z = \frac{1+w}{1-w}$ folgt

$$F_o(w) = \frac{w^2 - 2w + 1}{w^2(2 - 0,5V) + 3w - 1 + 0,5V} . \tag{8.173}$$

Das charakteristische Polynom des Regelkreises lautet aus $1 + F_o(w)$

$$w^2(3 - 0,5V) + w + 0,5V . \tag{8.174}$$

Für Stabilität unter positiven Koeffizienten ist $0 < V < 6$ erforderlich. Zum Vergleich siehe Gl.(4.64) aus Band 2 (*Weinmann, A., 1995*).

8.45 ∗ Abtastregelkreis. Regler mit und ohne Halteglied

Angabe: *Ein Abtastregelkreis laut Abb. 8.32 mit $K(s) = \frac{1}{sT_I}$ und $G(s) = e^{-s3T}$ liegt vor. Die Abtastzeit sei $T = 1$. Welche Stabilitätsverhältnisse zeigt der Abtastregelkreis? Welcher Einfluss des Regler-Halteglieds besteht auf die Stabilität?*

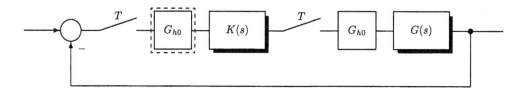

Abbildung 8.32: Abtastregelkreis mit und ohne Halteglied im Regler

Lösung: Man erhält

$$\mathcal{Z}\{G_{ho}(s)K(s)\} = \frac{T}{T_I}\frac{1}{z-1} \qquad \mathcal{Z}\{G_{ho}(s)G(s)\} = \frac{1}{z^3} \qquad F_{o,mit}(z) = \frac{T}{T_I}\frac{1}{z^3(z-1)} . \tag{8.175}$$

Die Wurzelortskurve mit Regler-Halteglied zu $F_{o,mit}(z)$ nach Abb. 8.33a besitzt vier Asymptoten mit einem Wurzelschwerpunkt bei $0,25$. Verzweigungspunkte liegen bei 0 und $0,75$.

Unter fehlendem Halteglied im Regler findet man

$$\mathcal{Z}\{K(s)\} = \frac{1}{T_I}\frac{z}{z-1} \quad \rightsquigarrow \quad F_{o,ohne}(z) = \frac{1}{T_I}\frac{1}{z^2(z-1)} \tag{8.176}$$

und die Wurzelortskurve nach Abb. 8.33b.

Mit bzw. ohne Halteglied im Regler liefert Unterschiede laut Tabelle 8.1 und Abb. 8.34.

Tabelle 8.1: Qualitätsunterschiede je nach Installation des Halteglieds

	mit Halteglied	ohne Halteglied
T_I bei Durchtritt durch den Einheitskreis	2,24	1,62
Stabilität	schlechter	besser
Stabilitätsbereich	$T_I > 2,24$	$T_I > 1,62$
Schwingungsfrequenz an der Stabilitätsgrenze (genähert)	1/14 Hz	1/10 Hz

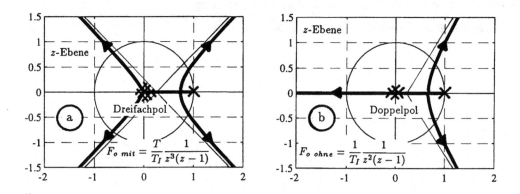

Abbildung 8.33: Wurzelortskurven für die Fälle mit (a) und ohne (b) Halteglied im Regler

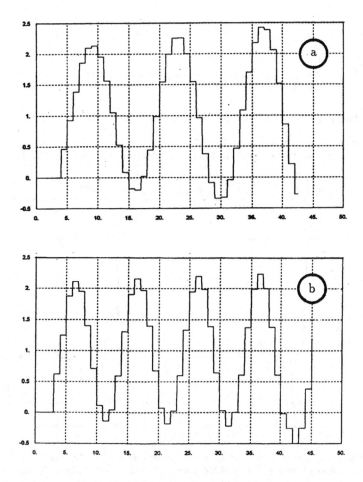

Abbildung 8.34: Dauerschwingung des Regelkreises mit dem Regler bei $T_I = 2,24$ mit Halteglied (a) sowie bei $T_I = 1,62$ ohne Halteglied (b)

8.46 ∗ Zeitoptimale zeitdiskrete Zustandsregelung

Angabe: *Eine Eingrößenstrecke vierter Ordnung liegt vor,*

$$\mathbf{\Phi}(T) = \begin{pmatrix} 0 & 1 & 0 & 0 \\ 0 & 0 & 1 & 0 \\ 0 & 0 & 0 & 1 \\ 0 & \varphi_2 & \varphi_3 & \varphi_4 \end{pmatrix} \qquad \mathbf{B} = \mathbf{b} = \begin{pmatrix} 0 \\ 0 \\ 0 \\ 1 \end{pmatrix}, \tag{8.177}$$

verwendet werde der Zustandsregler $\mathbf{k} \overset{\triangle}{=} (k_1 \ k_2 \ k_3 \ k_4)^T$.
Lösung: Für den Regelkreis gilt

$$\mathbf{x}(i+1) = \mathbf{\Phi}(T)\mathbf{x}(i) + \mathbf{\Psi}u(i) = \mathbf{\Phi}(T)\mathbf{x}(i) + \mathbf{\Psi}\mathbf{k}^T\mathbf{x}(i) = [\mathbf{\Phi}(T) + \mathbf{\Psi}\mathbf{k}^T]\mathbf{x}(i) \overset{\triangle}{=} \mathbf{\Phi}_{cl}(T)\mathbf{x}(i) \tag{8.178}$$

$$\mathbf{\Phi}_{cl}(T) = \begin{pmatrix} 0 & 1 & 0 & 0 \\ 0 & 0 & 1 & 0 \\ 0 & 0 & 0 & 1 \\ k_1 & \varphi_2 + k_2 & \varphi_3 + k_3 & \varphi_4 + k_4 \end{pmatrix}. \tag{8.179}$$

Ein Vierfacheigenwert von $\mathbf{\Phi}_{cl}(T)$ im Ursprung der z-Ebene ist das gewünschte Ziel, also ein charakteristisches Polynom $p_{cl}(z) = z^4 = 0$.

Variante 1: Die Eigenwerte z zu $\mathbf{\Phi}_{cl}(T)$ folgen aus $\det[z\mathbf{I} - \mathbf{\Phi}_{cl}(T)] = 0$. In diese Beziehung eingesetzt und ausgerechnet verlangt, dass die letzte Zeile von $\mathbf{\Phi}_{cl}(T)$ nur Nullen enthält. Damit resultiert für den Zustandsregler $\mathbf{k} = (0 \ -\varphi_2 \ -\varphi_3 \ -\varphi_4)^T$.

Variante 2: Nach dem Satz von Cayley-Hamilton genügt die Matrix ihrem charakteristischen Polynom, also gilt neben $z^4 = 0$ auch $\mathbf{\Phi}_{cl}^4(T) = \mathbf{0}$. Diese Bedingung führt zu demselben Ergebnis.

8.47 Abtastregelung mit verschiedenen Abtastzeiten

Angabe: *Für die Abtastregelung nach Abb.8.20 ist* $e(i)$ *für* $T = 0,1$ *und* $T = 1$ *zu ermitteln.*
Lösung: Mit den wesentlichen Schritte in MATLAB zeigt Abb. 8.35 das Ergebnis.

```
sysS=feedback(tf([1],[1],T), tf([1-exp(-T) 0],[1 -1-exp(-T)  exp(-T)],T));
[numS,denS,Ts]=tfdata(sysS,'v');    dstep(numS, denS, 100)
```

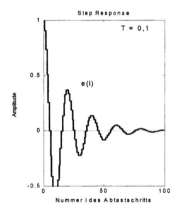
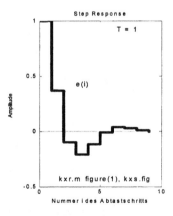

Abbildung 8.35: Regelabweichung des Abtastregelkreises nach Abb. 8.20 bei $T = 0,1$ und $T = 1$. (Bei konjugiert komplexen Wurzeln von denS beantwortet $|z_{1,2,cl}| = e^{-0,5T}$ die Nähe zur Stabilitätsgrenze.)

Kapitel 9

Mehrgrößenregelungen

9.1 P-kanonische Darstellung aus der V-kanonischen

Angabe: *Wie sieht die P-kanonische Darstellung zur V-kanonischen Darstellung nach Abb. 9.1 aus?*
Lösung: Aus der Abb. 9.1 wird

$$y_1 = 3(u_1 + \frac{1}{s+2}y_2) \tag{9.1}$$

$$y_2 = 2(u_2 + \frac{1}{s+1}y_1) \tag{9.2}$$

entwickelt und gegenseitig eingesetzt, um die Abhängigkeit *einer* Ausgangsvariablen von den beiden Eingangsvariablen u_i zu erhalten

$$y_1 = 3u_1 + \frac{3}{s+2}(2u_2 + \frac{2}{s+1}y_1) \quad \rightsquigarrow \quad y_1\frac{s^2+3s-4}{(s+1)(s+2)} = 3u_1 + \frac{6}{s+2}u_2 \tag{9.3}$$

$$y_2 = 2u_2 + \frac{2}{s+1}(3u_1 + \frac{3}{s+2}y_2) \quad \rightsquigarrow \quad y_2\frac{s^2+3s-4}{(s+1)(s+2)} = 2u_2 + \frac{6}{s+1}u_1 \ . \tag{9.4}$$

Daraus kann schließlich die Übertragungsmatrix in P-kanonischer Darstellung abgelesen werden

$$\mathbf{G}(s) = \begin{pmatrix} \dfrac{3(s+1)(s+2)}{s^2+3s-4} & \dfrac{6(s+1)}{s^2+3s-4} \\ \dfrac{6(s+2)}{s^2+3s-4} & \dfrac{2(s+1)(s+2)}{s^2+3s-4} \end{pmatrix} \ . \tag{9.5}$$

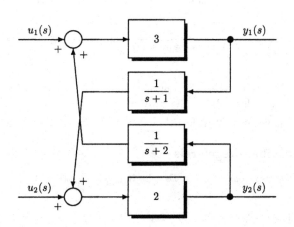

Abbildung 9.1: V-kanonische
Strecke

9.2 Zweigrößensystem mit einseitiger Kopplung

Angabe: *Man beurteile die Stabilität des Systems*

$$\mathbf{F}_o = \begin{pmatrix} \dfrac{1}{s^2 + 3s + 4} & 0 \\ -\dfrac{3}{s(s+5)} & \dfrac{2}{(s+1)(s+3)} \end{pmatrix} . \tag{9.6}$$

Lösung: Die Stabilität des Systems mit einseitiger Kopplung ist garantiert, wenn die Ortskurve des Ausdrucks $\det(\mathbf{I} + \mathbf{F}_o)$ den Ursprung nicht umschließt und die Pole der Kopplungselemente stabil sind. Die Ortskurve von

$$\det(\mathbf{I} + \mathbf{F}_o) = \left(1 + \frac{1}{s^2 + 3s + 4}\right)\left(1 + \frac{2}{(s+1)(s+3)}\right) = \frac{s^2 + 3s + 5}{s^2 + 3s + 4} \cdot \frac{s^2 + 4s + 5}{s^2 + 4s + 3} \tag{9.7}$$

ist in Abb. 9.2 dargestellt und zeigt keine Umfahrungen um den Ursprung. Da $\frac{3}{s}$ instabil ist, ist auch das resultierende System instabil.

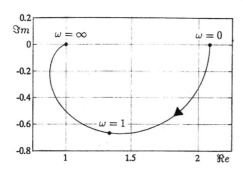

Abbildung 9.2: Nyquist-Ortskurve von $\det(\mathbf{I} + \mathbf{F}_o)$

9.3 Stabilität eines V-kanonischen Systems

Angabe: *Handelt es sich bei dem V-kanonischen Zweigrößensystem der Abb. 9.1 um eine stabile Anordnung?*
Lösung: Wird der V-kanonischen Struktur entsprechend das Gleichungssystem im s-Bereich aufgestellt,

$$y_1(s) = 3[u_1 + \frac{1}{s+2}y_2(s)] \qquad y_2(s) = 2[u_2(s) + \frac{1}{s+1}y_1(s)] , \tag{9.8}$$

und eine algebraische Umwandlung besorgt, bei der y_1, y_2 auf der linken und ausschließlich u_1, u_2 auf der rechten Seite stehen, also

$$y_1 = 3u_1 + \frac{3}{s+2}(2u_2 + \frac{2}{s+1}y_1) \quad \leadsto \quad y_1\left(1 - \frac{6}{(s+2)(s+1)}\right) = 3u_1 + \frac{6}{s+2}u_2 , \tag{9.9}$$

so folgt entsprechend $\mathbf{y}(s) = \mathbf{G}(s)\mathbf{u}(s)$

$$\mathbf{G}(s) = \frac{1}{(s-1)(s+4)}\begin{pmatrix} 3(s+1)(s+2) & 6(s+1) \\ 6(s+2) & 2(s+1)(s+2) \end{pmatrix} . \tag{9.10}$$

Die gemeinsame Polstelle bei $+1$ verweist auf instabiles Verhalten.

9.4 Führungsautonomer Mehrgrößen-Regelkreis

Angabe: *Zur Abb. 9.3 ist $\mathbf{K}(s)$ für Führungsautonomie gesucht. Es gelte $K_{11}(s) = K_{22}(s) = \frac{1}{s}$.*
Lösung: Aus den Streckenbeziehungen

$$y_1(s) = \frac{1}{s}[u_1(s) - 3y_1(s) + \{u_2(s) - 2y_1(s)\}] \tag{9.11}$$

$$y_2(s) = u_2(s) - 2y_1(s) - [u_1(s) - 3y_1(s)] \tag{9.12}$$

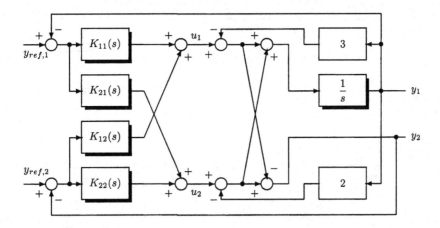

Abbildung 9.3: Mehrgrößenregler zur Autonomisierung

folgt

$$\mathbf{G}(s) = \frac{1}{s+5} \begin{pmatrix} 1 & 1 \\ -s-4 & s+6 \end{pmatrix} . \qquad (9.13)$$

Diagonalität von $\mathbf{G}(s)\mathbf{K}(s)$ verlangt

$$K_{12} = -\frac{1}{G_{11}}G_{12}K_{22} = -\frac{1}{s} \qquad (9.14)$$

$$K_{21} = -\frac{1}{G_{22}}G_{21}K_{11} = \frac{1}{s}\frac{s+4}{s+6} . \qquad (9.15)$$

Die diagonale Führungsübertragungsmatrix besitzt dann

$$T_{11}(s) = \frac{1}{1+3s+0,5s^2} \qquad (\omega_N = 1,41; \ D = 2,12) \qquad (9.16)$$

$$T_{22}(s) = \frac{1}{1+0,5s} . \qquad (9.17)$$

Bei Sprung beider Sollwerte zum gleichen Zeitpunkt sind die Antworten y_1 und y_2 des entkoppelten Systems eine PT_2- bzw. PT_1-Sprungantwort mit Zeitkonstanten von rund 3 und 0,2 sowie 0,5 Sekunden.

9.5 * Zweischleifige Regelung mit Querbeeinflussung

Angabe: *Wie ist die Dynamik der Regelung nach Abb. 9.5 zu beurteilen?*
Lösung: Die vereinfachte Stabilitätsbedingung lautet: Alle Lösungen in s aus

$$\det(\mathbf{I} + \mathbf{F}_o) = \det \begin{pmatrix} 1+\frac{1}{s+2} & 0 \\ \frac{1}{s-1} & 1+4 \end{pmatrix} = 5\frac{s+3}{s+2} = 0 \qquad (9.18)$$

müssen negative Realteile besitzen. Die Lösung $s = -3$ ist zwar notwendig, jedoch nicht hinreichend für Stabilität. Da der Nebenzweig $\frac{1}{s-1}$ instabil ist und einseitige Kopplung vorliegt, bewirkt er eine über alle Grenzen wachsende Querbeeinflussung zwischen den Hauptregelkreisen, obwohl er nicht in die charakteristische Gleichung eingeht. Das System ist daher *instabil*.

Die Reaktion von y – selbst auf die Nullanregung – entspricht einer Instabilität zufolge der Polstelle bei $+1$.

9.6 * Regelkreis in nur teilweiser Funktion

Angabe: *Unter welchen Bedingungen ist der Regelkreis nach Abb. 9.6 unter $a = 3$, $b = 1$ und unter $R_a = 1$, $R_b = 10$ stabil, wenn*

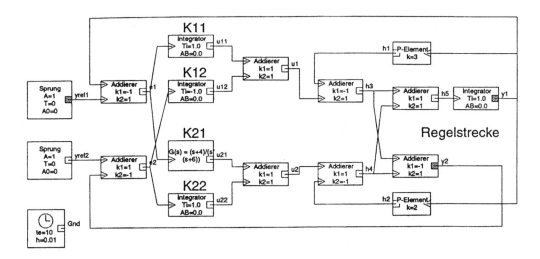

Abbildung 9.4: Blockbild der Mehrgrößenregelung in Simulation mit ANAv2.0 (*Goldynia, J.W., und Marinits, J.M., 1996*)

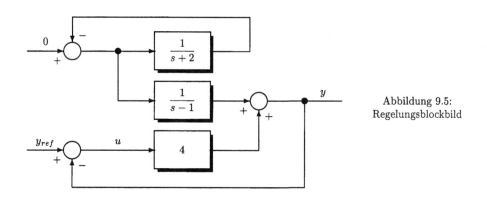

Abbildung 9.5:
Regelungsblockbild

(a) das System am Ausgang des Reglers K_1 auf konstant blockiert ist und nur K_2 in Funktion ist?

(b) der Regler K_2 auf konstant blockiert und nur der Regler K_1 mit $K_1 = 4 + 2\sqrt{10}$ in Betrieb ist? Man berechne auch den Verlauf von $y_1(t)$ bei Anlegen eines Einheitssprungs an u_2 bei $K_2 = 0$.

Lösung: Unter (a) findet man als Schleifenübertragungsfunktion

$$F_o(s) = K_2 \frac{\frac{1}{s+1}}{1 + 10\frac{1}{s-3}1\frac{1}{s+1}} = \frac{K_2\frac{1}{s+1}}{\frac{s^2-2s+7}{(s+1)(s-3)}} \tag{9.19}$$

und das charakteristische Polynom des Kreises zu $s^2 + s(K_2 - 2) + 7 - 3K_2$. Alle Koeffizienten sind für Stabilität dann positiv, wenn $2 < K_2 < 7/3$ erfüllt ist.

Unter (b) gilt

$$F_o(s) = K_1 \frac{\frac{1}{s-3}}{1 + 10\frac{1}{s-3}1\frac{1}{s+1}} = K_1 \frac{\frac{1}{s-3}}{\frac{s^2-2s+7}{(s+1)(s-3)}} \; . \tag{9.20}$$

Das charakteristische Polynom des Regelkreises unter $K_1 = 4 + 2\sqrt{10}$ besitzt eine Doppelwurzel bei

$c = -1 - \sqrt{10}$. Der Regelkreisausgang auf Stellgrößensprung lautet dann

$$y_1(s) = \frac{10}{s(s+c)^2} = 10[\frac{1}{c^2}\frac{1}{s} - \frac{1}{c^2}\frac{1}{s+c} - \frac{1}{c}\frac{1}{(s+c)^2}] \quad \rightsquigarrow \quad y_1(t) = \frac{10}{c^2}[1 - e^{-ct} - cte^{-ct}] \quad t \geq 0 . \quad (9.21)$$

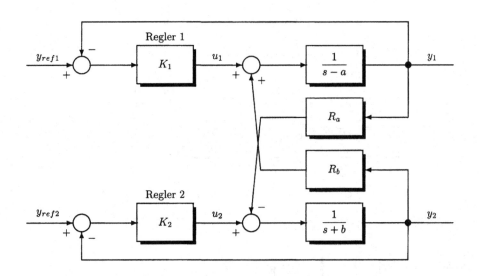

Abbildung 9.6: Zweigrößenregelkreis

9.7 Entkopplung einer Messmatrix

Angabe: *Bei der Messung an einer Zweigrößenstrecke treten unerwünschte dynamische Verkopplungen außerhalb der Hauptdiagonale auf. Durch ein dieser Messeinrichtung nachgeschaltetes Filter* $\mathbf{V}(s)$ *sollen die dynamischen Verkopplungen, d.h. die Elemente außerhalb der Hauptdiagonale, zu null aufgehoben, die Elemente in der Hauptdiagonale aber nicht berührt werden. Wie lautet* $\mathbf{V}(s)$ *?*
Lösung: Die tatsächliche Messmatrix $\mathbf{M}(s)$ wird additiv in einen erwünschten Teil $\mathbf{M}_d(s)$ als Diagonalmatrix und in einen Störteil $\mathbf{M}_s(s)$ in der Nebendiagonale zerlegt, also

$$\mathbf{M}(s) = \mathbf{M}_d(s) + \mathbf{M}_s(s) . \quad (9.22)$$

Durch das Nachschalten eines Filters $\mathbf{V}(s)$ soll $\mathbf{M}_d(s)$ allein hergestellt werden, also

$$\mathbf{V}(s)\mathbf{M}(s) = \mathbf{M}_d(s) . \quad (9.23)$$

Einsetzen liefert die Lösung exakt und in Näherung, d.h. bei kleinem $\mathbf{M}_s(s)$,

$$\mathbf{V}(s) = [\mathbf{I} + \mathbf{M}_s(s)\mathbf{M}_d^{-1}(s)]^{-1} \doteq \mathbf{I} - \mathbf{M}_s(s)\mathbf{M}_d^{-1}(s) . \quad (9.24)$$

9.8 * Tilgung einer Verkopplung

Angabe: *Die Schaltung einer Mehrgrößenstrecke ist in Abb. 9.7 gezeigt. Die Streckenübertragungsmatrix lautet*

$$\mathbf{G}(s) = \begin{pmatrix} \frac{1}{1+s} & \frac{4}{1+s} \\ \frac{3}{1+2s} & \frac{1}{1+3s} \end{pmatrix} . \quad (9.25)$$

Welcher Kompensator $\mathbf{K}(s)$ *erzeugt eine autonome Führungsübertragungsmatrix, die die Elemente der Hauptdiagonale von* $\mathbf{G}(s)$ *unverändert belässt, aber die Verkopplungen kompensiert?*
Lösung: Die Lösung erhält man aus der Beziehung nach Abb. 9.7. Aus

$$\mathbf{T}(s)\mathbf{u}(s) = \mathbf{y}(s) \qquad \mathbf{G}(s)[\mathbf{u}(s) - \mathbf{K}(s)\mathbf{y}(s)] = \mathbf{y}(s) \quad (9.26)$$

folgt

$$\mathbf{K}(s) = \mathbf{T}^{-1}(s) - \mathbf{G}^{-1}(s) \; ; \tag{9.27}$$

und zwar mit $G_{11}(s) = T_{11}(s)$ und $G_{22}(s) = T_{22}(s)$ sowie $T_{12}(s) = 0$ und $T_{21}(s) = 0$ zu

$$\mathbf{T}(s) = \begin{pmatrix} G_{11} & 0 \\ 0 & G_{22} \end{pmatrix} \rightsquigarrow \mathbf{T}^{-1}(s) = \begin{pmatrix} \frac{1}{G_{11}} & 0 \\ 0 & \frac{1}{G_{22}} \end{pmatrix} \tag{9.28}$$

$$\mathbf{G}^{-1}(s) = \frac{1}{G_{11}G_{22} - G_{12}G_{21}} \begin{pmatrix} G_{22} & -G_{12} \\ -G_{21} & G_{11} \end{pmatrix} \tag{9.29}$$

$$K_{11} = \frac{1}{G_{11}} - \frac{G_{22}}{G_{11}G_{22} - G_{12}G_{21}} = -\frac{12(s+1)(3s+1)}{2s^2 - 33s - 11} \tag{9.30}$$

$$K_{12} = \frac{G_{12}}{G_{11}G_{22} - G_{12}G_{21}} = \frac{4(2s+1)(3s+1)}{2s^2 - 33s - 11} \tag{9.31}$$

$$K_{21} = \frac{G_{21}}{G_{11}G_{22} - G_{12}G_{21}} = \frac{3(s+1)(3s+1)}{2s^2 - 33s - 11} \tag{9.32}$$

$$K_{22} = \frac{1}{G_{22}} - \frac{G_{11}}{G_{11}G_{22} - G_{12}G_{21}} = -\frac{12(3s+1)^2}{(2s^2 - 33s - 11)(s+1)} \; . \tag{9.33}$$

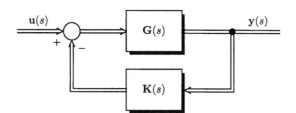

Abbildung 9.7: Mehrgrößenstrecke $\mathbf{G}(s)$ mit Entkopplungsrückführung

9.9 ∗ Mehrgrößenregelung ohne Kopplungsregler

Angabe: *Gegeben ist die Zweigrößenregelung nach Abb. 9.8. Ist sie stabil? Gegeben ist weiters*

$$\mathbf{K}(s) = \begin{pmatrix} 5 & 0 \\ 0 & 1 \end{pmatrix} = \begin{pmatrix} k_1 & 0 \\ 0 & k_2 \end{pmatrix} \; . \tag{9.34}$$

Lösung:

$$G_{11}(s) = \left. \frac{Y_1}{U_1} \right|_{U_2=0} = \frac{1}{3s} + 1{,}5\frac{\frac{1}{2s}}{1 - 2\frac{1}{2s}} = \frac{3{,}25s - 1}{3s(s-1)} \qquad G_{12}(s) = \frac{\frac{1}{2s}}{1 - 2\frac{1}{2s}} = \frac{0{,}5}{s-1} \tag{9.35}$$

$$G_{21}(s) = \frac{0{,}75}{s-1} \qquad G_{22}(s) = G_{12}(s) = \frac{0{,}5}{s-1} \qquad \mathbf{G}(s) = \begin{pmatrix} G_{11}(s) & G_{12}(s) \\ G_{21}(s) & G_{22}(s) \end{pmatrix} \; . \tag{9.36}$$

Für den angesprochenen Regelkreis mit dem unverkoppelten Regler $\mathbf{K}$ gilt

$$\mathbf{y}(s) = (\mathbf{I} + \mathbf{GK})^{-1}\mathbf{GK}\mathbf{y}_{ref} = \frac{\mathrm{adj}(\mathbf{I} + \mathbf{GK})}{\det(\mathbf{I} + \mathbf{GK})}\mathbf{GK}\mathbf{y}_{ref} = \mathbf{T}(s)\mathbf{y}_{ref}(s) \; . \tag{9.37}$$

Weiters folgt

$$\det(\mathbf{I} + \mathbf{GK}) = \frac{12s^2 + (13k_1 + 6k_2 - 12)s + 2k_1k_2 - 4k_1}{12s(s-1)} \; ; \tag{9.38}$$

in dieser Vereinfachung, weil sich ein Term $(s-1)$ wegkürzt.

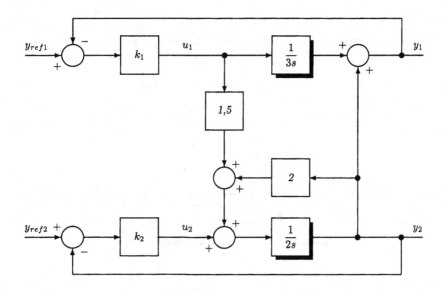

Abbildung 9.8: Zweigrößenregelung

Die Führungsübertragungsmatrix lautet nach DERIVE und $\mathbf{T}(s) = [\mathbf{I} + \mathbf{G}(s)\mathbf{K}(s)]^{-1}\mathbf{G}(s)\mathbf{K}(s)$

$$\mathbf{T}(s) = \frac{1}{12s^2 + s(13k_1 + 6k_2 - 12) + 2k_1(k_2 - 2)} \begin{pmatrix} 13k_1 s + 2k_1(k_2 - 2) & 6k_2 s \\ 9k_1 s & 2k_2(k_1 + 3s) \end{pmatrix}. \tag{9.39}$$

Die Bedingung für Stabilität (bei vorausgesetztem $k_1 > 0$) verlangt

$$13k_1 + 6k_2 - 12 > 0 \tag{9.40}$$

$$2k_1(k_2 - 2) > 0 \quad \rightsquigarrow \quad k_2 > 2. \tag{9.41}$$

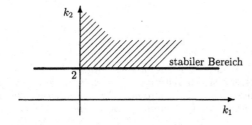

stabiler Bereich

Abbildung 9.9: Stabiler Bereich in der k_1-k_2-Ebene

Aus der ersten Bedingung folgt $k_1 > \frac{12 - 6k_2}{13}$, was bei $k_2 > 2$ auf nichts Engeres führt als $k_1 > 0$, siehe Abb. 9.9.

9.10 Zweigrößenregelung und Routh-Stabilität

Angabe: *Ist die Zweigrößenregelung nach Abb. 9.10 stabil?*
Lösung: Nach Abb. 9.10 folgt

$$\mathbf{F}_o(s) = \begin{pmatrix} 0,2 & 0 \\ 0 & 5 \end{pmatrix} \begin{pmatrix} \frac{1}{s(1+2s)} & 0,4 \\ \frac{1,5}{1+5s+6s^2} & \frac{1}{1+3s} \end{pmatrix} \tag{9.42}$$

$$\det[\mathbf{I} + \mathbf{F}_o(s)] = 0 \quad \rightsquigarrow \quad 6s^3 + 15s^2 + 6s + 1,2 = 0 \quad \rightsquigarrow \quad \begin{cases} s_1 = -2,062 \\ s_{2,3} = -0,219 \pm j0,221 \ . \end{cases} \tag{9.43}$$

Bei allgemein strukturierter und computeralgebraisch durchgeführter Determinantenberechnung erhält man

$$(36s^5 + 120s^4 + 117s^3 + 52,2s^2 + 12s + 1.2)/(36s^5 + 60s^4 + 37s^3 + 10s^2 + s) = 0.$$

Darin kürzen sich zwei Zähler- gegen Nennerterme, sodass aus dem System 5. Ordnung eine charakteristische Gleichung von nur drittem Grad verbleibt.

Das System ist stabil, und zwar gemäß Auswertung mit dem Routh-Schema

$$\tag{9.44}$$

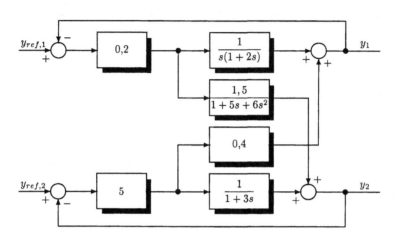

Abbildung 9.10: Zweigrößenregelung

9.11 ∗ Mehrgrößen-Abtastregelung im Zustandsraum

Angabe: *Eine Mehrgrößenstrecke liegt vor*

$$\mathbf{G}(s) = \begin{pmatrix} \frac{1}{s} & 0 \\ 0 & \frac{2}{1+10s} \end{pmatrix} \qquad \mathbf{y}(s) = \mathbf{G}(s)\mathbf{u}(s) \ . \tag{9.45}$$

Wie lautet die diskrete Zustandsraumdarstellung $\mathbf{\Phi}$, $\mathbf{\Psi}$ dieses Systems für die Abtastzeit $T = 1$ Sekunde, wenn $\mathbf{C}$ als Einheitsmatrix $\mathbf{I}$ gegeben ist? (Hinweis: Die beiden Teilsysteme können getrennt in den Zustandsraum gebracht werden.) Wie sieht ein Zustandsregler $\mathbf{K}, \mathbf{V}$ entsprechend der angegebenen Struktur aus, der die Entkopplung der Kanäle beibehält und die Pole des Führungsverhaltens bei $z = 0$ plaziert? Wie lautet die Führungsübertragungsmatrix $\mathbf{T}(z)$?

Lösung: Teilsystem 1 entsprechend $G_{11}(s)$:

$$A_1 = 0 \qquad B_1 = 1 \qquad C_1 = 1 \tag{9.46}$$

$$\Phi(s) = \frac{1}{s} \qquad \Phi(t) = 1 \qquad \Phi_1(T) = 1 \tag{9.47}$$

$$\Psi_1(T) = (\mathbf{I}_1 \, T + A_1 \frac{T^2}{2} + \ldots) B_1 = 1 \ , \quad \text{wobei trivialerweise } \mathbf{I}_1 = 1 \ . \tag{9.48}$$

Teilsystem 2 entsprechend $G_{22}(s)$:

$$A_2 = -0,1 \qquad B_2 = 0,2 \tag{9.49}$$

$$\Phi(s) = \frac{1}{s + 0,1} \qquad \Phi(T) = e^{-0,1T} = e^{-0,1} = 0,905 \tag{9.50}$$

$$\Psi(T) = A_2^{-1}(e^{A_2 T} - 1)B_2 = 0,190 \ . \tag{9.51}$$

Beide Teilsysteme zu einer Mehrgrößenstrecke im Zustandsraum vereinigt ergibt

$$\mathbf{\Phi}(T) = \begin{pmatrix} 1 & 0 \\ 0 & 0,905 \end{pmatrix} \qquad \mathbf{\Psi}(T) = \begin{pmatrix} 1 & 0 \\ 0 & 0,190 \end{pmatrix} \qquad \mathbf{C} = \mathbf{I} . \tag{9.52}$$

Der Reglerentwurf für Führungspole bei $z = 0$ verlangt $\det[z\mathbf{I} - \mathbf{\Phi}(T) - \mathbf{\Psi}(T)\mathbf{K}] = z^2$. Mit einem entkoppelten Regler $\mathbf{K} \triangleq \begin{pmatrix} k_1 & 0 \\ 0 & k_2 \end{pmatrix}$ folgt

$$\det \begin{pmatrix} z - 1 - k_1 & 0 \\ 0 & z - 0,905 - 0,19k_2 \end{pmatrix} = z^2 \quad \leadsto \quad \mathbf{K} = - \begin{pmatrix} 1 & 0 \\ 0 & 4,763 \end{pmatrix} . \tag{9.53}$$

Bei $\mathbf{\Phi}_{cl}(z) = \begin{pmatrix} z & 0 \\ 0 & z \end{pmatrix}^{-1}$ lautet $\mathbf{T}(z)$

$$\mathbf{T}(z) = \mathbf{V}\mathbf{C}\mathbf{\Phi}_{cl}(z)\mathbf{\Psi} = \mathbf{V}\frac{1}{z^2} \begin{pmatrix} z & 0 \\ 0 & z \end{pmatrix} \begin{pmatrix} 1 & 0 \\ 0 & 0,190 \end{pmatrix} = \mathbf{V} \begin{pmatrix} \frac{1}{z} & 0 \\ 0 & \frac{0,19}{z} \end{pmatrix} . \tag{9.54}$$

Damit $\mathbf{T}(z)$ zu $\frac{1}{z}\mathbf{I}$ wird, hat folgende Beziehung für $\mathbf{V}$ zu gelten

$$\mathbf{V} = \begin{pmatrix} 1 & 0 \\ 0 & \frac{1}{0,19} \end{pmatrix} = \begin{pmatrix} 1 & 0 \\ 0 & 5,26 \end{pmatrix} . \tag{9.55}$$

9.12 * Zweigrößenregelung mit I-Reglern

Angabe: *Gegeben ist die Zweigrößen-Regelstrecke laut Blockschaltbild Abb. 9.11. Sie wird mit zwei skalaren I-Reglern $\frac{1}{sT_{I1}}$, $\frac{1}{sT_{I2}}$ im Direktzweig geregelt. Verkopplungen im Regler sind nicht installiert. Wie lautet die Führungsübertragungsmatrix $\mathbf{T}(s)$? Mit welchem Übertragungsverhalten ist zu rechnen? Wie lautet die Zustandsraumdarstellung des Regelkreises, wenn der Zustandsvektor durch $\mathbf{x} = (x_1 \ u_1 \ u_2)^T$ definiert wird? Ist der Regelkreis für $T_{I1} = 1$ und $T_{I2} = 1$ stabil?*
Lösung: Im Frequenzbereich gilt (wobei nur y_1 im einzelnen ausgeführt ist)

$$y_1 = x_1 = \frac{1}{s}[u_1 - 3y_1 + u_2 - 2y_1] = \frac{1}{s}[u_1 + u_2] - \frac{1}{s}5y_1 \quad \leadsto \quad y_1(1 + \frac{5}{s}) = \frac{1}{s}[u_1 + u_2] \tag{9.56}$$

$$y_1 = \frac{1}{s+5}u_1 + \frac{1}{s+5}u_2 = G_{11}u_1 + G_{12}u_2 \quad \leadsto \quad \mathbf{G}(s) = \begin{pmatrix} \frac{1}{s+5} & \frac{1}{s+5} \\ -\frac{s+4}{s+5} & \frac{s+6}{s+5} \end{pmatrix} . \tag{9.57}$$

Die Zustandsraumdarstellung findet man zu

$$\begin{aligned} y_1 &= x_1 & \dot{x}_1 &= (u_1 - 3x_1) + (u_2 - 2x_1) = -5x_1 + u_1 + u_2 \tag{9.58} \\ y_2 &= (u_2 - 2x_1) - (u_1 - 3x_1) = x_1 + u_2 - u_1 \tag{9.59} \\ u_1 &= (y_{ref_1} - y_1) \cdot \frac{1}{sT_{I1}} \quad \leadsto \quad \dot{u}_1 = \frac{1}{T_{I1}}(y_{ref_1} - x_1) \tag{9.60} \\ u_2 &= (y_{ref_2} - y_2) \cdot \frac{1}{sT_{I2}} \quad \leadsto \quad \dot{u}_2 = \frac{1}{T_{I2}}(y_{ref_2} - x_1 - u_2 + u_1) \tag{9.61} \end{aligned}$$

$$\dot{\mathbf{x}} = \begin{pmatrix} \dot{x}_1 \\ \dot{u}_1 \\ \dot{u}_2 \end{pmatrix} = \begin{pmatrix} -5 & 1 & 1 \\ -\frac{1}{T_{I1}} & 0 & 0 \\ -\frac{1}{T_{I2}} & \frac{1}{T_{I2}} & -\frac{1}{T_{I2}} \end{pmatrix} \begin{pmatrix} x_1 \\ u_1 \\ u_2 \end{pmatrix} + \begin{pmatrix} 0 & 0 \\ \frac{1}{T_{I1}} & 0 \\ 0 & \frac{1}{T_{I2}} \end{pmatrix} \begin{pmatrix} y_{ref_1} \\ y_{ref_2} \end{pmatrix} \tag{9.62}$$

$$\begin{pmatrix} y_1 \\ y_2 \end{pmatrix} = \begin{pmatrix} 1 & 0 & 0 \\ 1 & -1 & 1 \end{pmatrix} \begin{pmatrix} x_1 \\ u_1 \\ u_2 \end{pmatrix} + \begin{pmatrix} 0 & 0 \\ 0 & 0 \end{pmatrix} \begin{pmatrix} y_{ref_1} \\ y_{ref_2} \end{pmatrix} . \tag{9.63}$$

Wegen $\mathbf{A} = \begin{pmatrix} -5 & 1 & 1 \\ -1 & 0 & 0 \\ -1 & 1 & -1 \end{pmatrix}$ lautet das charakteristische Polynom $s^3 + 6s^2 + 7s + 2$. Nach Routh ist Stabilität leicht zu bestätigen.

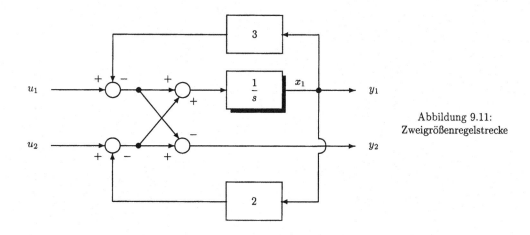

Abbildung 9.11:
Zweigrößenregelstrecke

9.13 ∗ Dynamisches Vorfilter zur Autonomisierung

Angabe: *In der Mehrgrößenregelung nach Abb. 9.12 ist das dynamische Vorfilter* $\mathbf{V}(s)$ *derart zu dimensionieren, dass unter den gegebenen* $\mathbf{G}(s)$ *und* $\mathbf{K}(s)$ *ein führungsautonomes Gesamtübertragungsverhalten* $\mathbf{T}(s)$ *entsteht. Es gilt*

$$\mathbf{G}(s) = \begin{pmatrix} \frac{1}{s+1} & 0,5 \\ 0 & \frac{2}{s+1} \end{pmatrix} \quad \mathbf{K}(s) = \begin{pmatrix} 4 & 0 \\ 0 & 10 \end{pmatrix} \quad \mathbf{T}(s) = \begin{pmatrix} \frac{1}{1+0,2s} & 0 \\ 0 & \frac{1}{(s+1)^2} \end{pmatrix} . \tag{9.64}$$

Lösung: Die Analyse von Abb. 9.12 ergibt im Spektralbereich

$$\mathbf{y} = \mathbf{GK}(\mathbf{V}\mathbf{y}_{ref} - \mathbf{y}) \qquad \mathbf{y} = \mathbf{T}\mathbf{y}_{ref} \tag{9.65}$$

und daraus

$$\mathbf{V}(s) = \{\mathbf{I} + [\mathbf{G}(s)\mathbf{K}(s)]^{-1}\}\mathbf{T}(s) = \begin{pmatrix} 1,25 & -1/16 \\ 0 & \frac{s+21}{20(s+1)^2} \end{pmatrix} . \tag{9.66}$$

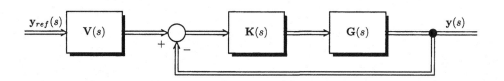

Abbildung 9.12: Dynamisches Vorfilter $\mathbf{V}(s)$ zur Entkopplung der Mehrgrößenregelung

9.14 Identität

Angabe: *Betrachtet man die Zustandsregelung mit Ausgangsrückführung, so erhält man in direkter Anwendung des Zustandsreglers einerseits und mit Verwendung der Übertragungsfunktion der Strecke andererseits zwei verschiedene Ansätze, die auf Gleichheit zu überprüfen sind. Ist also die daraus resultierende Beziehung*

$$\mathbf{C}(s\mathbf{I} - \mathbf{A} + \mathbf{BKC})^{-1}\mathbf{B} = \mathbf{C}(s\mathbf{I} - \mathbf{A})^{-1}\mathbf{B}[\mathbf{I} + \mathbf{KC}(s\mathbf{I} - \mathbf{A})^{-1}\mathbf{B}]^{-1} \tag{9.67}$$

richtig?

Lösung: Mit $\Gamma \overset{\triangle}{=} s\mathbf{I} - \mathbf{A}$ gilt

$$\mathbf{C}(\Gamma + \mathbf{BKC})^{-1}\mathbf{B} = \mathbf{C}\Gamma^{-1}\mathbf{B}[\mathbf{I} + \mathbf{KC}\Gamma^{-1}\mathbf{B}]^{-1} \ . \tag{9.68}$$

Rechtsmultiplikation mit $[\mathbf{I} + \mathbf{KC}\Gamma^{-1}\mathbf{B}]$ liefert

$$\mathbf{C}(\Gamma + \mathbf{BKC})^{-1}\mathbf{B}[\mathbf{I} + \mathbf{KC}\Gamma^{-1}\mathbf{B}] = \mathbf{C}\Gamma^{-1}\mathbf{B} \tag{9.69}$$

$$\mathbf{C}\{(\Gamma + \mathbf{BKC})^{-1}\Gamma + (\Gamma + \mathbf{BKC})^{-1}\mathbf{BKC} - \mathbf{I}\}\Gamma^{-1}\mathbf{B} = 0 \tag{9.70}$$

$$\mathbf{C}(\Gamma + \mathbf{BKC})^{-1}\{\Gamma + \mathbf{BKC} - (\Gamma + \mathbf{BKC})\}\Gamma^{-1}\mathbf{B} = 0 \ , \qquad \text{q. e. d.} \tag{9.71}$$

9.15 Kontrollbeobachter

Angabe: *Die Regelstrecke befolge mit dimensionsgleicher Stell- und Ausgangsgröße* ($m = r$) $\mathbf{x} \in \mathcal{R}^n$; $\mathbf{z}$, $\tilde{\mathbf{z}} \in \mathcal{R}^{n-r}$; $\mathbf{y} \in \mathcal{R}^r$; $\mathbf{u} \in \mathcal{R}^m$ *die Beziehungen* $\dot{\mathbf{x}} = \mathbf{Ax} + \mathbf{Bu}$, $\mathbf{y} = \mathbf{Cx}$. *Der Kontrollbeobachter folgt*

$$\dot{\mathbf{z}} = \mathbf{F}_z\mathbf{z} + \mathbf{Ly} + \mathbf{Hu} \tag{9.72}$$

$$\hat{\mathbf{u}} = \mathbf{K}_z\mathbf{z} + \mathbf{K}_y\mathbf{y} = \mathbf{Kx} \ . \tag{9.73}$$

$$\mathbf{u} = \hat{\mathbf{u}} + \mathbf{y}_{ref} \ . \tag{9.74}$$

Dabei ist die Variable $\mathbf{z}$ *des Kontrollbeobachters aus* $\mathbf{x}$ *gemäß* $\mathbf{z} + \tilde{\mathbf{z}} = \mathbf{Tx}$ *zu entwickeln. Die Matrix* $\mathbf{K}$ *repräsentiert den vergleichbaren Zustandsregler* $\mathbf{K}_z\mathbf{T} + \mathbf{K}_y\mathbf{C} = \mathbf{K}$.

Lösung: Für stationär verschwindendes $\tilde{\mathbf{z}}$ ist (*Korn, U., und Wilfert, H.-H., 1982*)

$$\mathbf{F}_z\mathbf{T} - \mathbf{TA} + \mathbf{LC} = 0 \tag{9.75}$$

und $\mathbf{H} = \mathbf{TB}$ zu verlangen sowie $\Re\ \lambda_i[\mathbf{F}_z] < 0 \quad \forall i = 1 \ldots n - r$, $\lambda[\mathbf{F}_z] \neq \lambda[\mathbf{A}]$ und schließlich $\mathbf{F}_z$ mit Eigenwerten ein festes Maß weiter links als $\lambda[\mathbf{A} + \mathbf{BK}]$. Ausgangspunkt für den Entwurf ist die Wahl von $\mathbf{F}_z$ und $\mathbf{L}$. Nach Wahl von $\mathbf{L}$ folgt aus Gl.(9.75) die Matrix $\mathbf{T}$ mittels MATLAB `lyap`

$$\mathbf{T} = \text{lyap}\,(\mathbf{F}_z, -\mathbf{A}, \mathbf{LC}) \quad \text{oder mittels} \quad \text{col}\,\mathbf{T} = (\mathbf{A}^T \otimes \mathbf{I}_{n-r} - \mathbf{I}_n \otimes \mathbf{F}_z)^{-1}\text{col}(\mathbf{LC}) \ . \tag{9.76}$$

Das Gesamtsystem gehorcht der Gleichung

$$\begin{pmatrix} \dot{\mathbf{x}} \\ \dot{\mathbf{z}} \end{pmatrix} = \begin{pmatrix} \mathbf{A} + \mathbf{BK}_y\mathbf{C} & \vdots & \mathbf{BK}_z \\ (\mathbf{L} + \mathbf{HK}_y)\mathbf{C} & \vdots & \mathbf{HK}_z + \mathbf{F}_z \end{pmatrix} \begin{pmatrix} \mathbf{x} \\ \mathbf{z} \end{pmatrix} + \begin{pmatrix} \mathbf{B} \\ \mathbf{H} \end{pmatrix} \mathbf{y}_{ref} \ . \tag{9.77}$$

Die Stellgröße $\mathbf{u}$ wird von $\hat{\mathbf{u}}$ bezogen, wobei der Schätzfehler $\tilde{\mathbf{u}}$ nach null strebt, also $\mathbf{u} = \hat{\mathbf{u}} + \tilde{\mathbf{u}}$ mit $\tilde{\mathbf{u}} = \mathbf{K}_z\tilde{\mathbf{z}}$, $\dot{\tilde{\mathbf{z}}} = \mathbf{F}_z\tilde{\mathbf{z}}$, $\tilde{\mathbf{z}} = \exp(\mathbf{F}_z t)[\mathbf{Tx}(0) - \mathbf{z}(0)]$ (*Weinmann, A., 1991; 2003*).

9.16 Grenzstabilität einer Zweigrößenregelung

Angabe: *Die Regelstrecke mit zwei Eingangsgrößen besteht aus zwei Integratoren und* $\mathbf{B} = \mathbf{I}_2$. *Welcher Zustandsregler vom Typ* $\mathbf{K} = \begin{pmatrix} -1 & 1 \\ k_3 & k_4 \end{pmatrix}$ *erreicht gerade Grenzstabilität mit vorgegebener Frequenz* ω_0?

Lösung: Es gilt $\mathbf{A} = \mathbf{0}_2$ und

$$\det(s\mathbf{I}_2 - \mathbf{A} - \mathbf{BK}) = \det\begin{pmatrix} s + 1 & -1 \\ -k_3 & s - k_4 \end{pmatrix} = (s + j\omega_0)(s - j\omega_0) \tag{9.78}$$

$$s^2 + s - k_4 s - k_4 - k_3 = s^2 + \omega_0^2 \quad \text{bei} \quad k_4 = 1 \quad \text{und} \quad k_3 = \omega_0^2 - 1. \tag{9.79}$$

9.17 ∗ Schrittweise Verbesserung des Stabilitätsradius

Angabe: *Für den Regelkreis mit dem Ausgangs-Zustandsregler* $\mathbf{K}_y$ *lautet die Koeffizientenmatrix des Regelkreises* $\mathbf{A}_{cl} = \mathbf{A} + \mathbf{B}\mathbf{K}_y\mathbf{C}$ *und die Charakteristik nach Cremer, Leonhard, Michailow* $p_{cl}(j\omega) = \det(j\omega\mathbf{I}_n - \mathbf{A}_{cl})$. *Die Ursprungsdistanz* h_0 *kann als Stabilitätsradius aufgefasst werden. Dieser soll durch Änderung von* $\mathbf{K}_y$ *schrittweise optimal verbessert werden.*
Lösung: Stabilität vorausgesetzt, gilt

$$\min_{\omega} |p_{cl}(j\omega)|^2 = \min_{\omega} p_{cl}^*(j\omega)p_{cl}(j\omega) = \min_{\omega} \det(\omega^2\mathbf{I}_n + \mathbf{A}_{cl}^2) \overset{\triangle}{=} h_0^2 . \tag{9.80}$$

Differenzierung nach ω (*Brewer, J.W., 1978; Weinmann, A., 2001*) unter Verwendung von

$$\frac{\partial \det \mathbf{A}}{\partial e} = \mathrm{tr}\,[\frac{\partial \mathbf{A}}{\partial e} \,\mathrm{adj}\,\mathbf{A}] \tag{9.81}$$

liefert

$$\mathrm{tr}[\{\frac{\partial}{\partial\omega}(\omega^2\mathbf{I}_n + \mathbf{A}_{cl}^2)\} \,\mathrm{adj}(\omega^2\mathbf{I}_n + \mathbf{A}_{cl}^2)] = 0 \quad \leadsto \quad \mathrm{tr}[\mathrm{adj}(\omega_0^2\mathbf{I}_n + \mathbf{A}_{cl}^2)] = 0. \tag{9.82}$$

Mit den Beziehungen

$$\frac{\partial \mathbf{K}_y}{\partial K_{y,ij}} = \mathbf{E}_{ij}, \quad \text{Kronecker Matrix } \mathbf{E}_{ij} \overset{\triangle}{=} \mathbf{e}_i\mathbf{e}_j^T \text{ mit Einheitsvektor } \mathbf{e}_i^{(n\times 1)} , \quad \mathrm{tr}[\mathbf{M}\mathbf{E}_{ij}] = M_{ji} = (\mathbf{M}^T)_{ij} , \tag{9.83}$$

folgt der Gradient von h_0^2 bezüglich $\mathbf{K}_y$ zu

$$\frac{\partial (h_0^2)}{\partial K_{y,ij}} = \mathrm{tr}[\frac{\partial(\omega_0^2\mathbf{I}_n + \mathbf{A}_{cl}^2)}{\partial K_{y,ij}}\mathrm{adj}(\omega_0^2\mathbf{I}_n + \mathbf{A}_{cl}^2)] \quad \leadsto \quad \frac{\partial (h_0^2)}{\partial \mathbf{K}_y} = 2[\mathbf{C}\mathbf{A}_{cl}(\mathrm{adj}\mathbf{U})\mathbf{B}]^T \tag{9.84}$$

(*Weinmann, A., 2005*). Für ein Zahlenbeispiel mit $n = 3, \mathbf{C} = \mathbf{I}_n$ und neun Schritten entsprechend dem Gradienten $\Delta\mathbf{K}_y \propto \partial(h_0^2)/\partial\mathbf{K}_y$ zeigt die Abb. 9.13 die erzielten Ergebnisse.

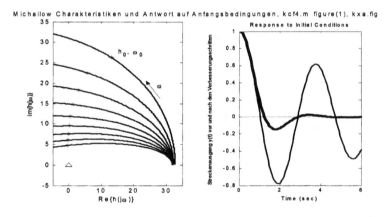

Abbildung 9.13: Schrittweise Vergrößerung der Distanz h_0 und erzielte Verbesserung im Zeitbereich

9.18 Humanbiologischer Mehrgrößenregelkreis

Angabe: *Zum sportlichen Ausgleich: An Kniebeugen im Ausfallschritt ist die Neigungswinkel- und Körperhöhen-Regelung zu untersuchen, auch unter Ermüdungserscheinungen.*
Lösung: Im Ausfallschritt auf ebener Unterlage, linker Fuß vorne, linkes Schienbein lotrecht, rechtes Bein hinten, sind Kniebeugen zu absolvieren, unter harmonischem Körperhöhen-Sollwert. Erschwerend zur Neigungswinkel-Regelung sind die Arme eng anzulegen und die Augen zu schließen. Bei letzterem fällt die visuelle Information über die Körperneigung weg.

Kapitel 10

Optimierung

10.1 Berechnung der L_2-Norm im Zeitbereich

Angabe: *Für*

$$\dot{x} = \mathbf{A}x + \mathbf{b}u, \quad y = \mathbf{c}^T x, \quad \mathbf{A} = \begin{pmatrix} 0 & 1 \\ -1 & -2 \end{pmatrix} \quad \mathbf{c}^T = \mathbf{C} = (1 \; 0) \quad \mathbf{b} = \mathbf{B} = \begin{pmatrix} 0 \\ 1 \end{pmatrix} \tag{10.1}$$

ist die L_2-Norm der Gewichtsfunktion zu berechnen.

Lösung: Man erhält mit der Definition der L_2-Norm $\|g(t)\|_2^2 \triangleq \int_o^\infty g^2(t)dt$ und $g(t) = \mathcal{L}^{-1}\{G(s)\}$ als Gewichtsfunktion zu $G(s) = \mathbf{c}^T(s\mathbf{I} - \mathbf{A})^{-1}\mathbf{b}$

$$G(s) = \mathbf{c}^T(s\mathbf{I} - \mathbf{A})^{-1}\mathbf{b} = \frac{1}{(s+1)^2} \quad \rightsquigarrow \quad g(t) = te^{-t} \tag{10.2}$$

$$\int_o^\infty g^2(t)dt = \int_o^\infty t^2 e^{-2t}dt = \frac{e^{-2t}}{8}(-4t^2 - 4t - 2)\Big|_0^\infty = 0,25 . \tag{10.3}$$

10.2 Berechnung der L_2-Norm mit Residuensatz im Frequenzbereich

Angabe: *Für die Angabe aus Gl.(10.1) ist die L_2-Norm mit Hilfe des Parseval-Theorems und Residuensatzes im Frequenzbereich zu ermitteln.*

Lösung: Nach dem Parseval-Theorem gilt

$$\|g(t)\|_2^2 \triangleq \frac{1}{2\pi j}\int_{-j\infty}^{j\infty} G(s)G(-s)ds = \frac{1}{2\pi j}\oint_{l.H.} G(s)G(-s)ds . \tag{10.4}$$

Mit dem Residuensatz erhält man (in diesem konkreten Fall des Zweifachpols bei -1)

$$\|g(t)\|_2^2 = \sum_i \text{Res}_{s=s_i, \, \Re e \, s_i < 0} [G(s)G(-s)] = \sum_i \lim_{s \to s_i = -1}(s - s_i)^2 \frac{1}{(s+1)^2(-s+1)^2} \tag{10.5}$$

$$= \lim_{s \to -1}(s + 1)^2 \frac{1}{(s+1)^2(-s+1)^2} = \frac{1}{4} . \tag{10.6}$$

Die Ergebnisse nach dem Parseval-Theorem sind auch tabelliert (*Eveleigh, V.W., 1967*) und damit leicht durch Nachschlagen zu erzielen.

10.3 ∗ Berechnung der L_2-Norm mit dem Parseval-Theorem

Angabe: *Die L_2-Norm zu Gl.(10.3) ist durch direkte Integration in Frequenzbereich zu lösen.*

Lösung: Die Integration verlangt unter Anwendung des Parseval-Theorems

$$\|g(t)\|_2^2 = \frac{1}{2\pi}\int_{-\infty}^\infty G(j\omega)G(-j\omega)d\omega = \frac{1}{2\pi}\int_{-\infty}^\infty \frac{1}{(1+\omega^2)^2}d\omega . \tag{10.7}$$

Mit Produktintegration erhält man mühsam

$$\int \frac{1}{1+\omega^2}\, d\omega \triangleq \int u\, dv \Big|_{\substack{\triangle \\ v=\omega}} = u\, v - \int v\, du \tag{10.8}$$

$$\int \frac{1}{1+\omega^2}\, d\omega = \frac{\omega}{1+\omega^2} - \int \frac{-2\omega^2}{(1+\omega^2)^2}\, d\omega = \frac{\omega}{1+\omega^2} + 2\int \frac{\omega^2 + 1 - 1}{(1+\omega^2)^2}\, d\omega = \tag{10.9}$$

$$\int \frac{1}{1+\omega^2}\, d\omega = \frac{\omega}{1+\omega^2} + 2\int \frac{1}{1+\omega^2}\, d\omega - 2\int \frac{1}{(1+\omega^2)^2}\, d\omega - \tag{10.10}$$

$$- \int \frac{1}{1+\omega^2}\, d\omega - \frac{\omega}{1+\omega^2} = -2\int \frac{1}{(1+\omega^2)^2}\, d\omega \tag{10.11}$$

$$\int \frac{1}{(1+\omega^2)^2}\, d\omega = \frac{1}{2}\frac{\omega}{1+\omega^2} + \frac{1}{2}\int \frac{1}{1+\omega^2}\, d\omega = \frac{1}{2}\frac{\omega}{1+\omega^2} + \frac{1}{2}\arctan \omega \, . \tag{10.12}$$

Daher resultiert

$$\|g(t)\|_2^2 = \frac{1}{2\pi}\int_{-\infty}^{\infty} \frac{1}{(1+\omega^2)^2}\, d\omega = \frac{1}{4\pi}\frac{\omega}{1+\omega^2}\Big|_{-\infty}^{\infty} + \frac{1}{4\pi}\arctan \omega \Big|_{-\infty}^{\infty} = \frac{1}{4} \, . \tag{10.13}$$

10.4 * Berechnung der L_2-Norm mit Controllability-Gramian

Angabe: *Die L_2-Norm ist für Gl.(10.1) unter Verwendung der „Controllability-Gramian" zu ermitteln.*
Lösung: Die Controllability Gramian $\mathbf{L}_c$ ist wie folgt definiert und erfüllt die nachstehende Lyapunov-Gleichung

$$\mathbf{L}_c \triangleq \int_0^{\infty} e^{\mathbf{A}t}\mathbf{BB}^T e^{\mathbf{A}^T t}dt \qquad \mathbf{AL}_c + \mathbf{L}_c\mathbf{A}^T = -\mathbf{BB}^T \, . \tag{10.14}$$

Die Gl.(10.14) lässt sich mit Kronecker-Produkten direkt wenn auch mühsam berechnen, (ausgehend von Eqs.(2.129) und (2.131) und mit Eqs.(4.43) bis (4.45) aus *Weinmann, A., 1991*)

$$(\mathbf{I}\otimes\mathbf{A})\mathrm{col}\,\mathbf{L}_c + (\mathbf{A}\otimes\mathbf{I})\mathrm{col}\,\mathbf{L}_c = -\mathrm{col}\,\mathbf{BB}^T \quad \rightsquigarrow \quad \mathrm{col}\,\mathbf{L}_c = -(\mathbf{I}\otimes\mathbf{A} + \mathbf{A}\otimes\mathbf{I})^{-1}\mathrm{col}\,\mathbf{BB}^T \, , \tag{10.15}$$

wobei $\mathrm{col}\begin{pmatrix} a_{11} & a_{12} \\ a_{21} & a_{22} \end{pmatrix} \triangleq \begin{pmatrix} a_{11} \\ a_{21} \\ a_{12} \\ a_{22} \end{pmatrix}$. Ferner gilt für stabile Eingrößensysteme

$$\|g(t)\|_2^2 = \int_0^{\infty} g^2(t)dt = \int_0^{\infty} \mathbf{c}^T e^{\mathbf{A}t}\mathbf{bc}^T e^{\mathbf{A}t}\mathbf{b}dt = \int_0^{\infty} \mathbf{c}^T e^{\mathbf{A}t}\mathbf{b}(\mathbf{c}^T e^{\mathbf{A}t}\mathbf{b})^T dt = \mathbf{c}^T\mathbf{L}_c\mathbf{c} \, . \tag{10.16}$$

Dabei ist $g(t) = \mathcal{L}^{-1}\{G(s)\}$. Somit gilt für die Zahlenangaben aus Gl.(10.1)

$$\mathrm{col}\,\mathbf{L}_c = -\left[\begin{pmatrix} 0 & 1 & 0 & 0 \\ -1 & -2 & 0 & 0 \\ 0 & 0 & 0 & 1 \\ 0 & 0 & -1 & -2 \end{pmatrix} + \begin{pmatrix} 0 & 0 & 1 & 0 \\ 0 & 0 & 0 & 1 \\ -1 & 0 & -2 & 0 \\ 0 & -1 & 0 & -2 \end{pmatrix}\right]^{-1}\begin{pmatrix} 0 \\ 0 \\ 0 \\ 1 \end{pmatrix} = 0,25\begin{pmatrix} 1 \\ 0 \\ 0 \\ 1 \end{pmatrix} \, . \tag{10.17}$$

$$\mathbf{L}_c = 0,25\begin{pmatrix} 1 & 0 \\ 0 & 1 \end{pmatrix} = 0,25\,\mathbf{I} \quad \rightsquigarrow \quad \|g(t)\|_2 = \sqrt{\mathbf{c}^T\mathbf{L}_c\mathbf{c}} = \sqrt{(1\ \ 0)0,25\,\mathbf{I}\begin{pmatrix} 0 \\ 1 \end{pmatrix}} = 0,5 \, . \tag{10.18}$$

10.5 Zusammenhang zwischen den H_∞-Normen des Ein- und Ausgangs im Zeitbereich

Angabe: *Für die Schaltung nach Abb. 10.1 ist der Zusammenhang zwischen den Maximalwerten von Ein- und Ausgang herzustellen. Man leite auch die zeitdiskrete Beziehung ab.*
Lösung: Aus dem Faltungssatz folgt

$$|y(t)| = \left|\int_0^t g(\tau)u(t-\tau)d\tau\right| \qquad \forall t \tag{10.19}$$

$$|y(t)| \leq \int_0^t |g(\tau)u(t-\tau)|d\tau \leq \int_0^t |g(\tau)|\max_{t-\tau}|u(t-\tau)|d\tau \leq \|g(t)\|_1\,\|u(t)\|_\infty \qquad \forall t \tag{10.20}$$

$$\|y(t)\|_\infty \leq \|g(t)\|_1\,\|u(t)\|_\infty \quad \text{oder} \quad \sup_u\{\|y\|_\infty : \|u\|_\infty < 1\} = \|g\|_1 \, . \tag{10.21}$$

Abbildung 10.1: Zur Bezeichnung der Signalübertragung durch ein lineares Element

Die kontinuierliche Beziehung $y(s) = G(s)u(s)$ diskret approximiert ergibt den Zusammenhang im Zeitbereich $y(kT) \doteq \sum_{i=0}^{k} g(iT)u(kT - iT)$. Unter Verwendung der l_∞-Norm folgt

$$\|y\|_\infty \stackrel{\triangle}{=} \sup_k |y(kT)| = \sup_k \left| \sum_{i=0}^{k} g(iT)u(kT - iT) \right| \leq \sum_{i=0}^{k} |g(iT)| \sup_i |u(k-i)T| = \sum_{i=0}^{k} |g(iT)| \, \|u(k)\|_\infty$$

(10.22)

oder schließlich

$$\|y(k)\|_\infty \leq \|g(k)\|_1 \, \|u(k)\|_\infty \, .$$

(10.23)

10.6 * Infinity-Norm des Ausgangs, 2-Norm des Eingangs

Angabe: *Aus Abb. 10.1 ist mit dem Zusammenhang der 2-Norm des Eingangs im Zeitbereich und der Übertragungsfunktion des Systems die H_∞-Norm des Ausgangs einzugrenzen.*
Lösung: Nach der Cauchy-Schwarz-Ungleichung folgt

$$|y(t)| = \left| \int_0^t g(t-\tau)u(\tau)d\tau \right| \leq \sqrt{\int_0^t g^2(t-\tau)d\tau} \sqrt{\int_0^t u^2(\tau)d\tau}$$

(10.24)

$$\|y(t)\|_\infty \leq \|g(t)\|_2 \, \|u(t)\|_2 = \|G(j\omega)\|_2 \, \|u(t)\|_2 \quad \text{oder} \quad \sup_u \{\|y\|_\infty : \|u\|_2 < 1\} = \|G\|_2 \, .$$ (10.25)

Für ein PT$_1$-Übertragungselement $G(s) = \frac{1}{1+sT}$ findet man

$$\|G(j\omega)\|_2^2 = \Re\text{es}_{s=-\frac{1}{T}} G(s)G(-s) = \lim_{s \to -\frac{1}{T}} (s + \frac{1}{T}) \frac{1}{T} \frac{1}{1+sT} \frac{1}{1-sT} =$$

(10.26)

$$= \lim_{s \to -\frac{1}{T}} \frac{1}{T} \frac{1}{1-sT} = \frac{1}{T} \frac{1}{1+1} = \frac{1}{2T} \, .$$

(10.27)

10.7 * Minimierung eines ITSE-Kriteriums

Angabe: *Die Regelstrecke $G(s) = \frac{1}{s^2}$ ist in Regelungsnormalform einer Zustandsraumdarstellung zu bringen. Wie lautet die Führungsübertragungsfunktion $T(s)$, wenn das obige System mit einem Zustandsregler* $\mathbf{K} = -(1 \;\vdots\; k)$ *und einem zugehörigen Vorfilter geregelt wird? Wie lautet $e(t) = y_{ref}(t) - y(t)$ bei Sprunganregung des geregelten Systems? Für welchen Wert k ist $I = \int_0^\infty (1+t)e^2(t)dt$ ein Minimum?*
Lösung: Für die Regelstrecke folgt

$$\mathbf{A} = \begin{pmatrix} 0 & 1 \\ 0 & 0 \end{pmatrix} \quad \mathbf{b} = \begin{pmatrix} 0 \\ 1 \end{pmatrix} \quad \mathbf{c} = (1 \;\; 0)^T$$

(10.28)

$$Y = \mathbf{c}^T (s\mathbf{I} - \mathbf{A} - \mathbf{b}\mathbf{K})^{-1} \mathbf{b} V Y_{ref} = T(s)Y_{ref} \quad \rightsquigarrow \quad T(s) = \frac{V}{s^2 + ks + 1} \quad V = 1$$

(10.29)

$$E(s) = Y_{ref}(s) - Y(s) = \frac{1}{s} - \frac{1}{s(s^2 + ks + 1)} = \frac{s+k}{s^2 + ks + 1}$$

(10.30)

$$e(t) = \left[\frac{\frac{k}{2}}{\sqrt{1 - \frac{k^2}{4}}} \sin \sqrt{1 - \frac{k^2}{4}} t + \cos \sqrt{1 - \frac{k^2}{4}} t \right] e^{-\frac{k}{2}t} \qquad t \geq 0$$

(10.31)

$$\int_0^\infty e^2(t)dt = \frac{k^2 + 1}{2k} \qquad \int_0^\infty te^2(t)dt = \frac{k^4 + 2}{4k^2}$$

(10.32)

$$\frac{\partial}{\partial k} \left(\frac{k^2 + 1}{2k} + \frac{k^4 + 2}{4k^2} \right) = 0 \quad \rightsquigarrow \quad k^4 + k^3 - k - 2 = 0 \quad \rightsquigarrow \quad k = 1,1365 \, .$$

(10.33)

10.8 ∗ IEXSE-Kriterium

Angabe: *Der einfache Regelkreis bestehend aus Regler* $K(s) = \frac{1}{s+a}$ *und Strecke* $G(s) = \frac{k}{s}$ *soll bei festem* k *in* a *derart eingestellt werden, dass das IEXSE-Kriterium* $\int_0^\infty \exp(2\sigma_o t)e^2(t)dt$ *für Sprunganregung minimiert wird* ($\sigma_o > 0$).

Lösung: *Für die Regelabweichung erhält man* $E(s) = \frac{s+a}{s^2+as+k}$. *Weiters gilt*

$$I = \int_0^\infty \exp(2\sigma_o t)e^2(t)dt \stackrel{\triangle}{=} \int_0^\infty f^2(t)dt \quad \text{mit} \quad f(t) \stackrel{\triangle}{=} \exp(\sigma_o t)e(t) \quad \text{und} \quad F(s) = E(s-\sigma_o). \quad (10.34)$$

Die Formel zum Parseval-Theorem

$$\int_0^\infty f(t)^2 dt = \frac{c_1^2 d_0 + c_0^2 d_2}{2d_0 d_1 d_2} \quad \text{mit} \quad F(s) = \mathcal{L}\{f(t)\} = \frac{c_0 + c_1 s}{d_0 + d_1 s + d_2 s^2} \quad (10.35)$$

kann bei

$$c_0 \stackrel{\triangle}{=} a - \sigma_o, \quad c_1 \stackrel{\triangle}{=} 1, \quad d_0 \stackrel{\triangle}{=} \sigma_o^2 - a\sigma_o + k, \quad d_1 \stackrel{\triangle}{=} a - 2\sigma_o, \quad d_2 \stackrel{\triangle}{=} 1 \quad (10.36)$$

angewendet werden. Man erhält

$$I = \frac{2\sigma_o^2 - 3a\sigma_o + k + a^2}{2(3a\sigma_o^2 + ka - a^2\sigma_o - 2\sigma_o^3 - 2k\sigma_o)}. \quad (10.37)$$

$\frac{\partial I}{\partial a} = 0$ führt auf $a = \sigma_o + \sqrt{k}$.

10.9 ∗ Hamilton-Matrix in H_2

Angabe: *Die* H_2-*optimale Lösung, d.h. der Riccati-Regler, zu*

$$\mathbf{A} = \begin{pmatrix} 0 & 1 \\ 0 & 0 \end{pmatrix}, \quad \mathbf{B} = \begin{pmatrix} 0 \\ 2 \end{pmatrix}, \quad \mathbf{C} = (1 \quad 0), \quad \mathbf{Q} = \begin{pmatrix} 1 & 0 \\ 0 & 0 \end{pmatrix}, \quad R = 1. \quad (10.38)$$

(Weinmann, A., 1995, Band 2, S. 150) folgt aus der Riccati-Gleichung zu

$$\mathbf{Q} + \mathbf{A}^T\mathbf{P} + \mathbf{P}\mathbf{A} - \mathbf{P}\mathbf{B}\mathbf{R}^{-1}\mathbf{B}^T\mathbf{P} = 0 \quad \rightsquigarrow \quad \mathbf{P} = 0,5\begin{pmatrix} 2 & 1 \\ 1 & 1 \end{pmatrix}, \quad \mathbf{K} = -\mathbf{R}^{-1}\mathbf{B}^T\mathbf{P} = (-1 \quad -1) \quad (10.39)$$

Der Riccati-Regler soll mittels Hamilton-Matrix berechnet werden.

Lösung: Die Hamilton-Matrix lautet definitionsgemäß

$$\mathbf{H} = \begin{pmatrix} \mathbf{A} & -\mathbf{B}\mathbf{R}^{-1}\mathbf{B}^T \\ -\mathbf{Q} & -\mathbf{A}^T \end{pmatrix} = \begin{pmatrix} 0 & 1 & 0 & 0 \\ 0 & 0 & 0 & -4 \\ -1 & 0 & 0 & 0 \\ 0 & 0 & -1 & 0 \end{pmatrix} \quad (10.40)$$

$$\det(s\mathbf{I} - \mathbf{H}) = \lambda^4 + 4 = 0 \quad \rightsquigarrow \quad \lambda_{1\ldots4} = \pm 1 \pm j. \quad (10.41)$$

Wählt man die stabilen Lösungen $\lambda_{1,2} = -1 \pm j$ aus, so decken sie sich mit jenen des oben berechneten Riccati-Reglers (*Weinmann, A., 1996*)

$$\det(s\mathbf{I} - \mathbf{A} - \mathbf{B}\mathbf{K}) = s^2 + 2s + 2 \equiv (s + 1 - j)(s + 1 + j). \quad (10.42)$$

10.10 Güteintegral

Angabe: *Gegeben ist das Güteintegral* $I = \int_0^\infty \mathbf{x}^T\mathbf{x}dt$ *für den Regelkreis* $\dot{\mathbf{x}} = \mathbf{A}_{cl}\mathbf{x}$. *Eine Matrix* $\mathbf{P}$ *wurde derart gewählt, dass* $\frac{d}{dt}\mathbf{x}^T\mathbf{P}\mathbf{x} = -\mathbf{x}^T\mathbf{x}$ *erfüllt ist. Dies verlangt* $\mathbf{A}_{cl}^T\mathbf{P} + \mathbf{P}\mathbf{A}_{cl} = -\mathbf{I}$. *Dann wird das Güteintegral zu* $I = \mathbf{x}^T(0)\mathbf{P}\mathbf{x}(0)$. *Diese Beziehungen sind für* $\mathbf{x}(0) = \begin{pmatrix} 1 \\ 0 \end{pmatrix}$ *und* $\mathbf{A}_{cl} = \begin{pmatrix} 0 & 1 \\ -a & -3 \end{pmatrix}$ *zu bestätigen. Zunächst ist* $\mathbf{P}$ *zu berechnen und damit* I *in Abhängigkeit von* a *anzugeben.*

Lösung: Unter symmetrischem $\mathbf{P}$ lautet die Lyapunov-Gleichung

$$\begin{pmatrix} 0 & -a \\ 1 & -3 \end{pmatrix}\begin{pmatrix} P_{11} & P_{12} \\ P_{12} & P_{22} \end{pmatrix} + \begin{pmatrix} P_{11} & P_{12} \\ P_{12} & P_{22} \end{pmatrix}\begin{pmatrix} 0 & 1 \\ -a & -3 \end{pmatrix} = -\begin{pmatrix} 1 & 0 \\ 0 & 1 \end{pmatrix}. \quad (10.43)$$

Die Lösung nach Ausrechnung findet man zu

$$\mathbf{P} \stackrel{\triangle}{=} \begin{pmatrix} P_{11} & P_{12} \\ P_{12} & P_{22} \end{pmatrix} = \begin{pmatrix} \frac{a^2+a+9}{6a} & \frac{1}{2a} \\ \frac{1}{2a} & \frac{a+1}{6a} \end{pmatrix} \quad \text{und} \quad I = P_{11} = \frac{a^2+a+9}{6a}. \quad (10.44)$$

10.11 * LQ-Regler mit instabiler Strecke

Angabe: *Die instabile Regelstrecke* $\dot{x} = 0,1x + u$ *soll von einem Zustandsregler* K *auf minimales Gütefunktional*

$$I = \int_0^\infty [0,8x^2(t) + 10u^2(t)]dt \tag{10.45}$$

gebracht werden. Wie lautet $x(t)$ *bei* $x(0) = 2$ *und wie groß ist in diesem Fall das Gütekriterium?*
Lösung: Aus den Angaben $A = 0,1$; $B = 1$; $Q = 0,8$; $R = 10$ erhält man mit der Riccati-Gl.(10.39) $P = 4$ und $K = -0,4$. (Der zweite Rechenwert $P = -2$ ergibt keine stabile Lösung.) Ferner resultiert $\lambda[A + BK] = -0,3$; $x(t) = 2e^{-0,3t}$ und $I = Px^2(0) = 16$.

10.12 * Minimierung unter Nebenbedingungen

Angabe: *Die folgende Minimierungsaufgabe unter Nebenbedingungen („ s.t.") ist zu diskutieren*

$$I = (x_1 - 3)^2 + (x_2 - 1)^2 + 1 \rightarrow \min_{x_1, x_2} \quad s.t. \quad 4 - x_1 + \sin x_2 < 0 \quad und \quad 3 - x_2 - 0,1x_1^2 = 0 . \tag{10.46}$$

Lösung: Bei Weglassen von $\sin x_2$ und $0,1x_1^2$ resultiert eine Kopfrechnung. Die Gleichungsnebenbedingung lässt sich sofort analytisch verwenden: $x_2^h = 3$. Aus $(x_1 - 3)^2 + (3 - 1)^2 + 1 \rightarrow$ min würde $x_1^h = 3$ resultieren, was aber die Ungleichungssnebenbedingung verletzt. Da es sich um eine konvexe Aufgabe handelt, ist das verlangte Minimum dort zu erwarten, wo es x_1^h am nächsten liegt und die Ungleichungsnebenbedingung erfüllt, also $x_1 = 4$.

Mit MATLAB resultieren die folgenden wesentlichen Schritte, unter Einbeziehung der functions indx.m und condi.m.

```
xopt=fmincon('indx', [0,0] ,[],[],[],[],[],[],'condi')
[x1,x2]=meshgrid(-10:2:10,-10:2:10);
I=(x1-3).^2+(x2-1).^2+1; % siehe auch indx.m
contour(x1,x2,I)

function I=indx(x) % Indexfunktion
I=(x(1)-3)^2+(x(2)-1)^2+1;

function[cne,ceq]=condi(x)  % Nebenbedingungen
cne= 4 -x(1) + sin(x(2)); ceq=-3-x(2) - 0.1*x(1)^2;
```

Die Ergebenisse zeigt die Abb. 10.2. Das Minimum ohne Nebenbedingungen ist M, unter alleiniger Gleichungs-Nebenbedingung G, mit beiden Bedingungen S (auf der Parabel und auf der Wellenlinie gelegen). Nur rechts von der Wellenlinie ist der zulässige Bereich laut Ungleichungs-Nebenbedingung. Würde die 4 in der Ungleichungs-Nebenbedingung durch eine 5 ersetzt werden, so wäre die Ungleichungs-Nebenbedingung für das Ergebenis nicht mitbestimmend.

10.13 * Optimal Modell-Referenzierung

Angabe: *Die Koeffizientenmatrix eines Regelkreises soll bestmöglich an ein Modell* $\mathbf{A}_{cl,ref}$ *angepasst werden, wobei die gewichtete Zustandsreglernorm mit* k_{WK} *limitiert ist.*
Lösung: Mit den Gewichtsmatrizen $\mathbf{W}_A$ und $\mathbf{W}_K$ gilt

$$\|\mathbf{W}_A(\mathbf{A}_{cl,ref} - \mathbf{A} - \mathbf{BK})\|_F^2 + \lambda\|\mathbf{KW}_K\|_F^2 \rightarrow \min_{\mathbf{K}} \qquad \mathbf{W}_K \in \mathcal{R}^{n \times m} . \tag{10.47}$$

Unter Verwendung der nachstehenden Rechenregeln für die Frobenius-Norm (*Brewer, J.W., 1978; Weinmann, A., 2001*)

$$\|\mathbf{M}\|_F^2 = \text{tr}\{\mathbf{M}^T\mathbf{M}\} , \quad \text{tr}\{\mathbf{XY}\} = \text{tr}\{\mathbf{YX}\} , \quad \frac{\partial}{\partial \mathbf{M}}\text{tr}\{\mathbf{XMYM}^T\} = \mathbf{X}^T\mathbf{MY}^T + \mathbf{XMY} \tag{10.48}$$

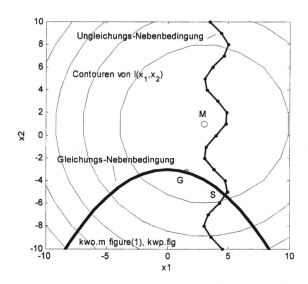

Abbildung 10.2: Minimierungsergebnisse in der Zustandsebene (x_2, x_1)

folgt mit der Abkürzung $\mathbf{H} \triangleq \mathbf{A}_{cl,ref} - \mathbf{A}$ die Optimallösung $\mathbf{K}^\star$

$$\operatorname{tr}[(\mathbf{H} - \mathbf{BK})^T \mathbf{W}_A^T \mathbf{W}_A (\mathbf{H} - \mathbf{BK})] + \lambda \operatorname{tr}[\mathbf{W}_K^T \mathbf{K}^T \mathbf{K} \mathbf{W}_K] \to \min_{\mathbf{K}} \tag{10.49}$$

$$2(\lambda \mathbf{W}_K \mathbf{W}_K^T + \mathbf{B}^T \mathbf{W}_A^T \mathbf{W}_A \mathbf{B}) \mathbf{K} = 2\,\mathbf{B}^T \mathbf{W}_A^T \mathbf{W}_A \mathbf{H} \triangleq 2\,\mathbf{F} \tag{10.50}$$

$$\mathbf{K}^\star = \mathbf{L}^{-1} \mathbf{F}\ ,\ \text{wobei}\quad \mathbf{L} \triangleq \lambda \mathbf{W}_K \mathbf{W}_K^T + \mathbf{B}^T \mathbf{W}_A^T \mathbf{W}_A \mathbf{B}\ . \tag{10.51}$$

Aus $k_{WK} \triangleq \|\mathbf{KW}_K\|_F$ resultiert $k_{WF}^2 = \operatorname{tr}\{\mathbf{W}_K^T \mathbf{K}^T \mathbf{K} \mathbf{W}_K\} = \operatorname{tr}\{\mathbf{W}_K^T \mathbf{F} \mathbf{L}^{-T} \mathbf{L}^{-1} \mathbf{F} \mathbf{W}_K\}\ \rightsquigarrow\ \lambda$.

Kapitel 11

Robuste Regelungen

11.1 Kurven konstanter Spektralnorm

Angabe: *Gegeben ist die Matrix* $\mathbf{A} = \begin{pmatrix} 0 & 1 \\ a & b \end{pmatrix}$ *. Wie sehen die Kurven konstanter Spektralnorm von* $\mathbf{A}$
in der (a, b)-*Ebene aus, für die also* $\lambda_{\max}[\mathbf{A}^T\mathbf{A}] = konstant$ *gilt?*
Lösung: Mit

$$\mathbf{A}^T\mathbf{A} = \begin{pmatrix} 0 & a \\ 1 & b \end{pmatrix}\begin{pmatrix} 0 & 1 \\ a & b \end{pmatrix} = \begin{pmatrix} a^2 & ab \\ ab & 1+b^2 \end{pmatrix} \tag{11.1}$$

folgt $\lambda_{1,2}$ aus $\det(\mathbf{I}\lambda - \mathbf{A}^T\mathbf{A}) = 0$ zu

$$\lambda_{1,2} = \frac{1+a^2+b^2}{2} \pm \sqrt{\frac{(1+b^2)^2 + 2a^2(b^2-1) + a^4}{4}} = K_o \text{ konstant .} \tag{11.2}$$

Daraus ergeben sich Ellipsen

$$\frac{a^2}{\frac{K_o}{1-K_o}} - b^2 = 1 - K_o . \tag{11.3}$$

11.2 Bauer-Fike-Theorem

Angabe: *Das Bauer-Fike-Theorem ist auf nachstehende Matrizen* $\mathbf{A}$ *und* $\mathbf{E}$ *anzuwenden*

$$\mathbf{A} = \begin{pmatrix} 0 & 1 \\ -3 & -4 \end{pmatrix}, \ \mathbf{E} = \begin{pmatrix} 0 & 0 \\ 0,2 & 0 \end{pmatrix}, \ \rightsquigarrow \ \mathbf{A}+\mathbf{E} = \begin{pmatrix} 0 & 0 \\ -2,8 & -4 \end{pmatrix} \lambda_i[\mathbf{A}] = -3; \ -1 \ \sigma_{\max}[\mathbf{E}] = 0,2 . \tag{11.4}$$

Lösung:

$$\lambda_i[\mathbf{A}+\mathbf{E}] = -3,0954; \ -0,9046 \qquad \lambda_i[\mathbf{A}] - \lambda_i[\mathbf{A}+\mathbf{E}] = 0,0954; \ -0,0954 \tag{11.5}$$

$$\mathbf{A}^T\mathbf{A} = \begin{pmatrix} 9 & 12 \\ 12 & 17 \end{pmatrix}, \ \lambda_i[\mathbf{A}^T\mathbf{A}] = 0,351; \ 25,649 \ \rightsquigarrow \ \sigma_i[\mathbf{A}] = 0,592; \ 5,065 \tag{11.6}$$

$$(\mathbf{A}^T\mathbf{A})^{-1} = \begin{pmatrix} 1,889 & -1,333 \\ -1,333 & 1,0 \end{pmatrix}, \ \lambda_i[(\mathbf{A}^T\mathbf{A})^{-1}] = 2,849; 0,039 \ \rightsquigarrow \ \sigma_i[\mathbf{A}^{-1}] = 1,688; 0,198.$$

Für die Konditionszahl von $\mathbf{A}$ folgt

$$\kappa_s = \frac{\sigma_{\max}[\mathbf{A}]}{\sigma_{\min}[\mathbf{A}]} = \sigma_{\max}[\mathbf{A}]\sigma_{\max}[\mathbf{A}^{-1}] = 5,065 \cdot 1,688 = 8,55. \tag{11.7}$$

$$\tag{11.8}$$

Das Bauer-Fike-Theorem (z.B. nach Gl.(15.43), *Weinmann, A., 1991*) liefert

$$|\lambda_i[\mathbf{A}] - \lambda_i[\mathbf{A}+\mathbf{E}]| \leq \kappa_s \, \|\mathbf{E}\|_s \quad \text{oder} \quad |0,0954| \leq 8,55 \cdot 0,2 = 1,7 , \tag{11.9}$$

ist also ein „sehr hinreichendes" Resultat.

11.3   Singulärwerte als Grenzen der Eigenwerte

Angabe: *Die Eigenwerte von* **G** *sind in ihren oberen und unteren Schranken zu überprüfen, wie sie durch die Singulärwerte vorgezeichnet sind, wobei*

$$\mathbf{G} = \begin{pmatrix} 4 & j \\ 2 & 1 \end{pmatrix} \quad \mathbf{G}^H \mathbf{G} = \begin{pmatrix} 20 & 4j+2 \\ -4j+2 & 2 \end{pmatrix} . \tag{11.10}$$

Lösung: Die Eigenwerte von **G** lauten $-0,878+j0,617$, im Betrag 1,073, und $-4,122-j0,617$, im Betrag 4,168. Die Singulärwerte lauten 0,975 und 4,588 und bestätigen sich als untere und obere Schranke.

11.4 $*$ H_∞-Norm einer PT_{2s}-Strecke samt Zustandsregelung

Angabe: *Man berechne das maximale Dämpfungsmaß (und die zugehörige Frequenz) von $G(s)$, allein und mit einem Zustandsregler* **k**. *Man verwende dazu die H_∞-Norm und die Zustandsraumdarstellung. Die Beziehungen zur klassischen Berechnung des Resonanzpunktes ist herzustellen. Welcher Zustandsregler sichert eine H_∞-Norm kleiner als eins?*

$$G(s) = \frac{4}{4+s+s^2} = \left[\begin{array}{c|c} \mathbf{A} & \mathbf{B} \\ \hline \mathbf{C} & \mathbf{D} \end{array} \right] = \left[\begin{array}{cc|c} 0 & 1 & 0 \\ -4 & -1 & 1 \\ \hline 4 & 0 & 0 \end{array} \right] . \tag{11.11}$$

Lösung: Für $\mathbf{D} = \mathbf{0}$ lautet die Hamilton-Matrix

$$\mathbf{H}_\gamma = \begin{pmatrix} \mathbf{A} & -\mathbf{B}\frac{1}{\gamma^2}\mathbf{B}^T \\ \mathbf{C}^T\mathbf{C} & -\mathbf{A}^T \end{pmatrix} = \begin{pmatrix} 0 & 1 & 0 & 0 \\ -4 & -1 & 0 & -\frac{1}{\gamma^2} \\ 16 & 0 & 0 & 4 \\ 0 & 0 & -1 & 1 \end{pmatrix} . \tag{11.12}$$

Durch jene Werte von γ, bei denen die Eigenwerte von $\mathbf{H}_\gamma$ rein imaginär sind, ist die H_∞-Norm $\|G(s)\|_\infty$ gegeben (*Francis, B.A., 1987; Weinmann, A., 1996*). Die Berechnung der Eigenwerte λ von $\mathbf{H}_\gamma$ liefert

$$\det(\mathbf{H}_\gamma - \lambda\mathbf{I}) = (\lambda^2 - \lambda + 4)(\lambda^2 + \lambda + 4) - \frac{16}{\gamma^2} = 0 \quad \rightsquigarrow \quad \lambda_{1...4}[\mathbf{H}_\gamma] = \pm\sqrt{-\frac{7}{2} \pm \sqrt{\frac{16}{\gamma^2} - \frac{15}{4}}} . \tag{11.13}$$

Die Ortskurve für die Eigenwerte $\lambda_i[\mathbf{H}_\gamma]$ ist in Abb. 11.1 dargestellt, beziffert nach γ. Die Pfeile zeigen in Richtung *abnehmender* γ.

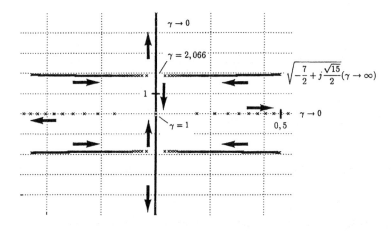

Abbildung 11.1: Ort der Eigenwerte von $\mathbf{H}_\gamma$

Die direkte und analytische Suche der rein imaginären Eigenwerte $\lambda = j\omega$ führt auf

$$(-\omega^2 - j\omega + 4)(-\omega^2 + j\omega + 4) - \frac{16}{\gamma^2} = 0 \quad \leadsto \quad \gamma = \frac{4}{\sqrt{16 - 7\omega^2 + \omega^4}} . \tag{11.14}$$

Der Wert γ wird maximal, wenn der Nenner minimal wird. Daher ergeben sich aus $-14\omega + 4\omega^3 = 0$ die Werte $\omega = \sqrt{14}/2; \ 0$, und zwar entsprechend $\gamma = 2,066; \ 1$. Nur der erste Wert $\gamma_o = 2,066$ ist von Interesse.

Für den vorliegenden skalaren Fall $\gamma_o = \sup_\omega |G|$

$$\gamma_o = \|G(s)\|_\infty = \sup_\omega \sqrt{\lambda[G^H G]} = \sup_\omega \sqrt{G^* G} = \sup_\omega \sqrt{|G|^2} = \sup_\omega |G| \tag{11.15}$$

fällt die Energieverstärkung mit dem Maximalwert des Frequenzgangs zusammen. Zum Vergleich siehe den Frequenzgang $G(j\omega)$, z.B. in *Weinmann, A., 1994, Gl.(3.21) und Abb. 4.7*. Die Parameter des PT_{2s}-Elements lauten $\omega_N = 2, \ D = 0,25$. Damit sind die Resonanzwerte

$$|G_{rz}| = \frac{1}{2\,D\sqrt{1 - D^2}} = \frac{8}{\sqrt{15}} = 2,066 \ , \qquad \omega_{rz} = \omega_N \sqrt{1 - 2\,D^2} = \frac{\sqrt{14}}{2} = 1,871 \ ; \tag{11.16}$$

sie bestätigen die obigen Resultate.

Die Regelung bestehend aus der Strecke $G(s)$, einem Zustandsregler $u = \mathbf{k}^T \mathbf{x} = (k_1 \ \ k_2)^T \mathbf{x}$ und einem zusätzlichen Eingang u_1 liefert $\dot{\mathbf{x}} = (\mathbf{A} + \mathbf{b}\mathbf{k}^T)\mathbf{x} + \mathbf{b}u_1 \ ; y = \mathbf{c}^T\mathbf{x}$ und

$$y(s) = \bar{\mathbf{T}}(s)u_1(s) \qquad \bar{\mathbf{T}}(s) = \left[\begin{array}{cc|c} 0 & 1 & 0 \\ -4 + k_1 & -1 + k_2 & 1 \\ \hline 4 & 0 & 0 \end{array} \right] . \tag{11.17}$$

Darin ist $\bar{\mathbf{T}}(s)$ eine verallgemeinerte Übertragungsfunktion von u_1 nach y. Wiederholt man die Ableitung, so erhält man

$$\omega^2 = 4 - k_1 - 0,5\,(k_2 - 1)^2 \quad \leadsto \quad \gamma = \frac{4}{(1 - k_2)\sqrt{4 - k_1 - 0,25\,(1 - k_2)^2}} . \tag{11.18}$$

Stabilität verlangt $-\infty < k_1 < 4$ und $-\infty < k_2 < 1$. Das Resultat

$$\gamma = \max_\omega |\mathbf{c}^T(s\mathbf{I} - \mathbf{A} - \mathbf{b}\mathbf{k}^T)^{-1}\mathbf{b}| \tag{11.19}$$

ist eine monotone Funktion zwischen 0 und ∞. Die Bedingung $\gamma \leq 1$ verlangt $k_1 < -1$ and $k_2 < -1$.

11.5 Nichtexistenz einer stabilen Regelung

Angabe: *Gegeben ist die Regelstrecke $\frac{ka}{s+a}$, deren Parameter a sprunghaft sein Vorzeichen zu wechseln vermag. Gibt es einen robusten Regler für diese Strecke?*

Lösung: Es gibt keinen robusten Regler. Zeigt doch die charakteristische Gleichung des Regelkreises, die sich aus

$$1 + G(s)K(s) \overset{\triangle}{=} \frac{n(s)}{d(s)}\frac{ka}{s + a} + 1 = 0 \tag{11.20}$$

als

$$ka\,n(s) + s\,d(s) + a\,d(s) = 0 \quad \leadsto \quad a[k\,n(s) + d(s)] + s\,d(s) = 0 \tag{11.21}$$

ergibt, im konstanten (s-unabhängigen) Koeffizienten der eckigen Klammer bei Vorzeichenwechsel von a einen ebensolchen Vorzeichenwechsel, der durch keine Dimensionierungsmaßnahme beim Reglerentwurf aufzuhalten ist. Bekanntlich ist notwendige Voraussetzung für die Hurwitz-Stabilität eines Polynoms das gleiche Vorzeichen aller Koeffizienten (*Leithead, W.E., and O'Reilly, J., 1991*). Die Abb. 11.2 zeigt die Nyquist-Ortskurven für die beiden Fälle $\pm a$.

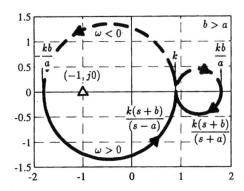

Abbildung 11.2: Nyquist-Ortskurven
für beide Fälle $\pm a$

11.6   Robuster I-Regler

Angabe: *In welchen Grenzen darf die Nachstellzeit eines I-Reglers schwanken, wenn er eine PT_2-Strecke zu regeln hat?*
Lösung: Für die charakteristische Gleichung des vorliegenden Regelkreises dritter Ordnung $a_0 + a_1 s + a_2 s^2 + a_3 s^3 = 0$ lautet das Routh-Zahlenschema

$$
\begin{array}{cc}
a_3 & a_1 \\
a_2 & a_0 \\
b_1 & 0 \\
c_1 &
\end{array}
\quad \text{mit} \quad
b_1 = -\frac{\det\begin{pmatrix} a_3 & a_1 \\ a_2 & a_0 \end{pmatrix}}{a_2} = \frac{a_1 a_2 - a_3 a_0}{a_2}
\qquad c_1 = a_0 \ . \tag{11.22}
$$

Neben der notwendigen Stabilitätsbedingung $a_i > 0$ für alle i erhält man die weitere Bedingung $a_1 a_2 - a_3 a_0 > 0$. Unter der gegenständlichen Angabe gilt $F_o(s)$ und die charakteristische Gleichung des Regelkreises

$$
F_o = \frac{1}{sT_I} \frac{k_s}{1 + \frac{2D}{\omega_N}s + \frac{s^2}{\omega_N^2}}
\quad \rightsquigarrow \quad
s^3 T_I + 2DT_I\omega_N s^2 + T_I \omega_N^2 s + k_s \omega_N^2 = 0 \ . \tag{11.23}
$$

Durch Koeffizientenvergleich findet man

$$
a_3 = T_I \ , \quad a_2 = 2DT_I\omega_N \ , \quad a_1 = T_I\omega_N^2 \ , \quad a_o = k_s\omega_N^2 \quad \rightsquigarrow \quad T_I > \frac{k_s}{2D\omega_N} \ . \tag{11.24}
$$

11.7 $*$ Kreiskriterium für Stabilitätsrobustheit

Angabe: *Für $G(s) = 10/(1 + s + 3s^2)$ und $K(s) = 1/(sT_I)$, die für Stabilität nach dem Routh-Kriterium $T_I > 30$ verlangt, wird die Frequenzgangsortskurve für den Grenzfall von Abb. 11.3 gezeigt. Liegt im Regelkreis noch ein nichtlineares Element mit den Verstärkungsgrenzen 1 und 2, dann muss die Nachstellzeit T_I erhöht werden, um Stabilität in hinreichendem Sinne zu gewährleisten. Um welches Ausmaß muss erhöht werden?*
Lösung: Wird bei einem einschleifigen Standard-Regelkreis in die Leitung der Regelabweichung ein Element eingefügt, das eine lineare Kennlinie unter 45 ° (bei Maßstabsgleichheit) besitzt, so ändert sich an den Stabilitätsverhältnissen des Regelkreises nichts. Wird allerdings diese 1:1-Kennlinie durch einen Sektor erweitert, dessen untere (obere) Begrenzung eine Gerade der Steigung k_1 (k_2) ist, dann geht das Stabilitätskriterium nach Nyquist in das Kreiskriterium über. Es besagt als hinreichende Bedingung, dass — für eigenstabile Systeme — ein Kreis in der komplexen F_o-Ebene ausgeschlossen bleiben muss, dessen Mittelpunkt auf der negativen reellen Achse liegt und der die negativ reelle Achse bei $-1/k_1$ bzw. $-1/k_2$ schneidet. Die Aussage bleibt auch für $k_1 = 0$ erhalten; aus dem zu meidenden Kreis in der F_o-Ebene wird dann eine Ebene links von $-1/k_2$. Ist ein Sektor mit negativem k_1 gegeben, dann besagt das Kreiskriterium, dass die Schleifenortskurve *innerhalb* des so entstehenden Kreises, der nun die Abszisse bei $-1/k_2 < 0$ und $-1/k_1 > 0$ schneidet, zu liegen hat. In der Abb. 11.3 ist die Kreisscheibe des Kreiskriteriums und die Frequenzgangsortskurve für $T_I = 75$ aufgenommen (*Hsu, J.C., and Meyer,A.U.,1968*).

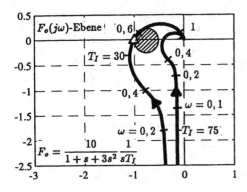

Abbildung 11.3: Frequenzgangskurven zum Kreiskriterium

11.8 Robuster Abtastregelkreis

Angabe: *Die Schleifenübertragungsfunktion eines Standardregelkreises lautet*

$$F_o(z) = k\frac{\frac{5}{4}}{z^2 + \frac{1}{4}} \; . \tag{11.25}$$

Für welchen Bereich von k ist der Regelkreis stabil?
Lösung: Mit $z = \frac{1+w}{1-w}$ erhält man

$$T(z) = \frac{5k}{5k + 4z^2 + 1} \quad \text{und} \quad T(w) = \frac{5k(1 - 2w + w^2)}{w^2(4 + 1 + 5k) + w(8 - 2 - 10k) + (4 + 1 + 5k)} \; . \tag{11.26}$$

Die Bedingungen für positive Koeffizienten des Polynoms in w im Nenner lauten

$$5k + 5 > 0 \;\rightsquigarrow\; k > -1 \quad \text{und} \quad -10k > -6 \;\rightsquigarrow\; k < \frac{3}{5} \; . \tag{11.27}$$

Somit ist der Regelkreis für $-1 < k < \frac{3}{5}$ stabil.

11.9 Robuste Stabilität einer Abtastregelung mit Totzeit

Angabe: *Der Regelkreis nach Abb. 11.4 ist auf Stabilitätsrobustheit bezüglich k zu untersuchen.*
Lösung: Das charakteristische Polynom $p_{cl}(z)$ des Regelkreises lautet aus $1 + F_o(z)$

$$F_o(z) = \mathcal{Z}\{\frac{1 - e^{-sT}}{s} e^{-sT}\frac{1}{s}k\} = \frac{Tk}{z(z-1)} \;\rightsquigarrow\; p_{cl}(z) = z^2 - z + Tk \stackrel{\triangle}{=} z^2 + a_1 z + a_o \; . \tag{11.28}$$

Stabilität direkt verlangt (*Weinmann, A., 1995, S. 71*) $|a_o| < 1$ und $|a_1| < 1 + a_o$. Daraus folgen für $T > 0$ die Beziehungen $k < 1/T$ und $1 < 1 + Tk$; zusammen

$$0 \leq k \leq \frac{1}{T} \; . \tag{11.29}$$

Mit w-Transformation $z = \frac{1+w}{1-w}$ lautet das charakteristische Polynom

$$(2 + Tk)w^2 + 2(1 - Tk)w + Tk \; , \tag{11.30}$$

was bei positiven Koeffizienten dasselbe Resultat bedeutet.

11.10 Streckentoleranz für Stabilität

Angabe: *Gegeben ist die Strecke $G(s) = \frac{1}{(s+1)(s+2)(s+3)} = \frac{1}{s^3 + 6s^2 + a\,s + 6}$ bei $a = 11$. Um welchen Wert darf der Koeffizient a im Nenner von $G(s)$ verändert werden, ohne dass die Stabilität gefährdet wird?*

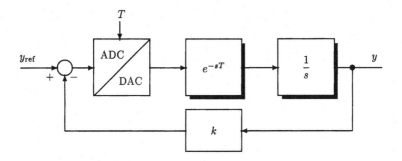

Abbildung 11.4: Abtastregelkreis mit Integrator und Totzeit

Lösung: Das Koeffizientenschema für $G(s)$ nach Routh lautet

$$
\begin{array}{ccc}
1 & a & 0 \\
6 & 6 & \\
b_1 & 0 & \\
c_1 & &
\end{array}
\qquad
b_1 = -\dfrac{\det\begin{pmatrix} 1 & a \\ 6 & 6 \end{pmatrix}}{6} = a - 1 > 0 \;\rightsquigarrow\; a > 1 \,.
\tag{11.31}
$$

Für die Angabe $a = 11$ des Nominalfalls ist Stabilität gegeben. Bei Ersatz von a durch $a + \Delta a$ folgt $a + \Delta a > 1 \;\rightsquigarrow\; \Delta a < -10$.

11.11 ∗ Robuster Eingrößenregler

Angabe: *Gemäß Abb. 11.5 ist eine Eingrößen-Regelstrecke mit multiplikativer Unsicherheit $G_1(s)\Delta(s)$ mittels eines Reglers $K(s)$ robust zu stabilisieren. Die (stabile) Unsicherheit $\Delta(s)$ stehe unter der Einschränkung $\max_\omega |\Delta(j\omega)| < 1$, also einer komplexen Größe des Betrags 1. Eine konkrete Annahme lautet*

$$
G(s) = \frac{2}{s-1} \qquad G_1(s) = \frac{0,1}{1+0,05s} \,.
\tag{11.32}
$$

Ein verzögerungsfreier P-Regler $K(s) \triangleq k$ ist gefragt, der Stabilität gemäß Gl.(11.34) sicherstellt. Welcher Bereich von k garantiert robuste Stabilität? Man verwende sowohl das Nyquist-Kriterium als auch das Small-Gain-Kriterium.

Lösung: Aus dem Nyquist-Kriterium erhält man

$$
kG(1 + G_1\Delta) \neq -1 \,.
\tag{11.33}
$$

Die gefährlichste Konstellation ergibt sich bei $\omega = 0$, $\Delta = -1$, woraus $k \neq 5/9$ folgt. Mit Rücksicht auf die instabile Polstelle von G bei $+1$ resultiert schließlich $k > 5/9$.

Aus dem Small-Gain-Theorem findet man als Resultat direkt die Bedingung

$$
\max_\omega |T(j\omega)G_1(j\omega)| < 1 \,, \text{ wobei } T(s) = \frac{2k}{2k-1+s} \quad \text{und} \quad T(s)G_1(s) = \frac{2k}{2k-1+s}\frac{0,1}{1+0,05s}
\tag{11.34}
$$

sowie $T(s) = \frac{K(s)G(s)}{1+K(s)G(s)}$ für den nominalen Regelkreis gilt.

Die Formel in Gl.(11.34) besagt, dass die Regelung mit Unsicherheit in eine Schaltung zerfällt, bei der der nominale Regelkreis $T(s)$ und die Unsicherheit $G_1(s)\Delta(s)$ in Kette liegen.

Die Unsicherheit bewirkt eine komplexe Größe, die (etwa bei $k = 1$) gemäß $G_1(j\omega)$ als Kreis mit dem Radius 0,2 in die Rechnung eingeht, einem Wert, resultiert aus dem Produkt der Zählerterme von G und G_1. Die Serienschaltung der drei Elemente $K(s)$, $G(s)$ und $1 + G_1(s)\Delta(s)$ [aus der Parallelschaltung der Durchverbindung mit $G_1(s)\Delta(s)$] stellt $F_o(s)$ für das Nyquist-Kriterium dar. Bei $k = 1$ ist F_o das Produkt aus Halbkreis (von -2 nach null) und $1 + G_1(j\omega)\Delta(j\omega)$ maßgebend; zusammen also ein komplexer Pfeil aus dem Ursprung zu einem Bereich, der durch das Innere einer Kreisscheibe mit dem Radius 0,1 gebildet wird.

Aus dem Nenner von Gl.(11.34) leitet sich der Maximalwert über ω ab

$$\max_{\omega} \left| \frac{0,2\,k}{(2k - 1 + j\omega)(1 + 0,05j\omega)} \right| < 1 \quad \leadsto \quad \frac{\partial}{\partial \omega}[(2k - 1)^2 + \omega^2](1 + 0,05^2\omega^2) = 0 \ . \tag{11.35}$$

Das Ergebnis $\omega = 0$ ist in diesem einfachen Beispiel auch direkt ablesbar. Einsetzen dieses Minimalwerts in Gl.(11.34) führt auf

$$\left| \frac{0,2\,k}{2\,k - 1} \right| < 1 \quad \leadsto \quad k > \frac{5}{9} \ . \tag{11.36}$$

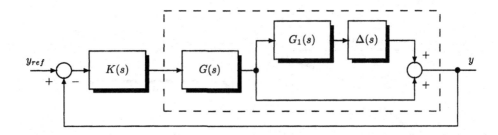

Abbildung 11.5: Blockbild des Eingrößen-Regelkreises mit multiplikativer Unsicherheit

Die Ortskurven von $F_o(j\omega) = K(j\omega)G(j\omega)[1 + G_1(j\omega)\Delta(j\omega)]$ für $k = 1$ und $k = \frac{5}{9}$ zeigt die Abb. 11.6.

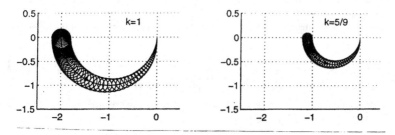

Abbildung 11.6: Nyquist-Ortskurven $F_o(j\omega)$ zum robusten Eingrößen-Regelkreis

Unter Annahme von $\Delta(s) = -1$ sind einige Simulationen im Zeitbereich in Abb. 11.7 gezeigt, und zwar für verschiedene k über, an und unter der Stabilitätsgrenze.

11.12 * Robuster Regelkreis mit Routh-Kriterium

Angabe: *Gegeben ist*

$$G(s) = \frac{1}{(a + s)(1 + 2s)} \qquad 0 \le a \le 1 \quad \text{und} \quad K(s) = K_P\left(1 + \frac{1}{sT_I}\right) \ . \tag{11.37}$$

Der Regler ist nach dem Routh-Kriterium so zu dimensionieren, dass die Regelung für alle angegebenen a stabil ist; ferner ist das Ergebnis mit dem Nyquist-Kriterium zu bestätigen.

Lösung: Aus dem charakteristischen Polynom des Regelkreises $2T_I s^3 + (2a + 1)T_I s^2 + (K_P + a)T_I s + K_P$ folgt das Routh-Schema

$$\begin{array}{cc} 2T_I & (K_P + a)T_I \\ (2a + 1)T_I & K_P \\ (K_P + a)T_I - \frac{2K_P}{2a+1} & \end{array} \tag{11.38}$$

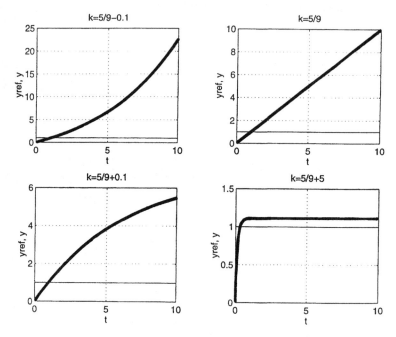

Abbildung 11.7: Sprungantworten des Regelkreises

Die Bedingungen für positive Koeffizienten und für ausbleibenden Vorzeichenwechsel in der ersten Spalte lauten

$$1) \qquad T_I > 0 \tag{11.39}$$

$$2) \qquad (2a+1)T_I > 0 \quad \leadsto \quad a > -\frac{1}{2} \text{ [ist ohnehin erfüllt]} \tag{11.40}$$

$$3) \qquad (K_P + a)T_I > 0 \quad \leadsto \quad K_P > -a \text{ [ist in 4) eingeschlossen]} \tag{11.41}$$

$$4) \qquad K_P > 0 \text{ [Ergebnis 1]} \tag{11.42}$$

$$5) \qquad (K_P + a)T_I - \frac{2K_P}{2a+1} > 0 \quad \leadsto \quad T_I > \frac{2K_P}{(K_P + a)(2a+1)} . \tag{11.43}$$

Wegen $a = 0$ im ungünstigen Fall folgt $T_I > 2$ (Ergebnis 2).

Bei Stabilitätsuntersuchung nach Nyquist wird $F_o(s) = \frac{1+sT_I}{sT_I} \frac{K_P}{(s+a)(1+2s)}$ verwendet. Die zugehörige Frequenzgangsortskurve hat für jedes a (auch > 1) einen kleineren Betrag und eine kleinere Phasennacheilung als bei $a = 0$. Daher ist die Ortskurve $F_o(j\omega)|_{a=0}$ die ungünstigste. Umschreiben auf $F_o(s) = \frac{K_P}{s^2 T_I} \frac{1+sT_I}{1+2s}$ zeigt erstens die Notwendigkeit von $K_P > 0$ und $T_I > 0$ (sonst liegt die Ortskurve nicht im 4. und 3. Quadranten); sowie zweitens die Erfordernis, dass $\frac{1+sT_I}{1+2s}$ ein phasenanhebendes Element ist (nachdem $\frac{K_P}{s^2 T_I}$ schon -180° Phase besitzt). Somit folgt $T_I > 2$.

11.13   Robuster Regler nach Patel und Toda

Angabe: *Gegeben ist ein dynamisches System mit der Koeffizientenmatrix*

$$\mathbf{A} = \begin{pmatrix} -10 & 0 \\ 0 & -20 \end{pmatrix} . \tag{11.44}$$

Man löse die Lyapunov-Gleichung $\mathbf{A}^T \mathbf{P} + \mathbf{P} \mathbf{A} = -2\mathbf{I}$ nach $\mathbf{P}$ auf, wobei $\mathbf{P}$ symmetrisch angesetzt werden kann. Welche Unsicherheit ist nach Patel und Toda für Stabilität zulässig?

Lösung:

$$\mathbf{A}^T\mathbf{P} + \mathbf{P}\mathbf{A} = -2\mathbf{I} \quad \rightsquigarrow \quad \mathbf{P} = -\mathbf{A}^{-1} = \begin{pmatrix} 0,1 & 0 \\ 0 & 0,05 \end{pmatrix} \quad \rightsquigarrow \quad \lambda_{\max}[\mathbf{P}] = 0,1 . \tag{11.45}$$

Jenes $\Delta\mathbf{A}$, das als Unsicherheit zulässig ist, folgt nach *Patel, R.V., and Toda, M., 1980*, aus

$$\|\Delta\mathbf{A}\|_s \leq \frac{1}{\lambda_{\max}[\mathbf{P}]} = 10 . \tag{11.46}$$

Spezialisierung für $\Delta\mathbf{A} = \begin{pmatrix} 0 & 1 \\ \pm a & \pm 2 \end{pmatrix}$ liefert

$$\lambda_{\max}[\Delta\mathbf{A}^T\Delta\mathbf{A}] \quad \text{aus} \lambda^2 - (a^2+5)\lambda + a^2 = 0 \quad \text{zu} \quad \lambda_{\max} = \frac{a^2+5}{2} + \sqrt{\frac{(a^2+5)^2}{4} - a^2} . \tag{11.47}$$

$$\text{Gl.(11.46)} \quad \rightsquigarrow \quad \|\Delta\mathbf{A}\|_s \stackrel{\triangle}{=} \sqrt{\lambda_{\max}[\Delta\mathbf{A}^T\Delta\mathbf{A}]} < 10 \quad \text{oder} \quad \frac{a^2+5}{2} + \sqrt{\frac{(a^2+5)^2}{4} - a^2} < 100 . \tag{11.48}$$

Dies führt auf das Ergebnis $-9,8 \leq a \leq 9,8$.

11.14 Stabilitätsrobustheit von **A**

Angabe: *In welchem Intervall dürfen spezielle konstante Unsicherheiten $\Delta\mathbf{A}$ von $\mathbf{A}$ liegen, ohne dass die Stabilität von $\mathbf{A}_p = \mathbf{A} + \Delta\mathbf{A}$ gefährdet wäre?*

$$\mathbf{A} = \begin{pmatrix} 0 & 1 \\ -20 & -9 \end{pmatrix} \qquad \Delta\mathbf{A} = \begin{pmatrix} 0 & 0 \\ a_1 & a_2 \end{pmatrix} \tag{11.49}$$

Lösung:

$$\det(s\mathbf{I} - \mathbf{A}_p) = 0 \quad \rightsquigarrow \quad s^2 + (9 - a_2)s + (20 - a_1) = 0 \quad \rightsquigarrow \quad a_2 < 9; \ a_1 < 20 . \tag{11.50}$$

11.15 * Robustes Führungsverhalten einer Eingrößenregelung

Angabe: *Man betrachte den Fall der gestörten Regelstrecke $G_p(s) = [1 + W_s(s)\Delta(s)]G(s)$. Darin ist $W_s(s)$ eine stabile Gewichtsfunktion für die stabil angenommene multiplikative Unsicherheit $\Delta(s)$. Diese erfülle $\|\Delta(s)\|_\infty \leq 1$. $G_p(s)$ und $G(s)$ haben also dieselben instabilen Pole. Die Bedingung für Stabilitätsrobustheit lautet $\|W_s(s)T(s)\|_\infty < 1$, wie bereits in Gl.(11.34) angegeben. Welche Erweiterung ist erforderlich, um robustes Führungsverhalten aus der robusten Stabilität zu entwickeln?*
Lösung: Die Sensitivität des Regelkreises im gestörten Fall lautet

$$S_p(s) = \frac{1}{1 + K(s)G_p(s)} = \frac{1}{1 + K[1 + W_s\Delta]G} = \frac{1}{1 + KG + W_s\Delta \cdot KG} = \frac{S}{1 + TW_s\Delta} . \tag{11.51}$$

Darin ist $S(s) = \frac{1}{1+KG}$ die nominale Sensitivitätsfunktion.

Die Regelqualität im gestörten Fall kann mit $\|W_pS_p\|_\infty < 1$ angesetzt werden, wobei $W_p(s)$ eine Gewichtsfunktion für die Sensitivität bedeutet. Verwendet man Gl.(11.51), so erhält man

$$\left\|\frac{W_pS}{1 + TW_s\Delta}\right\|_\infty < 1 \quad \forall\Delta \quad \rightsquigarrow \quad \left|\frac{W_pS}{1 + TW_s\Delta}\right| < 1 \quad \forall\Delta, \omega . \tag{11.52}$$

Wählt man ein komplexes Δ vom Betrag eins und einer Phase derart, dass TW_s negativ reell wird, so folgt (*Doyle, J.C., Francis, B.A., and Tannenbaum, A.R., 1992; Foias, C., et al., 1991*)

$$\frac{|W_pS|}{1 - |TW_s|} < 1 \quad \rightsquigarrow \quad |W_pS| < 1 - |W_sT| \quad \forall\omega \tag{11.53}$$

$$\| \ |W_pS| + |W_sT| \ \|_\infty < 1 . \tag{11.54}$$

11.16 ∗ Robustes Führungsverhalten

Angabe: *Man ermittle einen Regler $K(s)$ derart, dass die H_∞-Norm der Regelabweichung $e(t)$ über alle Unsicherheiten $\Delta(s)$ in der Strecke*

$$G_p(s) = [1 + W_s(s)\Delta(s)]G(s) \quad \forall \Delta \{\Delta : \|\Delta(s)\|_\infty \le 1\} \tag{11.55}$$

minimiert wird. Die Soll-Führungsübertragungsfunktion sei nach Abb. 11.8 als $T_{ref}(s)$ definiert.

Lösung: Unter Verwendung der nominalen Sensitivität $S(s)$ und Führungsübertragungsfunktion $T(s)$

$$S(s) \triangleq \frac{1}{1+KG} \qquad T(s) \triangleq \frac{GV}{1+KG} = GVS , \tag{11.56}$$

erreicht $T(s)$ den Sollverlauf $T_{ref}(s)$ dann, wenn $T_{ref} = VGS$. Dies führt auf $V = \frac{T_{ref}}{GS}$. Die Abweichung

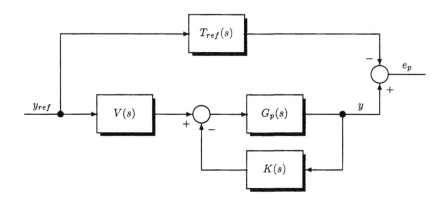

Abbildung 11.8: Regelkreis mit Soll-Führungsübertragungsfunktion

e_p zwischen den beiden Modellen lautet

$$E_p = \left(\frac{G_pV}{1+G_pK} - T_{ref}\right)Y_{ref} \triangleq T_\Delta Y_{ref} . \tag{11.57}$$

Einsetzen liefert

$$\begin{aligned}
T_\Delta &= \frac{(1+W_s\Delta)G}{1+(1+W_s\Delta)GK}\frac{T_{ref}}{GS} - T_{ref} = \frac{1+W_s\Delta}{1+GK+W_sGK\Delta}\frac{T_{ref}}{S} - T_{ref} = \\[2mm]
&= \left(\frac{1+W_s\Delta}{1+W_sGKS\Delta} - 1\right)T_{ref} = \frac{1+W_s\Delta-1-W_sGKS\Delta}{1+W_sGKS\Delta}T_{ref} = \frac{(1-GKS)W_s\Delta}{1+W_sGKS\Delta}T_{ref} =
\end{aligned} \tag{11.58}$$

$$T_\Delta = \frac{\left[1-GK\frac{1}{1+KG}\right]W_s\Delta T_{ref}}{1+W_s\frac{GK}{1+KG}\Delta} = \frac{[1+KG-GK]W_s\Delta T_{ref}}{1+KG+W_sGK\Delta} = \frac{W_sT_{ref}\Delta}{1+KG+W_sGK\Delta} . \tag{11.59}$$

Schließlich erhält man (*Doyle, J.C., Francis, B.A., and Tannenbaum, A.R., 1992*)

$$\max_\Delta \|T_\Delta\|_\infty = \max_\Delta \max_\omega \frac{|W_sT_{ref}|\cdot|\Delta|}{(1+KG)\left[1+\frac{W_sGK}{1+KG}\Delta\right]} = \max_\omega \frac{|W_sT_{ref}|\cdot 1}{|1+KG|\left[1-|\frac{W_sGK}{1+KG}|\right]} \tag{11.60}$$

$$\max_\Delta \|T_\Delta\|_\infty = \max_\omega \frac{|W_sT_{ref}|}{|1+KG|-|W_sGK|} . \tag{11.61}$$

11.17   * Value Set

Angabe: *Man wende das Zero-Exclusion-Theorem auf zwei Angaben an: Erstens auf*

$$G(s) = \frac{1-s}{s^2 + 4s + 8} \qquad K(s) = \frac{V}{1 + Ts} \qquad \text{mit der Unsicherheit} \quad |V| \le 3 \tag{11.62}$$

und zweitens auf

$$G(s) \triangleq \frac{n_G(s)}{d_G(s)} = \frac{e^{-sT_t}(1 - 0,6s)}{s^2 + 4s + 8} \qquad K(s) \triangleq \frac{n_K(s)}{d_K(s)} = \frac{V}{1 + T_s} \qquad T_t = 0,35; \quad T_s = 0,2 \;. \tag{11.63}$$

Lösung: Im ersten Fall lautet das charakteristische Polynom des geschlossenen Regelkreises

$$p_{cl}(V;\; s,\; T) = Ts^3 + (1 + 4T)s^2 + (8T + 4 - V)s + 8 + V \;. \tag{11.64}$$

Nach Routh ist Stabilität für $-8 < V < 26/3$ bei $T = 1$ garantiert. Real- und Imaginärteil von $p_{cl}(s)$ betragen für $s = j\omega$

$$\mathfrak{Re}\; p_{cl}(V;\; j\omega,\; T) = -(1 + 4T)\omega^2 + 8 + V \tag{11.65}$$

$$\mathfrak{Im}\; p_{cl}(V;\; j\omega,\; T) = -\omega^3 T + (8T + 4 - V)\omega \;. \tag{11.66}$$

Für feste T und ω zeigt das Schaubild von $p_{cl}(V)$ in seinem Imaginärteil gegenüber dem Realteil den Verlauf einer Geraden. Dabei ist die Verstärkung V der Parameter. Für verschiedene ω erhält man verschiedene Strecken; sie sind in Abb. 11.9 gezeigt. Die Menge dieser Strecken begründet den „value set". Wenn dieser den Ursprung der s-Ebene ausschließt, ist die charakteristische Gleichung für kein ω erfüllt (Zero-Exclusion-Theorem). Weiß man über die Stabilität eines Punktes im „value set" Bescheid, dann ist der gesamte Satz stabil, desgleichen ist robuste Stabilität gesichert (*Barmish, B.R., 1994*). Die Abb. 11.9a zeigt dies für jedes V in den Grenzen $|V| \le 3$.

Für die zweite Angabe ist das charakteristische Polynom nur ein Pseudopolynom, da eine transzendente Funktion enthalten ist. Der Value Set ist in Abb. 11.9b gezeigt.

11.18   * Robustes Störungsverhalten einer Eingrößenregelung

Angabe: *Für die Gewichtung der Streckenunsicherheit und der Störungsübertragungsfunktion gelten die (frequenzunabhängigen) Funktionen $W_1 = 0,15$ und $W_2 = 0,4$. Strecke und Regler sind nachstehend angegeben. Welches Ausmaß an robustem Stabilitätsrand liegt vor? Die Daten sind*

$$\text{Strecke} \quad G(s) = \frac{e^{-0,25\,s}}{1 + 0,1\,s + s^2} \doteq \frac{1 - 0,125\,s}{(1 + 0,125\,s)(1 + 0,1\,s + s^2)} \tag{11.67}$$

$$\text{PID-Regler} \quad K(s) = 6(1 + \frac{1}{4s})\,\frac{s + 0,15}{s + 4} \;. \tag{11.68}$$

Lösung: In Zustandsraumdarstellung erhält man

$$G(s) = \left[\begin{array}{ccc|c} -8,1 & -1,8 & -8 & 1 \\ 1 & 0 & 0 & 0 \\ 0 & 1 & 0 & 0 \\ \hline 0 & -1 & 8 & 0 \end{array}\right] \qquad K(s) = \left[\begin{array}{cc|c} -4 & 0 & 1 \\ 1 & 0 & 0 \\ \hline -21,6 & 0,225 & 6 \end{array}\right] \;. \tag{11.69}$$

Die resultierende und verallgemeinerte Übertragungsmatrix von der Störung am Eingang der Strecke zum Ausgang der geregelten Regelstrecke lautet (*Doyle, J.C., et al., 1982*)

$$\bar{\mathbf{T}} = \begin{pmatrix} -\mathbf{W}_1(\mathbf{I} + \mathbf{KG})^{-1}\mathbf{K} & \mathbf{W}_1(\mathbf{I} + \mathbf{KG})^{-1} \\ \mathbf{W}_2(\mathbf{I} + \mathbf{GK})^{-1} & \mathbf{W}_2(\mathbf{I} + \mathbf{GK})^{-1}\mathbf{G} \end{pmatrix} \tag{11.70}$$

$$\bar{\mathbf{T}}(s) = \left[\begin{array}{ccccc|cc} -8,1 & 4,2 & -56 & -21,6 & 0,225 & -6 & 1 \\ 1 & 0 & 0 & 0 & 0 & 0 & 0 \\ 0 & 1 & 0 & 0 & 0 & 0 & 0 \\ 0 & 1 & -8 & -4 & 0 & -1 & 0 \\ 0 & 0 & 0 & 1 & 0 & 0 & 0 \\ \hline 0 & 0,3 & -2,4 & -1,08 & 0,0113 & -0,3 & 0,5 \\ 0 & -0,2 & 1,6 & 0 & 0 & 0,2 & 0 \end{array}\right] \;. \tag{11.71}$$

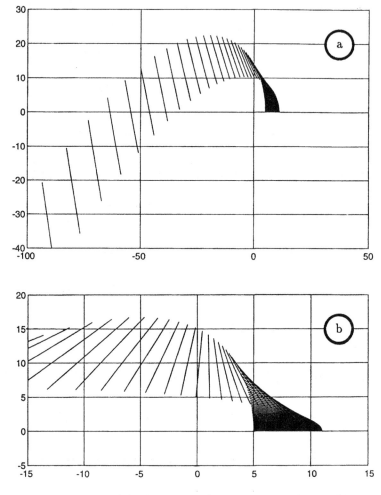

Abbildung 11.9: Value Set $p_{cl}(V)$ für $T = 1$ und $|V| \le 3$ der ersten Angabe (a) und für die zweite Angabe der Totzeitstrecke unter $T_t = 0,35$, $T = 0,2$ und $|V| \le 3$ (b)

Wird „normhinf" aus der MATLAB Control Toolbox auf Gl.(11.71) angewandt, so liefert dies $\|\bar{\mathbf{T}}(s)\|_\infty = 0,6056$.

In der Abb. 11.10 erkennt man die folgenden Kurven: den maximalen Singulärwert $\sigma_{\max}[\bar{\mathbf{T}}](\omega)$, den strukturierten Singulärwert $\mu_D(\bar{\mathbf{T}})(\omega) \overset{\triangle}{=} \inf_d \sigma_{\max}[\mathbf{D}\bar{\mathbf{T}}\mathbf{D}^{-1}](\omega)$ mit $D = \begin{pmatrix} d & 0 \\ 0 & 1 \end{pmatrix}$ und schließlich den spektralen Radius $\rho_s[\bar{\mathbf{T}}](\omega) \overset{\triangle}{=} \max_i |\lambda_i[\bar{\mathbf{T}}]|(\omega)$. Der obenstehend errechnete Wert stimmt sehr gut mit jenem Wert überein, den man unter $\|\bar{\mathbf{T}}\|_\infty = \max_\omega \sigma_{\max}[\bar{\mathbf{T}}](\omega) = 0,59$ bei $d = 1$ erhält. Der Abstand zu der Horizontalen 1 entspricht dem Robustheitsrand. Würde man das Resultat $\sigma_{\max}[\cdot]$, i.e., 0,59, anstelle von des μ_D-Maximums $0,45$ heranziehen, erhielte man eine hinreichende Robustheitsbedingung, ρ_s würde eine Unterschätzung darstellen (*Dailey, R.L., 1992; Weinmann, A., 1996*).

11.19   H$_\infty$-Norm der Störungsübertragungsfunktion

Angabe: *Bei welchen Frequenzen vermag der Regelkreis mit bestimmten nachstehendem $K(s)$ und $G(s)$*

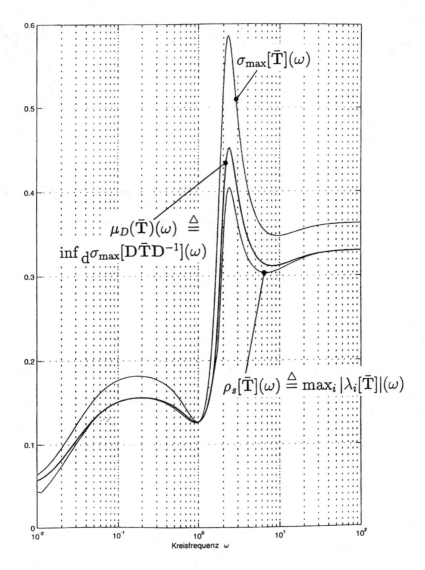

Abbildung 11.10: Robustes Störungsverhalten

Störungen am Streckeneingang am schlechtesten auszuregeln?

$$K(s) = \frac{6}{1+2s} \qquad G(s) = \frac{1}{1+2s+s^2} \quad \rightsquigarrow \quad F_{St}(s) = \frac{G(s)}{1+K(s)G(s)} = \frac{1+2s}{2s^3+5s^2+4s+7} \qquad (11.72)$$

Lösung: Die Minimumbedingung lautet

$$\frac{\partial}{\partial\omega}\frac{z(\omega)}{n(\omega)} = 0 \quad \rightsquigarrow \quad n' = \frac{z'}{z}n, \quad \text{wobei} \quad n' \triangleq \frac{\partial n(\omega)}{\partial\omega}. \qquad (11.73)$$

Nur den Nenner von $|F_{St}(j\omega)|$ im Minimum über ω zu studieren, kann zu Fehlschlüssen führen; denn

$$|F_{St}(j\omega)| = \frac{z(\omega)}{n(\omega)} \quad \rightarrow \quad \min_\omega \qquad (11.74)$$

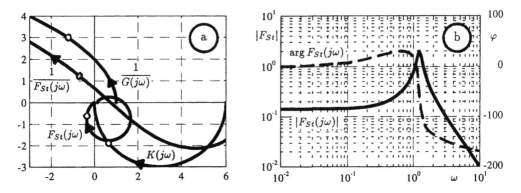

Abbildung 11.11: Frequenzgang $F_{St}(j\omega)$ als Ortskurve (a) und Bode-Diagramm (b). (Der als kleiner Ring markierte Punkt gilt für $\omega = 1,5$.)

führt bei alleiniger Betrachtung $n(\omega) \to \min_\omega$ oder $n'(\omega) = 0$ allein nur dann auf dieselbe Lösung, wenn wegen

$$z'n - n'z = 0 \quad \rightsquigarrow \quad n' = \frac{z'}{z}n \tag{11.75}$$

der Ausdruck $\frac{z'}{z}n$ sehr klein ist.

Der Nenner von $|F_{St}(j\omega)|$ im Betrag über ω minimiert ergibt

$$|2(j\omega)^3 + 5(j\omega)^2 + 4j\omega + 7|^2 \quad \to \min_\omega \quad \rightsquigarrow \quad \frac{\partial}{\partial\omega} \quad \rightsquigarrow \quad 12\omega(2\omega^4 + 3\omega^2 - 9) = 0 \quad \rightsquigarrow \quad \omega = \sqrt{1,5} = 1,2247 \,. \tag{11.76}$$

Dieser Wert lässt sich also leicht rechnen. Der exakte Wert unter Berücksichtigung von Zähler und Nenner liegt bei $\omega = 1,2322$ mit $\|F_{St}(s)\|_\infty = 2{,}0052$, vgl. Abb. 11.11.

Kapitel 12

Regelkreise auf stochastischer Basis

12.1 Leistungsdichte des Ausgangssignals

Angabe: *Für die Anordnung der Fig. 12.1 ist die spektrale Leistungsdichte des Ausgangssignals $y(t)$ zu berechnen.*
Lösung: Aus

$$S_{xx}(\omega) \triangleq \int_{-\infty}^{\infty} R_{xx}(\tau)e^{-j\omega\tau}\, d\tau = \int_{-\infty}^{\infty} e^{-a|\tau|}e^{-j\omega\tau}\, d\tau \tag{12.1}$$

$$= \int_{-\infty}^{0} e^{(a-j\omega)\tau}\, d\tau + \int_{0}^{\infty} e^{(-a-j\omega)\tau}\, d\tau = \frac{2a}{a^2 + \omega^2} \tag{12.2}$$

folgt mit $G(j\omega) = \frac{1}{a+j\omega}$ und $|G(j\omega)|^2 = \frac{1}{a^2+\omega^2}$ das Resultat

$$S_{yy}(\omega) = S_{xx}(\omega)|G(j\omega)|^2 = \frac{2a}{(a^2 + \omega^2)^2} \, . \tag{12.3}$$

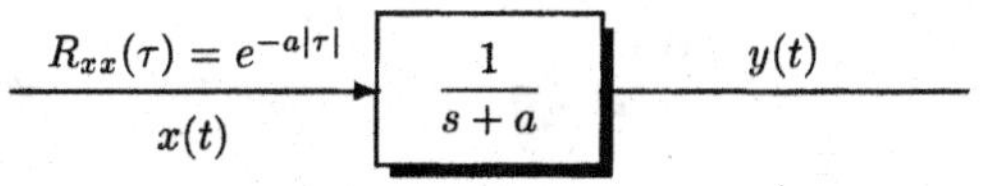

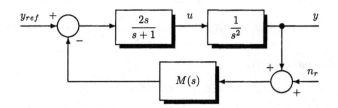

$$R_{xx}(\tau) = e^{-a|\tau|}$$
$$\boxed{\frac{1}{s+a}}$$
$$x(t) \qquad\qquad y(t)$$

Abbildung 12.1: Rauschübertragung durch ein PT$_1$-Element

12.2 Regelkreis unter Messrauschen

Abbildung 12.2: Regelkreis unter Messrauschen

Angabe: *Der Regelkreis nach Abb. 12.2 unterliegt einem Messrauschen n_r in einer engen Umgebung von 4Hz. Man entwerfe ein Filter $M(s)$, sodass das Rauschen mit maximal 50% auf die Stellgröße durchschlägt. Welche Auswirkung hat das Filter auf die Dynamik des Regelkreises, gemessen an der Phase des Systems?*
Lösung: Angesetzt wird $M(s) = \frac{1}{1+sT}$. Damit folgt

$$F_{u,nr}(j\omega) = \frac{U(j\omega)}{N_r(j\omega)} = \frac{-\omega^2 T_D}{-j\omega^3 TT_1 - \omega^2(T+T_1) + j\omega + T_D} \quad \text{wobei } T_D = 2,\ T_1 = 1 \tag{12.4}$$

$$|F_{u,n_r}|^2 = \frac{\omega^4 T_D^2}{[T_D - \omega^2(T+T_1)]^2 + (\omega - \omega^3 T T_1)^2} \ . \tag{12.5}$$

Bei einem bestimmten ω soll $|F_{u,n_r}(j\omega)| = a$ sein, mit $a \leq \frac{1}{2}$. Es folgt

$$T^2[\omega^4 + \omega^6 T_1^2] + T[-2\omega^2] - 2\omega^2 T_1 + T_D^2 + \omega^4 T_1^2 - \frac{\omega^4 T_D^2}{a^2} + \omega^2 = 0 \ . \tag{12.6}$$

Mit der Frequenz von 4 Hertz oder $\omega_r = 8\pi = 25,132$ findet sich $T = 0,154$.

In erster Näherung wird die Durchtrittskreisfrequenz ω_D der Schleife durch $M(s)$ nicht bestimmt, daher wird vereinfacht

$$F_o(s) = \frac{sT_D}{1+sT_1} \frac{1}{s^2} = \frac{T_D}{s(1+sT_1)} \ . \tag{12.7}$$

Dies führt aus $|F_o(j\omega_D)| = 1$ zu $\omega_D = 1,25$ rad/Sekunde.

Die Phase ohne und mit $M(s)$ folgt zu

$$\arg(F_o) = -90^\circ - \arctan(1,25) = -141,34^\circ \tag{12.8}$$
$$\arg(F_o') = \arg(F_o) - \arctan(0,1925) = -152,2^\circ. \tag{12.9}$$

12.3   Spektrale Leistungsdichte des Ausgangs

Angabe: *Der Eingang eines PT_1-Elements mit Verstärkung und Zeitkonstante je 1 unterliege einer Eingangsgröße $w(t)$ mit*

$$R_{ww}(\tau) = \left\{ \begin{array}{ll} 0,5\tau + 1 & -2 \leq \tau < 0 \\ -0,5\tau + 1 & 0 \leq \tau < 2 \end{array} \right. \ . \tag{12.10}$$

Wie lautet die spektrale Leistungsdichte des Ausgangs $y(t)$?
Lösung: Aus

$$S_{ww}(\omega) = \int_{-\infty}^{\infty} R_{ww}(\tau)e^{-j\omega\tau} d\tau = \frac{1-\cos 2\omega}{\omega^2} = 2\operatorname{si}^2(\omega) \tag{12.11}$$

folgt

$$S_{yy}(\omega) = \left| \frac{1}{1+j\omega} \right|^2 S_{ww}(\omega) = \frac{2\operatorname{si}^2(\omega)}{1+\omega^2} \ . \tag{12.12}$$

12.4   Rauschanregung

Angabe: *Am Eingang des dynamischen Systems $G(s) = \frac{V}{s}$ liegt Rauschen von der Autokorrelationsfunktion $R_{ee}(\tau) = e^{-|\tau|}$. Wie lautet die Spektraldichte $S_{aa}(\omega)$ des Ausgangs?*
Lösung:

$$S_{ee}(\omega) = \int_{-\infty}^{\infty} R_{ee}(\tau)e^{-j\omega\tau} d\tau = \frac{2}{1+\omega^2} \tag{12.13}$$

$$G(j\omega) = \frac{V}{j\omega} \ , \qquad |G(j\omega)|^2 = \frac{V^2}{\omega^2} \quad \rightsquigarrow \quad S_{aa}(\omega) = |G(j\omega)|^2 \, S_{ee}(\omega) = \frac{2V^2}{(1+\omega^2)\omega^2} \ . \tag{12.14}$$

12.5   Approximation eines Rauschsignals

Angabe: *Ein Rauschsignal $u(t)$ von der Korrelationsfunktion $R_{uu}(\tau)$ und der Spektraldichte*

$$S_{uu}(\omega) = \frac{2\pi}{\omega_a} \operatorname{si}^2\left(\frac{\pi\omega}{\omega_a}\right) \tag{12.15}$$

sei zu approximieren. Zur Verwendung soll ein PT_1-System kommen, das bei keiner Frequenz ein kleineres Ausgangsspektrum besitzt als $S_{uu}(\omega)$. Die Anregung des PT_1-Systems erfolge durch weißes Rauschen S_o. Die zeichnerische Behandlung im Bode-Diagramm erfolge für $\omega_a = 12$.
Lösung: Die Schlüsselbeziehung ist

$$S_{uu}(\omega) = |F(j\omega)|^2 S_o \ . \tag{12.16}$$

Der Abb. 12.3 ist sowohl $S_{uu}(\omega)$, also auch die kleinste obere Schranke des PT_1-Systems mit der Verstärkung $\frac{1}{\sqrt{S_o}}\sqrt{\frac{2\pi}{\omega_a}} = 0,72/\sqrt{S_o}$ und der Knickfrequenz $\omega_k = 4,5$ zu entnehmen.

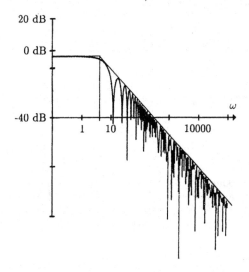

Abbildung 12.3: Spektrum von $S_{uu}(\omega)$

12.6 Abweichungsspektraldichte

Angabe: *Ein Störsignal besitzt die Autokorrelationsfunktion* $2\,e^{-|\tau|}$ *und wirkt als* w_d *im Regelkreis nach Abb. 12.4. Wie lautet die Autospektraldichte* $S_{ee}(\omega)$ *der Regelabweichung im Falle dieser Störung?*
Lösung:

$$S_{w_d w_d}(\omega) = \int_{-\infty}^{\infty} R_{w_d w_d}(\tau)e^{-j\omega\tau}\,d\tau = 2\int_{-\infty}^{\infty} e^{-|\tau|}e^{-j\omega\tau}\,d\tau = \ldots = \frac{4}{1+\omega^2} \tag{12.17}$$

$$F_{ew_d}(s) = \frac{-1-0,1s}{V+s+0,1s^2} = \frac{E(s)}{W_d(s)} \tag{12.18}$$

$$|F_{ew_d}(j\omega)|^2 = \frac{1+0,01\omega^2}{V^2+(1-0,2V)\omega^2+0,01\omega^4} \quad \rightsquigarrow \quad S_{ee}(\omega) = |F_{ew_d}(j\omega)|^2 S_{w_d w_d}(\omega)\,. \tag{12.19}$$

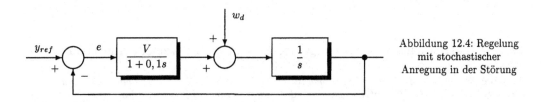

Abbildung 12.4: Regelung mit stochastischer Anregung in der Störung

12.7 ∗ Regelkreis unter Störungsrauschen

Angabe: *In einem Standardregelkreis wie Abb. 12.10, jedoch mit der Störung* $w_d(t)$ *am Streckeneingang, sei* $G(s) = \frac{1}{s}\,e^{-sT_t}$ *und* $K(s) = \frac{1}{1+0,1\,s}$ *gegeben. Welche mittlere quadratische Abweichung zeigt die Regelgröße?*
Lösung: Die Autokorrelationsfunktion des Ausgangs $y(t)$ des geschlossenen Regelkreises berechnet sich zu $S_{yy}(\omega) = |F_{St}(j\omega)|^2 S_{w_d w_d}(\omega)$. Die Störungsübertragungsfunktion lautet

$$F_{St}(s) = \frac{G(s)}{1+K(s)G(s)} \quad \rightsquigarrow \quad |F_{St}(j\omega)|^2 = \frac{1+0,01\,\omega^2}{(\cos\omega T_t - 0,1\,\omega^2)^2 + (\omega - \sin\omega T_t)^2}\,. \tag{12.20}$$

Für farbiges Eingangsrauschen von der Spektraldichte $\frac{0,2}{1+0,01\omega^2}$ findet man

$$\overline{y^2(t)} = R_{yy}(0) = \frac{1}{2\pi} \int_{-\infty}^{\infty} \frac{0,2}{1+0,01\omega^2} \frac{1+0,01\omega^2}{(\cos\omega T_t - 0,1\omega^2)^2 + (\omega - \sin\omega T_t)^2} d\omega \ . \tag{12.21}$$

Nach Kürzen im Integranden kann der verbleibende Nenner nach Potenzreihenentwicklung durch den verkürzten Ausdruck $1 + (0,8 - 2T_t)\omega^2$ ersetzt und das Integral als arctan erkannt werden. Damit lautet das Ergebnis $\overline{y^2} = \frac{0,1}{\sqrt{0,8-2T_t}}$; für $T_t = 0,1$ folgt 0,129. Bei Berechnung ohne Approximation im Nenner erhielte man 0,111.

12.8   Spektraldichten des Ausgangs

Angabe: *Gegeben ist eine Integrator mit Einheitsrückführung. Diese Anordnung wird mit einem Rauschsignal $u(t)$ erregt, dessen Autokorrelationsfunktion das Aussehen der Abb. 12.5 besitzt. Welche Spektraldichte gehört zu der Ausgangsgröße $y(t)$?*

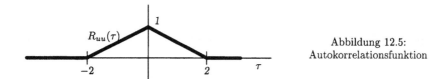

Abbildung 12.5:
Autokorrelationsfunktion

Lösung: Aus der durch die Fourier-Transformation gegebenen Beziehung zwischen Autokorrelationsfunktion und Spektraldichte $S_{uu}(\omega) = \int_{-\infty}^{\infty} R_{uu}(\tau)e^{-j\omega\tau} d\tau$ folgt

$$S_{uu}(\omega) = \int_{-2}^{0} (0,5\,\tau + 1)e^{-j\omega\tau}d\tau + \int_{0}^{2} (-0,5\,\tau + 1)e^{-j\omega\tau}d\tau = \frac{1}{\omega^2}(1 - \cos 2\omega) = 2\,\mathrm{si}^2(\omega) \ . \tag{12.22}$$

Mit der Übertragungsfunktion $\frac{1}{1+s}$ erhält man schließlich

$$S_{yy}(j\omega) = \frac{2}{1+\omega^2}\,\mathrm{si}^2(\omega) \ . \tag{12.23}$$

12.9   Spektraldichte des Ausgangs bei Anregung mit weißem Rauschen

Angabe: *Ein PT_1-Glied, realisiert durch eine RC-Schaltung (mit $RC \stackrel{\Delta}{=} T$), werde mit weißem Rauschen $u(t)$ angeregt. Man setze die Autokorrelationsfunktion des Eingangs an, berechne das Leistungsspektrum des Ausgangs $y(t)$ und diskutiere den Unterschied in der Frequenzabhängigkeit der Leistungsspektren am Ein- bzw. Ausgang. Wie verhält sich die Autokorrelationsfunktion des Ausgangs für kleine T?*
Lösung:

$$R_{uu}(\tau) = \delta(\tau) \qquad S_{uu}(\omega) = \int_{-\infty}^{\infty} R_{uu}(\tau)e^{-j\omega\tau} d\tau = e^{-j\omega\tau}\Big|_{\tau=0} = 1 \ . \tag{12.24}$$

$$G(j\omega) = \frac{Y(s)}{U(s)} = \frac{\frac{1}{sC}}{R + \frac{1}{sC}} = \frac{1}{1+sT} \qquad \rightsquigarrow \qquad S_{yy}(\omega) = |G(j\omega)|^2\,S_{uu}(\omega) = \frac{1}{1+\omega^2 T^2} \ . \tag{12.25}$$

Berechnet man zu einem beliebigen $R_{xx}(\omega)(\tau) = r_o e^{-|\tau/T|}$ die Autospektraldichte $S_{xx}(\omega)$, so erhält man mit Zwischenrechnungen $S_{xx}(\omega) = 2\,r_o T \frac{1}{1+\omega^2 T^2}$. Daraus folgt, dass zu der Spektraldichte nach Gl.(12.25) die Autokorrelationsfunktion $R_{yy}(\tau) = \frac{1}{2T}e^{-|\frac{\tau}{T}|}$ gehört, weil $2r_o T = 1$ ist. Für T klein wird $S_{yy} = 1 - \omega^2 T^2$.

12.10 Identifikation aus Spektraldichten

Angabe: *Von der Rauscheingangsgröße $x(t)$ eines Systems ist die Autospektraldichte $S_{xx}(\omega) = \frac{2a}{a^2+\omega^2}$ gegeben; die Kreuzspektraldichte zwischen Eingang und Ausgang beträgt $S_{xy}(j\omega) = \frac{b}{(c+j\omega)(d+j\omega)(e+j\omega)}$. Welches System besitzt ein derartiges Verhalten?*

Lösung: Die Übertragungsfunktion des Systems $G(s)$ lautet daher

$$G(j\omega) = \frac{S_{xy}(j\omega)}{S_{xx}(\omega)} = \frac{b(a^2 + \omega^2)}{(c + j\omega)(d + j\omega)(e + j\omega)2a} \quad \leadsto \quad G(s) = \frac{b(a^2 - s^2)}{2a(c + s)(d + s)(e + s)} . \tag{12.26}$$

12.11 ∗ Identifikation im geschlossenen Regelkreis

Angabe: *Wird der Ausgang $y(t)$ einer unbekannten Strecke $G(s)$ (ohne weitere Rückführung) über $n_r(t)$ additiv verrauscht und ist der Eingang $u(t)$ mit $n_r(t)$ unkorreliert, dann folgt $G(s) = S_{yu}/S_{uu}$. Liegt ein geschlossener Regelkreis laut Abb. 12.10 vor, mit einem Regler $K(s)$ und einer Strecke $G(s)$ und mit Sollwert $y_{ref}(t) = 0$, dann ist die Stellgröße $u(t)$ mit dem Messrauschen $n_r(t)$ korreliert. Wie lässt sich in diesem Fall $G(s)$ identifizieren?*

Lösung: Aus der Signalbeziehung folgt durch Kreuzkorrelieren mit $n_r(t)$

$$- K(s)[1 + G(s)K(s)]^{-1}N_r(s) = U(s) \quad \leadsto \quad -K[1 + GK]^{-1}S_{n_r n_r} = S_{n_r u} . \tag{12.27}$$

Aus der Zusammensetzung des Ausgangs $Y(s) = G(s)U(s) + N_r(s)$ und durch Kreuzkorrelieren mit $u(t)$ erhält man

$$S_{yu} = GS_{uu} + S_{n_r u} = GS_{uu} - K(1 + GK)^{-1}S_{n_r n_r} \tag{12.28}$$

und die quadratische Gleichung in G

$$KS_{uu}G^2 + (S_{uu} - KS_{yu})G - KS_{n_r n_r} - S_{yu} = 0 . \tag{12.29}$$

Die Gleichung kann punktweise über ω ausgewertet und $G(j\omega)$ punktweise nach Betrag und Phase bestimmt werden. Daraus folgen, etwa über Polygonapproximation, die Koeffizienten einer analytischen Darstellung $G(j\omega)$ oder $G(s)$.

12.12 Messrauschminderung

Angabe: *Der Regelkreis mit Messrauschen nach Abb. 12.6 besitzt $T_D = 2$ und $T_1 = 1$. Messrauschen n_r trete ersatzweise mit den beiden Frequenzen $f_1 = 5$ Hz und $f_2 = 10$ Hz auf. Das Messglied sei durch eine ADC-DAC-Kettenschaltung (digitale Messdatenübertragung) realisiert, seine Übertragungsfunktion lautet $M(s) = \frac{1-e^{-sT}}{sT}$. Wie ist die Zeitkonstante T für Mittelwertbildung zu wählen, damit die beiden Störfrequenzen durch das Messglied unterdrückt werden? Man berechne auch den Phasenrand für ein ideales Messglied $M(s) = 1$ sowie für das oberwähnte Messglied $M(s)$. Hinweis: Für $\omega \ll 2\pi/T$ kann das Messglied durch $M'(s) \approx e^{-sT/2}$ genähert werden.*

Lösung: Das Messglied $M(s)$ besitzt bei $T = 0,2$ eine Nullstelle in $M(j\omega)$ bei 5 und 10 Hz. Mit der Einschränkung $M(s) \equiv 1$ ist $|F_o(j\omega_D)| = 1$ bei $\omega_D = \sqrt{0,5(\sqrt{17} - 1)} = 1,25$. Der Phasenrand α_R beträgt $38,67°$. Bei $M(s) \neq 1$, aber $\omega \ll 2\pi/T$, ändert sich ω_D nicht, wohl aber α_R auf $31,51°$.

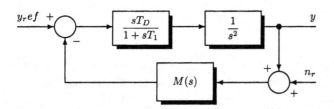

Abbildung 12.6: Regelkreis unter Messrauschen

12.13   Optimale Verstärkung eines Parallel-Elements

Angabe: *Von $u(t)$ nach Abb. 12.7 kennt man die Autokorrelationsfunktion $R_{uu}(\tau)$, ferner ist $R_{uy}(\tau)$ bekannt, beides für τ nahe 0. Wie ist k zu wählen, damit $\overline{e^2}$ ein Minimum wird?*
Lösung: Verwendet man die Definition des mittleren quadratischen Fehlers und der Autokorrelationsfunktion, so erhält man

$$\overline{e^2} = R_{ee}(0) = \lim_{T\to\infty}\int_{-T}^{T}[y(t)-k\,u(t)][y(t-\tau)-k\,u(t-\tau)]dt\Big|_{\tau=0} = R_{yy}(0)-2\,k\,R_{uy}(0)+k^2R_{uu}(0)\,, \quad (12.30)$$

da $R_{uy}(\tau) = R_{yu}(-\tau)$. Differenzierung nach k ergibt

$$\frac{\partial\overline{e^2}}{\partial k} = -2\,R_{uy}(0) + 2\,k\,R_{uu}(0) \quad\rightsquigarrow\quad k = \frac{R_{uy}(0)}{R_{uu}(0)}\,. \quad (12.31)$$

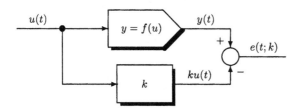

Abbildung 12.7: Parallelschaltung von einem nichtlinearen und linearen Element

12.14 $*$ Minimum der Ausgangsspektraldichte

Angabe: *Wie ist T zu wählen, damit $\int_{-\infty}^{\infty}S_{yy}(\omega)d\omega$ nach Abb. 12.8 ein Minimum wird?*
Lösung: Aus den Beziehungen

$$S_{yy}(\omega) = |F(j\omega)|^2 S_{uu}(\omega) \qquad |F(j\omega)|^2 = \frac{1}{1+\omega^2T^2} \quad (12.32)$$

folgt mit der Zerlegung

$$\frac{2}{1+\omega^2}\,\frac{1}{1+\omega^2T^2} \equiv \frac{2}{T^2-1}\,\frac{1}{\omega^2+\frac{1}{T^2}} + \frac{2}{1-T^2}\,\frac{1}{\omega^2+1} \quad (12.33)$$

und nach der allgemeinen Formel (die an sich auch für negative T Gültigkeit behielte)

$$\int_{-\infty}^{\infty}\frac{1}{\omega^2+\frac{1}{T^2}}d\omega = T[\arctan\infty-\arctan(-\infty)] = \pi\,|T| \qquad \int_{-\infty}^{\infty}\frac{1}{1+\omega^2} = \arctan\omega\Big|_{-\infty}^{\infty} = \pi \quad (12.34)$$

$$\int_{-\infty}^{\infty}\frac{2}{1+\omega^2}\,\frac{1}{1+\omega^2T^2}d\omega = \frac{2\pi(|T|-1)}{T^2-1}\,. \quad (12.35)$$

Das Minimum liegt offenbar bei $T \to \infty$.

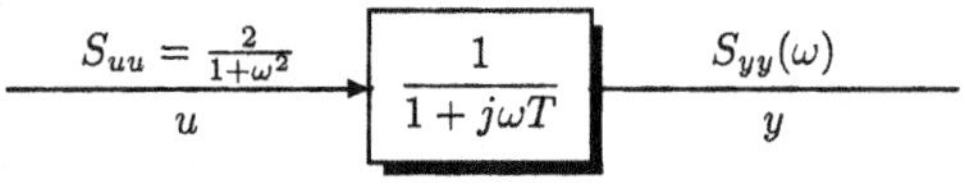

$$S_{uu} = \frac{2}{1+\omega^2} \xrightarrow{\quad u\quad} \boxed{\frac{1}{1+j\omega T}} \xrightarrow{\quad} \frac{S_{yy}(\omega)}{y}$$

Abbildung 12.8: Übertragung von Rauschen

12.15   Formfilter

Angabe: *Die Autokorrelationsfunktion*

$$S_{yy}(\omega) = \frac{1}{a^2 + (\omega T_1 - \frac{1}{\omega T_2})^2} \tag{12.36}$$

sei durch ein Formfilter mit dem Frequenzgang $G(j\omega)$ aus weißem Rauschen zu erzeugen. Wie lautet $G(j\omega)$?

Lösung: Die Lösung folgt aus $S_{yy}(\omega) = |G(j\omega)|^2 S_{xx}(\omega)$ mit weißem Rauschen $S_{xx}(\omega) = S_o$ als

$$G(j\omega) = \frac{1}{a + j(\omega T_1 - \frac{1}{\omega T_2})} \frac{1}{\sqrt{S_o}} . \tag{12.37}$$

Leicht   ist   zu
bestätigen, dass eine passive Schaltung nach Abb. 12.9 die gewünschte Übertragungseigenschaft $G(j\omega)$ besitzt, wenn die Parameter gemäß $T_1 = R_1 C_1$, $T_2 = R_2 C_1$, $a = 1 + \frac{C_2}{C_1} + \frac{R_1}{R_2}$ gewählt werden.

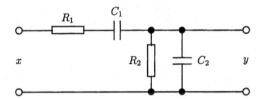

Abbildung 12.9: Filter zur Realisierung von $G(j\omega)$ ohne den Anteil von $\frac{1}{\sqrt{S_o}}$

12.16   ∗ Stochastischer Regelkreis

Angabe: *Ein Rauschsignal $w_d(t)$ als Störung zu einem Regelkreis in Abb. 12.10 besitzt die Autokorrelationsfunktion $R_{w_d w_d}(\tau) = e^{-a|\tau|}$ bei $a > 0$ und daher die Varianz $\sigma_{w_d}^2 = R_{w_d w_d}(0) = 1$. Das Rauschsignal wird durch das PT_1-Element der Störungsübertragungsfunktion*

$$F_{St}(s) = \frac{1}{1 + sT} = \frac{Y(s)}{W_d(s)} \qquad T > 0 \tag{12.38}$$

gefiltert. Wie groß ist die Varianz σ_y^2 des Ausgangssignals? (Ein Hinweis lautet $\int \frac{1}{1+x^2} dx = \arctan x + C$.)

Lösung:

$$|F_{St}(j\omega)| = \frac{1}{\sqrt{1 + \omega^2 T^2}} \tag{12.39}$$

$$S_{yy}(\omega) = |F_{st}(j\omega)|^2 S_{w_d w_d}(\omega) = \frac{1}{1 + \omega^2 T^2} \frac{2a}{a^2 + \omega^2} = -\frac{2aT^2}{1 - a^2 T^2} \frac{1}{1 + \omega^2 T^2} + \frac{2a}{1 - a^2 T^2} \frac{1}{a^2 + \omega^2} \tag{12.40}$$

$$R_{yy}(0) = \frac{1}{2\pi} \int_{-\infty}^{\infty} S_{yy}(\omega) e^{j\omega 0} d\omega = \tag{12.41}$$

$$= \frac{1}{2\pi} \left(-\frac{2aT^2}{1 - a^2 T^2} \right) \frac{1}{T} \arctan \omega T \Big|_{-\infty}^{\infty} + \frac{1}{2\pi} \frac{2a}{1 - a^2 T^2} \frac{1}{a^2} a \arctan \frac{\omega}{a} \Big|_{-\infty}^{\infty} = \tag{12.42}$$

$$= \frac{a|T| - \text{sign } a}{a^2 T^2 - 1} = \frac{1}{1 + aT} = \sigma_y^2 . \tag{12.43}$$

Zur Verwendung ist eine Formel mit $|T|$ und sign a gekommen, die auch für negative T und a ihre Gültigkeit behielte.

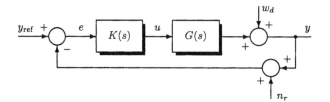

Abbildung 12.10: Regelkreis unter
Sollbeeinflussung, Messrauschen
und Störung

12.17 * Entwurf auf Störung und Messrauschen

Angabe: *Ein Regelkreis nach Abb. 12.10 besitzt die PT_1-Strecke $G(s) = \frac{4}{s+2}$ und den PI-Regler*

$$K(s) = \frac{k_R(1 + sT_N)}{sT_N} \ . \tag{12.44}$$

Der Regelkreis soll folgende Bedingungen erfüllen: Hochfrequentes Messrauschen n_r darf auf die Stellgröße u bis zu einer bestimmten Größe durchschlagen, und zwar weniger als 5 dB. Harmonische Störgrößen w_d am Streckenausgang von 0,2 Hz müssen in der Auswirkung auf die Regelgröße gemindert werden, und zwar um mehr als 20 dB. Welche Dynamik auf Führungsänderung bleibt?
Lösung: Aus der Messrausch-Übertragungsfunktion

$$\frac{U(s)}{N_r(s)} = -\frac{K}{1 + KG} \tag{12.45}$$

folgt

$$\lim_{\omega \to \infty} \left| \frac{U(j\omega)}{N_r(j\omega)} \right| = \lim_{\omega \to \infty} |K(j\omega)| = \lim_{\omega \to \infty} k_R \left(1 + \frac{1}{j\omega T_N} \right) = k_R \ , \tag{12.46}$$

mit der Angabe $20 \log k_R \le -5$ ergibt sich $k_R \le 10^{-0,25} = 0,5623$.
Mittels Störungsübertragungsfunktion $F_{St}(s) = \frac{Y(s)}{W_d(s)} = \frac{1}{1 + K(s)G(s)}$ erhält man mit der Anregungsfrequenz $\omega_o = 2\pi \cdot 0,2 = 0,4\pi$

$$20 \log \left| \frac{Y(j\omega_o)}{W_d(j\omega_o)} \right| \le -20 \ \rightsquigarrow \ \left| \frac{Y(j\omega_o)}{W_d(j\omega_o)} \right| \le 10^{-1} \overset{\triangle}{=} a \tag{12.47}$$

$$\frac{Y(j\omega_o)}{W_d(j\omega_o)} = \frac{1}{1 + \frac{k_R(1 + sT_N)}{sT_N} \frac{4}{s+2}} = \frac{T_N s^2 + 2T_N s}{T_N s^2 + (2T_N + 4k_R T_N)s + 4k_R} \tag{12.48}$$

$$\left| \frac{Y(j\omega_o)}{W_d(j\omega_o)} \right|^2 = \frac{\omega_o^2 T_N^2 (4 + \omega_o^2)}{(4k_R - T_N \omega_o^2)^2 + 4T_N^2 \omega_o^2 (1 + 2k_R)^2} \le a^2 \tag{12.49}$$

$$T_N^2 \left[\omega_o^4 + 4\omega_o^2 (1 + 2k_R)^2 - \frac{\omega_o^2 (4 + \omega_o^2)}{a^2} \right] - T_N \cdot 8k_R \omega_o^2 + 16k_R^2 \le 0 \tag{12.50}$$

und schließlich $T_N \le 0,0731$ bei $k_R = 0,5623$.
Das Führungsverhalten resultiert aus der Einhüllenden und aus der Ausregelzeit T_A zu

$$\omega_N^2 = \frac{4k_R}{T_N} \qquad \frac{2D}{\omega_N} = \frac{2T_N(1 + 2k_R)}{4k_R} \qquad D\omega_N = \frac{1}{2} \frac{2D}{\omega_N} \omega_N^2 = 1 + 2k_R \tag{12.51}$$

Einhüllende $a_o e^{-\omega_N D t} = a_o e^{-(1 + 2k_R)t} = a_o e^{-2,125 \, t}$ und Ausregelzeit $T_A \doteq \frac{4,6}{\omega_N D} = 2,16$. (12.52)

Die Rechnung ist nur eine Näherung, da der Einfluss der Nullstelle von $T(s)$ nicht berücksichtigt wurde. Der erste Schwinger könnte außerhalb der Einhüllenden liegen.
Die Störungsübertragungsfunktion $F_{St}(j\omega)$ zeigt die Abb. 12.11, die Führungssprungantwort samt Einhüllenden Abb. 12.12.

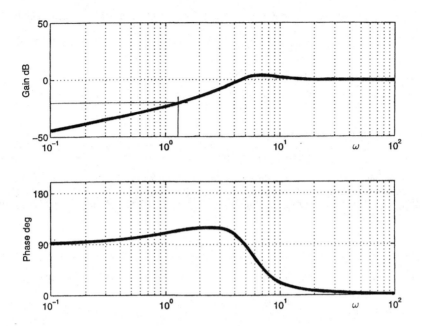

Abbildung 12.11: Sensitivitätsfunktion

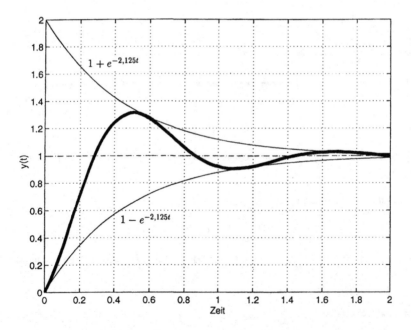

Abbildung 12.12: Führungssprungantwort und Einhüllende

12.18 ∗ Optimale Vorhersage eines Nutzsignalrauschens

Angabe: *Die notwendige Bedingung dafür, dass gemäß Abb. 12.13 der mittlere quadratische Fehler*

$$\lim_{T_o \to \infty} \frac{1}{2T_o} \int_{-T_o}^{T_o} [y_d(t) - y(t)]^2 dt \to \min_{g(t)} \tag{12.53}$$

über ein realisierbares $g(t)$ minimiert wird, lautet

$$R_{xy_d}(\tau) = \int_{-\infty}^{\infty} g(\alpha) R_{xx}(\tau - \alpha) d\alpha \quad \forall \tau > 0 \ . \tag{12.54}$$

Unter Verwendung des Bildbereichs verlangt Gl.(12.54)

$$\mathcal{L}^{-1}\{S_{xy_d}(s) - G(s)S_{xx}(s)\} = 0 \quad \forall \tau > 0 \ . \tag{12.55}$$

Die Autospektraldichte $S_{xx}(s)$ wird nun in das Produkt zweier Terme $S_{xx}^-(s)$ (analytisch in der linken Halbebene, d.h. alle Pole und Nullstellen in der rechten Halbebene) und $S_{xx}^+(s)$ zerlegt. Damit gilt weiters $S_{xx}(s) = S_{xx}^+(s) \, S_{xx}^-(s)$. Die Gl.(12.55) verlangt, dass $S_{xy_d}(s) - G(s)S_{xx}^+(s)S_{xx}^-(s)$ in der linken Halbebene analytisch sein muss, gleiches gilt für

$$\frac{S_{xy_d}(s)}{S_{xx}^-(s)} - G(s)S_{xx}^+(s) \ . \tag{12.56}$$

Da $G(s)$ und $S_{xx}^+(s)$ bereits analytisch in der rechten Halbebene sind, verbleibt als Bedingung

$$\left[\frac{S_{xy_d}(s)}{S_{xx}^-(s)}\right]^+ - G(s)S_{xx}^+(s) = 0 \ . \tag{12.57}$$

Dies führt unmittelbar auf

$$G(s) = \frac{1}{S_{xx}^+(s)} \left[\frac{S_{xy_d}(s)}{S_{xx}^-(s)}\right]^+ \ . \tag{12.58}$$

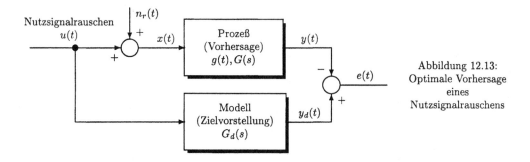

Abbildung 12.13:
Optimale Vorhersage
eines
Nutzsignalrauschens

Wenn $u(t)$ und $n_r(t)$ unkorreliert, gilt

$$\begin{aligned}
R_{xy_d}(\tau) &= E\{x(t)y_d(t+\tau)\} = E\{x(t)\int_{-\infty}^{\infty} g_d(\alpha)u(t+\tau-\alpha)d\alpha\} = &(12.59)\\
&= E\{[u(t) + n_r(t)]\int_{-\infty}^{\infty} g_d(\alpha)u(t+\tau-\alpha)d\alpha\} = E\{u(t)\int_{-\infty}^{\infty} g_d(\alpha)u(t+\tau-\alpha)d\alpha\} = &(12.60)\\
&= \int_{-\infty}^{\infty} g_d(\alpha)R_{uu}(\tau-\alpha)d\alpha &(12.61)\\
S_{xy_d}(s) &= G_d(s)S_{uu}(s) \ . &(12.62)
\end{aligned}$$

Der Ausdruck $[\cdot]^+$ wird folgendermaßen bestimmt: Partialbruchentwicklung; Auswahl jenes Teils, der stabil; Laplace-Rücktransformation und Beschränkung auf jenen Teil, der für $t > 0$ existiert; Laplace-Transformation.

Wie lautet die optimale Vorhersage für die konkreten Annahmen

$$G_d(s) = e^{0,2s} \quad S_{uu}(s) = \frac{1}{(1-s)(1+s)} \quad S_{n_r n_r}(s) = 0,25 \ ? \tag{12.63}$$

Lösung: Bei unkorreliertem $u(t)$ und $n_r(t)$ erhält man

$$S_{xx}(s) \quad = \quad S_{uu}(s) + S_{n_r n_r}(s) = \frac{(\sqrt{5}-s)(\sqrt{5}+s)}{4(1-s)(1+s)} \tag{12.64}$$

$$S_{xy_d}(s) \quad = \quad G_d(s) S_{uu}(s) = \frac{e^{0,2s}}{(1-s)(1+s)} \tag{12.65}$$

$$\frac{S_{xy_d}}{S_{xx}^-} \quad = \quad \frac{e^{0,2s}}{2(1+s)(\sqrt{5}-s)} = \frac{e^{0,2s}}{2(1+\sqrt{5})}\Big(\frac{1}{1+s} + \frac{1}{\sqrt{5}-s}\Big) \tag{12.66}$$

$$\mathcal{L}^{-1}\Big\{[\frac{S_{xy_d}(s)}{S_{xx}^-(s)}]^+\Big\} = \frac{1}{2(1+\sqrt{5})}e^{-(t+0,2)}\Big|_{t>0} = 0,127e^{-t} \quad \leadsto \quad G(s) = \frac{1+s}{\sqrt{5}+s}\mathcal{L}\{0,127e^{-t}\} = \frac{0,127}{s+\sqrt{5}} \ . \tag{12.67}$$

12.19 Rauschersatz: Resonanzamplitude und -frequenz

Angabe: *Der einfacheren Rechnung wegen wird das Rauschen durch eine frequenzmäßig ungünstigste harmonische Schwingung ersetzt. Ein Störrauschen w_d wird dem Ausgang u des Reglers $K(s) = \frac{1}{3s}$ in Abb. 12.10 zugeschlagen. Der Streckeneingang ist sodann $u + w_d$. Die Regelstrecke laute $G(s) = \frac{2}{1+6s}$. Wenn $w_d(t) = \sin \omega_0 t$, bei welchem ω_0 nimmt u die größte Amplitude an?*

Alternativangabe: Der Sollwert $y_{ref} = \sin \omega_0 t$ wirkt auf den Regelkreis mit $K(s) = \frac{2}{1+6s}$ und $G(s) = \frac{1}{3s}$. Welches ω_0 verursacht die stärkste Überhöhung im Istwert des Regelkreises?

Lösung: Für beide Angaben gilt mit $T_I = 3$, $T = 6$, $V = 2$

$$F_o(s) = \frac{1}{T_I}\frac{1}{s}\frac{V}{1+Ts} \tag{12.68}$$

$$\frac{Y(s)}{Y_{ref}(s)} \quad \text{bzw.} \quad \frac{U(s)}{W_d(s)} = \frac{F_o(s)}{1+F_o(s)} = \frac{1}{1 + s\frac{T_I}{V} + s^2\frac{TT_I}{V}} \tag{12.69}$$

sowie

$$\omega_N = \sqrt{\frac{V}{TT_I}} = 0,33 \ , \quad D = 0,5\sqrt{\frac{T_I}{VT}} = 0,25 \ . \tag{12.70}$$

Der Maximalbetrag der Überhöhung liegt bei $\frac{1}{2D\sqrt{1-D^2}} \doteq 2,06$ und bei der Kreisfrequenz $\omega_N\sqrt{1-2D^2} \doteq 0,93\omega_N = 0,32$.

12.20 Abschätzung der Rauschauswirkung

Angabe: *Gegeben ist die Strecke $G(s) = \frac{9}{s^2}$. Man ermittle den bleibenden Regelfehler und den Umfang der Minderung der Messoberschwingung bei 16 rad/s Kreisfrequenz im geschlossenen Regelkreis näherungsweise.*

Lösung: Aus einem Bode-Knickzug und einem günstigen Regler

$$K(s) = \frac{1}{3}\frac{1+9s}{1+s} \quad \text{und} \quad F_0(s) = \frac{9}{s^2}\frac{1}{3}\frac{1+9s}{1+s} \tag{12.71}$$

folgt $\omega_D = 3$. Bei „s groß" gilt $\frac{27}{s^2}$, bei $s = j\omega = j16$ schließlich

$$|F_{yn_r}| = |-\frac{F_0}{1+F_0}| \doteq |F_0| = \frac{27}{256} \ . \tag{12.72}$$

Somit liegt Dämpfung von etwa -20 dB vor.

12.21   Auswirkung des Messrauschens auf die Stellgröße

Angabe: *Gegeben ist der Regler* $K(s) = \frac{1}{s}$ *und die Strecke* $G(s) = \frac{m+2}{s+2}$ *laut Abb. 12.10, wobei* m *eine beliebige positive Zahl ist. Das Messrauschen wird durch eine Sinus-Schwingung ersetzt, die bei der Regelkreis-Resonanz liegt, aber selbst wieder durch die natürliche Frequenz* ω_N *des Regelkreises genähert werden kann. Welches Dämpfungsmaß beschreibt die Auswirkung des Messrauschens auf die Stellgröße?*

Lösung: Für die Relation Stellgröße zu Messrauschen im geschlossenen Regelkreis gilt

$$\frac{U}{N_r} = \frac{K}{1+KG} = \frac{s+2}{m+2+s^2+2s}\Big|_{s=j\omega_N=j\sqrt{m+2}} = \frac{s+2}{2s}\Big|_{s=j\sqrt{m+2}} \tag{12.73}$$

$$\left|\frac{U}{N_r}\right| = \frac{|2+j\sqrt{m+2}|}{2\sqrt{m+2}} = \frac{\sqrt{4+m+2}}{2\sqrt{m+2}} = \frac{\sqrt{m+6}}{2\sqrt{m+2}} \ . \tag{12.74}$$

Kapitel 13

Zweipunktregelungen

13.1 Phasenlinien einer linearen Regelstrecke

Angabe: *Welche Phasenkurven zeigt das System* $\mathbf{A} = \begin{pmatrix} 0 & 1 \\ -1 & 0 \end{pmatrix}$ *bei* $x_1(0) = x_o$ *und* $x_2(0) = 0$*?*

Lösung: Aus

$$\dot{x}_1 \;=\; x_2 \tag{13.1}$$

$$\dot{x}_2 \;=\; -x_1 \quad \rightsquigarrow \quad \frac{dx_2}{dt} = \frac{dx_2}{dx_1}\frac{dx_1}{dt} = \frac{dx_2}{dx_1}x_2 = -x_1 \tag{13.2}$$

folgt unter beidseitiger Integration nach x_1 der Ausdruck $\frac{x_2^2}{2} = -\frac{x_1^2}{2} + k$. Bei $t = 0$ gilt $0 = -\frac{x_o^2}{2} + k$. Somit resultieren Kreise $x_1^2 + x_2^2 = x_o^2$.

13.2 Isoklinen und Trajektorien eines Regelkreises

Angabe: *Man ermittle die Trajektorien und Isoklinen des linearen Regelkreises der Abb. 13.1 in der Phasenebene für den Fall* $y_{ref} = \sigma(t)$ *bzw. 0.*
Lösung: Umformungen ergeben

$$\frac{Y(s)}{Y_{ref}(s)} = \frac{1}{s(1+sT)} \qquad Y_{ref}(s) = \frac{1}{s} \quad \rightsquigarrow \quad T\ddot{y}(t) + \dot{y}(t) - 1 = 0 \;. \tag{13.3}$$

Unter $v \stackrel{\triangle}{=} \dot{y}$ folgt

$$\frac{1-v}{Tv} = \frac{dv}{dy} \stackrel{\triangle}{=} \eta \;. \tag{13.4}$$

Die Isoklinen in Abb. 13.2 sind von der Funktionsabhängigkeit

$$v = \frac{1}{1+T\eta} \qquad \text{oder} \qquad \eta = \frac{1-v}{Tv} \tag{13.5}$$

und unabhängig von y.

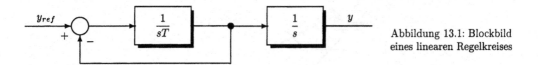

Abbildung 13.1: Blockbild eines linearen Regelkreises

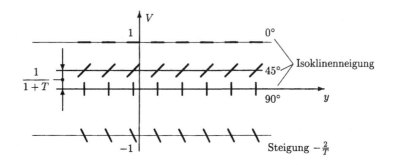

Abbildung 13.2: Isoklinen mit Neigungslinienelementen

13.3 Isokline und Trajektorie

Angabe: *Man ermittle die Trajektorie zur Differentialgleichung*

$$\ddot{x} + \dot{x} + x = 0 \ , \tag{13.6}$$

und zwar mit der Isoklinenmethode. Der Anfangszustand sei $\dot{x}(0) = 5$, $x(0) = 0$. Unter welchem Durchstoßwinkel und mit welcher Geschwindigkeit wird die x_1-Achse von den Trajektorien durchlaufen?

Lösung: Mit den Definitionen $x_1 \triangleq x$, $x_2 \triangleq \dot{x}$ findet man

$$\frac{dx_2}{dx_1} = -\frac{x_1 + x_2}{x_2} \triangleq \eta \quad \text{und daraus die Isoklinen zu} \quad x_2 = -\frac{1}{1 + \eta}\, x_1 \ . \tag{13.7}$$

Die Isoklinen sind Gerade durch den Ursprung. In Abb. 13.3 ist die Trajektorie eingetragen.

Gemäß Gl.(13.7) gilt, dass (für beliebiges x_1) $x_2 \to 0$ nur bei Steigung $\eta \to \infty$ erfolgt.

Die Geschwindigkeit $\frac{dx_2}{dt}$ des Durchlaufens durch die Abszisse resultiert aus der Differentialgleichung $\frac{dx_2}{dt} = \ddot{x} = -\dot{x} - x$. Auf der Abszisse $x_2 = 0$ folgt für die Geschwindigkeit $-x_1$. Die „Winkelgeschwindigkeit" bezogen auf den Ursprung lautet $\frac{1}{|x_1|} \frac{dx_2}{dt} = \text{konstant}$.

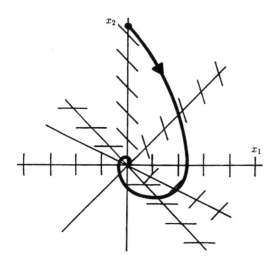

Abbildung 13.3: Trajektorie mittels Isoklinenmethode

13.4   ∗ Nichtlinearer Regelkreis in der Phasenebene

Angabe: *Die Trajektorien der nichtlinearen Regelstrecken-Differentialgleichung $\ddot{x} + x + \dot{x}^2 \operatorname{sign} \dot{x} = u$ sind in Abb. 13.4 dargestellt und gegeben. Das System wird mit einem Zweipunktelement mit Hysterese unter den Amplituden $u = \pm 5$ und den Umschaltschwellen $e = \pm 1$ geregelt. Das Eingangssignal ist null. Welchen Verlauf nimmt die Regelgröße $x(t)$ mit den Anfangsbedingungen $x_o = 5, \dot{x}_o = 0$ in der Phasenebene? Welche näherungsweise Skalierung der Trajektorie nach der Zeit ergibt sich? Welcher genäherte Verlauf von $x(t)$ über der Zeitachse kann angegeben werden? Welche minimale und maximale Amplitude von $x(t)$ und welche Frequenz des Grenzzyklus liegt vor?*

Lösung: In Abb. 13.4 liegt die Anfangsbedingung bei AB, $x_o = 5, \dot{x}_o = 0$. Die erste Schaltung erfolgt bei $e = 1$, d.h. $x = -1$, die zweite bei $x = 1$. Sodann ist der Grenzzyklus beinahe schon erreicht.

Nähert man den Grenzzyklus durch eine Ellipse, so besitzt diese eine Amplitude in x von $1,3$ und in $\dot{x}$ von $2,17$. Daraus folgt die Grenzzyklusfrequenz grob zu $2,17/1,3 = 1,67$, was einer Schwingungsperiode von $3,7$ Sekunden gleichkommt.

Die Transiente von der Anfangsbedingung in den Grenzzyklus kann einerseits in PT_1-Form genähert werden; als Gerade in der Phasenebene (Abb. 13.4). Die Gerade besitzt ein $x_\infty = -10$ bei $\dot{x}_\infty = 0$, ausgehend von $x = 5$ und $\dot{x} \doteq -3,3$, was gemäß $T\dot{x} + x = 0$ einer Zeitkonstante $T = \frac{15}{3,3} \doteq 4,5$ entspricht.

Andererseits ist

$$\int_5^{-1} \frac{1}{(-2,8)}\,dx = -\frac{1}{2,8}(-1-5) = 2,14 \ . \tag{13.8}$$

Beides führt auf dieselbe Zeitabschätzung in der Abb. 13.5.

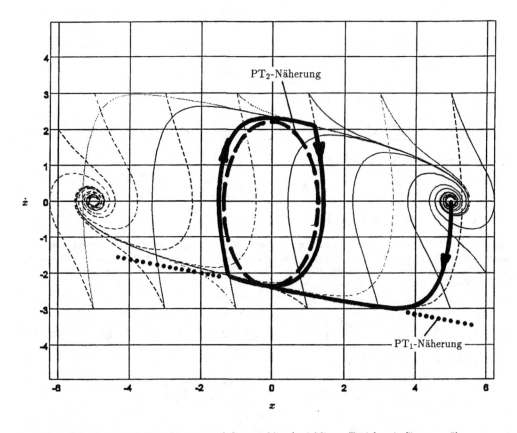

Abbildung 13.4: Trajektorien und Grenzzyklus (strichlierte Trajektorie für $u = -5$)

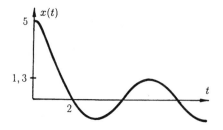

Abbildung 13.5: Zeitverlauf aus den Näherungen in der Phasenebene

13.5 Zeitoptimale Steuerung eines Zweifachintegrators

Angabe: *Ein zweifacher Integrator V/s^2 wird über ein unstetiges Element mit der Stellgröße $\pm K$ angesteuert. Von einem Ruhezustand im Zeitursprung ausgehend, soll der Endpunkt $(x_1; x_2) = (5; 1)$ in der Phasenebene zeitoptimal angefahren werden. Wann ist dabei die Stellgröße umzuschalten?*
Lösung: In der Phasenraumdarstellung gilt

$$\ddot{x} = Vu \quad \text{oder} \quad \begin{array}{l} \dot{x} = \dot{x}_1 = \quad x_2 \\ \ddot{x}_1 = x_2 = \quad Vu \end{array} \quad . \tag{13.9}$$

Bei konstanter Stellgröße folgt für die Bewegung aus dem Ruhezustand

$$\text{bei} \quad u = +K \rightsquigarrow \ x_1 = \frac{1}{2KV}x_2^2 \ , \quad \text{bei} \quad u = -K \rightsquigarrow \ x_1 = -\frac{1}{2KV}x_2^2 + c \ . \tag{13.10}$$

Soll der Endpunkt $(5; 1)$ getroffen werden, dann gilt $c = 5 + \frac{1}{2KV}$ oder als Bewegungsgleichung

$$x_1 = -\frac{1}{2KV}(x_2^2 - 1) + 5 \ . \tag{13.11}$$

Ihr Schnittpunkt mit $x_1 = \frac{1}{2KV}x_2^2$ liefert für den Umschaltepunkt

$$\frac{1}{2KV}x_{2u}^2 = -\frac{1}{2KV}(x_{2u}^2 - 1) + 5 \quad \rightsquigarrow \quad x_{2u}^2 = (\frac{1}{2KV} + 5)KV = 0,5 + 5KV \ . \tag{13.12}$$

Der Umschaltezeitpunkt t_u resultiert aus

$$x_2 = KVt \quad \rightsquigarrow \quad x_{2u} = KVt_u \quad \rightsquigarrow \quad t_u = \frac{x_{2u}}{KV} = \frac{\sqrt{0,5 + 5KV}}{KV} \ . \tag{13.13}$$

13.6 Unstetiger Greifer-Regler

Angabe: *Der Winkel ϑ eines Greifers wird mit einem unstetigen Regler geregelt. Dämpfende Faktoren können vernachlässigt werden. Das Trägheitsmoment der Greiferanlage sei $I = 250$ [kg m^2], die unstetig aufgebrachte Stellgröße als Stellmoment $K = \pm 125$ [Nm]. Das System habe Anfangswerte $\vartheta_o = 4^o$ und $(\dot{\vartheta})_o = 0$. Welche periodische Bewegung ergibt sich?*
Lösung: Mit der Annahme $\vartheta \stackrel{\triangle}{=} x_1$, $\dot{\vartheta} \stackrel{\triangle}{=} x_2$ folgt

$$\left. \begin{array}{l} \dot{x}_1 = x_2 \quad x_{10} = \frac{\vartheta_o \pi}{180} \\ \dot{x}_2 = -\frac{K}{I} \quad x_{20} = 0 \end{array} \right\} \rightsquigarrow x_1 = -\frac{K}{2I}t^2 + x_{20}t + x_{10} = -\frac{K}{2I}t^2 + \frac{\vartheta_o \pi}{180} \ . \tag{13.14}$$

Für den Endzustand x_{2e} ergibt sich

$$x_1 = 0 = -\frac{K}{2I}t_e^2 + \frac{\vartheta_o \pi}{180} \quad \rightsquigarrow \quad t_e = \frac{1}{3}\sqrt{\frac{\vartheta_o \pi I}{10K}} = \frac{2}{3}\sqrt{\frac{\pi}{5}} = 0,528 \tag{13.15}$$

$$x_{2e} = -\frac{K}{I}t_e = -\frac{1}{3}\sqrt{\frac{\vartheta_o \pi K}{10\,I}} = -0,264 \ . \tag{13.16}$$

Die Periode der Schwingung ist $4t_e = 2,11$.

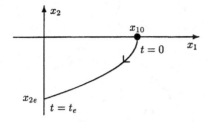

Abbildung 13.6: Zustandskurve in
einem Teil der Bewegung

13.7 Unstetiger Regler mit Hysterese

Angabe: *Für die Regelung nach Abb. 13.7 gelte $k = 2$; $a = 0,25$; $V = 1,5$; $T_1 = 5$. Welche Bewegung ergibt sich für Sollwertsprung im Phasendiagramm?*
Lösung:

$$G(s) = \frac{Y(s)}{U(s)} = \frac{1,5}{1 + 5s} \quad \leadsto \quad 5\frac{dy}{dt} + y = 1,5u \ . \tag{13.17}$$

Damit ist das Phasendiagramm nach Abb. 13.8 für $y_{ref}(t) = \sigma(t)$ zu zeichnen; es geht bei $t = 0$ und den Werten $y_{ref} = 1$; $y = 0$; $e = 1$; $u = 2$ von $\dot{y} = \frac{2 \cdot 1,5}{5} = 0,6$ (Anfangswerttheorem!) aus. Die Abb. 13.8 gibt alle Oszillogramme wieder, wie sie mit nachstehendem MATLAB-Programm berechnet werden.

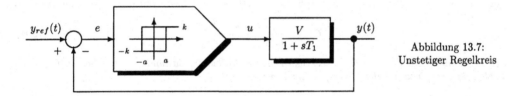

Abbildung 13.7:
Unstetiger Regelkreis

```
                                    % ilg1.m
    clear
    yref=1;      yo=0;      k=2;      Ta=0.01;      a=0.25;
    u=k; y=yo;
    for ii=1:600
        ya=y;  e=yref-y;
            if e>a;    u=k;  end;  % Regler
            if e<(-a); u=-k; end;  % Regler
        y=y+Ta*(-y+1.5*u)/5;    % Strecke G(s)=1.5/(1+5s)
            vecy(ii)=y;  vect(ii)=ii*Ta;    ydot=(y-ya)/Ta;
            vecydot(ii)=ydot;  vecu(ii)=u;  vece(ii)=yref-y;    end
    figure(1) % kwq.fig
    subplot(1,2,1), plot(vecy, vecydot, 'r')
    xlabel('y'); ylabel('dy/dt')
    grid
    subplot(1,2,2), plot(vect, vecy, vect, vecu,':', vect, vece,'-.')
    axis([0  6 -2.1   2.1]); xlabel('Zeit t')
```

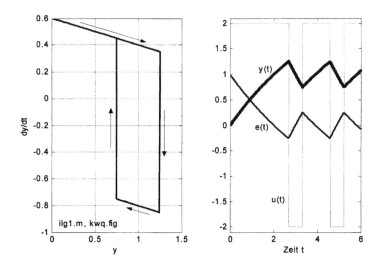

Abbildung 13.8: Zustandsdiagramm $\dot{y}$ über y sowie Oszillogramme $y(t)$, $e(t)$ und u(t)

13.8 * Zweipunktregelung mit sprungfähiger Regelstrecke in der Phasenebene

Angabe: *Eine Zweipunktregelung nach Abb. 13.9 besitzt die Regelstrecke mit der Übertragungsfunktion*

$$G(s) = \frac{b_o + b_1 s + b_2 s^2}{a_o + a_1 s + a_2 s^2} \ . \tag{13.18}$$

Welche Schaltsprünge vollführt der Streckenausgang im stationären Zustand? In der Abb. 13.10 sind die Schaltsprünge in einem Oszillogramm prinzipiell gezeigt.

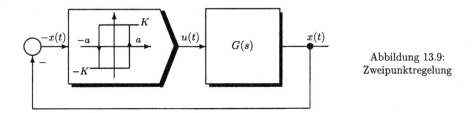

Abbildung 13.9:
Zweipunktregelung

Lösung: Nach der Anfangswertübergabe in Matrizendarstellung (*Weinmann, A., 1988*) gilt

$$G(s) \overset{\triangle}{=} \frac{\sum_o^n b_k s^k}{\sum_o^n a_k s^k} \ , \qquad \mathbf{L}_{ae} = \begin{pmatrix} a_1 & a_2 & \dots & a_n \\ a_2 & a_3 & & 0 \\ \vdots & \vdots & & \vdots \\ a_n & 0 & & 0 \end{pmatrix}^{-1} \begin{pmatrix} b_1 & b_2 & \dots & b_n \\ b_2 & b_3 & \dots & 0 \\ \vdots & \vdots & & \vdots \\ b_n & 0 & & 0 \end{pmatrix} \ . \tag{13.19}$$

Im konkreten Beispiel zweiter Ordnung folgt

$$\mathbf{L}_{ae} = \begin{pmatrix} a_1 & a_2 \\ a_2 & 0 \end{pmatrix}^{-1} \begin{pmatrix} b_1 & b_2 \\ b_2 & 0 \end{pmatrix} = \begin{pmatrix} b_2/a_2 & 0 \\ b_1/a_2 - a_1 b_2/a_2^2 & b_2/a_2 \end{pmatrix} \ . \tag{13.20}$$

Weiters erhält man für die Zusammenhänge zwischen Ein- und Ausgang der Regelstrecke bei $\mathbf{x} \triangleq \binom{x}{\dot{x}}$

$$\mathbf{x}(0^+) = \mathbf{x}(0^-) + \mathbf{L}_{ae}\mathbf{u}(0^+) = \mathbf{x}(0^-) + \mathbf{L}_{ae}K \cdot \binom{1}{0} \quad \text{und} \quad \mathbf{L}_{ae}K \cdot \binom{1}{0} = \left(\begin{array}{c} K\frac{b_2}{a_2} \\ \frac{K}{a_2}(b_1 - \frac{a_1 b_2}{a_2}) \end{array} \right) . \quad (13.21)$$

In der Phasenebene (Abb. 13.11) sind die Komponenten des Ausgangssprungs eingetragen.

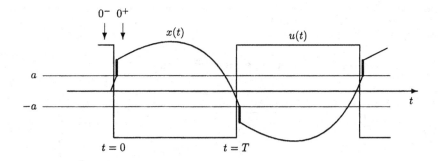

Abbildung 13.10: Oszillogramm von $x(t)$ und $u(t)$

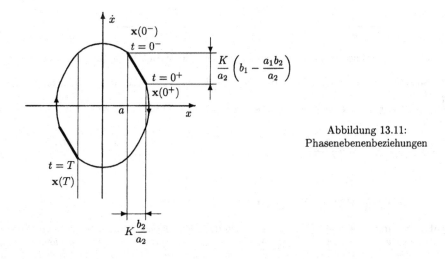

Abbildung 13.11:
Phasenebenenbeziehungen

13.9 ∗ Zweipunktregler mit sprungfähiger Strecke nach Zypkin

Angabe: *Besteht ein Regelkreis aus einem linearen Teil $G(s)$ und einem Zweipunktregler mit Hysterese (Breite $2a$) und Schalthöhe K, so hat die Zypkin-Schaltcharakteristik für sprungfähige lineare Systemteile erweitert zu werden (Raschke, A., 1995). Der Ausdruck für den Imaginärteil der Zypkin-Schaltcharakteristik lautet dann unter der Voraussetzung, dass die Schaltrichtungsbedingung erfüllt ist,*

$$\Im m\, I(\omega) = -K\, h(0^+) + \frac{4K}{\pi} \sum_{i=1,3,\dots}^{\infty} \frac{V(i\omega)}{i} = -a \,, \quad \text{wobei} \quad V \triangleq \Im m\, G(j\omega) \qquad h(t) \triangleq \mathcal{L}^{-1}\{\frac{G(s)}{s}\}$$

$$(13.22)$$

gelten. Die Lösung aus Gl.(13.22) ist mit $\omega = \omega_r$ benannt. Welche Systembewegung ergibt sich für ein spezielles $G(s) = K_P(1 + \frac{1}{sT_N})$ mit den Zahlenwerten $T_N = 1$, $a = 2$, $K_P = 1$, $K = 1$?

Lösung: Man findet $V(j\omega) = -\frac{K_P}{\omega T_N}$; $\quad h(t) = K_P(1 + \frac{t}{T_N})$; $\quad h(0^+) = K_P$ und mit $\Im m\ I(\omega)$ aus Gl.(13.22)

$$\omega_r = \frac{\pi}{2}\frac{1}{T_N}\frac{1}{\frac{a}{K\,K_P} - 1} \ . \tag{13.23}$$

Weiters folgt $\omega_r = \frac{\pi}{2}$ und die Periode zu 4.

Der zeitliche Verlauf der Ausgangsgröße der Regelstrecke besteht aus einer Rampe von $t = 0$ bis $t = 2$ bis auf den Wert $y = 2$, dort springt $y(t)$ um 2 auf null zurück; derselbe Verlauf für negative y-Werte schließt sich an.

13.10 Zweipunktregler mit interner Rückführung

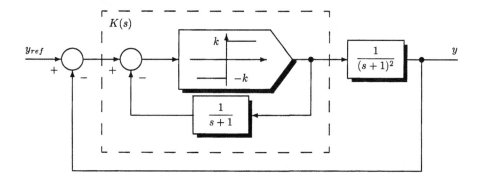

Abbildung 13.12: Zweipunktregelkreis mit interner Reglerrückführung

Angabe: *Welche Übertragungsfunktion ergibt sich näherungsweise mit großem k für das System der Abb. 13.12?*

Lösung: Der Regler wird linear mit der Ersatzverstärkung k' anstelle des Zweipunktreglers angenommen. Damit folgt

$$K(s) = \frac{k'}{1 + k'\frac{1}{s+1}} = \frac{(s+1)k'}{s+1+k'} \quad \leadsto \quad \lim_{k'\to\infty} K(s) = s + 1 \quad \leadsto \quad \frac{Y(s)}{Y_{ref}(s)} = \frac{K(s)\frac{1}{(s+1)^2}}{1 + K(s)\frac{1}{(s+1)^2}} = \frac{1}{s+2} \ .$$
$$\tag{13.24}$$

13.11 Unstetiger Regler ohne Hysterese

Angabe: *Ein Regelkreis besteht aus einem unstetigen Regler ohne Hysterese mit dem Ausgangssignal $\pm K$ und aus einer IT_t-Strecke $e^{-sT_t}/(sT_I)$. Wie sieht bei Sollwert 5 konstant die stationäre Bewegung in der Phasenebene aus? Wie beeinflusst K und T_I die Frequenz der Schaltzeitpunkte? Soferne das unstetige Element durch ein lineares von der Verstärkung V ersetzt wird, bei welchem V zeigt dann der lineare Regelkreis Labilität? Wie liegen die Schwingungsfrequenzen in beiden obgenannten Fällen zueinander?*

Lösung: Die Frequenz der Schaltzeitpunkte bleibt von K und T_I unbeeinflusst. Die Schaltfrequenz kann als die Fläche unter dem in ein $\frac{1}{\dot{x}}$-x-Diagramm umgezeichneten Grenzzyklus berechnet werden. Die Schaltfrequenz beträgt $0,25/T_t$. Die Verstärkung des linearen Ersatzelements V lautet $0,5\,\pi T_I/T_t$. Die erfragten Schwingungsfrequenzen sind gleich.

13.12 Regelung mit Hysterese und zusätzlicher P-Rückführung

Angabe: *Dämpfende Wirkung der Rückführung und entdämpfende Wirkung der Hysterese wirken in der Schaltung der Abb. 13.13 einander entgegen. Bei kleinen Schwingungsamplituden überwiegt Hystereseeinfluss, bei großen die Rückführung. Beide Fälle konvergieren gegen eine stationäre Grenzschwingung im Grenzzyklus. Wie sieht dieser, wie sehen die Zustandskurven und die Nahtlinie aus?*

Lösung: Aus dem Blockschaltbild der Abb. 13.13 findet man direkt

$$e = -(Vx_2 + x_1) + y_{ref} \quad \text{und} \quad u = \dot{x}_2/K_1 = \ddot{x}_1/K_1 . \tag{13.25}$$

Die Umschaltbedingungen lauten $e = -(Vx_2 + x_1) + y_{ref} = \pm a$. Daraus folgt $x_1 = y_{ref} - Vx_2 \pm a$ als Gleichung der Nahtgeraden mit einem Ablenkungswinkel aus der Senkrechten von $\alpha = \arctan V$, siehe Abb. 13.14.

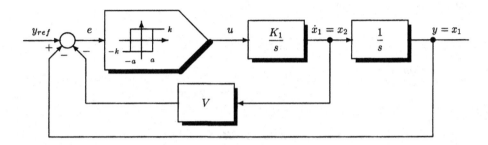

Abbildung 13.13: Regelkreis mit hysteresebehaftetem Schalter

Abbildung 13.14: Trajektorie und Grenzzyklus

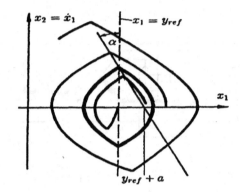

13.13   * Grenzzyklus an einem PDI₂-System

Angabe: *Der in der Abb. 13.15a gezeigte nichtlineare Regelkreis ist zu diskutieren und auf Gleitzustand zu untersuchen. Neben der Zweipunktkennlinie mit Hysterese soll auch eine Dreipunktkennlinie mit den gleichen Eckdaten diskutiert werden.*
Lösung: Die Gleichung der Zustandsparabel in der Phasenebene lautet

$$\frac{1}{2}x_2^2 = \pm KV(x_1 \pm c) \qquad (c > 0) . \tag{13.26}$$

Bei hysteresebehafteten Kennlinien tritt kein Gleitzustand auf. Damit auch bei der Dreipunktkennlinie kein Gleitzustand eintritt, muss die betragsmäßig kleinste Steigung an der Grenzzyklusparabel kleiner sein als $\frac{1}{\alpha}$ (siehe umgezeichnete Abb. 13.15b). Dies führt auf

$$\frac{\partial x_2}{\partial x_1} = \frac{\partial}{\partial x_1}\sqrt{2KV}\sqrt{x_1 + c} = \sqrt{2KV}\frac{1}{2\sqrt{x_1 + c}} < \frac{1}{\alpha} \tag{13.27}$$

$$\frac{\partial x_2}{\partial x_1}\bigg|_{x_1=0} = \sqrt{2KV}\frac{1}{2\sqrt{c}} = \sqrt{\frac{KV}{c}} \quad < \frac{1}{\alpha} . \tag{13.28}$$

Andererseits muss — aus geometrischen Erwägungen in der Phasenebene — die Relation $c > a$ für das c der Grenzzyklusparabel erfüllt sein.

Für die nach rechts offene Grenzzyklusparabel gilt $x_2 = \frac{a}{\alpha}$ bei $x_1 = 0$, somit

$$\frac{1}{2}x_2^2 = KV(x_1 + c) \quad \leadsto \quad \frac{1}{2}\frac{a^2}{\alpha^2} = KVc \quad \leadsto \quad c = \frac{a^2}{2\alpha^2 KV} \ . \tag{13.29}$$

Als Voraussetzung für Nichtgleiten folgt aus Gl.(13.28)

$$\sqrt{KV} < \frac{\sqrt{c}}{\alpha} = \frac{a}{\sqrt{2}\alpha\sqrt{KV}\alpha} \quad \leadsto \quad \sqrt{2}KV\alpha^2 < a \ , \tag{13.30}$$

aus $c > a$ wegen Gl.(13.29)

$$c = \frac{a^2}{2\alpha^2 KV} > a \quad \leadsto \quad a > 2\alpha^2 KV \tag{13.31}$$

und resultierend

$$a > \max\{\sqrt{2}\ KV\alpha^2,\ 2\alpha^2 KV\} = 2\alpha^2 KV \ . \tag{13.32}$$

Für die Zykluszeit T_c erhält man mit $\bar{x}_1 = x_1 + c$

$$T_c = 4\int_0^c \frac{1}{x_2}d\bar{x}_1 = 4\int_0^c \frac{1}{\sqrt{2KV}\ \sqrt{\bar{x}_1}}d\bar{x}_1 = 4\frac{1}{\sqrt{2KV}}2\sqrt{\bar{x}_1}\Big|_o^c = \frac{4a}{KV\alpha} \ . \tag{13.33}$$

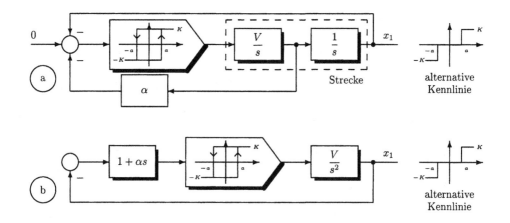

Abbildung 13.15: Blockbilder

13.14   Zustandskurven bei Hysterese-Zweipunktelement

Angabe: *Ein Regelkreis nach Abb. 13.17 mit $k = 10$ und $a = 3$ liegt vor. Die Zustandskurven sind zu zeichnen und die in Abb. 13.18 markierten Punkte in die Zustandsebene einzutragen. Man beachte die Zuordnung der Punkte auf der Hysteresekennlinie (Abb. 13.18) und auf den zugehörigen Zustandskurven (Abb. 13.19).*

Lösung: Nicht jedes Auflaufen einer Zustandskurve auf die Schaltlinie bedeutet blindlings „Schalten". So etwa ist die Schaltgerade in Abb. 13.19 rechts oben nur dann für Schalten auslösend, wenn man von einer nach rechts offenen Parabel auftrifft. Man beachte, dass es — je nach Anfangspunkt auf der Hysteresekennlinie im Mittelbereich $-a < x < a$ — zwei verschiedene Ausgangsparabeln gibt, siehe z.B. Punkt 11 in Abb. 13.19.

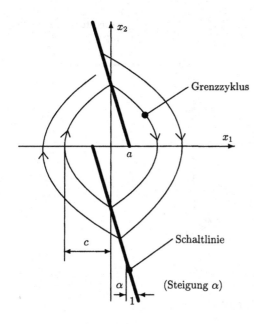

Abbildung 13.16: Phasendiagramm bei
Hysteresekennlinie

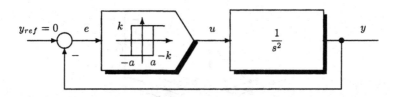

Abbildung 13.17: Unstetiger Regler und Zweifachintegratorstrecke

13.15 Abschätzungen an einem Zweipunktregelkreis

Angabe: *Zum Regelkreis nach Abb. 13.20 ist zu untersuchen: Welche Übertragungsfunktion (welches Verhalten) bewirkt der Regler $K(s)$ für $k \to \infty$ aus Abb. 13.20? Wie lautet das Führungsübertragungsverhalten $T(s)$? Abzuschätzen ist schließlich, nach welcher Zeit T_{90} bei Sprunganregung $y_{ref}(t) = \sigma(t)$ der Istwert $y(t)$ gerade 90 % des Sollwerts erreicht wird?*
Lösung: Die Lösungen lauten

$$K(s) = \frac{1 + 2s}{3} \; ; \quad T(s) = \frac{K(s)G(s)}{1 + K(s)G(s)} = \frac{1}{1 + 0{,}75s} \; ; \quad y(t) = 1 - e^{-\frac{4}{3}t} = 0{,}9 \; \rightsquigarrow \; T_{90} = 1{,}727 \; . \quad (13.34)$$

13.16 * Zweipunktsteuerung/regelung an dämpfungsfreiem PT$_{2s}$-System

Angabe: *Gegeben ist die Regelstrecke $\ddot{x}(t) + ax(t) = u(t)$ unter $a > 0$. Sie wird mit einer Stellgröße $u(t) = \pm k\sigma(t)$ angeregt. Wo liegen die Schaltzeitpunkte t_1 und t_2, mit denen die Istgröße, von einem Anfangspunkt t_0 aus, in den Ruhezustand überführt wird?*
Lösung: Aus der Angabe folgt

$$(s^2 + a)X(s) = U(s) \; \rightsquigarrow \; \frac{X(s)}{U(s)} = \frac{\frac{1}{a}}{1 + \frac{s^2}{a}} \; \rightsquigarrow \; \begin{cases} x(t) = \frac{k}{a} \sin \omega_o t + c & \omega_o = \sqrt{a} \\[2mm] \dot{x}(t) = \frac{k}{a}\omega_o \cos \omega_o t = \frac{k}{\sqrt{a}} \cos \omega_o t \; , \end{cases} \quad (13.35)$$

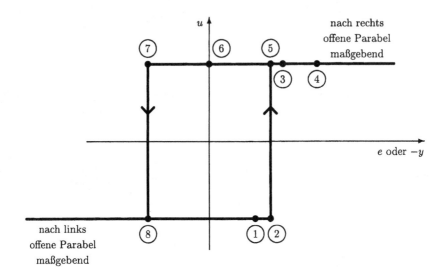

Abbildung 13.18: Hysteresekennlinie

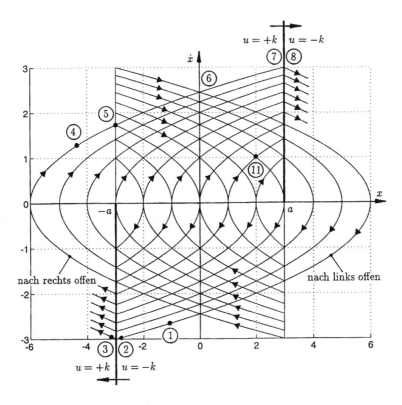

Abbildung 13.19: Zweipunktregelkreis und Zustandskurven

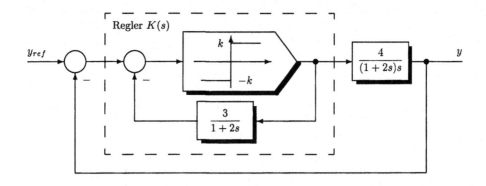

Abbildung 13.20: Zweipunktregler mit interner PT_1-Rückführung

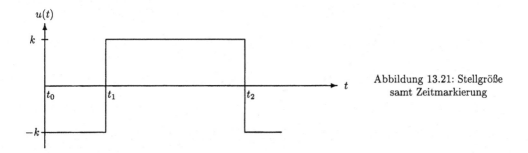

Abbildung 13.21: Stellgröße
samt Zeitmarkierung

d.h. bei geeignetem Maßstab, findet man kreisförmige Trajektorien nach Abb. 13.22.

Die Trajektorienkreise in Abb. 13.22 werden mit konstanter Geschwindigkeit durchlaufen, unabhängig vom Radius der Kreise. Bestimmt wird die Zeit durch den Winkel des Kreissektors, den die Trajektorie durchläuft. Zu diesem Ergebnis führt die Überlegung, den Kreissektor in Polarkoordinaten zu betrachten. In ihnen gilt $\varphi = \omega t$.

Der transiente Zustand besteht aus drei Abschnitten. Verlangt wird, dass der zweite dieser drei Abschnitte genau eine halbe Umdrehung in der Phasenebene vollführt. Der Grund hiefür liegt in der Lösung jener Aufgabenstellung, bei der Zeitoptimalität erreicht werden soll. Weiters gilt $t_2 - t_1 = \frac{1}{2} \frac{2\pi}{\omega_o} = \frac{\pi}{\omega_o} = \frac{\pi}{\sqrt{a}}$.

13.17 * Zweipunktregelung an einer PT₁-Strecke

Angabe: *Ein nichtlinearer Regelkreis laut Abb. 13.7 liegt vor. Welche Kenndaten des Regelkreises lassen sich aus der Phasenebene ermitteln? Welche Aussagen können mit der Beschreibungsfunktion getroffen werden?*

Lösung: Aus der Streckenübertragungsfunktion folgt (bei $y = x = x_1$, $x_2 = \dot{x}$)

$$X(s) + sT_1 X(s) = VU(s) \quad \rightsquigarrow \quad \dot{x}(t) = -\frac{1}{T_1}x(t) + \frac{V}{T_1}u(t). \tag{13.36}$$

Für $u = \pm k$ erhält man die Trajektorien $\dot{x}(t) = \pm\frac{Vk}{T_1} - \frac{1}{T_1}x(t)$, siehe Abb. 13.23.

Die Schaltlinien liegen für einen festen Sollwert $y_{ref} = w$ bei $x(t) = w \pm a$ für $u(t) = \mp k$. Die Zyklusdurchlaufzeit beträgt

$$T_c = \int_{w-a}^{w+a} \frac{1}{x_2}dx_1 + \int_{w+a}^{w-a} \frac{1}{x_2}dx_1 = -T_1 \int_{w-a}^{w+a} \frac{1}{-Vk+x_1}dx_1 - T_1 \int_{w+a}^{w-a} \frac{1}{Vk+x_1}dx_1 \tag{13.37}$$

$$T_c = T_1 \ln\left|\frac{(w-a-Vk)(w+a+Vk)}{(w+a-Vk)(w-a+Vk)}\right|. \tag{13.38}$$

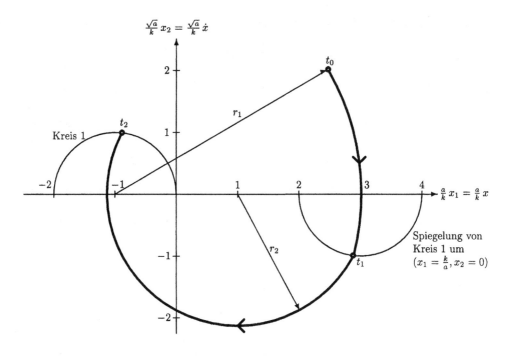

Abbildung 13.22: Zustandsdiagramm zum schaltenden Regelkreis

Die Beschreibungsfunktion versagt in dieser Aufgabe zufolge der niedrigen Ordnung der Regelstrecke, geometrisch liegt auch kein Schnittpunkt zwischen $1/G(j\omega)$ und $-N(e_{r,sp})$ vor.

13.18 ∗ Zweipunktregelung an mittelwertbildender I_1-Strecke

Angabe: *Mittels Beschreibungsfunktion (und exakt) ist die Grenzschwingung zu bestimmen, die sich in einer Regelung aus hysteresefreiem Zweipunktregler und nachgeschalteter Regelstrecke*

$$G(s) = \frac{1 - e^{-sT}}{s} \frac{1}{sT_N} \tag{13.39}$$

ergibt. Diese Strecke kann als Serienschaltung eines mittelwertbildenden Elements $\frac{1-e^{-sT}}{sT}$ mit einem Integrator mit der Nachstellzeit T_N/T aufgefasst werden.
Lösung: Aus $N(e_{r,sp}) = K\frac{4}{\pi}\frac{1}{e_{r,sp}}$ und $G(j\omega)N(e_{r,sp}) = -1$ folgt wegen $\Im\{\cdot\} = 0$

$$\frac{1 - \cos\omega T + j\sin\omega T}{-\omega^2 T_N} \frac{4K}{\pi} \frac{1}{e_{r,sp}} = -1 \quad \leadsto \quad \frac{\sin\omega T}{\omega^2 T_N} = 0 \quad \leadsto \quad \omega = \omega_r = \frac{\pi}{T}. \tag{13.40}$$

Die Eigenfrequenz des Regelkreises wird durch die Totzeit T im mittelwertbildenden Element erzwungen. Wie in der Abb. 13.24 dargestellt, kann daher der erste Faktor in $G(s)$ als Halteglied $G_{ho}(s)$ einer Abtastoperation aufgefasst werden, die mit der Abtastperiode T erfolgt. Die Frequenz der Grenzschwingung ist die halbe Abtastfrequenz. Aus dem Ansatz in Gl.(13.40) folgt weiters im Realteil

$$\frac{1 - \cos\omega_r T}{\omega_r^2 T_N} \frac{4K}{\pi} = \frac{2}{\frac{\pi^2}{T^2}T_N} \frac{4K}{\pi} = e_{r,sp} \quad \leadsto \quad e_{r,sp} = \frac{8K}{\pi^3} \frac{T^2}{T_N} = 0,258\frac{KT^2}{T_N}. \tag{13.41}$$

Für $T = T_N = 1$ und $K = 1$ erhält man aus Abb. 13.25 den Abschnitt auf der negativ reellen Achse bei 0,2026, wie sie aus der bei $\omega_r = \pi$ gegebenen Stationärverstärkung $|G(j\omega_r)| = \frac{2}{\omega_r^2} = \frac{2}{\pi^2}$ resultiert.

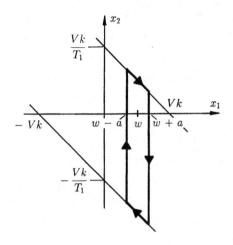

Abbildung 13.23: Grenzzyklus der
Zweipunktregelung

Unter der Annahme der Gültigkeit der Beschreibungsfunktion findet man bei $T_N = 1$ folgende Zusammenhänge: Rechteckschwingung am Ausgang des Zweipunktelements von der Amplitude 1, Grundschwingung von der Amplitude $4/\pi = 1,27$, Stationärverstärkung von $|G(j\omega)| = 2\,T^2/\pi^2 = 0,2026\,T^2$ und schließlich $e_{r,sp} = -y_{r,sp} = 1,27 \cdot 0,258\,T^2$.

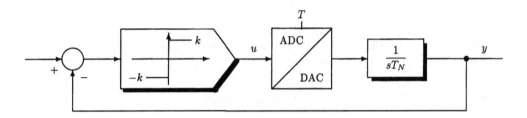

Abbildung 13.24: Regelkreisblockbild unter Annahme eines Abtast-Halteglieds

Um den exakten Verlauf zu erklären, wird die Regelung in eine Kette von Übertragungselementen wie folgt zerlegt: Zweipunktelement, Baustein $1 - e^{-sT}$, zwei einfache Integratoren. Dann ergibt sich für den Ausgang des Zweipunktelements eine Rechteckschwingung der Periode $2T$ und der Amplitude 1, am Ausgang von $1 - e^{-sT}$ eine Rechteckschwingung der Amplitude 2 und Periode $2T$. Am Ausgang des ersten Einfachintegrators findet man dann eine Dreiecksschwingung des Maximalwerts T vor, am Ausgang des zweiten Einfachintegrators eine Schwingung aus Parabelteilen der maximalen Auslenkung $T^2/4 = 0,25\,T^2$.

Von verschiedenen Anfangsbedingungen $\neq 0$ des im Abb. 13.26a rechtsseitigen Integrators (sowie Anfangsbedingung 0 des linksseitigen) läuft der Regelkreis sehr rasch in den beschriebenen Dauerschwingungszustand ein. Nicht ganz so selbstverständlich ist der Anschwingvorgang von Anfangsbedingungen 0 beider Integratoren. Gleichgültig von welcher Anfangslage das Zweipunktelement startet, für kleinste Anfangsbedingungen zeigt der Regelkreis zunächst ein Vibrieren in Grenzstabilität. Es wird nur durch die Blockierzeit T_r des Zweipunktschalters in der Frequenz nach oben begrenzt. Durch die im mittelwertbildenden Element vorhandene Totzeit stellt sich eine sehr geringfügige Instabilität ein. Erst nach vergleichsweise langer Zeit, gemäß Abb. 13.26c nach etwa sechs Sekunden, schwingt das System zu der oberwähnten Dauerschwingung auf.

13.19 * Dreipunktregler und Gleiten

Angabe: *Gegeben ist der nichtlineare Regelkreis nach Abb. 13.27.*
a) Wie lauten die Trajektorien der linearen Strecke (rechnerisch und graphisch)?

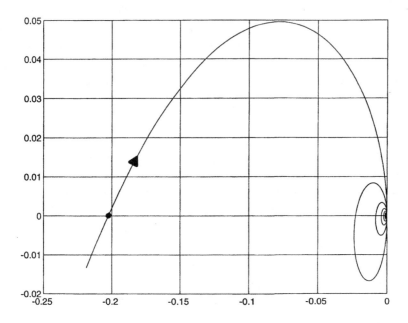

Abbildung 13.25: Ortskurve von $G(j\omega)$

b) Wie lauten die Trajektorien des geschlossenen Kreises bei $k_r = 0$?

c) Wie ändern sich Schaltlinien und Trajektorien des geschlossenen Systems für $k_r > 0$?

d) Auf welchen Schaltlinien wird das System „festgehalten", weil sich ein Gleitzustand (Gleiten auf der Schaltlinie) ergibt? Durch welche Differentialgleichung wird das System in diesem Fall beschrieben?

Lösung:

a) Für die Strecke allein erhält man mit der Scheitelabszisse y_s

$$u = 0 \qquad y_d \overset{\triangle}{=} \dot{y} = \text{konstant} \tag{13.42}$$

$$u = 1 \qquad y_d^2 = 2(y - y_s) \tag{13.43}$$

$$u = -1 \qquad y_d^2 = -2(y - y_s) \; . \tag{13.44}$$

b) Der Regelkreis bei $k_r = 0$ ist durch Trajektorien gemäß Abb. 13.28a gekennzeichnet, wobei

$$u = 0 \qquad e = 0 \quad -a < y < a \tag{13.45}$$

$$u = 1 \qquad e > a \quad y < -a \tag{13.46}$$

$$u = -1 \qquad e < -a \quad y > a \; . \tag{13.47}$$

c) Der Regelkreis bei $k_r > 0$ besitzt geneigte Schaltgeraden g_1 : $y + k_r y_d = a$ und g_2 : $y + k_r y_d = -a$, sowie Trajektorien gemäß Abb. 13.28b. Die Schaltgerade g_1 [bzw. g_2] durch den Punkt bei a [$-a$] auf der Abszisse und den Punkt $\frac{a}{k_r}$ [$-\frac{a}{k_r}$] auf der Ordinate bestimmt.

d) Gleiten tritt zwischen B_1 und H_1 auf. Der Gleitvorgang verläuft gemäß $y + k_r \dot{y} = a$. Dabei gilt $B_1 = (a - k_r^2, k_r) = $ (Abszisse, Ordinate) und $H_1 = (y_s, 0)$ wobei $y_s = a - 1,5k_r^2$. Die Steigung der Parabel bei B_1 ist $\frac{dy_d}{dy} = \frac{1}{\sqrt{2(y - y_s)}}\Big|_{y = a - k_r^2} = -\frac{1}{k_r}$, siehe Abb. 13.28c.

13.20 Stückweise linearer Regler und I_1-Strecke

Angabe: *Gegeben ist der Regelkreis mit Begrenzer nach Abb. 13.30. Welche Systemantwort ergibt sich aufgrund einer beliebigen Anfangsbedingung für y bei Rechnung und Zeichnung in der Phasenebene? Die Ausgangsgröße sei zugleich Zustandsvariable.*

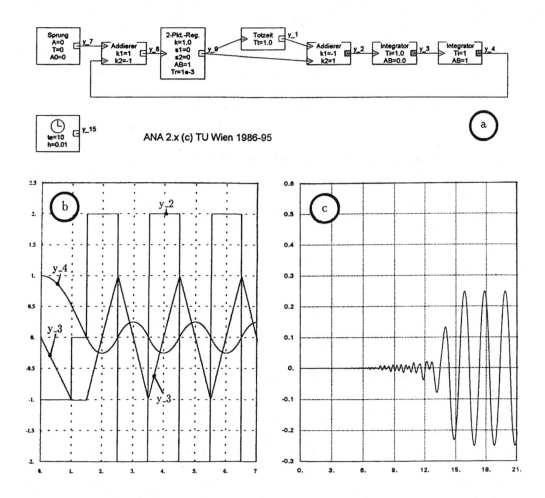

Abbildung 13.26: ANA2-Blockbild (a), Anschwingvorgang bei Anfangsbedingung des rechtsseitigen Integrators $\neq 0$ (b) und 0 (c)

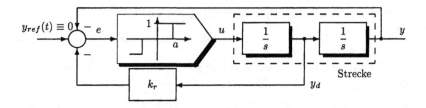

Abbildung 13.27: Nichtlinearer Regelkreis

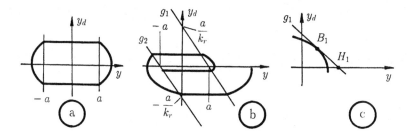

Abbildung 13.28: Diagramm in der Phasenebene als Prinzipskizze

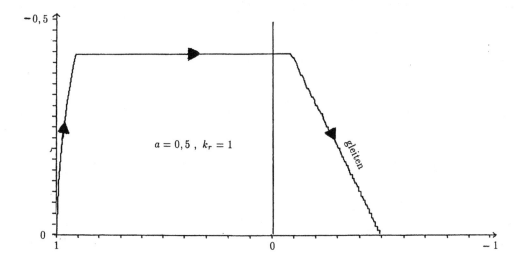

Abbildung 13.29: Diagramm in der Phasenebene mit Zahlenwerten ($a = 0{,}5$, $k_r = 1$)

Lösung: Es folgt

$$e > K: \quad u = K \quad \leadsto \quad \dot{y} = KV \tag{13.48}$$

$$e < -K: \quad u = -K \quad \leadsto \quad \dot{y} = -KV \tag{13.49}$$

$$-K < e < K: \quad u = -y \quad \leadsto \quad \dot{y} = -yV \tag{13.50}$$

und damit Abb. 13.31. In ihr sind durch ^{o} vier Anfangspunkte eingetragen. Von diesen springt das System in $\dot{y}$-Richtung auf die dick gezeichnete Trajektorie (durch den Ursprung).

13.21   Stückweise linearer Regler und IT$_1$-Strecke

Angabe: Wie sieht zu Abb. 13.32 die Nahtlinie aus, wie die Trajektorien für $a = 0{,}5$; $K = 2$; $T_1 = 1$? Der lineare Teil der Kennlinie hat die Steigung eins.

Lösung: Aus der Regelstreckenangabe Abb. 13.32 folgt $\ddot{y} + \dot{y} = 2u$. Mit den Definitionen $x_1 \triangleq y$ und $x_2 \triangleq \dot{y}$ resultiert

$$\begin{pmatrix} \dot{x}_1 \\ \dot{x}_2 \end{pmatrix} = \begin{pmatrix} 0 & 1 \\ 0 & -1 \end{pmatrix} \begin{pmatrix} x_1 \\ x_2 \end{pmatrix} + \begin{pmatrix} 0 \\ 2 \end{pmatrix} u \quad \leadsto \quad \frac{dx_2}{dx_1} = \frac{-x_2 + 2u}{x_2} \quad \leadsto \quad \frac{x_2}{-x_2 + 2u} dx_2 = dx_1 . \tag{13.51}$$

Mit den beiden Sättigungslagen $\pm a$ gilt

$$u = +a \quad x_1 = -x_2 - 2a \ln |x_2 - 2a| + C \; ; \quad u = -a \quad x_1 = -x_2 + 2a \ln |x_2 + 2a| + C . \tag{13.52}$$

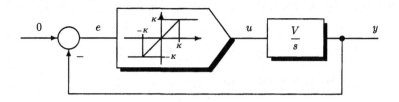

Abbildung 13.30: Regelkreis mit Begrenzer

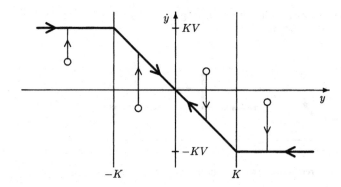

Abbildung 13.31: Trajektorie in der Phasenebene

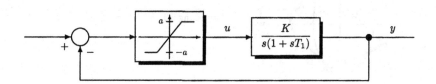

Abbildung 13.32: Regelkreis mit linearem Regler unter Sättigung

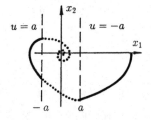

Abbildung 13.33: Nahtlinie und Trajektorie

Bei Betrieb im linearen Teil der Kennlinie folgt

$$T(s) = \frac{2}{2 + s(s + 1)} = \frac{2}{s^2 + s + 2} \qquad s_{1,2} = -0,5 \pm j\frac{\sqrt{7}}{2} \text{ mit } \omega_N = \sqrt{2}, D = \frac{1}{2\sqrt{2}} . \tag{13.53}$$

Einen qualitativen Eindruck von Nahtlinie und Trajektorie liefert die Abb. 13.33.

13.22   Regelung mit I$_2$-Schleife und Begrenzung

Angabe: *Für den Regelkreis nach Abb. 13.34 sind die Trajektorien für die konkreten Anfangsbedingungen* $\dot{y}(0) = 0$, $y(0) = y_o > a$ *zu berechnen, zu zeichnen und zu diskutieren.*

Lösung: Die Zustandsvariablen werden gemäß $x_1 \triangleq y$, $x_2 = \dot{x}_1 = \dot{y}$ definiert. Bei $-a < y < a$ folgt

$$-\int_0^t \int_0^t \frac{b}{a} K_1 K_2 y = y \qquad \rightsquigarrow \qquad \ddot{y} + \frac{K_1 K_2 b}{a} y = 0 . \tag{13.54}$$

Gemäß Abb. 13.35 sind die Zustandskurven Ellipsen in Mittelpunktslage mit den Halbachsen proportional zu $\sqrt{a}$ und $\sqrt{K_1 K_2 b}$. Bei $y > a$ hingegen resultieren Parabeln $\ddot{y} = -K_1 K_2 b$.

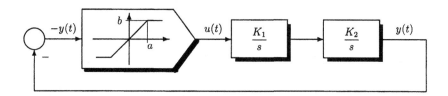

Abbildung 13.34: Regelkreis mit I$_2$-Strecke und begrenztem P-Regler

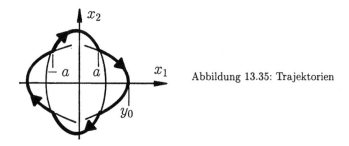

Abbildung 13.35: Trajektorien

13.23   Linearer Regler mit Totzone

Angabe: *Der Regelkreis nach Abb. 13.36 ist einem Sollwerteinheitssprung ausgesetzt und soll bei* $y(0) = 0$ *beginnen. Welchen Bewegungszustand zeigt das System?*

Lösung: Man kann folgende drei Betriebszustände unterscheiden:

$$e(t) \geq 0,1 \qquad y(t) \leq 0,9 \qquad u(t) = 2[e(t) - 0,1] \tag{13.55}$$
$$-0,1 \leq e(t) \leq 0,1 \qquad 0,9 \leq y(t) \leq 1,1 \qquad u(t) = 0 \tag{13.56}$$
$$e(t) \leq -0,1 \qquad y(t) \geq 1,1 \qquad u(t) = 2[e(t) + 0,1] . \tag{13.57}$$

Bei Sollwertsprung liegt der erstgenannte Fall vor

$$u = \dot{y} \quad \rightsquigarrow \quad \dot{y}(t) = 2e(t) - 0,2 = 2[1 - y(t)] - 0,2 = 1,8 - 2y , \tag{13.58}$$

was in der $(\dot{y}, y)$-Phasenebene einer Geraden vom Punkt $(1,8; 0)$ zum Punkt $(0; 0,9)$ entspricht. Dort ist die Bewegung bereits beendet, allerdings unter nur 10 % Stationärgenauigkeit.

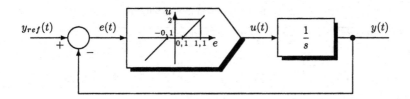

Abbildung 13.36: Regelkreis mit totzonebehaftetem Regler

13.24 Korrektur einer mechanischen Turmuhr

Angabe: *Eine mechanische Turmuhr zeigt die Zeit als „Anzeigezeit" $(1 - K)t$, wobei K als Richtwert mit 0,001 anzugeben ist. Die Turmuhr soll durch einen stündlichen Zeitvergleich mit einer Quarzuhr so nachgeführt werden, dass sie ihr zeitlich folgt. Die Turmuhr wird durch eine Zweipunkt-Verstellung der Ganggeschwindigkeit von $u(t) = \pm2000$ ppm bei einer Hysterese von ±3 Sekunden geregelt. Die Anfangsbedingung sei $u(t)\big|_{t=0} > 0$. Welche größten Amplituden $e_{\min}$ und $e_{\max}$ und welche Periodendauer T_g ergeben sich für den Grenzzyklus?*

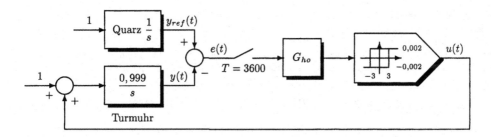

Abbildung 13.37: Dynamisches Blockschaltbild zur Überlagerung Quarzuhr über mechanische Uhr

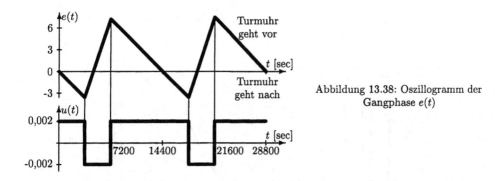

Abbildung 13.38: Oszillogramm der Gangphase $e(t)$

Lösung: Zunächst wird die Abweichung $e(t)$ definiert als $e(t) \stackrel{\triangle}{=}$ Echtzeit minus Anzeigezeit. Daher bedeutet $e > 0$ „Uhr geht nach" und $\dot{e} > 0$ „Ganggeschwindigkeit zu langsam".

Das Blockbild ist in Abb. 13.37 gezeigt. Da die Turmuhr in einem gegebenen Nominalpunkt ($K = 0,001$) als nachgehend angenommen wird (Integrationsfaktor 0,999) und dabei $u(t = 0) > 0$ sein soll, also $+0,002$, so wird nach einer Stunde von der Turmuhr die Gangphase der Größe $0,999 \cdot (1 + 0,002) \cdot 3600 = 3603,6$

Tabelle 13.1: Interessante Einstellwerte

Fall mit Strecke $G(s)$	y_{ref}	$y(0)$	Bemerkung
Fall 1 $G(s) = 1/(1-2s)$	3	6	instabil, $u = -5$ konstant
Fall 1 $G(s) = 1/(1-2s)$	3	4	instabil, $u = +5$ konstant
Fall 2 $G(s) = 1/(2s-1)$	7	-1	instabil, System schaltet ein Mal
Fall 2 $G(s) = 1/(2s-1)$	3	-5,1	instabil, $u = +5$
Fall 2 $G(s) = 1/(2s-1)$	3	-4	stabil
Fall 3 $G(s) = 1/(1+2s)$	7	14	stabil, kein Grenzzyklus, schaltet nur ein Mal
Fall 3 $G(s) = 1/(1+2s)$	3	-4	stabil, Grenzzyklus

Sekunden wahrgenommen; also ist $e = -3,6$ Sekunden, d.h. die Turmuhr geht 3,6 Sekunden vor. Der Zweipunktregler schaltet bei $t = 3600$ auf $u = -0,002$, die Ganggeschwindigkeit sinkt auf 3 Promille nacheilend, zum Zeitpunkt $t = 7200$ hinkt die Turmuhr um 7,2 Sekunden nach (siehe Oszillogramm in Abb. 13.38). Resultierend bedeutet dies also $e_{max} = 7,2$ und $e_{min} = -3,6$ mit einer Periode von 4 Stunden.

13.25   ∗ Zweipunktregler mit Hysterese und instabiler PT$_1$-Strecke

Angabe: *Der Regelkreis nach Fig. 13.7 ist in drei Fällen mit verschiedenen $G(s)$ zu analysieren.*
Lösung: Fall 2 aus Tabelle 13.1 wird genauer ausgeführt: $G(s) = \frac{1}{2s-1} = \frac{Y}{U} \leadsto \dot{y} = 0,5y + 0,5u$. Die Beziehung zwischen Funktion des unstetigen Reglers und der Zustandsebene lauten: $u = +k$ bei $e > -a$ oder $y_{ref} - y > -a$ oder $y < y_{ref} + a$. Weiters $u = -k$ bei $e < +a$ oder $y_{ref} - y < +a$ oder $y > y_{ref} - a$. Es gibt einen stabilen Grenzzyklus, allerdings nur unter bestimmten Anfangsbedingungen. In der zugehörigen Abb. 13.39 sind die Schnittpunkte L der verlängerten Trajektorien mit der Abszisse „Sattelpunkte".

```
yref=3;     yo=-4; k=5;  Ta=0.01; a=1;              u=k; y=yo;
for ii=1:1000
ya=y;   e=yref-y;  if e>a;    u=k;  end;  if e<(-a); u=-k; end;
    % y=y+Ta*(0.5*y-0.5*u);   % Fall 1: G(s)=1/(1-2s)
y=y+Ta*(0.5*y+0.5*u);        % Fall 2: G(s)=1/(2s-1)
    % y=y+Ta*(-0.5*y+0.5*u);  % Fall 3: G(s)=1/(1+2s)
vecy(ii)=y;  vect(ii)=ii*Ta; ydot=(y-ya)/Ta; vecydot(ii)=ydot;
vecu(ii)=u;  vece(ii)=yref-y; end;          figure(1)
subplot(1,2,1), plot(vecy, vecydot, 'r', vece, vecu, 'b')
subplot(1,2,2), plot(vect, vecy, vect, vecu,':', vect, vece,'-.')
```

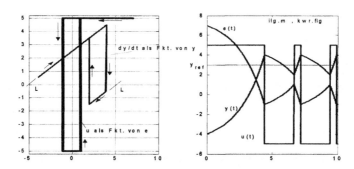

Abbildung 13.39: Zustandsdiagramm und Oszillogramme zur Zweipunktregelung mit instabiler Strecke

Kapitel 14

Grenzzyklen mittels Beschreibungsfunktion

14.1 Zweipunktelement ohne Hysterese

Angabe: *Mit welcher Frequenz stellt sich eine Eigenschwingung eines Regelkreises ein, der einen nicht-linearen hysteresefreien schaltenden Regler mit zwei Ausgangslagen hat und ein* $G(s) = \frac{1}{a+s+s^2+s^3/4}$ *als linearen Teil?*
Lösung: Zunächst gilt

$$G(j\omega) = \frac{a - \omega^2 - j\omega(1 - \frac{\omega^2}{4})}{(a - \omega^2)^2 + \omega^2(1 - \frac{\omega^2}{4})^2} \quad \rightsquigarrow \quad \begin{cases} \Im\, G(j\omega) = 0 \rightsquigarrow \omega_r = 2 \quad \text{und} \\ \Re\, G(j\omega_r) = \frac{1}{a-4} . \end{cases} \tag{14.1}$$

Die Beschreibungsfunktion (*Weinmann, A., 1995, Kap. 15*) lautet $N(e_{r,sp}) = \frac{4b}{e_{r,sp}\pi}$, wobei $e_{r,sp}$ die Schwingungsamplitude und $\pm b$ die konstante Ausgangsamplitude des Schaltreglers ist. Für die Schwingungsamplitude $e_{r,sp}$ des Grenzzyklus folgt

$$G(j\omega) = -\frac{1}{N(e_{r,sp})} \quad \rightsquigarrow \quad \frac{1}{a-4} = -\frac{e_{r,sp}\pi}{4b} \,\forall a < 4 \quad \rightsquigarrow \quad e_{r,sp} = \frac{4b}{\pi(4-a)} \,\forall a < 4 . \tag{14.2}$$

Die Frequenz ist stets $\omega_r = 2$.

14.2 Zweipunktelement mit Hysterese

Angabe: *Mit harmonischer Balance ist die Frequenz und Amplitude der Eigenschwingung zur Regelung der Abb. 14.1 graphisch zu ermitteln, und zwar für*

$$G(s) = \frac{1}{sT_1(1 + sT_2)} \qquad N(e_{r,sp}) = \frac{4K}{\pi e_{r,sp}} e^{-j \arcsin \frac{a}{e_{r,sp}}} , \qquad e_{r,sp} \geq a . \tag{14.3}$$

Lösung: Man verwendet zweckmäßigerweise die Beziehung in der Darstellungsform $G(j\omega) = -\frac{1}{N(e_{r,sp})}$, weil sich der Kehrwert von $N(e_{r,sp})$ analytisch sehr einfach darstellen lässt. Im einzelnen und für Gl.(14.2) folgt

$$-\frac{1}{N(e_{r,sp})} = -\frac{\pi e_{r,sp}}{4K}\left(\sqrt{1 - \frac{a^2}{e_{r,sp}^2}} + j\frac{a}{e_{r,sp}}\right) = -\frac{\pi}{4K}\left(\sqrt{e_{r,sp}^2 - a^2} + j\,a\right) \qquad \text{(siehe Abb. 14.2)} . \tag{14.4}$$

14.3 ∗ Dreipunktregler

Angabe: *Der nichtlineare Regelkreis laut Abb. 14.3 soll darauf untersucht werden, für welchen Bereich von V sich (stabile) Eigenschwingungen einstellen. Wie lautet die zugehörige Grenzzyklusfrequenz* ω_r *?*
Lösung: Für den Dreipunktregler ohne Hysterese ist die Beschreibungsfunktion reell. Ist T_r die Periode von ω_r, dann gilt für die Beschreibungsfunktion mit b_1 als Grundschwingungsamplitude des Dreipunktreglerausgangs

$$b_1 = \frac{\omega}{\pi}\left[\int_{\beta/\omega}^{T_r/2-\beta/\omega} K \sin\omega t\, dt - \int_{T_r/2+\beta/\omega}^{T_r-\beta/\omega} K \sin\omega t\, dt\right] \qquad \text{mit } \beta = \arcsin\frac{a}{e_{r,sp}} \tag{14.5}$$

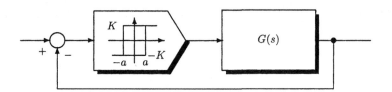

Abbildung 14.1: Zweipunktregler und IT_1-Regelstrecke

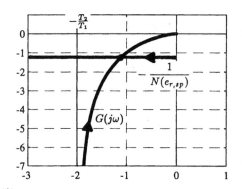

Abbildung 14.2: Komplexe
$G(j\omega)$-Ebene mit $-\frac{1}{N(e_{r,sp})}$ gemäß
Gl.(14.4)

$$b_1 = \frac{\omega}{\pi} \cdot \frac{K}{\omega}\left[-\cos(\frac{\omega T_r}{2} - \beta) + \cos\beta - \cos(\frac{\omega T_r}{2} + \beta) + \cos(\omega T_r - \beta)\right] \tag{14.6}$$

$$b_1 = \frac{4K}{\pi}\cos\beta = \frac{4K}{\pi}\sqrt{1 - \sin^2\beta} = \frac{4K}{\pi}\sqrt{1 - (\frac{a}{e_{r,sp}})^2} \tag{14.7}$$

$$N(e_{r,sp}) = \frac{b_1 \sin\omega t}{e_{r,sp}\sin\omega t} = \frac{4K}{\pi e_{r,sp}}\sqrt{1 - (\frac{a}{e_{r,sp}})^2} \ . \tag{14.8}$$

Das Maximum von $N(e_{r,sp})$ ergibt sich aus $\frac{\partial N(e_{r,sp})}{\partial e_{r,sp}} = 0$ zu $e_{r,sp} = \sqrt{2}\,a$. Dabei ist $N(\sqrt{2}\,a) = \frac{2K}{\pi a}$.
Da $N(e_{r,sp})$ reell ist, tritt der Schnittpunkt bei $\Im\,G(j\omega_r) = 0$ auf, d.h.

$$\Im\,\{(j\omega)^3 + 2(j\omega)^2 + j\omega\} = 0 \rightsquigarrow -\omega^3 + \omega = 0 \rightsquigarrow \omega_r = 1 \rightsquigarrow \Re\,\{G(j\omega_r)\} = \frac{2V}{2(j\omega_r)^2} = -V \ . \tag{14.9}$$

Die Schließbedingung lautet für den Maximumpunkt von N (Minimumpunkt von $\frac{1}{N}$)

$$N(e_{r,sp})G(j\omega_r) + 1 = 0 \rightsquigarrow -\frac{2K}{\pi a}V + 1 = 0 \ . \tag{14.10}$$

Dies ist für $V = \frac{\pi a}{2K}$ im Maximumpunkt erfüllt, aber auch für alle $V > \frac{\pi a}{2K}$.
Es handelt sich um stabile Eigenschwingungen der Kreisfrequenz $\omega_r = 1$ und der Amplitude $e_{r,sp,1}$.
Aus $N(e_{r,sp,1})\,\Re\,\{G(j\omega_r)\} = -1$ oder $N(e_{r,sp,1})(-V) = -1$ folgt mit Gl.(14.8)

$$\frac{4KV}{\pi e_{r,sp,1}}\sqrt{1 - (\frac{a}{e_{r,sp,1}})^2} = 1 \rightsquigarrow e_{r,sp,1} = \frac{4KV}{\pi}\sqrt{0,5 + \sqrt{0,25 - (\frac{a\pi}{4KV})^2}} \ . \tag{14.11}$$

14.4   ∗ IT_2-System und P-Regler mit Ansprechschwelle

Angabe: Zu untersuchen ist der Grenzzyklus eines linearen Reglers mit Ansprechschwelle nach Abb. 14.4a
in Zusammenarbeit mit einem IT_2-System.

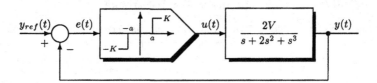

Abbildung 14.3: Dreipunktregelkreis

Lösung: Die Beschreibungsfunktion für das nichtlineare Element nach Abb. 14.4a findet man mit der Skizze in Abb. 14.4b und bei $e_{r,sp} > a$, $y(t) = e_{r,sp} \sin \omega t - a$, $t_1 = \frac{1}{\omega} \arcsin \frac{a}{e_{r,sp}}$ aus

$$N(e_{r,sp}) = \frac{\omega}{e_{r,sp}\pi} \int_0^{2\pi/\omega} y(t) \sin \omega t \, dt = \frac{4\omega}{e_{r,sp}\pi} [\int_{t_1}^{0,5\,\pi/\omega} e_{r,sp} \sin^2 \omega t \, dt - \int_{t_1}^{0,5\,\pi/\omega} a \sin \omega t \, dt] \ . \quad (14.12)$$

Die Ausrechnung liefert $N(e_{r,sp}) = 0$ für $e_{r,sp} \leq a$ und

$$N(e_{r,sp}) = 1 - \frac{2}{\pi} \arcsin \frac{a}{e_{r,sp}} - \frac{2a}{e_{r,sp}\pi} \sqrt{1 - (\frac{a}{e_{r,sp}})^2} \quad \text{für} \quad e_{r,sp} \geq a \ . \quad (14.13)$$

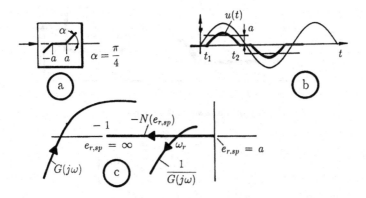

Abbildung 14.4: Kennlinie mit Lose (a), Sinusantwort (b) und Ortskurvenschnitt (c)

Die Überlegung zur Dauerschwingung an dem System

$$G(s) = \frac{k}{s(s+1)(s+2)} \quad (14.14)$$

führt mit $1/G(s) = -N(e_{r,sp})$ auf

$$\arg G(j\omega) = -\pi \quad \leadsto \quad \arg \frac{1}{G(j\omega)} = \pi = \arctan \frac{-\omega^3 + 2\omega}{-3\omega^2} \quad \leadsto \quad \omega = \omega_r = \sqrt{2} \ . \quad (14.15)$$

Gemäß Abb. 14.4c existiert eine Dauerschwingung nur für

$$\frac{1}{|G(j\omega_r)|} < 1 \quad \leadsto \quad k > 6 \ . \quad (14.16)$$

Die Schwingungsamplitude $e_{r,sp}$ folgt aus

$$\frac{1}{|G(j\omega_r)|} = \frac{6}{k} = N(e_{r,sp}) \quad \leadsto \quad e_{r,sp} = e_{r,sp}(k) \ . \quad (14.17)$$

14.5 * Zweipunktregelkreis mit instabiler P-Strecke

Angabe: *Der Regelkreis nach Abb. 14.5 sei mit der Beziehung in der speziellen Form* $G(j\omega) = -\frac{1}{N(e_{r,sp})}$ *auf Eigenschwingung zu untersuchen. Welcher Schnittpunkt bei welcher Frequenz* ω_r *ergibt sich?*

Lösung: Die Frequenzgangsortskurve $G(j\omega)$ zeigt die Abb. 14.6. Die inverse Beschreibungsfunktion folgt z.B. aus *Weinmann, A., 1995*, Tabelle 15.1; bei Verstärkung k und Ansprechschwelle a des Zweipunktelements gilt

$$-\frac{1}{N(e_{r,sp})} = -\frac{\pi}{4k}\sqrt{e_{r,sp}^2 - a^2} - j\frac{\pi a}{4k} \; ; \tag{14.18}$$

Für $k = 1$ und $a = 0,5$ folgt

$$\Im m\left\{-\frac{1}{N(e_{r,sp})}\right\} = -\frac{\pi}{8} = -0,393 \; . \tag{14.19}$$

Der Schnittpunkt der Abszissenparallelen im Abstand $-0,393$ mit $G(j\omega)$ liefert $\omega_r = 2,30$. Aufgrund des Realteils $\Re e\, G(j\omega_r) \doteq -1,22$ kann aus dem Realteil von $-\frac{1}{N(e_{r,sp})}$ nach Gl.(14.18)

$$-1,22 = -\frac{\pi}{4}\sqrt{e_{r,sp}^2 - 0,5^2} \;\;\rightsquigarrow\;\; e_{r,sp} = 1,63 \tag{14.20}$$

ermittelt werden. Der rechts liegende Schnittpunkt ist der stabile Eigenschwingungspunkt. In diesem zeigt die Beschreibungsfunktionsortskurve $-\frac{1}{N}$ in den Bereich von $G(j\omega)$, in dessen Innerem der stabile Nyquistpunkt bei Einheitsregler $K(s) = 1$ liegt.

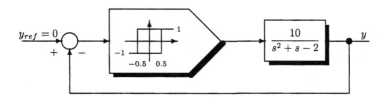

Abbildung 14.5: Zweipunktregelkreis

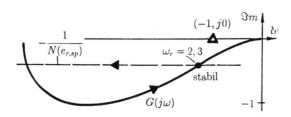

Abbildung 14.6: Ortskurve von $G(j\omega)$ und $-\frac{1}{N}$ nach Gl.(14.18)

14.6 Zweipunktregelkreis. Anregelzeit

Angabe: *Die Anregelzeit für Sollwertsprung und der Grenzzyklus der Zweipunktregelung nach Abb. 14.7 ist abzuschätzen. Es gilt* $a = 0,1$ *und* $k = 1$.

Lösung: Mit $1/G(s) = s(s+1)/12$ findet man aus Gl.(14.18) und $-N(e_{r,sp}) = \frac{1}{G(j\omega)}$

$$\Re e\, N(e_{r,sp}) = \frac{4k}{\pi e_{r,sp}}\sqrt{1-(\frac{a}{e_{r,sp}})^2} = \frac{\omega^2}{12} \quad \text{und} \quad \Im m\, N(e_{r,sp}) = \frac{4ak}{\pi e_{r,sp}^2} = \frac{0,127}{e_{r,sp}^2} = \frac{\omega}{12} \; . \tag{14.21}$$

Aus beiden Gleichungen folgt $e_{r,sp} = 0,53$; $\omega = 5,34$; $T_c = 1,17$. Wegen der erwarteten Relation $e_{r,sp} \gg a = 0,1$ ist der Wurzelausdruck in der Formel für N zu eins gesetzt worden.

Die Anregelzeit resultiert aus

$$\mathcal{L}^{-1}\{\frac{1}{s}\frac{12}{s(s+1)}\} = 1 \quad \leadsto \quad t-1+e^{-t} = \frac{1}{12} \quad \leadsto \quad t_{an} \doteq 0,4 \ . \tag{14.22}$$

Den transienten und stationären Verlauf in der Phasenebene und in Zeitabhängigkeit zeigt die Abb. 14.8, und zwar in guter Übereinstimmung bezüglich Amplitude und Eigenfrequenz.

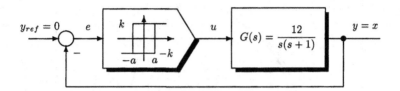

Abbildung 14.7: Blockbild der Zweipunktregelung

14.7 Zweipunktregler mit IT_2-Strecke

Angabe: *Ähnlich Abb. 14.7 wirkt ein hysteresefreier Zweipunktregler ($a = 0$) mit den Ausgängen $\pm K$ auf die Strecke mit Doppelpol $G(s) = \frac{1}{s(1+s)^2}$. Welche Amplitude zeigt die Dauerschwingung?*
Lösung: Aus $\arg G(j\omega) = -\pi$ folgt $\omega = \omega_r = 1$. Dabei ist $|G(j\omega_r)| = \frac{1}{\omega_r(1+\omega_r^2)} = 0,5$. Wegen

$$N(e_{r,sp}) = \frac{4K}{\pi e_{r,sp}} \quad \text{und} \quad G(j\omega_r) = -\frac{1}{\omega_r(1+\omega_r^2)} = -\frac{1}{N(e_{r,sp})} \tag{14.23}$$

(siehe Abb. 14.9) folgt $e_{r,sp} = \frac{2K}{\pi}$ für eine stabile Dauerschwingung.

14.8 Zweipunktregler mit IT_t-Strecke

Angabe: *Gegeben ist die IT_t-Regelstrecke und der Zweipunktregler nach Abb. 14.10. Welche Amplitude zeigt die Dauerschwingung?*
Lösung: Für den Schnittpunkt der Ortskurve von $G(j\omega)$ mit der Beschreibungsfunktion $-1/N$ auf der negativ reellen Achse (siehe Abb. 14.11) wird $\Im G(j\omega) = 0$ verwendet und führt mit $G(j\omega) = \frac{V}{j\omega}e^{-j\omega T_t}$ auf $\frac{V}{\omega}\cos\omega T_t = 0 \quad \leadsto \quad \omega T_t = i\frac{\pi}{2} \ \forall \ i = 1,3,5\dots$. Dabei ist

$$\Re G(j\omega) = -\frac{V}{\omega}\sin\omega T_t\Big|_{\omega T_t = \frac{i\pi}{2}} = -\frac{V}{\frac{i\pi}{2T_t}}\cdot(\pm 1) \ . \tag{14.24}$$

Für $i = 1,5,9$ ist $\Re G(j\omega) < 0$, und zwar $\Re G(j\omega) = -\frac{2T_t V}{i\pi} \ \forall \ i = 1,5,9\dots$. Aus der Beschreibungsfunktion $N(e_{r,sp}) = \frac{4K}{\pi e_{r,sp}}$ und dem Frequenzgang $G(j\omega) = \Re G(j\omega) = -\frac{2T_t V}{i\pi}$ resultiert die Schwingungsamplitude aus

$$-\frac{1}{N(e_{r,sp})} = G(j\omega) \quad \leadsto \quad -\frac{\pi e_{r,sp}}{4K} = -\frac{2T_t V}{i\pi} \quad \leadsto \quad e_{r,sp} = \frac{8K T_t V}{\pi^2} \ . \tag{14.25}$$

14.9 Zweipunktregler mit zweifach instabiler Strecke

Angabe: *Ein Regelkreis nach Abb. 14.12 besteht aus dem linearen Teil*

$$G(s) = \frac{V}{s-3}\frac{s+2}{s-2} \tag{14.26}$$

und einem unstetigen Regler ohne Hysterese mit Verstärkung $K = \frac{\pi}{4}$. Gibt es im Regelkreisverhalten einen Grenzzyklus? Wenn ja, welchen?

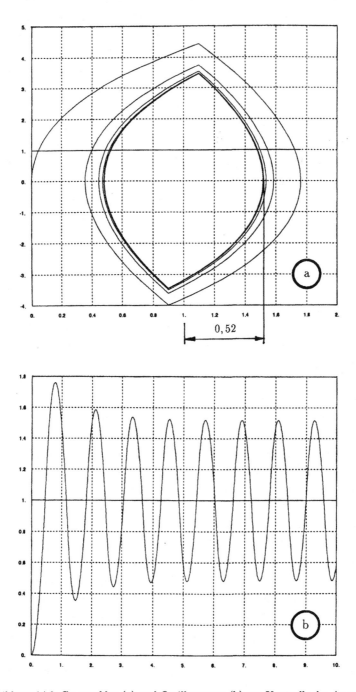

Abbildung 14.8: Grenzzyklus (a) und Oszillogramm (b) zur Kontrolle der Anregelzeit

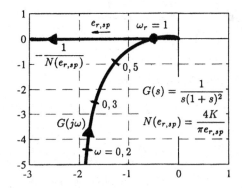

Abbildung 14.9: Inverse
Beschreibungsfunktion und $G(j\omega)$

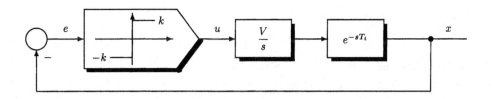

Abbildung 14.10: Blockbild des Zweipunktregelkreises mit Integrator und Totzeit

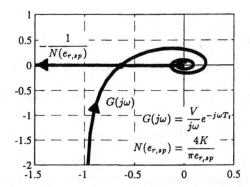

Abbildung 14.11: Frequenzgang der IT$_t$-Strecke und der inversen Beschreibungsfunktion

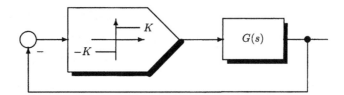

Abbildung 14.12: Blockschaltbild des Regelkreises

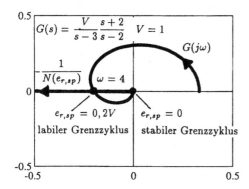

Abbildung 14.13: Ortskurve von $G(j\omega)$ für $G(s) = \frac{V}{s-3}\frac{s+2}{s-2}$ bei $V = 1$ und inverse Beschreibungsfunktion

Lösung: Die negative inverse Beschreibungsfunktion findet man zu

$$N(e_{r,sp}) = \frac{4K}{\pi}\frac{1}{e_{r,sp}} \;, \quad K = \frac{\pi}{4} \quad \rightsquigarrow \quad -\frac{1}{N(e_{r,sp})} = -e_{r,sp} \;. \tag{14.27}$$

Aus dem Schnittpunkt $-\frac{1}{N_{er,sp}} = G(j\omega)$ folgt $\omega = 4$ und die Amplitude $e_{r,sp} = 0,2\,V$ (siehe Abb. 14.13). Dieser Schnittpunkt bestimmt einen instabilen Grenzzyklus. Je größer V, desto größer darf $e_{r,sp}$ werden, bevor Instabilität eintritt. Ein stabiler Grenzzyklus liegt bei $e_{r,sp} \to 0$ im Ursprung als Gleitzustand.

14.10 Integrierende Rückführung zum Zweipunktregler

Angabe: *Nach Abb. 14.14 gilt*

$$G(s) = \frac{10}{s(1+s)} \qquad \frac{a}{K} = 6 \qquad H(s) = \frac{h}{s} \;. \tag{14.28}$$

Gesucht ist ein Vorschlag für ein günstiges h, mit dem das Schaltverhalten auf die Eigenfrequenz von $\bar{\omega}_e = 3$ verbessert wird.

Lösung: Die Beschreibungsfunktion lautet wegen der auftretenden Phasenverschiebung zwischen $e(t)$ und der Grundschwingung von $u(t)$

$$N(e_{r,sp}) = \frac{4K}{\pi e_{r,sp}}e^{j\varphi} \equiv \frac{4K}{\pi e_{r,sp}}e^{-j\text{arc}\,\sin\beta} \quad \text{wobei} \quad \beta \triangleq \frac{a}{e_{r,sp}} \tag{14.29}$$

$$\Im m\;\{-\frac{1}{N}\} = -\frac{a}{K}\frac{\pi}{4} = \text{konstant (unabhängig von } e_{r,sp}) \;; \quad \text{die Beziehung} \;\left|\frac{1}{N}\right| = \frac{a\pi}{4\beta K} \;\text{ist zur Skalierung} \tag{14.30}$$

nach β zu verwenden. Aus $G(s) + H(s) = -\frac{1}{N(e_{r,sp})}$ folgt für $s = j\bar{\omega}_e$ und $\bar{\omega}_e = 3$ ein $h \doteq 13,1$; als Resultat der Anwendung der Beschreibungsfunktion. Eine genaue Simulation zeigt allerdings die eingeschränkte Gültigkeit der Beschreibungsfunktion und ein verbessertes Resultat $h = 11,3$.

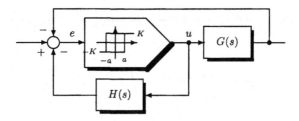

Abbildung 14.14: Zweipunktregelung mit Rückführung zum Schaltelement

14.11   * Instabile Strecke mit frequenzabhängiger Beschreibungsfunktion

Angabe: *Die Regelstrecke $G(s) = 1/(1 + 2s + 1,5s^2 + 4s^3)$ wird mit einem nichtlinearen D-Regler $u(t) = 2e^2(t)\dot{e}(t)$ rückgekoppelt (Göldner, K., und Kubik, S., 1978) . Welche Dauerschwingung stellt sich ein?*
Lösung: Verwendet wird zunächst das Additionstheorem $-0,25(\cos 3x - \cos x) = \cos x \, \sin^2 x$. Mit dem Ansatz $e(t) = e_{r,sp} \sin \omega t$ findet man

$$u(t) = 2e^2\dot{e} = 2e_{r,sp}^3\omega \sin^2 \omega t \cos \omega t = 2e_{r,sp}^3\omega(-0,25)(\cos 3t - \cos \omega t) \tag{14.31}$$

$$\doteq 0,5e_{r,sp}^3\omega \cos \omega t = u_{r,sp}\sin(\omega t + \pi/2) . \tag{14.32}$$

Die Beschreibungsfunktion und der inverse Frequenzgang lauten

$$N(e_{r,sp}) = \frac{u_{r,sp}}{e_{r,sp}}e^{-j\varphi} = \frac{0,5\omega e_{r,sp}^3}{e_{r,sp}}e^{j\pi/2} = j0,5\omega e_{r,sp}^2 , \quad -\frac{1}{G(j\omega)} = -[1 - 1,5\omega^2 + 2j\omega(1 - 2\omega^2)] . \tag{14.33}$$

Aus der Gleichsetzung mit $N(e_{r,sp})$ folgt $1 - 1,5\omega^2 = 0 \rightsquigarrow \omega_r = \pm\sqrt{2/3} = 0,82$ einerseits sowie $-2\omega(1 - 2\omega^2) = 0,5e_{r,sp}^2\omega \rightsquigarrow e_{r,sp} = 2/\sqrt{3}$ andererseits. Im Schnittpunkt gilt $-\frac{1}{N} = -\sqrt{27/8} = -1,83$.
Die Simulation mit Hilfe des Zustandsraums ist in nachstehendem MATLAB-Code beschrieben. Die resultierenden Dauerschwingungen sind in Abb. 14.15 gezeigt; sie stimmen mit den Abschätzungen der Beschreibungsfunktion gut überein. Das MATLAB Programm hiezu lautet

```
A=[0  1  0; 0  0  1; -0.25  -0.5  -0.375];
b=[0  0  1]';   c=[0.25 0 0]';   [num,den]=ss2tf(A,b,c',0)
T=100e-3;  % Schrittweite
X(:,1)=[3  0.4  0.5]';  % Startwert
for ii=1:600;     y(ii)=c'*X(:,ii);     e(ii)=-y(ii);
   edot(ii)=-0.25*[0  1  0]*X(:,ii);  u(ii)=2*e(ii)^2*edot(ii);
   X(:,ii+1)=(A*T+eye(3))*X(:,ii)+b*T* u(ii); vect(ii)=ii*T;     end
```

In Abb. 14.16 ist noch das Nyquist-Diagramm für $G(j\omega)$ und $-1/N$ gezeichnet. Für eine stabile Schwingung sind zwei Punkte („Ersatz-Nyquistpunkte") im Uhrzeigersinn minus zwei Male ($U = -2$) zu umfahren; denn es gilt $P = 2$ für $G(s)$ mit seinen drei Polen bei -0.463 und $0.0438 \pm j0,734$ aus roots ([4 1.5 2 1] . Somit ist $U = -P$ erfüllt.
Im einzelen dazu gilt: Die Beschreibungsfunktion N wechselt mit negativen ω ihr Vorzeichen. Will man nur mit einem einzigen Nyquist-Ersatzpunkt arbeiten, so muss $G(j\omega)$ gespiegelt werden und eine „doppelte" Frequenzgangsortskurve (Abb. 14.16) gezeichnet werden.

14.12   * Phasenbahnen und Beschreibungsfunktion

Angabe: *Man interpretiere die Phasenbahnen von $\ddot{y} = y - 0,25y^2$ mit der Beschreibungsfunktion.*
Lösung: Für kleine $y(t)$ (nahe null) gilt näherungsweise $\ddot{y} - y = 0$, was Transienten mit den Eigenwerten ± 1 und einem Sattelpunkt entspricht. Für $y = 0$ und 4 ist $\ddot{y} = 0$, und ein Gleichgewichtszustand zu vermuten. Ob es ein stabiler ist, bleibt noch zu ermitteln. Für y klein gilt $\ddot{y} - y = 0$ und $k = \pm 1$, die Trajektorien sind Gerade. Ein Beschreibungsfunktions-Ansatz ergibt keinen Sinn. Für y nahe 4 hingegen erhält man mit $y = 4 - e$ die Differenzialgleichung $\ddot{e} + e = 0$. Ihre charakteristische Gleichung $s^2 + 1 = 0$ führt auf das System $G(s) = 1/s^2$, $N = 1$ bei $\omega_r = 1$, siehe Abb. 14.17 (*Göldner, K., und Kubik, S., 1978*).

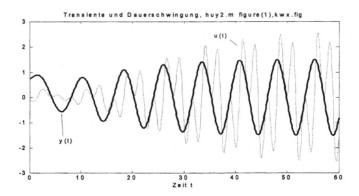

Abbildung 14.15: Verlauf $y(t)$ und $u(t)$

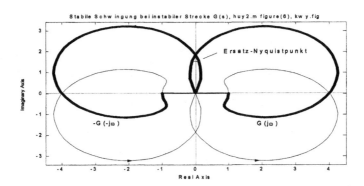

Abbildung 14.16: Nyquist-Ortskurve $G(j\omega)$ und ihre gespiegelte, sowie $-1/N$ für stabilen Grenzzyklus

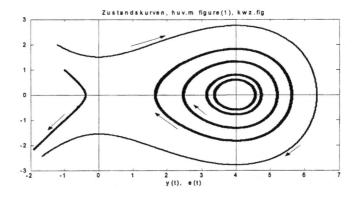

Abbildung 14.17: Zustandskurven

Kapitel 15

Fachübergreifende und komplexere Aufgabenstellungen

15.1 Linearisierung. Nichteinstellbarer Arbeitspunkt

Angabe: *Die in Abb. 15.1a gegebene Strecke eines induktionsschleifengeführten Fahrzeugs $G(s) = \frac{Y(s)}{U(s)}$ wird mit einem dynamikfreien Messglied $[\sin \vartheta]$ gemäß Blockschaltbild Abb. 15.1b rückgekoppelt. Welches linearisierte Übertragungsverhalten weist der Regelkreis für den Arbeitspunkt $\vartheta_{ref,0} = \pi$ auf? Ist dieser Arbeitspunkt überhaupt eine stabiler Arbeitspunkt?*

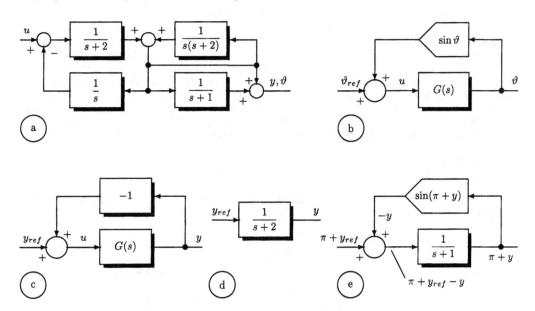

Abbildung 15.1: Streckenblockbild (a), rückgekoppelte Strecke (b), linearisiertes Blockbild für kleine y (c) und (d), resultierende Veranschaulichung (e)

Lösung: Die Reduktion der Schaltung in Abb. 15.1a ergibt $G(s) = \frac{1}{1+s}$. Die Differentialgleichung der mit $\sin \vartheta$ rückgekoppelten Strecke $G(s)$ lautet daher aus Abb. 15.1b

$$u(t) = \vartheta_{ref}(t) + \sin \vartheta(t) = \vartheta(t) + \dot{\vartheta}(t) \ . \tag{15.1}$$

Die Frage nach dem Stationärpunkt $\vartheta_{ref,0}$ liefert (mit der Angabe π)

$$\vartheta_{ref,0} + \sin \vartheta_0 = \vartheta_0 + \dot{\vartheta}_0 = \vartheta_0 + 0 \rightsquigarrow \vartheta_{ref,0} = \vartheta_0 = \pi \ . \tag{15.2}$$

Beide Gleichungen voneinander abgezogen liefert bei $y_{ref} \triangleq \vartheta_{ref} - \vartheta_{ref,0}$ und $y \triangleq \vartheta - \vartheta_0$ sowie bei y klein

$$\vartheta_{ref} - \vartheta_{ref,0} + \sin \vartheta - \sin \vartheta_0 = \vartheta + \dot{\vartheta} - \vartheta_0 \tag{15.3}$$

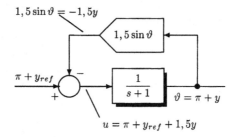

$$1,5\sin\vartheta = -1,5y$$

Abbildung 15.2: Regelung in einem wegen Instabilität nicht-einstellbaren Arbeitspunkt

$$
\begin{align}
y_{ref} + \sin(\vartheta_0 + y) - 0 &= \vartheta_0 + y + \dot{y} - \vartheta_0 \tag{15.4}\\
y_{ref} + \sin\vartheta_0 \cos y + \cos\vartheta_0 \sin y &= y + \dot{y} \tag{15.5}\\
y_{ref} + 0 + (-1)y &= y + \dot{y} \tag{15.6}\\
y_{ref} &= 2y + \dot{y} \tag{15.7}\\
\frac{Y(s)}{Y_{ref}(s)} &= \frac{1}{s+2} \quad \text{(siehe Abb. 15.1d) .} \tag{15.8}
\end{align}
$$

Da die resultierende Schaltung eine Polstelle bei -2 aufweist, ist das System stabil und der Arbeitspunkt $\vartheta_{ref,0} = \pi$ als solcher anzusprechen. Im Betriebspunkt verhält sich das nichtlineare Element allein wie von der Verstärkung minus eins, siehe Abb. 15.1c und d; veranschaulicht wird es auch durch Abb. 15.1e. Bei Simulation ist der Wert π bei y_{ref} als von außen aufgeprägte Konstante vorzuwählen, weiters der Wert π am Ausgang bei y durch Anfangsbedingung des Elements $1/(s+1)$ vorzuschreiben.

Würde in Abb. 15.1b die Angabe derart geändert werden, dass das nichtlineare Element $1,5\sin\vartheta$ statt $\sin\vartheta$ lautet, und würde das Plus-Vorzeichen an der Mischstelle auf ein Minus-Zeichen verändert werden, so erhielte man in einer Umgebung von π instabiles Verhalten mit einem Pol bei $+0,5$

$$\frac{Y(s)}{Y_{ref}(s)} = \frac{\frac{1}{1+s}}{1 - \frac{1,5}{1+s}} = \frac{1}{s-0,5} . \tag{15.9}$$

Der Arbeitspunkt bei π ließe sich nicht einstellen. Gilt doch laut Abb. 15.2 und den angegebenen Änderungen

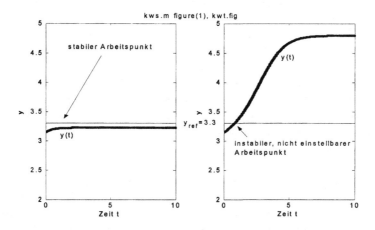

Abbildung 15.3: Regelkreisverhalten in einem einstellbaren und in einem instabilen, nicht realisierbaren Arbeitspunkt

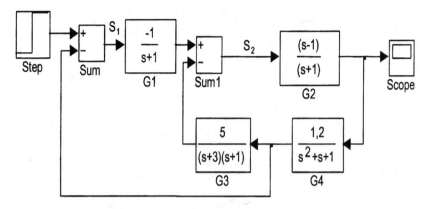

Abbildung 15.4: Zweischleifiger Regelkreis nach Simulink

$$\pi + y_{ref} - 1,5\sin(\pi + y) = u \quad\dots\dots \text{ Mischstelle allein} \tag{15.10}$$

$$\pi + y + \dot{y} = u \quad\dots\dots \text{ lineares System allein} \tag{15.11}$$

$$y_{ref} = -0,5\,y + \dot{y} \quad\dots\dots \text{ Regelkreis.} \tag{15.12}$$

Die Abb. 15.3 zeigt das Verhalten im Vergleich zwischen stabilem und instabilem Betriebspunkt.

15.2 Zweischleifiger Regelkreis mit verschiedenen Schnittstellen

Angabe: *Die Übertragungsfunktion des aufgeschnittenen Regelkreises ist, ausgenommen einschleifige, von der Schnittstelle abhängig, ebenso die Frequenzgangsortskurve $F_o(j\omega)$ und der Phasenrand α_R. Im Regelkreis nach Abb. 15.4 liegt die Schnittstelle S_1 liegt vor G_1, die Schnittstelle S_2 vor G_2. Welche Unterschiede resultieren aus der verschiedenen Wahl der Schnittpunkte?*
Lösung: Für die Dynamik letztlich entscheidend ist nicht $F_o(j\omega)$ oder α_R, sondern die Lösungen in s aus $1 + F_o(s) = 0$. Diese Lösungen in s sind immer dieselben, unabhängig von der Schnittstelle, siehe *Weinmann, A., 1994, Gl.(10.1)*.

Trotz schnittstellenabhängiger Ortskurve $F_o(j\omega)$ und unterschiedlichen Phasenrands α_R ergibt sich dasselbe Resultat für den geschlossenen Regelkreis, wenn alle Frequenzen von 0 bis ∞ einbezogen werden, wie dies die inverse Laplace-Transformation verlangt.

Für ein Schaltungsbeispiel in Abb. 15.4 wurden zwei verschiedene Schnittstellen gewählt und die beiden sich ergebenden Frequenzgangsortskurven in Abb. 15.5 gezeichnet. Als verlässliche Vorgehensweise empfiehlt sich: Bei der Aufzeichnung der Frequenzgänge ist vorzeichenmäßig zu beachten, dass $F_o(j\omega)$ gleich ist der Rückführdifferenz $1 - (-F_o)$, vermindert um eins. (F_o ist die um 180° gedrehte Ortskurve, die man an der Schnittstelle aus den unmittelbaren Aufzeichnungen Betragsverhältnis und Phasenverwerfung erhält.)

Die charakteristische Gleichung der inneren Schleife lautet

$$s^5 + 6s^4 + 13s^3 + 15s^2 + 16s - 3 = 0 , \tag{15.13}$$

die des gesamten Regelkreises

$$s^6 + 7s^5 + 19s^4 + 26,8s^3 + 27,4s^2 + 14,2s + 0,6 = 0 . \tag{15.14}$$

Für den Stationärzustand gelten die folgende Relationen. Schnittstelle S_1 bei $s = 0$:

$$F_{o1} = (-1)\frac{(-1)(1,2)}{1 + (-1)(1,2)\frac{5}{3}} = \frac{1,2}{-1} = -1,2 . \tag{15.15}$$

(Das Minus bei der linken Schnittstelle wurde nicht vergessen, sondern zur notwendigen Vorzeichenumkehr im Standardregelkreis belassen.)

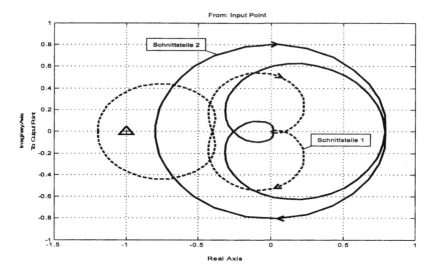

Abbildung 15.5: Frequenzgangsortskurven für beide Schnittstellen

Schnittstelle S_2, Ergebnis bei $s = 0$: $F_{o2} = (-1) \times 1,2 \times \left(-\frac{5}{3} + 1\right)$ $\times$ minus $1 = -0,8$. (Der Term „$\times$ minus 1" ist erforderlich, weil sonst das in der Definition des Standardregelkreises vorhandene Minus nicht aufscheint.)

In MATLAB werden die Teilsysteme G1 bis G4 als **sys1** bis **sys4** definiert, die Serienschaltung von G1 und G2 als **sys24**, der innere Regelkreis als **sys234** und der gesamte zweischleifige als **Tges**:

```
sys1=tf([-1],[1  1])    sys2=tf([1  -1],[1  1])    sys3=tf([5],[1  4  3])
sys4=tf([1.2],[1  1  1])
sys24=series(sys2,sys4)    sys234=feedback(sys24,sys3,1)
Tges=feedback(series(sys1,sys234),1)    .
```

15.3   Autopilotenmodell

Angabe: *Das Vorführmodell eines Autopiloten ist als regelungstechnisches Blockbild in Abb. 15.6 gezeigt. In fünf einzelne Blöcke aufgelöst gibt die Abb. 15.7 die Daten wieder. Mit welch einfachen Überlegungen und Messungen werden die Parameter bestimmt? Wie verläuft eine Identifikation mit der Momentenmethode?*

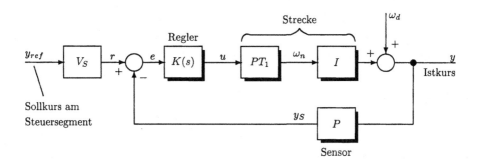

Abbildung 15.6: Autopiloten-Regelkreis

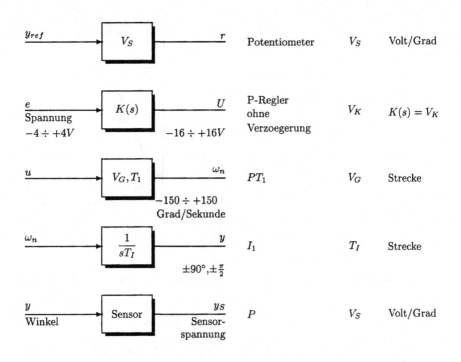

Abbildung 15.7: Einzelne Elemente des Regelkreises

Lösung: Eine spezielle Messung wird bei unterbrochener Rückführung ausgeführt. Sie liefert bei einer Regelabweichung e konstant gleich 4 Volt eine Winkelgeschwindigkeit von $\omega_n = 120$ (Grad pro Sekunde). Die Verzögerung (elektromechanisch) ist dabei zu 200 ms einem Oszillogramm zu entnehmen. Somit folgt $T_1 = 0,2$ und $V_K V_G = \frac{120}{4} = 30$. Nach Abb. 15.7 ist $V_K = 4$. Eine Sensorspannung 10 Volt bei 180° Segmentdrehung führt auf $V_S = \frac{10}{180} = \frac{1}{18}$ (als Zahlenwertgleichung mit den Einheiten Volt/Grad). Die Nachstellzeit T_I lautet eine Sekunde, $T_I = 1$, da der Kurs direkt durch $\int \omega_n(t) dt$ bestimmt ist.

Die Stationärverstärkung (ohne Integrator) im gesamten Kreis ist $V_K V_G V_S = \frac{30}{18} = 1,67$. Schließlich gilt

$$T(s) = \frac{V_K V_G V_S}{V_K V_G V_S + T_I s(1 + sT_1)} \doteq \frac{1,67}{1,67 + s} = \frac{1}{1 + 0,6s} . \tag{15.16}$$

Nummerisch kann die Identifikation des PT_1-Elements mit der Momentenmethode unterstützt werden. Der Integrationskern e^{-st} der Laplace-Transformation wird in eine Taylorreihe entwickelt, woraus für

$$\mathcal{L}\{g(t)\} = G(s) = \frac{p(s)}{q(s)} = \sum_{i=0}^{\infty} \frac{(-s)^i}{i!} \int_0^{\infty} t^i g(t) dt \stackrel{\triangle}{=} \sum_{i=0}^{\infty} \frac{(-s)^i}{i!} M_i \tag{15.17}$$

folgt. Jedes Integral wird in Anlehnung an die Mechanik als Moment M_i interpretiert, als ein mit t^i beschwertes Moment. Aus der gemessenen Gewichtsfunktion $g(t)$ lassen sich die Momente berechnen. Definiert man in Gl.(15.17) Approximationspolynome $\hat{p}(s)$ und $\hat{q}(s)$, dann folgt

$$\hat{p}(s) = \hat{q}(s) \sum_{i=0}^{\infty} \frac{(-s)^i}{i!} M_i \rightsquigarrow \sum_1^m \hat{b}_i s^i = [\sum_1^n \hat{a}_i s^i] \sum_{i=0}^{\infty} \frac{(-s)^i}{i!} M_i . \tag{15.18}$$

Der Koeffizientenvergleich der Potenzen in s liefert ein lineares Gleichungssystem für die gesuchten Koeffizienten in den Polynomen $\hat{p}(s)$ und $\hat{q}(s)$. Bei Einschränkung auf $m = 0$, $n = 1$

$$\hat{b}_0 - \hat{a}_0 M_0 = 0 \tag{15.19}$$

$$\hat{b}_1 + \hat{a}_0 M_1 - \hat{a}_1 M_0 = 0 \tag{15.20}$$

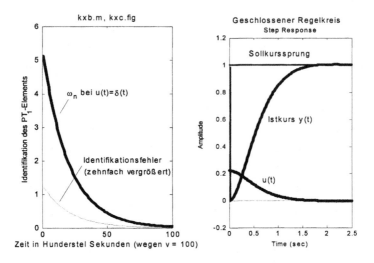

Abbildung 15.8: Zeitverläufe zur Identifikation und zum geschlossenen Regelkreis

$$\hat{b}_2 - \hat{a}_2 M_0 + \hat{a}_1 M_1 - \frac{1}{2!}\hat{a}_0 M_2 = 0 . \tag{15.21}$$

In Matrizenschreibweise resultiert der Vektor des geschätzten Parameters $\hat{\mathbf{p}} = (a_0 \quad a_1 \quad b_0)^T$ aus nachstehendem MATLAB-Code:

```
v=100;   vectime=linspace(0.005, 10, 10*v);   % v=Zeitlupenfaktor
[g]=impulse([1], [0.2  1 ], vectime); % statt Messung Werte gerechnet
g1=g'.*vectime;   g2=g'.*(vectime).^2;   g3=g'.*(vectime).^3;
M0=sum(g)/v;   M1=sum(g1)/v;   M2=sum(g2)/v;
r=inv([-M0  0  1; M1 -M0  0; -0.5*M2  M1  0] )*[0;  0;  M0]
```

Für höhere Ordnungen sind genauere Integrationsverfahren einzusetzen.

15.4 * Mehrgrößenregelung. Versteckte überflüssige Pole

Angabe: *Gegeben ist der Mehrgrößenregelkreis nach Abb. 15.9. Wie lautet die Übertragungsmatrix* $\mathbf{G}(s)$? *Welche Polstellen sind überflüssig, nachdem der Rechengang mittels Inversion durchgeführt wurde? Welche stationären Werte ergeben sich für die Stellgrößen und Ausgangsgrößen des Regelkreises, wenn beide* $y_{ref1} = 1$ *und* $y_{ref2} = 2$ *konstant gewählt werden? Welche Übertragungsmatrix resultiert für* $\mathbf{F}_0(s)$ *und* $\mathbf{T}(s)$?
Lösung: Nach Abb. 15.9 gilt

$$y_1 = (u_1 + 2y_2)\frac{1}{s+3} = \frac{1}{s+3}[u_1 + 2\frac{1}{s+1}(u_2 - y_1)] \tag{15.22}$$

$$y_1 = \frac{s+1}{s^2+4s+5}u_1 + \frac{2}{s^2+4s+5}u_2 . \tag{15.23}$$

Analoges gilt für y_2. Somit folgt

$$\mathbf{G}(s) = \frac{1}{s^2+4s+5}\begin{pmatrix} s+1 & 2 \\ -1 & s+3 \end{pmatrix} . \tag{15.24}$$

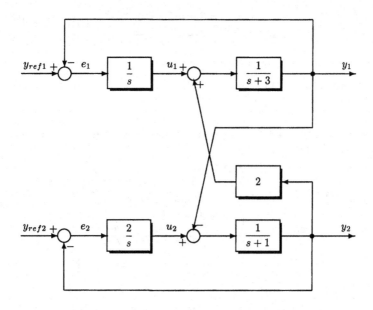

Abbildung 15.9: Mehrgrößenregelung mit unverkoppeltem I-Regler

Die Schleifenübertragungsmatrix ergibt sich zu

$$\mathbf{F}_0(s) \;=\; \mathbf{G}(s)\mathbf{K}(s) \tag{15.25}$$

$$\mathbf{F}_0(s) \;=\; \frac{1}{s^2+4s+5}\begin{pmatrix} s+1 & 2 \\ -1 & s+3 \end{pmatrix}\cdot\begin{pmatrix} \frac{1}{s} & 0 \\ 0 & \frac{2}{s} \end{pmatrix} \;\triangleq\; \begin{pmatrix} a & b \\ c & d \end{pmatrix} \tag{15.26}$$

$$\mathbf{F}_0(s) \;=\; \frac{1}{s(s^2+4s+5)}\begin{pmatrix} s+1 & 4 \\ -1 & 2(s+3) \end{pmatrix}. \tag{15.27}$$

Stabilität vorausgesetzt, folgen bei festen Werten $y_{ref1}=1$ und $y_{ref2}=2$ die Stationärwerte von u_i und y_i direkt aus den Bedingungen $e_i=0$, also

$$\text{für } t\to\infty: \qquad y_2 = 2 \tag{15.28}$$

$$(u_1+2y_2)\frac{1}{3} = y_1 = 1 \;\rightsquigarrow\; u_1 = -1 \tag{15.29}$$

$$(u_2-y_1)\frac{1}{1} = y_2 = 2 \;\rightsquigarrow\; u_2 = 3. \tag{15.30}$$

Die Führungsübertragungsmatrix

$$\mathbf{T}(s) = [\mathbf{I}+\mathbf{F}_0(s)]^{-1}\mathbf{F}_0(s) = [\mathbf{I}+\mathbf{F}_0^{-1}(s)]^{-1} = [\mathbf{I}_2+\mathbf{F}_0^{-1}(s)]^{-1} \tag{15.31}$$

wird auf drei verschiedene Arten ermittelt.

Erstens:

$$\mathbf{I}_2+\mathbf{F}_o \;=\; \frac{1}{s(s^2+4s+5)}\left[\mathbf{I}_2 s(s^2+4s+5)+\begin{pmatrix} s+1 & 4 \\ -1 & 2(s+3) \end{pmatrix}\right] \tag{15.32}$$

$$=\; \frac{1}{s(s^2+4s+5)}\begin{pmatrix} s^3+4s^2+6s+1 & 4 \\ -1 & s^3+4s^2+7s+6 \end{pmatrix} \tag{15.33}$$

$$(\mathbf{I}_2+\mathbf{F}_o)^{-1} \;=\; s(s^2+4s+5)\frac{\begin{pmatrix} s^3+4s^2+7s+6 & -4 \\ 1 & s^3+4s^2+6s+1 \end{pmatrix}}{(s^3+4s^2+6s+1)(s^3+4s^2+7s+6)+4} \tag{15.34}$$

$$= s(s^2 + 4s + 5) \frac{\begin{pmatrix} s^3 + 4s^2 + 7s + 6 & -4 \\ 1 & s^3 + 4s^2 + 6s + 1 \end{pmatrix}}{s^6 + 8s^5 + 29s^4 + 59s^3 + 70s^2 + 43s + 10} . \tag{15.35}$$

Definiert man zwei Vektoren der Polynomkoeffizienten

```
d = [ 1   8   29   59   70   43   10]
e = [1   4   5]
deconv(d,e) = [1   4   8   7   2] = f,
```

so ergibt sich f ohne Rest; d.h. die Polynome lassen sich ohne Rest dividieren, wie in dem System vierter Ordnung zu erwarten. Also folgt

$$(\mathbf{I}_2 + \mathbf{F}_0)^{-1} = s \frac{\begin{pmatrix} s^3 + 4s^2 + 7s + 6 & -4 \\ 1 & s^3 + 4s^2 + 6s + 1 \end{pmatrix}}{s^4 + 4s^3 + 8s^2 + 7s + 2} \tag{15.36}$$

$$(\mathbf{I}_2 + \mathbf{F}_0)^{-1}\mathbf{F}_0 = s \frac{\begin{pmatrix} s^3 + 4s^2 + 7s + 6 & -4 \\ 1 & s^3 + 4s^2 + 6s + 1 \end{pmatrix}}{s^4 + 4s^3 + 8s^2 + 7s + 2} \times \tag{15.37}$$

$$\times \frac{1}{s(s^2 + 4s + 5)} \begin{pmatrix} s + 1 & 4 \\ -1 & 2(s + 3) \end{pmatrix} \tag{15.38}$$

$$\mathbf{T}(s) = \frac{\begin{pmatrix} (s^3 + 4s^2 + 7s + 6)(s + 1) + 4 & (s^3 + 4s^2 + 7s + 6)4 - 8(s + 3) \\ (s + 1) - (s^3 + 4s^2 + 6s + 1) & 4 + 2(s + 3)(s^3 + 4s^2 + 6s + 1) \end{pmatrix}}{s^2 + 4s + 5)(s^4 + 4s^3 + 8s^2 + 7s + 2)} \tag{15.39}$$

$$= \frac{\begin{pmatrix} s^4 + 5s^3 + 11s^2 + 13s + 10 & 4s^3 + 16s^2 + 20s \\ -s^3 - 4s^2 - 5s & 2s^4 + 14s^3 + 36s^2 + 38s + 10 \end{pmatrix}}{(s^2 + 4s + 5)(s^4 + 4s^3 + 8s^2 + 7s + 2)} \tag{15.40}$$

$$\mathbf{T}(s) = \frac{\begin{pmatrix} s^2 + s + 2 & 4s \\ -s & 2(s^2 + 3s + 1) \end{pmatrix}}{(s^4 + 4s^3 + 8s^2 + 7s + 2)} . \tag{15.41}$$

Die Verkopplungen in $\mathbf{T}(s)$ sind wegen des fehlenden Terms in s^0 vergänglich; dies ist auf den I-Regler zurückzuführen. Mit MATLAB folgt rasch

```
syms s
p=s^2+4*s +5;   G=(1/p)*[s+1  2; -1  s+3]; K=[1/s  0; 0 2/s]
Fo=G*K;   T=inv(eye(2) + inv(Fo))
```

Die Wurzeln lauten

$$\mathbf{roots}(d) = -2 \pm j; \ -1,23 \pm 1,47j; \ -1; \ -0,55 \tag{15.42}$$

$$\mathbf{roots}(e) = -2 \pm j \quad \text{(versteckte Pole)} \tag{15.43}$$

$$\mathbf{roots}(f) = -1,23 \pm 1,47j; \ -1; \ -0,55 . \tag{15.44}$$

Versteckte Pole sind $-2 \pm j$; also jene Pole, die sich in $\mathbf{T}(s)$ herauskürzen.
Zweitens: Stellt man aus Abb. 15.9 direkt Gleichungen auf, so erhält man

$$[(y_{ref1} - y_1)\frac{1}{s} + 2y_2]\frac{1}{s + 3} = y_1 \tag{15.45}$$

$$[(y_{ref2} - y_2)\frac{2}{s} - y_1]\frac{1}{s + 1} = y_2 . \tag{15.46}$$

Eliminiert man y_2, so resultiert nach Zwischenrechnungen

$$[2s^2 + (s^2 + 3s + 1)(s^2 + s + 2)]y_1 = (s^2 + s + 2)y_{ref1} + 4s \, y_{ref2} . \tag{15.47}$$

Dabei werden keine Polynome höheren Grades verursacht, die erst wieder durch Polynomdivision (deconv) reduziert werden müssen.

Drittens wird — unter einigen Abkürzungen — für Zweigrößensysteme verallgemeinert. Zunächst wird

$$\mathbf{F}_0 \triangleq \begin{pmatrix} a & b \\ c & d \end{pmatrix} \triangleq \begin{pmatrix} \frac{a_z}{a_n} & \frac{b_z}{b_n} \\ \frac{c_z}{c_n} & \frac{d_z}{d_n} \end{pmatrix} = \frac{1}{a_n b_n c_n d_n} \begin{pmatrix} a_z b_n c_n d_n & b_z a_n c_n d_n \\ c_z a_n b_n d_n & d_z a_n b_n c_n \end{pmatrix} \triangleq \frac{1}{p} \begin{pmatrix} \alpha & \beta \\ \gamma & \delta \end{pmatrix} \quad (15.48)$$

definiert. Damit ergibt sich

$$\mathbf{T}^{-1} = \mathbf{I} + \mathbf{F}_0^{-1} = \mathbf{I} + \frac{\begin{pmatrix} d & -b \\ -c & a \end{pmatrix}}{ad - bc} = \frac{1}{ad - bc} \begin{pmatrix} ad - bc + d & -b \\ -c & ad - bc + a \end{pmatrix} \quad (15.49)$$

$$\mathbf{T} = \frac{(ad - bc) \begin{pmatrix} ad - bc + a & b \\ c & ad - bc + d \end{pmatrix}}{(ad - bc)(ad - bc) + (ad - bc)a + (ad - bc)d + ad - bc} \quad (15.50)$$

$$\mathbf{T} = \frac{\begin{pmatrix} ad - bc + a & b \\ c & ad - bc + d \end{pmatrix}}{ad - bc + a + d + 1}. \quad (15.51)$$

Werden die Polynome $\alpha, \beta, \gamma, \delta$ und p verwendet, so findet man mit $a = \alpha/p$, $b = \beta/p$, $c = \gamma/p$ und $d = \delta/p$.

$$\mathbf{T}(s) = \frac{\begin{pmatrix} \frac{\alpha\delta - \beta\gamma}{p^2} + \frac{\alpha}{p} & \frac{\beta}{p} \\ \frac{\gamma}{p} & \frac{\alpha\delta - \beta\gamma}{p^2} + \frac{\delta}{p} \end{pmatrix}}{\frac{\alpha\delta - \beta\gamma}{p^2} + \frac{\alpha}{p} + \frac{\beta}{p} + 1} = \frac{\begin{pmatrix} \frac{\alpha\delta - \beta\gamma}{p} + \alpha & \beta \\ \gamma & \frac{\alpha\delta - \beta\gamma}{p} + \delta \end{pmatrix}}{\frac{\alpha\delta - \beta\gamma}{p} + \alpha + \delta + p}. \quad (15.52)$$

Darin drängt sich die Multiplikation mit p in allen Elementen auf. Sie ist allerdings überflüssig, denn der Term

$$\frac{\alpha\delta - \beta\gamma}{p} = \frac{a_z b_n c_n d_n \cdot d_z a_n b_n c_n - b_z a_n c_n d_n \cdot c_z a_n b_n d_n}{a_n b_n c_n d_n} = \quad (15.53)$$

$$= a_z d_z b_n c_n - b_z c_z a_n d_n \quad (15.54)$$

ist ganzzahlig teilbar.

Physikalisch wird der Grad des offenen Regelkreises als der Grad von $p = a_n b_n c_n d_n$ definiert. (Hätte man in Gl.(15.52) mit p wegmultipliziert, so hätte man wegen des Terms p^2 einen höheren Grad von $\mathbf{T}(s)$ erhalten, was unrichtig ist.) In Gl.(15.52) verbleibt im Nenner von $\mathbf{T}(s)$ der Term p als der mit dem höchsten Grad.

15.5 Nicht steuerbare (nicht stabilisierbare) Regelstrecke

Angabe: *Für die Regelstrecke*

$$\mathbf{A} \triangleq \begin{pmatrix} a_1 & a_2 \\ a_3 & a_4 \end{pmatrix} = \begin{pmatrix} 0 & 1 \\ -2 & +3 \end{pmatrix}, \quad \mathbf{B} = \begin{pmatrix} 2 & -1 \\ 2 & -1 \end{pmatrix} \quad (15.55)$$

ist die Steuerbarkeit zu untersuchen.

Lösung: Die Kalman-Steuerbarkeitsmatrix CO=ctrb(A,B) lautet

$$(\mathbf{B} \vdots \mathbf{AB}) = \begin{pmatrix} 2 & -2 & 2 & -1 \\ 2 & -2 & 2 & -1 \end{pmatrix}. \quad (15.56)$$

Sie besitzt den Rang 1 (denn nur *eine* linear unabhängige Spalte oder Zeile ist vorhanden). Weil der Rang nicht gleich ist der Dimension *zwei* von $\mathbf{A}$, ist die Strecke nicht steuerbar. Laut MATLAB CO=ctrb(A,B) stimmen rank(CO) und n nicht überein.

Grund für die Nichtsteuerbarkeit in diesem Beispiel ist, dass zwei Besonderheiten zusammentreffen: 1) Die Zeilen von $\mathbf{B}$ sind auch gleich. 2) In der Matrix $\mathbf{A}$ gilt $a_1 + a_2 = a_3 + a_4$.

Da der *instabile* Pol bei $+2$ nicht steuerbar ist, ist diese Regelstrecke auch nicht *stabilisierbar*.

15.6 Methode bei unterschiedlichen Eigenwerten

Angabe: *Wie lautet das Ergebnis mit Modalmatrix nach Gilbert bei untereinander verschiedenen Eigenwerten von* **A***).*
Lösung: Der MATLAB Funktionsaufruf [Tmo,Deig]=eig(A) liefert die Modalmatrix $\mathbf{T}^{mo}$ als

$$\mathbf{T}^{mo} = \begin{pmatrix} -0,7071 & -0,4472 \\ -0,7071 & -0,8944 \end{pmatrix} \qquad \mathbf{T}^{mo,-1} = \begin{pmatrix} -2,8284 & 1,4142 \\ 2,2361 & -2,2361 \end{pmatrix} . \tag{15.57}$$

Die Matrix inv(Tmo)*B, $\mathbf{T}^{mo,-1}\mathbf{B} = \begin{pmatrix} -2,8284 & 1,4142 \\ 0 & 0 \end{pmatrix}$ enthält eine Nullzeile, als Ausdruck der
Nichtsteuerbarkeit. Bezüglich der Auswirkung auf interne Signale siehe auch Abschnitt 4.52.

15.7 Nicht-Steuerbarkeit in Frequenzbereichs-Darstellung

Angabe: *Wie lässt die Frequenzbereichsdarstellung die Nicht-Steuerbarkeit von Gl.(15.55) erkennen?*
Lösung: Die Übertragungsmatrix lautet

$$\mathbf{X}(s) = \mathbf{H}(s)\mathbf{U}(s) \qquad \mathbf{H}(s) = (s\mathbf{I} - \mathbf{A})^{-1}\mathbf{B} = \frac{\begin{pmatrix} 2(s-2) & -(s-2) \\ 2(s-2) & -(s-2) \end{pmatrix}}{(s-2)(s-1)} . \tag{15.58}$$

In MATLAB: syms s ; H=inv(s*eye(2)-A)*B. Aus ihr ist offenkundig, dass der Pol bei +2 nicht steuerbar ist, weil die Kürzung zu den Zählertermen ermöglicht.
Es existiert ein Eigenwert bei +2, der in der Übertragungsmatrix $\mathbf{H}(s)$ aufscheint, der aber nach außen nicht wirksam ist.
Die Nullstelle bei +2 verhindert, dass durch irgendeine Steuergröße $\mathbf{u}(t)$ auf das System $\mathbf{A}$, $\mathbf{B}$ so Einfluss genommen wird, dass die Bewegung e^{2t} intern nicht auftritt. So ist es auch unmöglich, das System aus jedem beliebigen Anfangszustand $\mathbf{x}(t_o)$ mittels $\mathbf{u}(t)$ innerhalb einer endlichen Zeitspanne in den Endzustand $\mathbf{x}(t_f) = \mathbf{0}$ zu überführen.

15.8 Steuerbarkeit mit Gram-Steuerbarkeitsmatrix

Angabe: *Wie stellt sich die Nicht-Steuerbarkeit mit der Gram-Steuerbarkeitsmatix heraus?*
Lösung: Wenn und nur wenn $(\mathbf{A}, \mathbf{B})$ steuerbar ist, ist die Gram-Steuerbarkeitsmatrix $\mathbf{L}_c$ positiv definit

$$\mathbf{L}_c = \int_0^\infty e^{\mathbf{A}\tau}\mathbf{B}\mathbf{B}^T e^{\mathbf{A}^T\tau}d\tau , \quad \mathbf{L}_c > 0 . \tag{15.59}$$

Die Matrix $\mathbf{L}_c$ wird aus der Lyapunov-Gleichung gewonnen

$$\mathbf{A}\mathbf{L}_c + \mathbf{L}_c\mathbf{A}^T + \mathbf{B}\mathbf{B}^T = \mathbf{0} ; \tag{15.60}$$

sie verlangt ein stabiles System $\mathbf{A}$. Die Definitheit von $\mathbf{L}_c$ liefert nummerisch bessere Aussagen als der Rang der Kalman-Steuerbarkeitsmatrix.
In MATLAB findet man $\mathbf{L}_c$ mit sys=ss(A,B,C,D);Lc=gram(sys,'c').
Für das nachstehende stabile und steuerbare $(\mathbf{A}_1, \mathbf{B}_1)$ erhält man

$$\mathbf{A}_1 = \begin{pmatrix} 0 & 1 \\ -2 & -3 \end{pmatrix} , \quad \mathbf{B}_1 = \begin{pmatrix} 1 & 1 \\ -1 & -2 \end{pmatrix} \qquad \mathbf{L}_{c1} = \begin{pmatrix} 0,75 & -1 \\ -1 & 1,5 \end{pmatrix} > 0 . \tag{15.61}$$

```
A1=[0  1; -2  -3]; B1=[1  1;-1  -2]; %  (A1,B1) steuerbar
C=[1  0]; D=[0  0];  sys1=ss(A1,B1,C,D);
Lc1=gram(sys1,'c') % resultiert positiv definit
Lc11=lyap(A1,B1*B1')
```

Die kleinste Energie aus allen möglichen Eingängen $\mathbf{u}(t)$, nämlich $I_{min} = \min_{\mathbf{u}} \int_{-\infty}^{0} \mathbf{u}^T(t)\mathbf{u}(t)dt$ unter $\mathbf{x}(0) = \mathbf{x}_o$ ergibt sich zu $I_{min} = \mathbf{x}_o^T \mathbf{L}_c^{-1}\mathbf{x}_o$; dies vermittelt eine anschauliche Bedeutung von $\mathbf{L}_c$ (*Glover, K., 1984*).

Die benötigte Steuergröße von $t = -\infty$ bis 0 lautet

$$\mathbf{u}^\star(t) = \mathbf{B}^T e^{-\mathbf{A}^T t} \mathbf{L}_c^{-1}\mathbf{x}_o \ . \tag{15.62}$$

Sie führt gemäß Faltung $x(t) = \int_{\infty}^{t} g(t-\tau)u(\tau)d\tau$ auf $x(t)\big|_{t=0} =$

$$\int_{-\infty}^{t} e^{\mathbf{A}(t-\tau)}\mathbf{B}\mathbf{u}^\star(\tau)d\tau\bigg|_{t=0} = \int_{-\infty}^{t} e^{\mathbf{A}(t-\tau)}\mathbf{B}\mathbf{B}^T e^{-\mathbf{A}^T \tau}\mathbf{L}_c^{-1}\mathbf{x}_o d\tau\bigg|_{t=0} = [\int_{0}^{\infty} e^{\mathbf{A}\tau}\mathbf{B}\mathbf{B}^T e^{\mathbf{A}^T \tau}d\tau]\mathbf{L}_c^{-1}\mathbf{x}_o = \mathbf{x}_o \ . \tag{15.63}$$

15.9 Steuerbarkeit nach Hautus

Angabe: *Wie lautet die Steuerbarkeit nach Hautus?*
Lösung: Nach Hautus ist für Steuerbarkeit erforderlich, dass

$$\text{rang}\,(\mu_i\,\mathbf{I} - \mathbf{A} \ \vdots \ \mathbf{B}) = n \tag{15.64}$$

besteht, für μ_i gleich allen Eigenwerten $\lambda_i[\mathbf{A}]$.
In MATLAB: `rh1=rank([Deig(1,1)*eye(2)-A B]);`   `rh2=rank([Deig(2,2)*eye(2)-A B])`

15.10 Steuerbarkeit bei Eingrößensystemen

Angabe: *Welche Vereinfachung tritt bei Eingrößensystemen auf?*
Lösung: Nachdem die Kalman-Steuerbarkeitsmatrix quadratisch ist, genügt bei Eingrößensystemen als Rangkontrolle $\det(\mathbf{b} \ \vdots \ \mathbf{Ab} \ \vdots \ \mathbf{A}^2\mathbf{b}\ldots) \neq 0$.

15.11 Steuerbarkeit an Laplace-Rücktransformation

Angabe: *Wie erkennt man die Nicht-Steuerbarkeit mittel Laplace-Rücktransformation?*
Lösung: Verwendet man die inverse Laplace-Transformation an einem konkreten Beispiel

$$\mathcal{L}^{-1}\{\frac{a(s+c)}{s(s+a)}\} = c + (a-c)e^{-at} \ , \tag{15.65}$$

so erkennt man für $c \to a$, dass die Reaktion aufgrund der Polstelle bei $-a$ erhalten bleibt, wenn auch nur mit infinitesimalem Residuum $a - c$.

15.12 Veranschaulichung der Nicht-Steuerbarkeit

Angabe: *Wie lassen sich die Ergebnisse der Nicht-Steuerbarkeit veranschaulichen?*
Lösung: Aus Abb. 15.10 folgt bei einem Pol bei -2 und bei einem Sprung $u(t) = \sigma(t)$ mit $v(0) = v_o$

$$v(t) = 0,5(2v_o - 1)e^{-2t} + 0,5 \tag{15.66}$$
$$\dot{v}(t) = 0,5(2v_o - 1)(-2)e^{-2t} \tag{15.67}$$
$$x(t) = 1 + \frac{\varepsilon}{2} + \frac{\varepsilon}{2}(2v_o - 1)e^{-2t} \ . \tag{15.68}$$

Bei ε klein und t groß resultiert $x(t) = 1$. Wiederholt man allerdings die Rechnung für Abb. 15.10 bei einem Pol bei $+2$, so führt dies auf

$$x(t) = 1 + \frac{\varepsilon}{2} - \frac{\varepsilon}{2}(2v_o + 1)e^{2t} \ ; \tag{15.69}$$

es zeigt die schwelende Instabilität auch für $\varepsilon \to 0$.

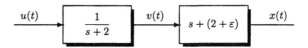

Abbildung 15.10: Zerlegung des PDT$_1$-Elements in PT$_1$ und PD für Pol bei -2

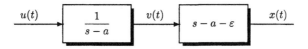

Abbildung 15.11: Zerlegung des PDT$_1$-Elements in PT$_1$ und PD für Pol bei $+a$

Die Verallgemeinerung in Abb. 15.11 für allgemeines $u(t)$ führt für $v(t = 0) = v_o$ auf

$$x(t) = u(t) - \varepsilon v_o e^{at} - \varepsilon e^{at} \int_0^t e^{-a\tau} u(\tau) d\tau \ . \tag{15.70}$$

Anschaulich wirkt auch die Erklärung nach der identischen Zerlegung in Abb. 15.12. Bei einem nicht steuerbaren System ($\varepsilon \to 0$) ist dieses, siehe unterer Teil der Abb. 15.12, über $u(t)$ nicht anzuregen. Es zeigt eine Bewegung mit e^{at}, egal ob $a > 0$ oder $a < 0$. Bei $a < 0$ ist dies nicht gefährlich, weil die Bewegung e^{at} abklingt. Bei $a > 0$ jedoch schwelt die Instabilität; zufolge des Terms $\varepsilon v_o e^{at}$ vermag kein $u(t)$ einen stabilisierenden Einfluss auszuüben.

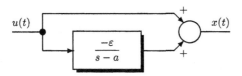

Abbildung 15.12: Zerlegung in Parallelschaltung

15.13   Pol-Nullstellen-Mindestabstand

Angabe: *Die Strecke $1/(1 - sT)$ und der Regler $(1 - T_1 s)/(s + a)$ ist für $T_1 \to T$ zu analysieren. Welch „kleiner" Mindestabstand T_1 zu T muss für Stabilität gesichert werden?*
Lösung: Für $T_1 \to T$ lautet die charakteristische Gleichung $(1 - Ts)(1 + a + s)$ und zeigt Instabilität. Stabilität verlangt $a < 1$ und $T_1 > 1 + T$.

15.14   Fuzzy Regelung

Angabe: *Nach den vorgegebenen Zugehörigkeitsfunktionen $m(e)$ aus Abb. 15.14a soll ein Fuzzy-P-Regler nach Abb. 15.13 entworfen werden.*
Lösung: Aus der Regelabweichung $e(t)$ eines Regelkreises wird in jedem Zeitpunkt t die fuzzifizierte Regelabweichung $\mathbf{e}_F(t)$ als Vektor gewonnen. Für die Zugehörigkeit von $e(t)$ zu den unscharfen Mengen NG, ZE und PG gilt für $\mathbf{e}_F(t)$

$$\mathbf{e}_F = (0 \vdots 1 - e \vdots e)^T \quad \text{bei } 0 < e < 1 \ \text{(case 1)}, \tag{15.71}$$

$$\mathbf{e}_F = (0 \vdots 0 \vdots 1)^T \quad \text{bei } 1 < e \ \text{(case 2)}, \tag{15.72}$$

$$\mathbf{e}_F = (-e \vdots 1 + e \vdots 0)^T \quad \text{bei } -1 < e < 0 \tag{15.73}$$

$$\mathbf{e}_F = (1 \vdots 0 \vdots 0)^T \quad \text{bei } e < -1 \ . \tag{15.74}$$

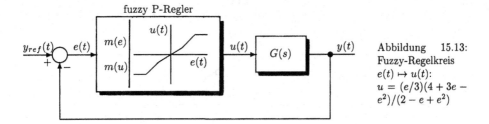

fuzzy P-Regler

Abbildung 15.13:
Fuzzy-Regelkreis
$e(t) \mapsto u(t)$:
$u = (e/3)(4 + 3e - e^2)/(2 - e + e^2)$

Weiters werden WENN-DANN-Regeln als Regelbasis zur weiteren Auswertung verwendet. Dabei werden die Zugehörigkeitsfunktionen $m(u)$ nach Figure 15.14b herangezogen. So gilt (in diesem Beispiel)

| WENN e =ZE, DANN soll u =ZE | WENN e =PG, DANN soll u =PM |

Soferne innerhalb des WENN-Teils mehrere ODER- bzw. UND-Verknüpfungen auftreten, so werden diese mit MAX- bzw. MIN-Operatoren der Zugehörigkeitsfunktionen besorgt.

Für jede Regel ergibt sich ein Erfüllungsgrad α_i als Ergebnis der Regelbasis. (Die Bestimmung des Erfüllungsgrads α_i der Prämisse heißt Aggregation.) Für den in Abb. 15.14a eingetragenen Punkt e (case 1) findet man die Erfüllungsgrade $\alpha_{ZE} = 1 - e$, $\alpha_{PM} = e$ und $\alpha_{NG} = 0$, identisch mit den Elementen des Vektors $\mathbf{e}_F$.

Die Bestimmung der Zugehörigkeitsfunktion der Ausgangsgröße (der Konklusion) erfolgt über $\alpha_i \, m_i(u)$ als Aktivierung; in Abb. 15.14c für case 1, 15.14d für case 2.

Die MAX-PROD-Methode besorgt die Kombination (Akkumulation) durch

| m(u)=Maximalwert aus allen Produkten $\alpha_i \cdot m_i(u) = \max_i \{\alpha_i m_i(u)\}$. |

Jede Regel führt zu einem Handlungsvorschlag, der gewichtet wird mit dem Erfülltheitsgrad der Prämisse. Die Aktivierung verknüpft den Erfülltheitsgrad der Prämisse mit der Zugehörigkeitsfunktion der Konklusion. Die Akkumulation ist die Vereinigungsmenge aller durch Aktivierung erzeugten Teilausgangsmengen. (Die Inferenz besteht also aus den drei Abschnitten Aggregation, Aktivierung und Akkumulation.)

Die unscharfe Ausgangsgröße $m(u)$ wird schließlich zu jedem t in eine scharfe Ausgangsgröße $u(t)$ (die zu $e(t)$ gehört) umgewandelt, also zu $u(e)$ defuzzifiziert, vorzugsweise nach der Schwerpunktsmethode

| $u(t) = \int m(u) \, u \, du / \int m(u) du.$ |

Die Stellgröße $u(t)$ ist die Abszisse des Schwerpunkts S. Im gegenständlichen Fall erhält man die in Abb. 15.13 schon eingetragene statische Kennlinie zwischen $e(t)$ und $u(t)$. Zur genäherten nummerischen Auswertung dient nachstehendes m-File jpt1.m mit einer PT$_1$-Strecke. Die Sprungantworten des Fuzzy-Regelkreises zeigt die Abb. 15.15.

```
% jpt1.m
clear
x=[0;0];  yref=3;  A=[0 1; -1 -2];  b=[0;1];   c=[4;0];    y=0;
T=0.05;
for ii=1:100
e=yref-y;   u=(e/3)*(4+3*e-e^2)/(2-e+e^2);
if e > 1; u= 1; end;        if e <-1; u=-1; end;
vecu(ii)=u;   vece(ii)=e;
x=x+T*(A*x+b*u);   y=c'*x;   vecy(ii)=y;   vect(ii)=T*ii; end
figure(1)
plot(vect,vecy, vect, vecu,'.')
title('Fuzzy-Regelung, jpt1.m figure(1), jpu.fig');  xlabel('time t')
```

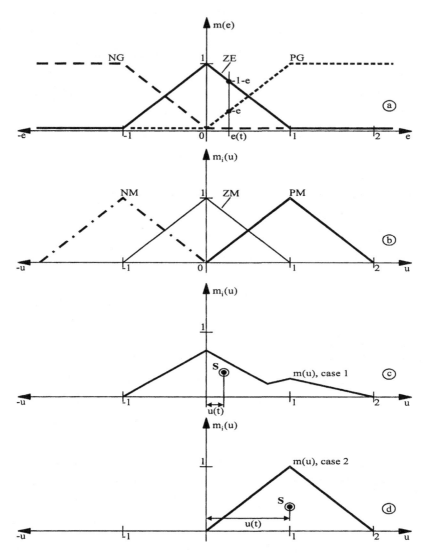

Abbildung 15.14: Fuzzifizierung mittels Zugehörigkeitsfunktionen, Inferenz und Defuzzifizierung

15.15   Editor für Zugehörigkeitsfunktion, Regeln und Defuzzifizierung

Angabe: *Zum Editieren von Zugehörigkeitsfunktionen führt direkt* mfedit ↩, *zum Aufstellen von Regeln* ruleedit ↩. *Man entwerfe die Defuzzifizierung einer dreieckigen Zugehörigkeitsfunktion mit Maximum-bzw. Schwerpunktsmethode.*

Lösung:

```
x = -9 : 0.1 : 9;    m = trimf(x,[1  4  7]);
xs = defuzz(x, mf, 'centroid');   xm = defuzz(x, mf, 'mom'); plot(x,mf)
```

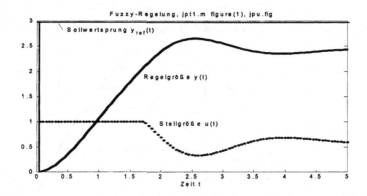

Abbildung 15.15: Sprungantworten des Fuzzy-Regelkreises

15.16 ∗ Deterministisch-chaotische Regelung

Angabe: *Zu untersuchen ist die nichtlineare Differentialgleichung einer Regelung*

$$y(k+1) = a[-y^2(k) + y(k)]. \tag{15.75}$$

Der erste Term der rechten Seite modelliert eine sehr starke Dämpfung, der zweite, weil positiv, sorgt für Destabilisierung.

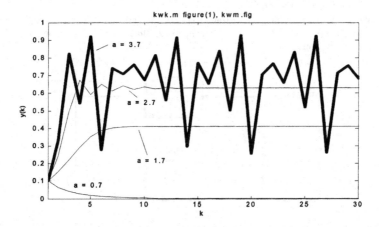

Abbildung 15.16: Zeitverlauf von $y(k)$, insbesondere vielzyklischer Verlauf für $a = 3,7$

Lösung: Für $a = 1,7$ zeigt der Übergang noch regelungstechnisch günstiges Verhalten, soferne y als Regelgröße interpretiert wird; ab $a = 2.5$ wird das Treiben bunter, ab $a = 3.5$ treten immer neue Schwingungsbilder auf. Die Abb. 15.16 zeigt die Transienten für $k = 0,7; 1,7; 2,7; 3,7$ in Abhängigkeit von den diskreten Zeitpunkten. Für mäßige („stabile") a ist der Stationärwert bei $y(\infty) = 1 - \frac{1}{a}$. Beachtenswert ist der Übergang von einer einzyklischen zu einer vielzyklischen Dauerschwingung bei etwa $a = 3,5$.

Die Abb. 15.17 gibt die diskrete Zustandsebene $y(k+1)$ über $y(k)$ wieder. Die horizontalen Trajektorienteile entsprechen dem Zeitintervall zwischen k und $k + 1$, die vertikalen dem k-ten Rechenschritt.

15.17 ∗ H∞-Regelung an einer Magnetschwebestrecke

Angabe: *Die Magnetschwebe-Regelstrecke besitze die Übertragungsfunktionen $G(s) = \frac{10}{(s+50)(s-50)}$ und weiters $G_1(s) = 0,09\frac{s+2}{s+12}$ für die Übertragung der Störung w_d, siehe Abb. 15.18, stark vereinfacht nach*

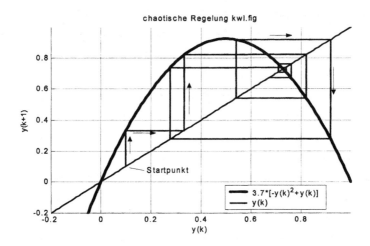

Abbildung 15.17: Diskrete Zustandsebene $y(k)$)

Bittar, A., and Sales, R.M., 1998; Nise, N.S., 2000. Ein geeigneter Regler ist vorzuschlagen. Einer seiner Parameter ist so einzustellen, dass die H_∞-Norm einer Gesamtübertragungsmatrix unter Einschluss von Gewichtsfunktionen kleiner als 1134 wird.

Lösung: Mit Hilfe der Wurzelortstheorie wird ein PDT$_1$-Regler mit $K(s) = V(s + a)/(s + b)$ gewählt. Nach dem Routh-Kriterium resultiert $a < b$, $V > 250$, $(V/250)a > b$. Die Annahmen $V = 1000$, $b = 1$ und $1 < b < 4$ werden diskutiert.

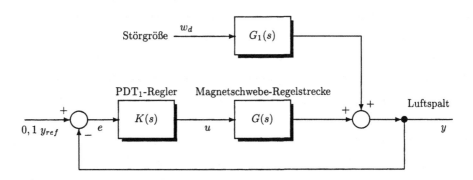

Abbildung 15.18: Prinzipbild zur Luftspaltregelung eines Magnetschwebe-Regelstrecke

Eine erweiterte Regelung wird definiert als

$$\begin{pmatrix} \bar{e} \\ \bar{y} \\ \bar{u} \end{pmatrix} = \begin{pmatrix} W_1 S G_1 & 0,1 W_4 S \\ -W_2 S G_1 & 0,1 W_5 G K S \\ -W_3 S G_1 K & 0,1 W_6 K S \end{pmatrix} \begin{pmatrix} w_d \\ y_{ref} \end{pmatrix} \overset{\triangle}{=} \mathbf{T}_G \begin{pmatrix} w_d \\ y_{ref} \end{pmatrix}. \tag{15.76}$$

Vom maximalen Singulärwert $\sigma_{max}[\mathbf{T}_G]$ wird der Maximalwert über der Frequenz herausgesucht, und zwar als $r_\infty \overset{\triangle}{=} \max_\omega \sigma_{max}[\mathbf{T}_G] \overset{\triangle}{=} \|\mathbf{T}_G\|_\infty$; er gibt die H_∞-Norm.

Die Verkleinerung der H_∞-Norm mit zunehmendem b ist in Abb. 15.19, links, zu erkennen, die Singulärwerte von $\mathbf{T}_G$ für ein festes $b = 3,6$ rechts.

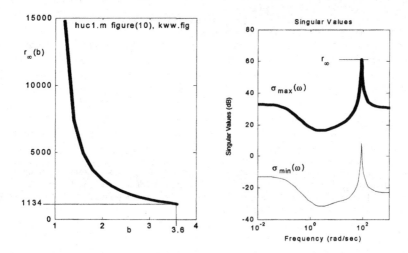

Abbildung 15.19: H∞-Norm von $\mathbf{T}_G$ über b und Singulärwerte von $\mathbf{T}_G$ für $b = 3,6$

```
W1=tf([1],[1]);  W2=tf([1],[2]);  W3=tf([1],[3]);
W4=tf([1],[4]);  W5=tf([1],[5]);  W6=tf([1],[6]);
for ii=1:13;  b=1+ii*0.2;  vecb(ii)=b;   end
V=1000; numFo=[10*V 10*V*a];   % Zaehlerpolynomkoeffizienten
       denFo=[1  b  -2500  -2500*b]; % Nennerpolynomkoeffizienten
sysG1=zpk([-2],[-12],0.09); sysK=tf([V V*a],[1 b]); sysG=zpk([],[-50, 50],10);
sysFo=series(sysK,sysG); sysS=feedback(tf(1,1),sysFo);
sysFSt=series(sysG1,sysS);
sysFu=series(sysK,sysS);  sysT=feedback( sysFo,tf(1,1))
sysTG=[series(W1,series(sysS,sysG1)),  0.1*series(W4,sysS)              ;...
series(W2,-series(sysS,sysG1)),0.1*series(W5,series(series(sysG,sysK),sysS));...
series(W3,-series(series(sysS,sysG1),sysK)), 0.1*series(W6,series(sysK,sysS))]

roots([[0   0   numFo]+denFo])
figure(10)  subplot(1,2,1), plot(vecb,r),axis([1  4   0   15000])
            subplot(1,2,2), sigma(sysTG)
```

15.18   * Symmetrische Wurzelortskurve

Angabe: *Das Optimum aus LQR (Linear quadratic regulator)*

$$I = \int_0^\infty [\rho y^2(t) + u^2(t)]dt \tag{15.77}$$

zur Regelstrecke $\frac{Y(s)}{U(s)} = G(s)$ besitzt Eigenwerte, die sich als Punkt der Symmetrischen Wurzelortskurve

$$1 + \rho G(s)G(-s) = 0 \tag{15.78}$$

darstellen lassen (Kailath, T., 1980). Dieses Ergebnis soll mit MATLAB bestätigt werden.

Lösung: Im MATLAB-m-File werden für beliebige n Annahmen getroffen: Nullmatrix $\mathbf{Q}$ mit Ausnahme von $Q(1,1) = \rho$, $\mathbf{R} = 1$. Zur Vorzeichenumkehr bei den Koeffizienten der ungeradzahligen Potenzen wird die Matrix Dh verwendet. Die Multiplikation der Zähler- und Nennerpolynome numGO und denGO erfolgt mit dem Faltungsbefehl conv.

.

```
q=zeros(n,1);    q(1)=1; Q=rho*diag([q]);
dh=1; for ii=1:n; dh=[(-1)\^\i{}i; dh]; end; Dh=diag(dh);
sysG0=ss(A,b,q',0); [numG0,denG0]=ss2tf(A,b,q',0,1)
numGG=conv(numG0,numG0*Dh); denGG=conv(denG0,denG0*Dh); sysGG=tf(numGG,denGG)
lambda=roots(rho*numGG+denGG)
jj=0;
for ii=1:2*n;
    if real(lambda(ii)) < 0;  jj=jj+1; lambdaeff(jj)=lambda(ii); end
    end
[K,S,E]=lqr(A,b,Q,1)
rlocus(sysGG)
```

Die Wurzeln der optimal geregelten Regelstrecke sind als `lambdaeff` ausgewiesen, nachdem ihre Spiegelbilder aus `lambda` ausgeblendet wurden. Das Ergebnis E aus `lqr` deckt sich mit `lambdaeff`. Für $n = 4$ ist in Abb. 15.20 in die Symmetrische Wurzelortskurve auch das Optimalergebnis mit $\ast$ eingetragen.

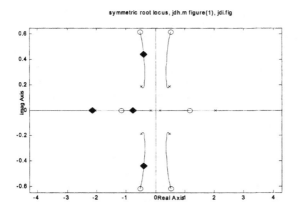

Abbildung 15.20: Symmetrische Wurzelortskurve

15.19 $\ast$ Robuste Internal-Model-Control

Angabe: *Das Prinzip der Internal-Model-Control (IMC) ist in Abb. 15.21a dargestellt. Der realen Regelstrecke $G(s) = 1/[(s + 1)(s + 2)]$ ist das interne Modell $\hat{G}(s)$ parallelgeschaltet (Morari, M., und Zafiriou, E., 1989). Man vergleiche die Wirkung mit einer Feedforward-Regelung aus Abb. 15.21b.*

Lösung: Nach Abb. 15.21 folgt bei multiplikativer Unsicherheit ΔL, also $\hat{G} = G(1 + \Delta L)$,

$$\hat{w}_d(s)K(s)G(s) + w_d(s) = y(s) , \qquad \hat{w}_d(s)[-K(s)\hat{G}(s) + K(s)G(s)] + w_d(s) = \hat{w}_d(s) \qquad (15.79)$$

$$F(s) = \frac{y(s)}{w_d(s)} = \frac{1 + K\hat{G}}{1 + K(\hat{G} - G)} = \frac{1 + KG(1 + \Delta L)}{1 + KG\Delta L} . \qquad (15.80)$$

Nach dem Small-Gain-Theorem verlangt Stabilitätsrobustheit (*Elliott, S.J., 2002*) $|KG\Delta L| < 1 \quad \forall \omega$. Für $\hat{G} \to G$ befolgt der Regelkreis $\hat{w}_d \to w_d$ und

$$F \stackrel{\Delta}{=} \frac{y}{w_d} = 1 + KG . \qquad (15.81)$$

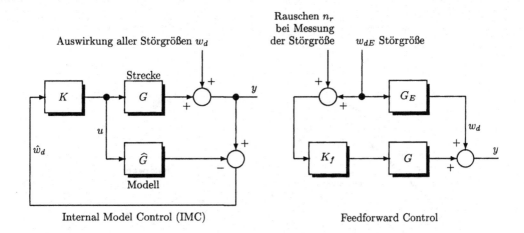

Abbildung 15.21: Prinzip der Internal Model Control (IMC) (a) und der Vorwärtssteuerung (b)

Da auch bei $\hat{G} = G$ deren Inverse physikalisch nicht existiert und $K = -1/G$ zur völligen Störungsunterdrückung im Ausgang nicht möglich ist, wird statt Polkompensation eine Polverschiebung nach -10; -12 vorgeschlagen. Dazu dient der Ansatz $K(s) \overset{\Delta}{=} -120(s + 1)(s + 2)/[(s + 10)(s + 12)]$. Wird eine Gewichtsfunktion W_{w_d} zur Vertretung niederfrequenter Störungen in Serie geschaltet, so ist die resultierende Systemeigenschaft durch $(1 + KG)W_{w_d}$ bestimmt.

Für die Vorwärtssteuerung wird die echte Störgröße w_{dE} und die Teilübertragung $G_E(s) = 1/(s + 2)$ vorausgesetzt. Wird W_{n_r} zur Vertretung von n_r gewählt, und ferner der Ansatz $K_f(s) = K(s)G_E(s)$, dann resultiert $K_f GW_{n_r} + (1 + KG)W_{w_d}$. Die Vorwärtssteuerung hat zwar kein Stabilitätsproblem, dafür muss aber die Störgröße messbar sein. Zumeist handelt man sich erhebliches Messrauschen bei der Messung der Störgröße ein. Der MATLAB-Code zeigt wesentliche Programmteile; die Abb. 15.22 stellt den Vergleich im Frequenz- und Zeitbereich dar.

```
G=zpk([],[-1 -2],1); GE=tf([1],[1 2]); K=zpk([-1 -2], [-10 -12], -120)
Kf=K*GE; D=0.1; omegaN=20; a=0.5; Wnr=tf([a  0],[1/omegaN^2,2*D/omegaN,1]);
Wwd=tf([0.2],[0.2  1]);
bodemag((1+K*G)*Wwd,{1e-3, 2e2})  % Internal Model Control
bodemag(Kf*G*Wnr+(1+K*G)*Wwd,'.',{1e-3, 2e2}) % Feedforward
```

15.20 * Differentiell flaches System

Angabe: *Ein orbital flacher Satellit gehorcht nach einer endogenen Zustandsrückführung (Rudolph, J., 1998; Rothfuß, R., et al. 1997; Isidori, A., 1995; Nijmeijer, H., und van der Schaft, A.J., 1990)*

$$\dot{\omega}_3 = a\,\omega_1\,\omega_2 \tag{15.82}$$

$$\dot{\varphi} = \omega_1 \cos\theta + \omega_3 \sin\theta \;\rightsquigarrow\; \omega_1 = (\dot{\varphi} - \omega_3 \sin\theta)/\cos\theta \tag{15.83}$$

$$\dot{\theta} = (\tan\varphi)(\omega_1 \sin\theta - \omega_3 \cos\theta) + \omega_2 \tag{15.84}$$

$$\rightsquigarrow\; \omega_2 \overset{(15.84),(15.86)}{=} \dot{\theta} + \dot{\psi}\sin\varphi \tag{15.85}$$

$$\dot{\psi} = -(\cos\varphi)^{-1}(\omega_1 \sin\theta - \omega_3 \cos\theta) \;\rightsquigarrow\; \dot{\psi} \overset{(15.83)}{=} (\omega_3 - \dot{\varphi}\sin\theta)/(\cos\varphi \cdot \cos\theta)\,. \tag{15.86}$$

(φ, ψ) *sind als flacher Ausgang zu überprüfen.*
Lösung: Aus Gl.(15.82) folgt mit Gln.(15.83) und (15.85) $\dot{\omega}_3$. (Zu empfehlen ist, zu Substitutionszwecken subs, solve) etc. zu verwenden.) Ebenso kann man aus Gl.(15.86) ω_3 herausrechnen und $\dot{\omega}_3$ durch Dif-

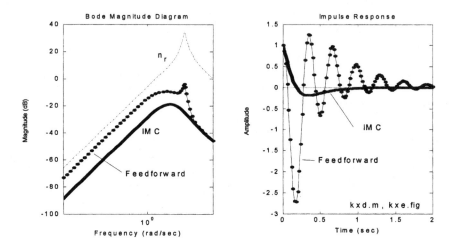

Abbildung 15.22: Vergleich von Internal-Model-Control mit Feedforward Control

ferenzieren nach t aus Gl.(15.87) entwickeln

$$\omega_3 \overset{(15.86)}{=} \dot{\psi}\cos\varphi\cdot\cos\theta + \dot{\varphi}\sin\theta \tag{15.87}$$

$$\dot{\omega}_3 = \ddot{\psi}\cos\varphi\cdot\cos\theta + \dot{\psi}\sin\varphi\cdot(-\dot{\varphi})\cos\theta + \dot{\psi}\cos\varphi\cdot(-\dot{\theta})\sin\theta + \ddot{\varphi}\sin\theta + \dot{\varphi}\cos\theta\cdot\dot{\theta}. \tag{15.88}$$

Gleichsetzen der beiden Teilergebnisse für $\dot{\omega}_3$ [aus Gl.(15.82) und Gl.(15.88)] zeigt nach einigen Zwischenrechnungen, dass für $a = 1$ der Ausdruck $\dot{\theta}$ herausfällt und θ allein verbleibt als

$$\theta = \arctan[(2\dot{\psi}\dot{\varphi}\sin\varphi - \ddot{\psi}\cos\varphi)/(\ddot{\varphi} + \dot{\psi}^2\sin\varphi\cdot\cos\varphi)] . \tag{15.89}$$

Daraus lässt sich nach Gln.(15.83), unter Weiterverwendung von Gl.(15.87), direkt die Stellgröße ω_1 ermitteln. Die zweite Stellgröße ω_2 folgt aus Gl.(15.85). Diese Ergebnisse erhält man, ohne eine Integration durchführen oder eine Differenzialgleichung lösen zu müssen.

Kapitel 16

Nummerische und symbolische Computerunterstützung

16.1 MATLAB nummerisch. Kurzkurs

Zu einem sehr raschen Einstieg empfiehlt sich, die nachstehenden Schritte im MATLAB-Command-Fenster der Reihe nach mit enter (←⟩) einzugeben und die Ergebnisse als Lehrbehelf anzusehen.

a = 5 ← b = 7; ← a*b ← b/a ← d = 3+2*j ← d∧4 ← abs(d) ← conj(d) ←
for k = 1:10; d = d+k*j+2*k; plot(real(d), imag(d), 'o') axis([0 130 0 80]); hold on; end; hold off ←
f=[1 2 3]; g=[3 9]' ← g*f ← f.*f ← sum(f.*f) ← M = [1 2;3 4]; H = [9 -2; 7 5] ← M*g ← H*M ← norm(M,'fro') ← U=[M H] ← V=[M; H] ← inv(M) ← eig(M) ← L = [2 4; 5 9*j] ← L' ← conj(L) ←

Ratsam ist auch, im Command-Fenster mit help lqg etc. die zugehörigen Erklärungen aufzurufen; für die häufigen Befehle format clear disp lqg rlocus nyquist polyval bode bodemag eye ones zeros rand pause pause2 if while tf tfdata tf2ss zpk num2str subs lqr place sigma svd eig hinf h2lqg sisotool c2d plot title axis legend view

16.2 MATLAB symbolisch. Kurzkurs

Analytische Formelausdrücke können computerunterstützt bearbeitet werden (*Weinmann, A., 1999*):

Deklaration zu symbolischen Variablen: sym, syms
Analytische Kalkulationen: diff, gradient, int, taylor, limit
Lineare Algebra: det, eig, poly
Lösungen: solve, dsolve
Konvertierungen: poly2sym, sym2poly
Transformationen: fourier, laplace
Vereinfachungen: simplify, simple, expand

```
% Beispiel Regelkreis:
syms Tn Kp  s  n  x  y  t  f  a  b  c  p  q
K=Kp*(1+Tn*s)/(Tn*s);   G=1/((1+s)*(1+2*s));
Fo=K*G;                 T=Fo/(1+Fo);
[N,D]=numden(Fo);       pcl=N+D
pclred=simplify(pcl)
```

```
% Beispiel R\"ucktransformation vom Spektral- in den Zeitbereich:
F=1/(1+p*s+q*s^2);
ilaplace(F)
pretty(ans)
laplace(ans)
simplify(ans)
pretty(ans)
```

```
limit(1/(1+p*s+q*s^2),s,0,'right') % Endwert-Theorem
limit(1/(1+p*s+q*s^2),s,inf,'left') % Anfangswert-Theorem
taylortool('x*cos(2*x)') % Potenzreihenentwicklung
rsums exp(-t) % Approximation von int_0^1 e^[-t] dt=0.63


% Graphische Darstellungen:
ezpolar(1+cos(3*t))              ezcontour(x^2 + y^2)
ezcontourf(x^2 + y^2)           ezmesh(x^2 + y^2)
ezmeshc(x^2 + y^2)              ezsurf(x^2 + y^2)
ezsurfc(x^2 + y^2)
ezplot3(sin(t), cos(t), t, [0,  6*pi]) % Raumkurve
```

Für fortgeschrittene Anwendungen empfiehlt sich, diverse MATLAB Toolboxes einzusetzen, für Control System, Optimization, Robust Control, Signal Processing, Nonlinear Control Design, Identification, Symbolic Math, Fuzzy Logic

16.3 Simulink

Simulink ist eine sehr einfach bedienbare graphische Benutzeroberfläche zur Simulation dynamischer Systeme. Zur sehr raschen Einführung wird empfohlen, die Befehle in der nachstehenden Reihenfolge aufzurufen und den Textanweisungen zu folgen:

Help ↔, MATLAB Help ↔, Simulink ↔, Using Simulink ↔, Getting Started ↔, Quickstart ↔, Building a Simple Model ↔, Creating a Model ↔.

Unter MATLAB Demos liegt eine Fülle von anwendungsnahen Beispielen vor. Siehe Abb. 15.4, das einen zweischleifigen Regelkreis in Simulink zeigt.

16.4 * Connect-Anwendung an einem Zweigrößen-System

Angabe: *In Fig. 16.1 ist ein dynamisches System mit drei Blöcken gegeben und zu analysieren, und zwar unter Verwendung des MATLAB connect-Befehls.*

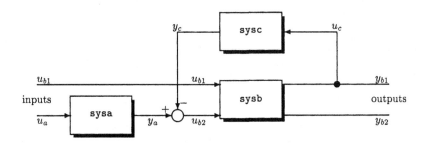

Abbildung 16.1: Dynamisches System aus drei Blockelementen sysa, sysb und sysc

Empfehlenswert ist die Erstbenennung der Systemteile mit Buchstaben, nachdem der append*-Befehl eine Durchnummerierung nach der Reihenfolge des Nebeneinanderstellens besorgt, siehe nachstehendes m-File* isn.m. *Sonst gibt es tückische Verwechslungsmöglichkeiten der Nummerierungen.*
Lösung: Nach append ergeben sich die folgenden Korrespondenzen zwischen Bezeichnungen nach Abb. 16.1 und dem rechnerinternen Schema sys:

$$u_a = u_1 \qquad y_a = y_1$$
$$u_{b1} = u_2 \qquad y_{b1} = y_2$$
$$u_{b2} = u_3 \qquad y_{b2} = y_3$$
$$u_c = u_4 \qquad y_c = y_4 \ .$$

Der Vorteil bei Verwendung von connect liegt vor allem darin, strukturelle Veränderungen mit der Matrix Q leicht vornehmen zu können, siehe Q und Qalt in isn.m.

```
A = [ -9    1;  -1  -6];        B = [ -10  0.5;  60  -2];      % isn.m
C = [ -3    4;  -1  20];        D = 4*ones(2,2);
sysa = tf(10,[1  5  3  4  1  0.7],'inputname','ua')
sysb = ss(A,B,C,D,'inputname',{'ub1' 'ub2'},'outputname',{'yb1' 'yb2'})
sysc = zpk(-1,4,3)
sys= append(sysa,sysb,sysc) % blo\ss{}es Nebeneinanderstellen
Q = [3  1 -4   % u_b2 = y_a - y_c    oder    u_3 = y_1 - y_4
     4  2  0]; % u_c = y_b1          oder    u_4 = y_2
inputs  = [1 2];         outputs = [2 3];
syscl = connect(sys,Q,inputs,outputs)
[acl,bcl,ccl,dcl]=ssdata(syscl); % Herausloesen der Matrizen aus syscl
eig(acl)
    figure(1)
step(syscl)
title('Sprungantworten, , isn.m figure(1), kwj.fig')
[numcl,dencl]=ss2tf(acl,bcl,ccl,dcl,1) % geschlossener Regelkreis
    figure(2)
nyquist(numcl,dencl)   % Frequenzgang des geschlossenen Regelkreises
title('Frequenzgang des geschlossenen Systems')

% alternative Konnektion: u_c von y_b2 abgegriffen anstatt von y_b1
Qalt = [3  1 -4   % u_b2 = y_a - y_c    oder    u_3 = y_1 - y_4
        4  3  0]; % u_c = y_b2          oder    u_4 = y_3
inputs  = [1 2];         outputs = [2 3];
syscl = connect(sys,Qalt,inputs,outputs)
[acl,bcl,ccl,dcl]=ssdata(syscl); % Herausloesen der Matrizen aus syscl
eig(acl)
    figure(3)
step(syscl)
[numcl,dencl]=ss2tf(acl,bcl,ccl,dcl,1) % geschlossener Regelkreis
    figure(4)
nyquist(numcl,dencl) % Frequenzgang des geschlossenen Systems
title('Frequenzgang des geschlossenen Systems')
```

Nur die Sprungantworten nach figure(1) aus isn.m sind in Abb. 16.2 gezeigt.

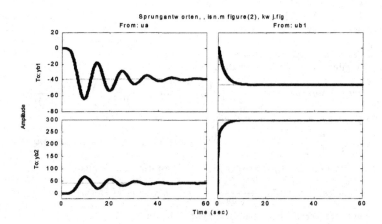

Abbildung 16.2: Sprungantworten des Zweigrößensystems nach isn.m

16.5 * Auswertungen mit MAPLE und MATLAB

Angabe: *Die Schaltung nach Abb. 16.3 ist mit mehreren Methoden fachübergreifend zu analysieren (Wein-mann, A., 1999).*

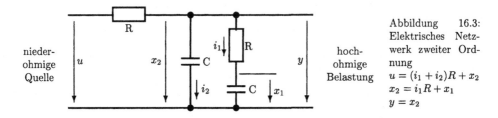

Abbildung 16.3: Elektrisches Netzwerk zweiter Ordnung

$$u = (i_1 + i_2)R + x_2$$
$$x_2 = i_1 R + x_1$$
$$y = x_2$$

Lösung: Das Netzwerk mit $RC = 1$ befolgt nach einfachen Umformungen

$$\mathbf{A} = \frac{1}{RC} \begin{pmatrix} -1 & 1 \\ 1 & -2 \end{pmatrix} \ , \quad \mathbf{b} = \frac{1}{RC} \begin{pmatrix} 0 \\ 1 \end{pmatrix} \ , \quad \mathbf{c}^T = (0 \ 1) \ , \quad \lambda_{1,2}[\mathbf{A}] = -0,38 \ ; \ -2,62 \ . \tag{16.1}$$

Die Transitionsmatrix findet man zu

$$\mathbf{\Phi}(s) = \frac{1}{s^2 + 3s + 1} \begin{pmatrix} s+2 & 1 \\ 1 & s+1 \end{pmatrix} \ , \tag{16.2}$$

im Zeitbereich

$$\Phi_{11}(t) = \mathcal{L}^{-1}\{\frac{s+2}{s^2+3s+1}\} = 0,72e^{-0,38\,t} + 0,28e^{-2,62\,t} \ , \tag{16.3}$$

$$\mathbf{\Phi}(t) = \begin{pmatrix} 0,72 & 0,45 \\ 0,45 & 0,28 \end{pmatrix} e^{-0,38\,t} + \begin{pmatrix} 0,28 & -0,45 \\ -0,45 & 0,72 \end{pmatrix} e^{-2,62\,t} \ . \tag{16.4}$$

Die Faktormatrix von $e^{-2,62\,t}$ wird aus der Sylvester-Entwicklungsformel für $i = 2$ aus

$$\prod_{j=1, j \neq 2}^{2} \frac{\mathbf{A} - \lambda_1 \mathbf{I}}{\lambda_2 - \lambda_1} \ , \quad \text{also aus} \quad \frac{\mathbf{A} - \lambda_1 \mathbf{I}}{\lambda_2 - \lambda_1} \tag{16.5}$$

ermittelt (*Weinmann, A., 1995, Gl. (1.4)*).

Diese Ergebnisse mit MAPLE hergestellt lauten (*Char, B.W., et al., 1992*)

```
with(linalg,exponential);
A:=array([[-1,1],[1,-2]]);
Phi:=exponential(A,t);
evalf(");
```

Bei $u(\tau) = \sigma(\tau)$ ergibt sich die Zustandsvariable $\mathbf{x}$ zu

$$\mathbf{x}(t) = \int_0^t \mathbf{\Phi}(t-\tau)\mathbf{b}u(\tau)\,d\tau = \begin{pmatrix} 0,45 \\ 0,28 \end{pmatrix} \frac{1-e^{-0,38\,t}}{(+0,38)} + \begin{pmatrix} -0,45 \\ 0,72 \end{pmatrix} \frac{1-e^{-2,62\,t}}{(+2,62)} \ , \tag{16.6}$$

die Ausgangsgröße $y(t)$ als Sprungantwort $h(t)$ zu

$$h(t) = \mathbf{c}^T\mathbf{x}(t) = \frac{0,28}{0,38} + \frac{0,72}{2,62} - \frac{0,28}{0,38}e^{-0,38\,t} - \frac{0,72}{2,62}e^{-2,62\,t} = 1 - 0,72e^{-0,38\,t} - 0,28e^{-2,62\,t} \ . \tag{16.7}$$

Dieses Ergebnis lässt sich mit MATLAB `step(A,b,c',0)` bestätigen; oder aus

$$G(s) = \mathbf{c}^T\mathbf{\Phi}\mathbf{b} = \frac{s+1}{s^2+3s+1} \quad \leadsto \quad h(t) = \mathcal{L}^{-1}\{\frac{1}{s}G(s)\} \ . \tag{16.8}$$

Aus MATLAB `expm(A*0.1)` erhält man den Wert bei $t = 0,1$ zu

$$\mathbf{\Phi}(0,1) = \begin{pmatrix} 0,91 & 0,086 \\ 0,086 & 0,82 \end{pmatrix} \ . \tag{16.9}$$

Anhang A

Verzeichnis häufig verwendeter Formelzeichen

A.1 Allgemeine Hinweise

Kleinbuchstaben kennzeichnen Signalvariable im Zeitbereich, zum Beispiel $x(t)$; oder Polynome, zum Beispiel $p(s)$. Großbuchstaben bezeichnen Laplace-Bilder. Kleinbuchstaben in Fettdruck stehen für Vektoren, Großbuchstaben in Fettdruck für Matrizen, und zwar sowohl für Zeit- als auch Frequenzbereich.

Im Überschneidungsfall (Vektoren aus Laplace-transformierten Signalen) wird dem Unterscheidungsmerkmal Vektor-Matrizen gefolgt und es werden auch Laplace-Transformierte mit Kleinbuchstaben geschrieben.

Sollte der Hinweis auf den Laplace- oder Zeitbereich notwendig sein und sich die Sachlage nicht selbstverständlich aus dem Zusammenhang ergeben, so wird das Argument wie in $\mathbf{x}(s)$ oder $\mathbf{x}(t)$ beigefügt, was aber dann *nicht* als Substitution t statt s missverstanden werden darf.

Anmerkung: Bei praktischen Handrechnungen wird auf die Kennzeichnung von Vektoren und Matrizen durch Fettschrift zumeist verzichtet. Wenn nötig wird auf Unterstreichung ausgewichen oder nur $x \in \mathcal{R}^n$ oder dim $x = n$ angemerkt. Oft ist durch Indizierung der Vektorkomponente ohnehin genügend Unterscheidungsmerkmal zu den Vektoren selbst gegeben.

Soweit nichts Gegenteiliges angemerkt ist, werden stets SI-Einheiten verwendet.

A.2 Verknüpfungssymbole

$:=$	„ergibt sich aus"
$\triangleq$	„Gleichsetzung per Definition"
$\doteq$	„nahezu gleich"
$\equiv$	„identisch gleich"
$\simeq$	„entspricht"
$\rightarrow$	(in Symbolhöhe) „soll gebracht werden auf"
$\mid$	„für die gilt"
$\in, \notin$	„ist ein Element von", „ist kein Element von"
$\vee$	logische Disjunktion
$\wedge$	logische Konjunktion und Min-Operation bei Verknüpfung von fuzzy sets
$\forall$	„gilt für alle"
$\rightsquigarrow$	„daraus folgt" *oder* „führt auf"
$\{\}$	Menge $\mathcal{B} = \{b_i\}$ der Elemente b_i
$\subset, \not\subset, \subseteq$	echte Teilmenge, keine echte Teilmenge, Teilmenge
$\Rightarrow$	„wenn .., so..", z.B. $\mathcal{A} \Rightarrow \mathcal{B}$ bedeutet $\mathcal{A}$ impliziert $\mathcal{B}$, die Aussage $\mathcal{A}$ ist hinreichend für die Aussage $\mathcal{B}$
$\Leftrightarrow$	„wenn.., dann.." und umgekehrt; notwendig und hinreichend
$\hookleftarrow$	„enter"
$\propto$	verhältnisgleich zu
$\times$	Verdeutlichung einer Multiplikationsverknüpfung. Wird nur eingesetzt, wenn die Klarheit gefährdet sein sollte.
$\otimes$	$\mathbf{A} \otimes \mathbf{B} \triangleq \text{matrix}[A_{ij}\mathbf{B}]$, $\mathbf{A} \in \mathcal{C}^{n \times m}$, $\mathbf{B} \in \mathcal{C}^{r \times s}$, $\mathbf{A} \otimes \mathbf{B} \in \mathcal{C}^{nr \times ms}$

A.3   Hochgestellte Symbole

-1	Invertierung, Inverse: $\mathbf{Q}^{-1} = \mathbf{adj}\,\mathbf{Q}/\det\mathbf{Q}$
	(Bei $n = 2$ nur Hauptdiagonalelemente vertauschen, Elemente in der
	Nebendiagonale im Vorzeichen ändern und durch die Determinante dividieren.)
$*$	konjugiert komplexer Wert
$\sharp$	Pseudoinverse
H	„Hermite", konjugiert komplexe Transponierte
R	Verweis auf reflektiertes Argument und Transponierung
T	Transponierung
$\dot{x}$	Ableitung nach der Zeit, angewendet auf x
b'	Ableitung nach dem Argument der Funktion, angewendet auf b
mo	(im Exponenten) modal
$\star$	getastetes Signal
$\star$	Hinweis auf Optimalwert
$\hat{\mathbf{p}}$	Schätzwert, Näherungswert, angewendet auf $\mathbf{p}$
$\bar{r}$	(Überstreichung) Hinweis auf Mittelwertbildung
$0^-, 0^+$	Hinweis auf infinitesimale Spanne vor und nach 0

A.4   Indizes

∞	Stationärwert, d.h. bei $t \to \infty$
∞	H_∞-Norm
o	Anfangswert, d.h. bei $t \to 0^+$
a	Ausgang
cl	Hinweis auf den geschlossenen Regelkreis (*closed loop*)
e	Eingang
f	final (Hinweis auf Endzeit)
F	Frobenius-Norm
n	Verweis auf die Drehzahl n
nom	nominal
N	(als zusätzlicher Index) Nennpunkt
p	perturbed (Verweis auf vorhandene Unsicherheit)
r	Hinweis, dass eine Beschränkung auf die Grundschwingung vorgenommen wurde
s	Spektral-Norm
sp	Spitzenwert
T	Trajektorie

A.5   Operationszeichen

adj	Adjunkte (einer Matrix $\mathbf{Q} \in \mathcal{R}^{n \times n}$)
	Minoren $m_{ik} \overset{\triangle}{=}$ Unterdeterminanten von $\mathbf{Q}$ der Dimension $n - 1$
	durch Streichung der i-ten Zeile und k-ten Spalte aus der Matrix $\mathbf{Q}$;
	durch schematisches *Vorzeichentauschen* Entwicklung von $p_{ik} = (-1)^{i+k} m_{ik}$;
	Adjunkte $\mathbf{adj}\,\mathbf{Q} \overset{\triangle}{=} [\mathbf{matrix}\{p_{ik}\}]^T$;
	Inverse $\mathbf{Q}^{-1} = \mathbf{adj}\,\mathbf{Q}/\det\mathbf{Q}$
anz pol$_{rHE}$	Anzahl der Pole in der rechten Halbebene (von)
anz nul$_{rHE}$	Anzahl der Nullstellen in der rechten Halbebene (von)
arg	Argument
circ	Umlaufzahl (Anzahl der Zirkulationen)
col	Bildung eines Vektors
	(Untereinanderreihung der Spalten einer Matrix)
det	Determinante
diag	Hinweis auf Bildung einer Diagonalmatrix
exp	Exponentialfunktion

E	Erwartungswert
$\mathcal{F}$	Fourier-Transformierte
grad	Gradient
inf	Infimum
$\Im m$	Imaginärteil
$\mathcal{L}, \mathcal{L}^{-1}$	Laplace-Transformierte und deren Inverse
ln	natürlicher Logarithmus (zur Basis e)
log	Briggscher Logarithmus (zur Basis 10)
matrix	Hinweis auf Generierung einer Matrix
(b_{ik})	Klammern weisen auf Bildung einer Matrix $\mathbf{B}$ aus b_{ik} hin
rad	Radiant
$\Re e$	Realteil
Res	Residuum
sign	Signum (Vorzeichen)funktion
sup	Supremum
tr	Spur einer Matrix (*trace*), Summe der Hauptdiagonalelemente
vec	Bildung eines Vektors $\equiv$ **col**
$\mathcal{Z}, \mathcal{Z}^{-1}$	z-Transformierte (diskrete Laplace-Transformation) und deren Inverse
δ	Variationssymbol
Δ	kleine Änderung
∂	Grad (eines Polynoms)
$\|\cdot\|_F$	Frobenius-Norm (Euler-Norm)

$$\|\mathbf{x}\|_F \overset{\triangle}{=} +\sqrt{|x_1|^2 + |x_2|^2 + \ldots + |x_n|^2} = +\sqrt{\mathbf{x}^H \mathbf{x}}$$

$$\|\mathbf{G}\|_F = +\sqrt{(\mathrm{col}\,\mathbf{G})^H \,\mathrm{col}\,\mathbf{G}} = +\sqrt{(\mathrm{col}\,\mathbf{G})^{*T} \,\mathrm{col}\,\mathbf{G}} = +\sqrt{\mathrm{tr}\ \mathbf{G}^H \mathbf{G}} = +\sqrt{\sum_i \lambda_i [\mathbf{G}^H \mathbf{G}]}$$

$\|\cdot\|_s$	Spektralnorm oder Hilbert-Norm

$$\|\mathbf{G}\|_s \overset{\triangle}{=} \sup_{\mathbf{x}} \frac{\|\mathbf{G}\mathbf{x}\|_F}{\|\mathbf{x}\|_F}\Big|_{\mathbf{x}\neq\mathbf{0}} \equiv \sigma_{\max}[\mathbf{G}]$$

$\|\cdot\|_\infty$	H$_\infty$-Funktionsnorm

$$\|\mathbf{F}(j\omega)\|_\infty \overset{\triangle}{=} \sup_\omega \sigma_{\max}[\mathbf{F}(j\omega)] = \sup_\omega \|\mathbf{F}(j\omega)\|_s \quad 0 \leq \omega \leq \infty$$

$\|\cdot\|_{\mu_D}$	μ_D-Norm

A.6   Symbole spezieller Art

a	Rechtseigenvektoren der Matrix $\mathbf{A}$
	$\mathbf{A}\mathbf{a}_i = \lambda_i \mathbf{a}_i \quad$ oder $\quad (\lambda_i \mathbf{I} - \mathbf{A})\mathbf{a}_i = \mathbf{0}$
a_{ik}	Element der Matrix $\mathbf{A}$
$\mathbf{A}$	Koeffizientenmatrix oder Systemmatrix ($n \times n$) in zeitkontinuierlicher Zustandsraumdarstellung
$\mathbf{A}_{cl}$	Koeffizientenmatrix des (geschlossenen) Regelkreises im Zustandsraum
A_R	Amplitudenrand
$\mathbf{B}$	Steuermatrix (Eingangsmatrix) ($n \times m$) bei kontinuierlichen Systemen
$\mathbf{b}$	Steuervektor (als Sonderfall der Steuermatrix $\mathbf{B}$ bei Eingrößenregelungen)
$\mathbf{C}$	Ausgangsmatrix ($r \times n$)
C_s	Kontur in der s-Ebene
$\mathbf{c}$	Ausgangsvektor (als Sonderfall der Ausgangsmatrix $\mathbf{C}$ bei Eingrößenregelungen)
D	Dämpfungsgrad
$\mathbf{D}$	Durchgangsmatrix ($r \times m$)
dB	Dezibel
$e, \mathbf{e}$	Regelabweichung
e	Basis des natürlichen Logarithmus, e $= 2{,}71828\ldots$
$\mathbf{F}$	Koeffizientenmatrix des Beobachters
F	Funktion zur Charakterisierung einer erzwungenen Schwingung
$F(s)$	Übertragungsfunktion
$F_e(s)$	Abweichungsübertragungsfunktion
$\mathbf{F}_o$	Schleifenübertragungsmatrix
$F_o(s)$	Schleifenübertragungsfunktion (Übertragungsfunktion des geöffneten Regelkreises)

$F_{St}(s)$	Störungsübertragungsfunktion
$F_u(s)$	Stellübertragungsfunktion
$g(t)$	Gewichtsfunktion zur Übertragungsfunktion $G(s)$
$G(s)$	Übertragungsfunktion der Regelstrecke
$\mathbf{G}(s)$	Regelstreckenübertragungsmatrix
$\mathbf{G}_u$	Steuermatrix des Beobachters
$G_{ho}(s)$	Übertragungsfunktion eines Halteglieds nullter Ordnung
$h(t)$	Sprungantwort in Abhängigkeit von der Zeit
h_i	höchster Wert eines Polynomkoeffizienten
Δh	Überschwingweite
H	Hamiltonsche Funktion
I	Trägheitsmoment
I	Schaltcharakteristik
$\mathbf{I}, \mathbf{I}_m$	Einheitsmatrix passender Dimension bzw. der Dimension $m \times m$
I	Gütekriterium
$\mathbf{k}$	Reglervektor ($\mathbf{k}^T$ als Sonderfall der Zustandsreglermatrix $\mathbf{K}$ bei Eingrößenregelungen)
$K(s)$	Reglerübertragungsfunktion
$\mathbf{K}$	Reglermatrix ($m \times n$) im Zustandsraum
$\mathbf{K}(s)$	Reglerübertragungsmatrix ($m \times m$)
K_P	Proportionalbeiwert
L	Verlustfunktion
m	Dimension des Steuervektors $\mathbf{u}$, Zahl der Steuergrößen einer Mehrgrößenstrecke
m	bezogene Relativzeit der modifizierten z-Transformation
$\mathbf{M}$	Messmatrix ($r_m \times n$)
n	Dimension des Zustandsvektors $\mathbf{x}$ je nach Anwendung der Regelstrecke, des Regelkreises; Ordnung eines Systems
n	Ordnung eines dynamischen Systems (Grad des Nennerpolynoms)
n	Drehzahl
$n(s)$	Nennerpolynom
$n_r(t), N_r(s)$	Messrauschen bzw. dessen Laplace-Bild
N	Anzahl der von C_s eingeschlossenen Nullstellen von F bzw. $1 + F_o$
$\mathbf{N}$	„Nenner" einer Übertragungsmatrix
$\mathbf{N}$	Matrix ($n \times r_m$) zur Ansteuerung des Beobachters von den messbaren Ausgangsgrößen
N	Beschreibungsfunktion
p	Wahrscheinlichkeitsverteilungsdichte
$\mathbf{p}$	Rechtseigenvektor der transponierten Koeffizientenmatrix $\mathbf{A}^T$ (Linkseigenvektor von $\mathbf{A}$)
P, P_E	Leistung, elektrische Leistung
P	Anzahl der von c_s eingeschlossenen Polstellen von F bzw. $1 + F_o$
$\mathbf{Q}$	Bewertungsmatrix für $\mathbf{x}$ im Gütekriterium I
$\mathbf{Q}_d, \mathbf{Q}_r$	stabile Parametrisierungsmatrix der Youla-Parametrierung
$\mathbf{R}$	Bewertungsmatrix für $\mathbf{u}$ im Gütekriterium I
r	Dimension des Ausgangsvektors $\mathbf{y}$
r_R	reeller Stabilitätsradius
R_{xx}	Autokorrelationsfunktion
R_{xy}	Kreuzkorrelationsfunktion
s	Sekunde
s	Laplace-Operator, Variable der Übertragungsfunktion
s_{Ni}	Nullstelle in der s-Ebene
s_{Pi}	Polstelle in der s-Ebene
$S(s)$	Sensitivitätsfunktion
$\mathbf{S}(s)$	Sensitivitätsmatrix
S_{xx}	Autospektraldichte
S_{xy}	Kreuzspektraldichte
t	Zeit (Echtzeit)
t_f	Endzeitpunkt
t_o	Anfangszeitpunkt
T	Abtastzeit (Abtastperiode)

T_c	Grenzzyklusdurchlaufzeit (Periode des Grenzzyklus bzw. Zyklus)
T_I	Integrierzeit (Nachstellzeit)
T_t	Totzeit
$T(s)$	Führungsübertragungsfunktion, komplementäre Sensitivitätsfunktion
$\mathbf{T}(s)$	Führungsübertragungsmatrix
T_I	Integralzeit (Nachstellzeit)
$\mathbf{T}^{mo}$	Modalmatrix der Zustandsraumdarstellung, $\mathbf{T}^{mo} \triangleq (\mathbf{a}_1 \vdots \mathbf{a}_2 \vdots ... \vdots \mathbf{a}_n)$
$\mathbf{T}^{mo}_{cl}$	Modalmatrix zur Koeffizienten-Matrix des Regelkreises
T_N	Nachstellzeit
$\mathbf{u}$	Steuervektor $(m \times 1)$
$u(t),\ U(s)$	Stellgröße (Steuergröße) bzw. deren Laplace-Bild
v	Imaginärteil der komplexen Variablen w
v	Abkürzung für $\dot{x}$
V	Lyapunov-Funktion
V	Verstärkung
V	Vorfilter
$\mathbf{V}$	Vorfilter-Matrix $(m \times r)$
$V(s)$	dynamisches Vorfilter
$\mathbf{V}(s)$	Vorwärtsreglerübertragungsmatrix
w	komplexe Variable nach bilinearer Transformation des z-Bereichs
w_d	Störsignal (Störrauschen)
$w_d(t),\ W_d(s)$	Stör- oder Belastungsgröße bzw. deren Laplace-Bild
$\mathbf{x}$	Zustandsvektor $(n \times 1)$
x_i	i-te Komponente der Zustandsgröße $\mathbf{x}$
$\mathbf{x}_e$	gewöhnlich stabiler Systemzustand
$\mathbf{x}_r$	Zustandsvektor des reduzierten Modells
$\mathbf{x}_o$	Anfangssystemzustand
$\mathbf{x}_\infty$	asymptotisch stabiler Systemendzustand
y_{ref}	Sollwert
$\mathbf{y}_{ref}$	Sollvektor $(r \times 1)$
$\mathbf{y}$	Ausgangsvektor $(r \times 1)$
$y(t),\ Y(s)$	Regelgröße (Ausgangsgröße der Regelstrecke) bzw. deren Laplace-Bild
$\mathbf{y}_m$	reduzierter Messvektor $(r_m \times 1)$
z	Operator der z-Transformation
z_{Ni}	Nullstelle in der z-Ebene
z_{Pi}	Polstelle in der z-Ebene
$z(s)$	Zählerpolynom

α_R	Phasenrand
δ_{ik}	Kronecker-Symbol $\quad \delta_{ik}\vert_{i=k} = 1,\ \delta_{ik}\vert_{i\neq k} = 0$
$\delta(t)$	Dirac-Nadelfunktion
$\lambda_i[\mathbf{P}]$	Eigenwert der Matrix $\mathbf{P}$
$\mu_D[\cdot]$	strukturierter Singulärwert für blockstrukturierte Matrizen
ρ_s	spektraler Radius
	$\rho_s[\mathbf{G}] \triangleq \max_i \vert\ \lambda_i[\mathbf{G}]\ \vert$
σ	(absoluter) Dämpfungsfaktor, Realteil von s, Wuchsmaß
σ_i	Singulärwert
	$\sigma[\mathbf{G}] \triangleq +\sqrt{\lambda[\mathbf{G}^H\mathbf{G}]}$
	$\sigma_{\max}[\mathbf{G}] = +\sqrt{\lambda_{\max}[\mathbf{G}^H\mathbf{G}]} \equiv \Vert\mathbf{G}\Vert_s$
$\sigma_{\max}, \sigma_{\min}$	maximaler und minimaler Singulärwert
$\sigma(t)$	Sprungfunktion, Einheitssprungfunktion
σ_o	Mindeststabilitätsgrad
τ	Relativzeit
φ	Phasenverwerfung

$\boldsymbol{\Phi}(t)$, $\boldsymbol{\Phi}(s)$ Transitionsmatrix (der Regelstrecke) im Zeit- bzw. Spektralbereich

$\boldsymbol{\Phi}(T)$ $= \boldsymbol{\Phi}(t) \mid_{t=T}$ Koeffizientenmatrix des Abtastsystems im Zustandsraum

$\boldsymbol{\Phi}(iT)$ Transitionsmatrix eines Abtastsystems

$\boldsymbol{\Phi}_{cl}(t)$ Transitionsmatrix des Regelkreises

$\boldsymbol{\Phi}_{ik}(t)$ Element der Transitionsmatrix

$\boldsymbol{\Psi}$ Steuermatrix $(n \times m)$ eines diskreten Systems

ω Kreisfrequenz, Imaginärteil von s

ω_D Durchtrittskreisfrequenz des Frequenzgangs durch den Betrag 1, $|F_o(j\omega_D)| = 1$

ω_n Winkelgeschwindigkeit, die zur Drehzahl n gehört

ω_N Schwingungskreisfrequenz des ungedämpft gedachten Systems

ω_r Grundwellenkreisfrequenz einer Rechteckschwingung

ω_R Kreisfrequenz des Durchtritts der $F_o(j\omega)$-Ortskurve durch die Phase $-\pi$

ω_{rz} Resonanzkreisfrequenz

ω_T Kreisfrequenz der Abtastung

ω_0 Transientenkreisfrequenz

ω_1 0-dB-Durchtrittskreisfrequenz

Anhang B

Literatur

Ackermann, J., 1983, Abtastregelung, Band 1, 2. Auflage (Springer, Berlin)

Barmish, B.R., 1994, New Tools for Robustness of Linear Systems (Macmillan, New York)

Bittar, A., and Sales, R.M., 1998 , H_2 and H_∞ control for MagLev vehicles, *IEEE Control Systems* **18**, pp. 18-25

Brewer, J.W., 1978, Kronecker products and matrix calculus in system theory. *IEEE-Transactions* **CAS-25**, S. 772-781

Char, B.W., Geddes, K.O., Gonnet, G.H., Leong, B.L., Monagan, M.B., and Watt, S.M.,1992, MAPLE V; First Leaves; A Tutorial Introduction; Language Reference Manual; Library Reference Manual (New York, Springer)

Dailey, R.L., 1992 , H_∞ and μ methods for robust control, *IEEE Educational Activities*

DERIVE Benutzerhandbuch, Version 2, Der Mathematik-Assistent für Ihren Personal Computer (Softwarehouse Honolulu)

Doyle, J.C., Francis, B.A., and Tannenbaum, A.R., 1992, Feedback Control Theory (Maxwell Macmillan International Editions, New York)

Doyle, J.D., Wall, J.E., and Stein, G., 1982, Performance and robustness analysis for structured uncertainty, *Proc. 21st IEEE Conference on Decision and Control, Orlando, Florida,* pp. 629-936

Elliot, S.J., 2002 , Adaptive methods in active control. In: *Tokhi, O.,* and *Veres, S.,* (Eds.), Active sound and vibration control, theory and applications, pp. 57 - 72 IEE Control Engineering Series 62, 2002 % Inv.Nr. 2895

Eveleigh, V.W., 1967, Adaptive Control and Optimization Techniques (McGraw-Hill, New York)

Faddeev, D.K., and Faddeeva, V.N., 1963, Computational Methods of Linear Algebra (Freeman, San Francisco)

Foias, C., et al., 1991, H_∞-Control Theory (Springer, Berlin New York)

Francis, B.A., 1987, A Course in H_∞ Control Theory (Springer, Berlin)

Glover, K., 1984, All optimal Hankel-norm approximations of linear multivariable systems and their L^∞-error bounds, *Int.J.Control* **39**, pp. 1115-1193

Göldner, K., und Kubik, S., 1978, Nichtlineare Systeme der Regelungstechnik (Verlag Technik, Berlin)

Goldynia, J.W., and Marinits, J.M., 1995, The Simulation System ANA V2.0,, *Proceedings "Software Tools and Products", EUROSIM Congress 1995,* Argesim Report No.2, S. 99-102

Goldynia, J.W., and Marinits, J.M., 1996, ANA V2.x Regelungstechnische Simulation, im Internet, http://www.iert.tuwien.ac.at/ana2

Hardy, D.W., and Walker, C.L., 1995 , Doing Mathematics with Scientific WorkPlace (Brooks/Cole, Pacific Grove, California)

Hsu, J.C., and Meyer, A.U., 1968, Modern Control Principles and Applications (Mc Graw-Hill, New York)

Isidori, A., 1995, Nonlinear control systems (Springer, Berlin)

Kailath, T., 1980, Linear Systems (Prentice Hall, Englewood Cliffs)

Korn, U., und Wilfert, H.-H., 1982, Mehrgrößenregelungen (Verlag Technik, Berlin; Springer, Wien - NewYork)

Leithead, W.E., and O'Reilly, J., 1991, Uncertain SISO systems with fixed stable minimum-phase controllers: relationship of closed-loop systems to plant RHP poles and zeros, *Int. J. Control* **53**, pp. 771-798

Maeder, R.E., 1991, Programming in Mathematica, Second Edition (Addison-Wesley, Redwood City, California)

MATLAB Reference Guide ,   High-Performance Numeric Computation and Visualization Software (The MathWorks, Natick, Mass.)

Morari, M., and Zafiriou, E., 1989,   Robust process control (Prentice Hall, Englewood Cliffs N.J.)

Morgan, B. S., Jr., 1965,   Computational procedures for sensitivity coefficients in time-invariant multivariable systems, *Proceedings Allerton Conference on Circuits and System Theory,* p. 252-258

Munro, N., (Ed.) 1999,   SYMBOLIC METHODS in control system analysis and design (IEE Control Engineering Series 56)

Nijmeijer, H., und van der Schaft, A.J., 1990,   Nonlinear dynamical control systems (Springer, New York)

Nise, N.S., 2000,   Control systems engineering, 3rd ed. (Wiley, New York)

Patel, R.V. and Toda, M., 1980,   Quantitative measures of robustness for multivariable systems, *Proceedings of Joint Automatic Control Conference, San Francisco,* Paper TP 8-A

Raschke, A., 1995 , Ermittlung der Schaltbedingung mittels Zypkin-Charakteristik bei linearen Regelstrecken mit nicht differenzierbarer oder unstetiger Sprungantwort, *Int. Journal Automation Austria* **3,** H.1, S. 43-49

Rothfuß, R., Rudolph, J., und Zeitz, M., 1997,   Flachheit: Ein neuer Zugang zur Steuerung und Regelung nichtlinearer Systeme, *Automatisierungstechnik* **45,** S. 517-525

Rudolph, J., 1998,   Flachheitsbasierte Folgeregelung, *Vorlesung Johannes Kepler Universität Linz*

Weinmann, A., 1988,   Die Anfangswertübergabe in Matrizendarstellung, *e&i (Elektrotechnik und Informationstechnik)* **105,** S. 313-314

Weinmann, A., 1991,   Uncertain Models and Robust Control (Springer, New York and Vienna)

Weinmann, A., 1994,   Regelungen, Analyse und technischer Entwurf, Band 1, 3. Auflage (Springer, Wien und New York)

Weinmann, A., 1995,   Regelungen, Analyse und technischer Entwurf, Band 2, 3. Auflage (Springer, Wien und New York)

Weinmann, A., 1996, H_∞ Facilities in robust control, *Int. J. Automation Austria,* **4,** H. 2, S. 73-103

Weinmann, A., 1999,   Computerunterstützung für Regelungsaufgaben, mit Beispielen und Lösungen (Springer, Wien New York)

Weinmann, A., 2001,   Gradients of norms, traces and determinants for automatic control applications, *Int. J. Automation Austria* **9,** H.1/2, pp.36-50,
siehe auch http://www.acin.tuwien.ac.at/IJAA/index.htm

Weinmann, A., 2003,   Beobachter minimaler Norm, *Tagungsband des 13. Steirischen Seminars über Regelungstechnik und Prozessautomatisierung in Retzhof,* S. 1-20

Weinmann, A., 2005,   A dialog-oriented and gradient-based stability margin in uncertain systems, *Cybernetics and Systems: An International Journal* **36,** Number 7, pp.641-666

Wolfram, S., 1991,   Mathematica, A system for doing mathematics by computer, Second Edition (Addison-Wesley, Redwood City, California)

Sachverzeichnis

Sachwörter aus Abkürzungen am Wortbeginn sind am Anfang jedes Buchstabenbereichs zusammengefasst.